高职高专机电及电气类系列教材

金工实训与技能训练

主　编　邹华斌　黄金水　沈小淳
主　审　董建国

西安电子科技大学出版社

内 容 简 介

本书涵盖了高职高专金工实训课程的相关内容，分为公共基础、钳工、车削加工、铣削加工、刨削加工、磨削加工、焊接、铸造等八个模块。本书的主要特点是：在结构上，由若干模块组成，模块内设项目，模块和项目按照由易到难的顺序递进；在内容上，以岗位(群)需求和职业能力为核心，以项目为中心，以任务实施为焦点，以相关知识为背景，形成了富有新意、别具一格的内容体系。

本书的编写坚持了“实用、够用”的原则，反映了新知识、新技术、新工艺和新方法，体现了科学性、实用性、代表性和先进性，正确处理了理论知识与技能的关系。本书的价值在于兼顾了学生学习掌握实际技术与达到职业技能鉴定等级考试的要求。

本书可作为高职高专机械类和近机械类相关专业的金工实训教材。

图书在版编目(CIP)数据

金工实训与技能训练/邹华斌，黄金水，沈小淳主编. —西安：
西安电子科技大学出版社，2018.3(2020.11 重印)
ISBN 978 - 7 - 5606 - 4878 - 1

Ⅰ. ① 金…　Ⅱ. ① 邹…　② 黄…　③ 沈…　Ⅲ. ① 金属加工—实习—高等职业教育—教材　Ⅳ. ① TG-45

中国版本图书馆 CIP 数据核字(2018)第 033104 号

策　　划　杨丕勇
责任编辑　张　倩　杨丕勇
出版发行　西安电子科技大学出版社（西安市太白南路 2 号）
电　　话　(029)88242885　88201467　邮　　编　710071
网　　址　www.xduph.com　电子邮箱　xdupfxb001@163.com
经　　销　新华书店
印刷单位　陕西日报社
版　　次　2018 年 3 月第 1 版　2020 年 11 月第 6 次印刷
开　　本　787 毫米×1092 毫米　1/16　印张 20
字　　数　475 千字
印　　数　7401～10 400 册
定　　价　44.00 元
ISBN 978 - 7 - 5606 - 4878 - 1 / TG
XDUP 5180001-6

前　言

为了深入贯彻落实教育部《关于全面提高高等职业教育教学质量的若干意见》的精神，进一步加快课程改革的步伐，培养社会需要的高素质技术应用型人才，克服现有的教材结构设置落后、内容陈旧的问题，更好地满足高等职业技术教育教学改革的需要，笔者编写了这本适合新形势下技术人才培养需求的高等职业技术教育教材。

在本书的编写过程中，笔者参照《国家职业标准》相关工种等级认证的要求，坚持按岗位培训需要编写的原则，力求删繁就简，以“实用、够用”为宗旨，注重对基本知识和基本理论的阐述；从岗位工作实际需求分析着手，通过课程分析和知识、能力分析，打破了原有的职教学科性课程体系，以项目为中心，直接以实际项目即生产项目作为工学结合的出发点和落脚点，使学生边学边练，学做合一，手脑并用。通过由简单到复杂的一系列实例的介绍，突出了解决实际问题的方法，充分体现了学以致用的教学理念。

本书的主要特点是：在结构上，由若干模块组成，模块内设项目，模块和项目按照由易到难的顺序递进；在内容上，以岗位(群)需求和职业能力为核心，以项目为中心，以任务实施为焦点，以相关知识为背景，形成了富有新意、别具一格的内容体系。本书的编写坚持了“实用、够用”的原则，反映了新知识、新技术、新工艺和新方法，体现了科学性、实用性、代表性和先进性，正确处理了理论知识与技能的关系。新教材的价值在于兼顾了学生学习掌握实际技术与达到职业技能鉴定等级考试的要求。

本书共分公共基础、钳工、车削加工、铣削加工、刨削加工、磨削加工、焊接、铸造等八个模块。其中模块一和模块二由张家界航空工业职业技术学院的黄金水老师编写，模块三由湖南工业职业技术学院的邹华斌老师编写，模块四由张家界航空工业职业技术学院的李明老师编写，模块五由张家界航空工业职业技术学院的杨晓博老师编写，模块六由湖南工业职业技术学院的柏选清老师编写，模块七由湖南工业职业技术学院的沈小淳老师编写，模块八由湖南工业职业技术学院的李强老师编写。本书由邹华斌、黄金水、沈小淳任主编，由邹华斌作最后统稿，董建国教授主审。

参加本书编审的人员均为有丰富的教学经验和企业实践经验的教学骨干，故能保证本书按计划有序地进行，并为编好教材提供了良好的技术保证。

由于编者水平所限，书中难免存在疏漏与不当之处，敬请读者批评指正。

编　者

2017年10月

目　录

模块一 公 共 基 础

项目一 “金工实训与技能训练”课程简介

一、金工实训的目的和要求

“金工实训(也称基本工艺训练)”是学生进行工程训练、培养工程意识、学习工艺知识、提高工程实践能力的重要实践性教学环节，是学生学习机械制造系列课程必不可少的先修课程，也是建立机械制造生产过程的概念，获得机械制造基础知识的奠基课程和必修课程。金工实训的目的是：

(1) 建立起对机械制造生产基本过程的感性认识，学习机械制造的基础工艺知识，了解机械制造生产的主要设备。

在实训中，学生要学习机械制造的各种主要加工方法及其所用的主要设备的基本结构、工作原理和操作方法，并正确使用各类工具、夹具、量具，熟悉各种加工方法、工艺技术、图纸文件和安全技术，了解加工工艺过程和工程术语，使得对工程问题的认识从感性上升到理性。这些实践知识将为以后学习有关专业技术基础课、专业课及毕业设计等打下良好的基础。

(2) 培养实践动手能力，进行基本训练。

学生通过直接参加生产实践，操作各种设备，使用各类工具、夹具、量具，独立完成简单零件的加工制造全过程，掌握对简单零件初步选择加工的方法，获得分析工艺过程的能力，并具有操作主要设备和加工作业的技能，以初步奠定技能型、应用型人才应具备的基础知识和基本技能。

(3) 全面开展素质教育，树立实践观念、劳动观念和团队协作观念，培养高质量人才。

工程实训一般在学校工程培训中心的现场进行。实训现场不同于教室，它是生产、教学、科研三者结合的基地，教学内容丰富，环境多变，接触面宽广。这样一个特定的教学环境正是对学生进行思想作风教育的好场所、好时机。

金工实训对学好后续课程，特别是技术基础课和专业课有着重要意义，它们都与金工实训有着重要联系。金工实训场地是校内的工业环境，学生在实训时置身于工业环境中，接受实训指导人员的思想品德教育，有利于培养他们的全面素质。因此，金工实训是强化学生工程意识的良好教学手段。

本课程的主要要求是：

(1) 使学生掌握现代制造的一般过程和基本知识，熟悉机械零件的常用加工方法及其所用的主要设备和工具，了解新工艺、新技术、新材料在现代机械制造中的应用。

(2) 使学生初步具有选择简单零件加工方法和进行相应工艺分析的能力，在主要工种方面应能独立完成简单零件的加工制造并有一定的工艺实践和工程实践能力。

(3) 培养学生生产质量和经济观念，以及理论联系实际、一丝不苟的科学作风，培养热爱劳动、热爱公物的基本素质。

金工实训的基本内容涉及车、铣、刨、磨、钻、钳工、焊接、铸造等工种。通过实际操作、现场教学、专题讲座、电化教学、综合训练、实验、参观、演示、实训报告或作业以及考核等方式和手段，丰富教学内容，完成实践教学任务。

二、实训安全技术

在实训中，学生要进行各种操作，制作各种不同规格的零件，因此，常常要接触各种生产设备，如焊机、机床、砂轮机等。为了避免触电、机械伤害、爆炸、烫伤和中毒等工伤事故，实训人员必须严格遵守工艺操作规程。只有实行文明生产实训，才能确保实训人员的安全。因此，实训人员必须做到以下几点：

(1) 实训中，做到专心听讲，仔细观察，做好笔记，尊重各位指导老师，独立操作，努力完成各项实训作业。

(2) 严格执行安全制度，进车间必须穿好工作服。女生应戴好工作帽，将长发放入帽内，不得穿高跟鞋、凉鞋。

(3) 机床操作时，不准戴手套，严禁身体、衣袖与转动部位接触。正确使用砂轮机，严格按安全规程操作，注意人身安全。

(4) 遵守设备操作规程，爱护设备，未经教师允许不得随意乱动车间设备，更不准乱动开关和按钮。

(5) 遵守劳动纪律，不迟到，不早退，不打闹，不串车间，不随地而坐，不擅离工作岗位，更不能到车间外玩，有事请假。

(6) 交接班时，认真清点工具、卡具、量具，做好保养保管工作，如有损坏、丢失，应按价赔偿。

(7) 实训时，要不怕苦、不怕累、不怕脏，热爱劳动。

(8) 下班前，要擦拭机床，清整用具、工件，打扫工作场地，保持环境卫生。

(9) 爱护公物，节约材料、水、电，不践踏花木、绿地。

(10) 爱护劳动保护品，实训结束时，应及时交还工作服，若有损坏、丢失，则按价赔偿。

项目二　金属材料的性能

一、工艺性能与使用性能

金属材料的性能一般分为工艺性能和使用性能两类。

所谓工艺性能，是指机械零件在加工制造过程中，金属材料在特定的冷、热加工条件下表现出来的性能。金属材料工艺性能的好坏，决定了它在制造过程中加工成形的适应能力。由于加工条件不同，要求的工艺性能也就不同，如铸造性能、可焊性、可锻性、热处理性能、切削加工性等。

所谓使用性能，是指机械零件在使用条件下，金属材料所表现出来的性能，它包括机械性能、物理性能、化学性能等。金属材料使用性能的好坏，决定了它的使用范围大小与使用寿命长短。

二、金属材料机械性能(力学性能)

在机械制造业中，一般机械零件都是在常温、常压和非强烈腐蚀性介质中使用的，且在使用过程中各机械零件都将承受不同载荷的作用。金属材料在载荷作用下抵抗破坏的性能，称为机械性能(或称为力学性能)。

金属材料的机械性能是零件的设计和选材的主要依据。外加载荷性质不同(例如拉伸、压缩、扭转、冲击、循环载荷等)，对金属材料要求的机械性能也将不同。常用的机械性能包括强度、塑性、硬度、疲劳、冲击韧性等。下面将分别讨论各种机械性能。

1．强度

强度是指金属材料在静载荷作用下抵抗破坏(过量塑性变形或断裂)的性能。由于静载荷的作用方式有拉伸、压缩、弯曲、剪切等形式，所以强度也分为抗拉强度、抗压强度、抗弯强度、抗剪强度等。各种强度间常有一定的联系，使用中一般以抗拉强度作为最基本的强度指标。

2．塑性

塑性是指金属材料在静载荷作用下，产生塑性变形(永久变形)而不破坏的能力。

3．硬度

硬度是衡量金属材料软硬程度的指标。目前，生产中测定硬度方法最常用的是压入硬度法，它是用一定几何形状的压头在一定静载荷下压入被测试的金属材料表面，根据被压入程度来测定其硬度值的。

常用的硬度表示方法有布氏硬度(HB)、洛氏硬度(HRA、HRB、HRC)和维氏硬度(HV)等。

4．疲劳

前面所讨论的强度、塑性、硬度都是金属在静载荷作用下的机械性能指标。实际上，许多机器零件都是在循环载荷下工作的，在这种条件下零件会产生疲劳。

5．冲击韧性

以很大的速度作用于机器零件上的载荷称为冲击载荷。金属在冲击载荷作用下抵抗破坏的能力叫做冲击韧性。

三、常用金属材料

工业上，将碳的质量分数小于 2.11%的铁碳合金称为钢。钢具有良好的使用性能和工艺性能，因此获得了广泛的应用。

1. 钢的分类

钢的分类方法很多，常用的分类方法有以下几种：

(1) 按化学成分分，钢可以分为碳素钢和合金钢。碳素钢可以分为低碳钢(含碳量小于0.25%)、中碳钢(含碳量为0.25%～0.6%)、高碳钢(含碳量大于0.6%)。合金钢又可以分为低合金钢(合金元素总含量小于 5%)、中合金钢(合金元素总含量为 5%～10%)、高合金钢(合金元素总含量大于10%)。

(2) 按用途分，钢可以分为结构钢(主要用于制造各种机械零件和工程构件)、工具钢(主要用于制造各种刀具、量具和模具等)、特殊性能钢(具有特殊的物理性能、化学性能的钢，可分为不锈钢、耐热钢、耐磨钢等)。

(3) 按品质分，钢可以分为普通碳素钢(P(磷)的含量小于等于 0.045%，S(硫)的含量小于等于0.05%)、优质碳素钢(P 的含量小于等于0.035%，S 的含量小于等于0.035%)、高级优质碳素钢(P 的含量小于等于0.025%，S 的含量小于等于0.025%)。

2. 碳素结构钢的牌号、性能及用途

常见碳素结构钢的牌号用“Q＋数字”表示，其中“Q”为屈服点的“屈”字的汉语拼音首字母，“数字”表示屈服强度的数值。若牌号后标注字母，则表示钢材质量等级不同。

优质碳素结构钢的牌号用两位数字表示钢的平均碳质量分数的万分数，例如，20 钢的平均碳质量分数为0.2%。表1-1 所示为常见碳素结构钢的牌号、机械性能及其用途。

表1-1 常见碳素结构钢的牌号、机械性能及其用途

类 别	常用牌号	机械性能			用 途
		屈服点 σ_s / MPa	抗拉强度 σ_b / MPa	伸长率 δ / %	
碳素结构钢	Q195	195	315～390	33	塑性较好，有一定的强度，通常轧制成钢筋、钢板、钢管等。它可作为桥梁、建筑物等的构件，也可用做螺钉、螺帽、铆钉等
	Q215	215	335～410	31	
	Q235A	235	375～460	26	
	Q235B				
	Q235C				可用于重要的焊接件
	Q235D				
	Q255	255	410～510	24	强度较高，可轧制成型钢、钢板，做构件用
	Q275	275	490～610	20	
优质碳素结构钢	08F	175	295	35	塑性好，可制造冷冲压零件
	10	205	335	31	冷冲压性与焊接性能良好，可用做冲压件及焊接件，经过热处理后也可以制造轴、销等零件
	20	245	410	25	
	35	315	530	20	经调质处理后，可获得良好的综合机械性能，用来制造齿轮、轴类、套筒等零件
	40	335	570	19	
	45	355	600	16	
	50	375	630	14	
	60	400	675	12	主要用来制造弹簧
	65	410	695	10	

3．合金钢的牌号、性能及用途

为了提高钢的性能，在碳素钢基础上特意加入合金元素所获得的钢种称为合金钢。

合金结构钢的牌号用“两位数(表示平均碳质量分数的万分之几) + 元素符号 + 数字(该合金元素质量分数，小于 1.5% 不标出；1.5%～2.5% 标 2；2.5%～3.5% 标 3，依次类推)”表示。

对合金工具钢的牌号而言，当碳质量分数小于 1%时，用“一位数(表示碳质量分数的千分之几) +元素符号 + 数字”表示；当碳质量分数大于 1% 时，用“元素符号 + 数字”表示。表 1-2 所示为常见合金钢的牌号、机械性能及其用途。(注：高速钢的碳质量分数小于 1%，其含碳量也不标出。)

表 1-2　常见合金钢的牌号、机械性能及其用途

类　别	常用牌号	机械性能			用　途
		屈服点 σ_s / MPa	抗拉强度 σ_b / MPa	伸长率 δ/ %	
低合金高强度结构钢	Q295	≥295	390～570	23	具有高强度、高韧性、良好的焊接性能和冷成形性能；主要用于制造桥梁、船舶、车辆、锅炉、高压容器、输油输气管道、大型钢结构等
	Q345	≥345	470～630	21～22	
	Q390	≥390	490～650	19～20	
	Q420	≥420	520～680	18～19	
	Q460	≥460	550～720	17	
合金渗碳钢	20Cr	540	835	10	主要用于制造汽车、拖拉机中的变速齿轮，内燃机上的凸轮轴、活塞销等机器零件
	20CrMnTi	835	1080	10	
	20Cr2Ni4	1080	1175	10	
合金调质钢	40Cr	785	980	9	主要用于制造汽车和机床上的轴、齿轮等
	30CrMnTi	—	1470	9	
	38CrMoAl	835	980	14	

4．铸钢的牌号、性能及用途

铸钢主要用于制造形状复杂，具有一定强度、塑性和冲击韧性的零件。碳是影响铸钢性能的主要元素。随着碳质量分数的增加，屈服强度和抗拉强度均增加，而且抗拉强度比屈服强度增加得更快，但当碳的质量分数大于 0.45%时，屈服强度增加很少，而塑性、冲击韧性却显著下降。所以，在生产中使用最多的是 ZG230-450、ZG270-500、ZG310-570 三种。表 1-3 所示为常见碳素铸钢的成分、机械性能及其用途。其中，ψ 表示断面收缩率，a_k 表示冲击韧度。

表 1-3 常见碳素铸钢的成分、机械性能及其用途

牌号	化学成分			机械性能					用途
	C	Mn	Si	σ_s /MPa	σ_b /MPa	δ /%	ψ /%	a_k /(kJ/m^2)	
ZG200-400	0.20	0.80	0.50	200	400	25	40	600	用于机座、变速箱壳
ZG230-450	0.30	0.90	0.50	230	450	22	32	450	用于机座、锤轮、箱体
ZG270-500	0.40	0.90	0.50	270	500	18	25	350	用于飞轮、机架、蒸汽锤、水压机、工作缸、横梁
ZG310-570	0.50	0.90	0.60	310	570	15	21	300	用于联轴器、汽缸、齿轮、齿轮圈
ZG340-640	0.60	0.90	0.60	340	640	10	18	200	用于起重运输机中齿轮、联轴器等

5. 铸铁的牌号、性能及用途

铸铁是碳质量分数大于 2.11%，且含有较多 Si、Mn、S、P 等元素的铁碳合金。铸铁的生产工艺和生产设备简单，价格便宜。铸铁具有许多优良的使用性能和工艺性能，所以应用非常广泛，是工程上最常用的金属材料之一。

铸铁按照碳存在的形式可以分为白口铸铁、灰口铸铁、麻口铸铁；按铸铁中石墨的形态可以分为灰铸铁、可锻铸铁、球墨铸铁、蠕墨铸铁。表 1-4 所示为常见灰铸铁的牌号、机械性能及其用途。

表 1-4 常见灰铸铁的牌号、机械性能及其用途

牌号	铸件壁厚 / mm	机械性能		用途
		σ_b / MPa	HBS(布氏硬度)	
HT100	2.5～10	130	110～166	适用于载荷小、对摩擦和磨损无特殊要求的不重要的零件，如防护罩、盖、油盘、手轮、支架、底板、重锤等
	10～20	100	93～140	
	20～30	90	87～131	
HT150	2.5～10	175	137～205	适用于承受中等载荷的零件，如机座、支架、箱体、刀架、床身、轴承座、工作台、带轮、阀体、飞轮、电动机座等
	10～20	145	119～179	
	20～30	130	110～166	
HT200	2.5～10	220	157～236	适用于承受较大载荷和要求一定气密性或耐腐蚀性等较重要的零件，如汽缸、齿轮、机座、飞轮、床身、汽缸体、活塞、齿轮箱、刹车轮、联轴器盘、中等压力阀体、泵体、液压缸、阀门等
	10～20	195	148～222	
	20～30	170	134～200	
HT250	4.0～10	270	175～262	
	10～20	240	164～247	
	20～30	220	157～236	
HT300	10～20	290	182～272	适用于承受高载荷、耐磨和高气密性的重要零件，如重型机床，剪床，压力机，自动机床的床身、机座、机架，高压液压件，活塞环，齿轮，凸轮，车床卡盘，衬套，大型发动机的汽缸体、缸套、汽缸盖等
	20～30	250	168～251	
	30～50	230	161～241	
HT350	10～20	340	199～298	
	20～30	290+	182～272	
	30～50	260	171～257	

项目三　常 用 量 具

在工艺过程中，必须应用一定精度的量具来测量和检验各种零件的尺寸、形状和位置精度。

一、常用量具及其使用方法

1. 钢直尺

钢直尺是最简单的长度量具，是用不锈钢片制成的，可直接用来测量工件尺寸，如图1-1 所示。它的测量长度规格有 150 mm、200 mm、300 mm、500 mm 几种。测量工件的外径和内径尺寸时，钢直尺常与卡钳配合使用。它的测量精度一般只能达到 0.2～0.5 mm。

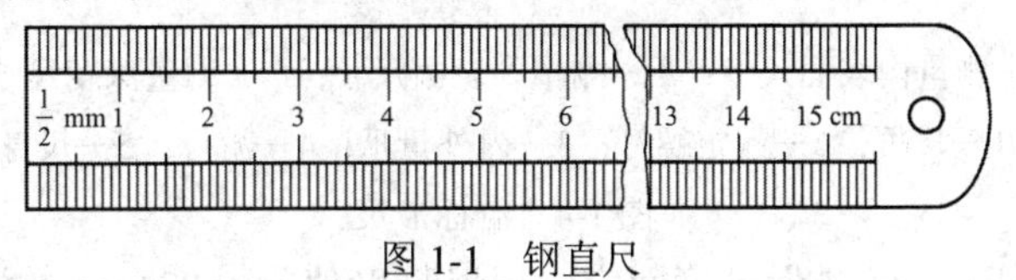

图 1-1　钢直尺

2. 卡钳

卡钳是一种间接度量工具，常与钢直尺配合使用，用来测量工件的外径和内径。卡钳分外卡钳和内卡钳两种，如图 1-2 所示。其使用方法如图 1-3 所示。

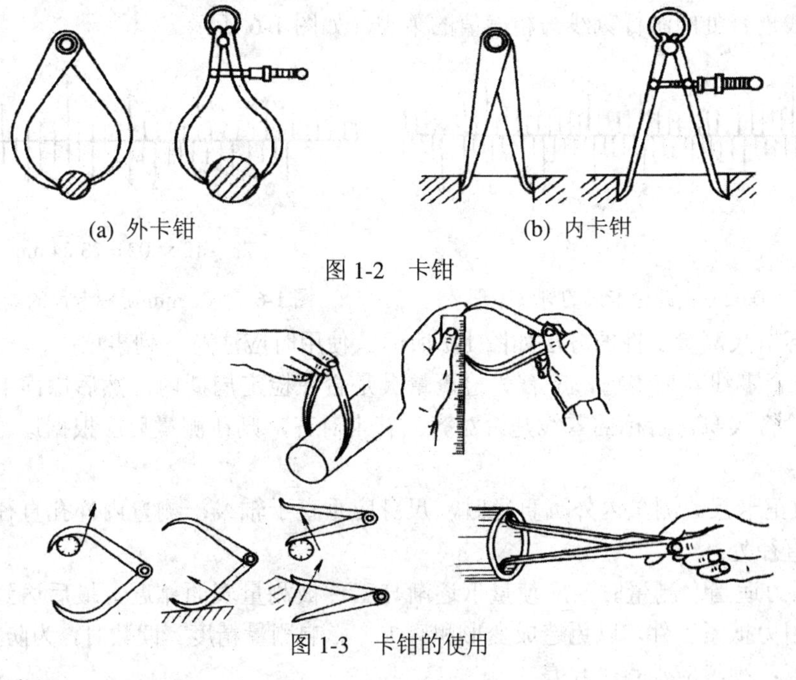

(a) 外卡钳　　(b) 内卡钳

图 1-2　卡钳

图 1-3　卡钳的使用

3. 游标卡尺

游标卡尺是一种中等精度的量具，可直接用于测量工件的外径、内径、长度、宽度和深度等尺寸。按用途不同，游标卡尺可分为普通游标卡尺、游标深度尺、游标高度尺等几种。游标卡尺的测量精度有 0.1 mm、0.05 mm、0.2 mm 三种，测量范围有 0～125 mm、0～150 mm、0～200 mm、0～300 mm 等规格。

图 1-4 所示为一普通游标卡尺，它主要由尺身和游标组成。尺身上刻有以 1 mm 为一格间距的刻度和尺寸数字，其刻度全长即为游标卡尺的规格。

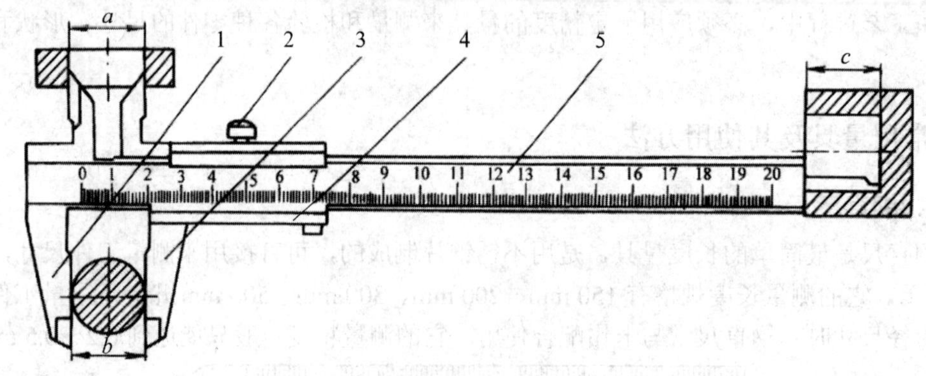

a—测量内表面尺寸；*b*—测量外表面尺寸；*c*—测量深度尺寸；

1—尺框；2—紧定螺钉；3—内外量爪；4—游标；5—尺身

图 1-4　游标卡尺

游标上的刻度间距，随测量精度而定。现以精度值为 0.02 mm 的游标卡尺为例，对其刻线原理和读数方法作一简介。

该游标卡尺的尺身一格为 1 mm，游标一格为 0.98 mm，共 50 格。尺身和游标每格之差为 1 − 0.98 = 0.02 mm，如图 1-5 所示。其读数是游标零位指示的尺身整数，加上游标刻线与尺身线重合处的游标刻线与精度值的乘积，如图 1-6 所示。

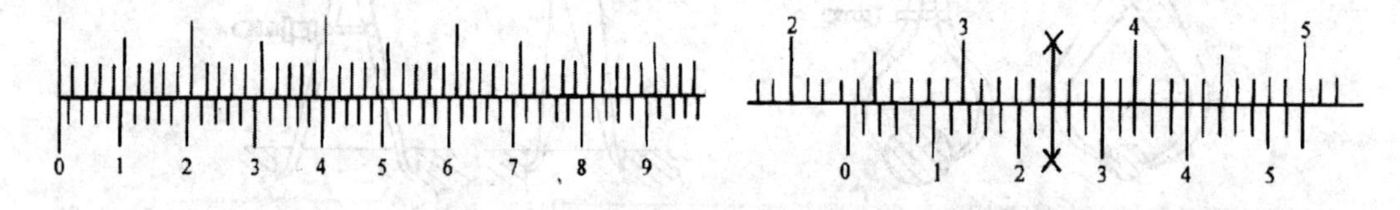

23 + 12 × .02 = 23.24 mm

图 1-5　0.02 mm 游标卡尺的刻线原理　　图 1-6　0.02 mm 游标卡尺的读数方法

用游标卡尺测量工件的方法如图 1-7 所示。使用时应注意下列事项：

(1) 检查零线。使用前，应首先检查量具是否在检定周期内，然后擦净卡尺，使量爪闭合，并检查尺身与游标的零线是否对齐。若未对齐，则在测量后应根据原始误差修正读数值。

(2) 放正卡尺。测量内外圆直径时，尺身应垂直于轴线；测量内外孔直径时，应使两量爪处于直径处。

(3) 用力适当。测量时，应使量爪逐渐与工件被测量表面靠近，最后达到轻微接触。勿将量爪用力抵紧工件，以免造成变形和磨损，影响测量精度。读数时，为防止游标移动，可锁紧游标；视线应垂直于尺身。

(4) 勿测毛坯面。游标卡尺仅用于测量已加工的表面，表面粗糙的毛坯件不能用游标卡尺测量。

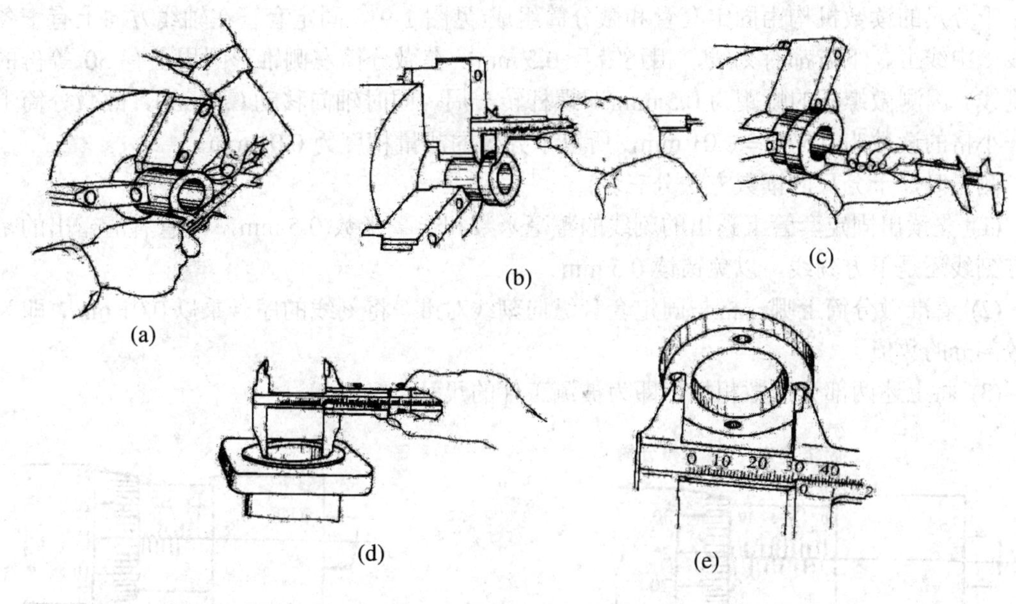

图 1-7　游标卡尺的使用方法

4. 千分尺

千分尺(又称分厘卡)是一种比游标卡尺更精密的量具，其测量精度为 0.01 mm，测量范围有 0～25 mm、25～50 mm、50～75 mm 等规格。常用的千分尺分为外径千分尺和内径千分尺。

外径千分尺的构造如图 1-8 所示。

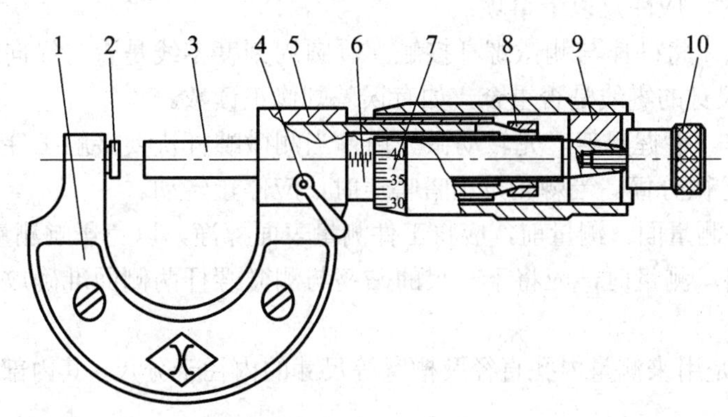

1—尺架；2—砧座；3—测微螺杆；4—锁紧装置；5—螺纹轴套；6—固定套管；
7—微分筒；8—螺母；9—接头；10—棘轮

图 1-8　外径千分尺

千分尺的测微螺杆 3 和微分筒 7 连在一起，当转动微分筒时，测微螺杆和微分筒一起沿轴向移动。内部的测力装置使测微螺杆与被测工件接触时保持恒定的测量力，以便测出正确尺寸。当转动测力装置时，千分尺两测量面接触工件。超过一定的压力时，棘轮 10 沿着内部棘爪的斜面滑动，发出嗒嗒的响声，这时就可读出工件尺寸。测量时，为防止尺寸变动，可转动锁紧装置 4，以便通过偏心锁固定测微螺杆 3。

千分尺的读数机构由固定套管和微分筒组成(见图 1-9)，固定套管在轴线方向上有一条中线，中线上、下方都有刻线，相互错开 0.5 mm；在微分筒左侧锥形圆周上有 50 等份的刻度线。因测微螺杆的螺距为 0.5 mm(即螺杆转一周，同时轴向移动 0.5 mm)，故微分筒上每一小格的读数为 0.5/50 = 0.01 mm，所以千分尺的测量精度为 0.01 mm。

测量时，千分尺的读数方法分三步：

(1) 先读出固定套管上露出的刻线的整毫米数和半毫米数(0.5 mm)，注意看清露出的是上方刻线还是下方刻线，以免错读 0.5 mm。

(2) 看准微分筒上哪一格与固定套管纵向刻线对准，将刻线的序号乘以 0.01 mm，即为小数部分的数值。

(3) 将上述两部分读数相加，即为被测工件的尺寸。

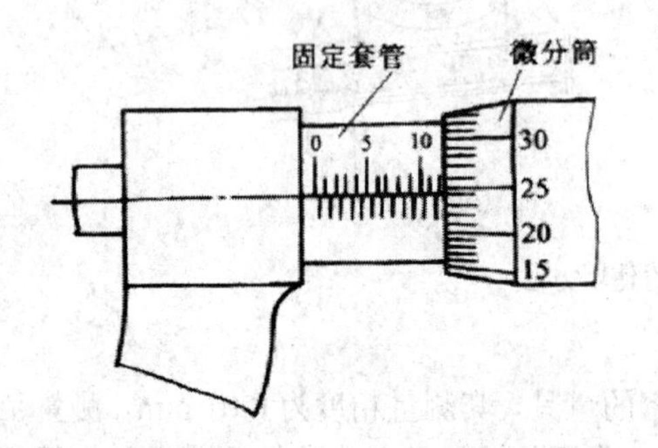

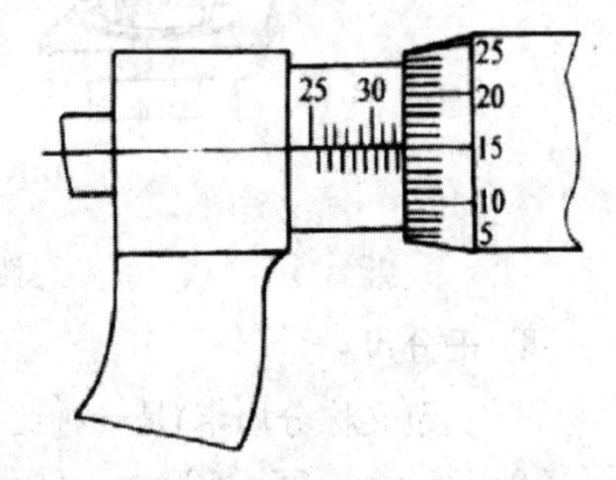

(a) 读数 = (12 + 0.24) mm = 12.24 mm

(b) 读数 = (32.5 + 0.15) mm = 32.65 mm

图 1-9 千分尺的刻线原理及读数方法

使用千分尺时，应注意以下事项：

(1) 校对零点。将砧座与测微螺杆接触，看圆周刻度零线是否与纵向中线对齐，且微分筒左侧棱边与尺身的零线是否重合，如有误差则修正读数。

(2) 合理操作。手握尺架，先转动微分筒，当测微螺杆快要接触工件时，必须使用端部棘轮，严禁再拧微分筒。当棘轮发出嗒嗒声时，应停止转动。

(3) 擦净工件测量面。测量前，应将工件测量表面擦净，以免影响测量精度。

(4) 不偏不斜。测量时，应将千分尺的砧座与测微螺杆两侧面准确放在被测工件的直径处，不能偏斜。

图 1-10 所示是用来测量内孔直径及槽宽等尺寸的内径千分尺，其内部结构与外径千分尺相同。

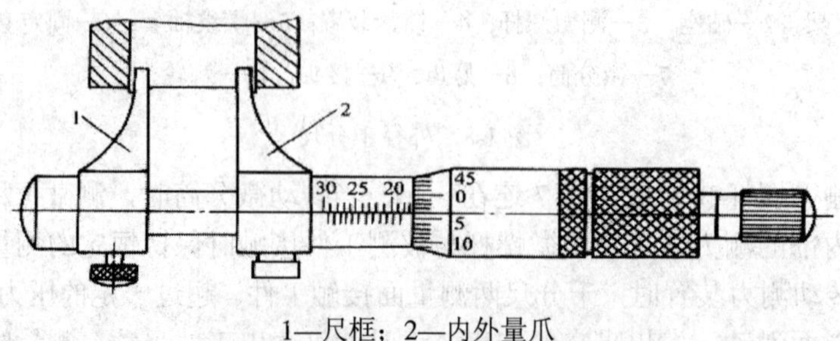

1—尺框；2—内外量爪

图 1-10 内径千分尺

5. 百分表

百分表是一种指示量具，主要用于校正工件的装夹位置，检查工件的形状和位置误差，测量工件内径等。百分表的刻度值为 0.01 mm。刻度值为 0.001 mm 的叫千分表。

钟面式百分表的结构原理如图 1-11 所示。当测量杆 1 向上或向下移动 1 mm 时，通过齿轮传动系统带动大指针 5 转一圈，小指针 7 转一格。刻度盘在圆周上有 100 个等分格，每格的读数值为 0.01 mm，小指针每格读数为 1 mm。测量时，指针读数的变动量即为尺寸变化量。小指针处的刻度范围为百分表的测量范围。钟面式百分表装在专用的表架上使用(见图 1-12)。

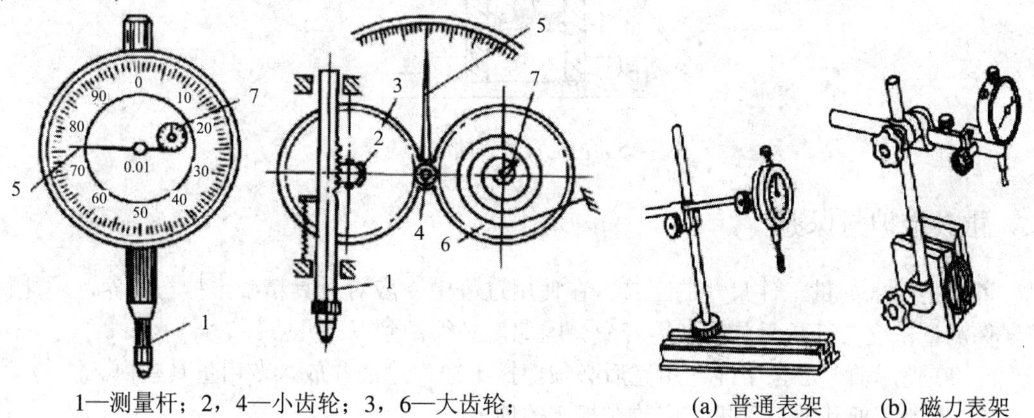

1—测量杆；2，4—小齿轮；3，6—大齿轮；5—大指针；7—小指针

图 1-11 钟面式百分表的结构

(a) 普通表架 (b) 磁力表架

图 1-12 钟面式百分表的使用

图 1-13 所示为杠杆式百分表的测量方法，图 1-14 所示为内径百分表，图 1-15 所示为测量内孔尺寸的内径百分表。

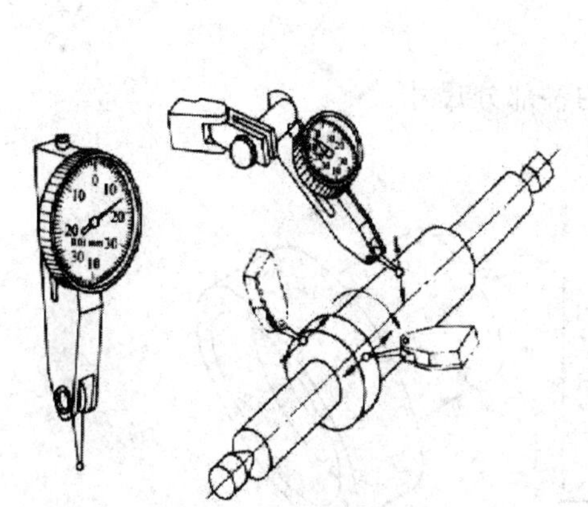

(a) 杠杆式百分表 (b) 测量径向和表面圆跳动的方法

图 1-13 杠杆式百分表的测量方法

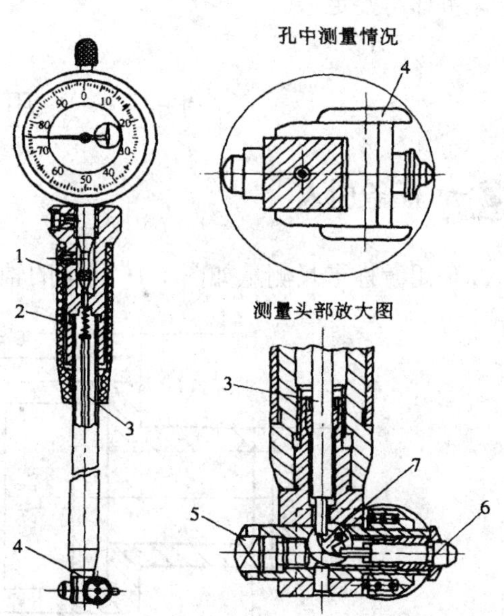

1—测架；2—弹簧；3—杆；4—定心器；5—测量头；6—触头；7—摆动块

图 1-14 内径百分表

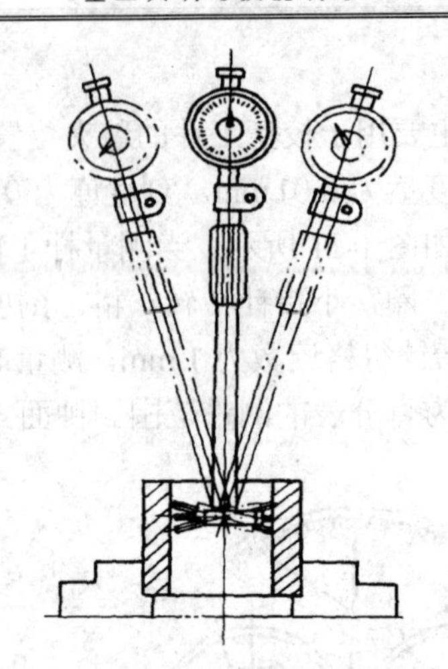

图 1-15　内径百分表的测量方法

二、量具维护与保养

量具是用来测量工件尺寸的工具。在使用过程中，应对量具精心维护与保养，才能保证零件测量精度，延长量具的使用寿命。因此，必须做到以下几点：

(1) 在使用前，应擦干净，用完后必须擦拭干净、涂油并放入专用量具盒内。

(2) 不能随便乱放、乱扔，应放在规定的地方。

(3) 不能用精密量具去测量毛坯面、运动着的工件或温度过高的工件。测量时，用力要适当，不能用力过猛、过大。

(4) 量具如有问题，不能私自拆卸修理，应找实训指导教师处理。精密量具必须定期送计量部门鉴定。

任务一　用游标卡尺测量工件

任务引入

使用游标卡尺测量如图 1-16 所示的轴套的各部分尺寸。

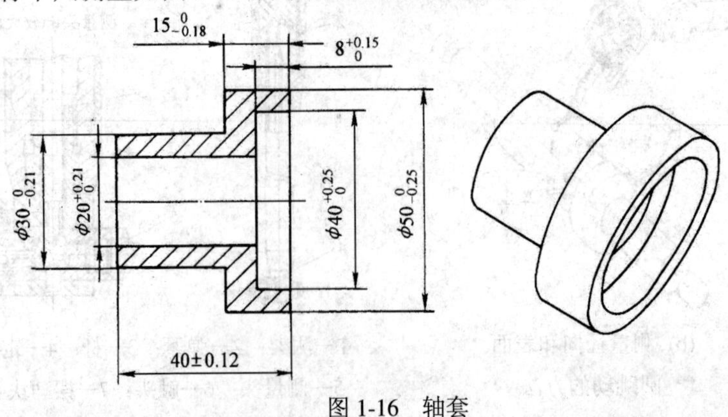

图 1-16　轴套

相关知识

1．游标卡尺的结构

游标卡尺是一种中等精度的量具，可以直接测量出工件的外径、孔径、长度、宽度、深度和孔距等尺寸。图 1-17 所示为两种常用的游标卡尺。

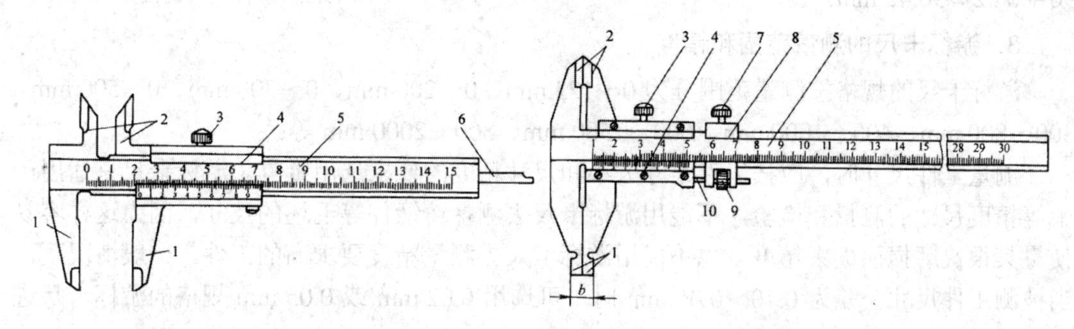

(a) 三用游标卡尺　　(b) 双面游标卡尺

1—外量爪；2—内量爪；3、7—紧定螺钉；4—游标；5—尺身；
6—测深杆；8—微调装置；9—微动螺母；10—螺杆

图 1-17　游标卡尺

1) 三用游标卡尺

如图 1-17(a)所示，三用游标卡尺由外量爪 1、内量爪 2、紧定螺钉 3、游标 4、尺身 5、测深杆 6 组成。旋松紧定螺钉 3 即可移动游标，调节卡尺内外量爪的开度(大小)，进行工件测量。

2) 双面游标卡尺

如图 1-17(b)所示，双面游标卡尺与三用游标卡尺相比，在其游标 4 上增加了微调装置 8，松开紧定螺钉 3 和 7 即可推动游标在尺身上移动。需要微动调节时，可将紧定螺钉 7 紧固，松开紧定螺钉 3，用手指转动微动螺母 9，通过螺杆 10 使游标微动，尺寸量好后，再拧紧紧定螺钉 3，使游标紧固。

2．游标卡尺的刻线原理和读数方法

常用的游标卡尺按其测量精度主要分为 1/20(0.05) mm 和 1/50(0.02) mm 两种。下面介绍 1/50(0.02) mm 游标卡尺的刻线原理和读数方法。

1) 游标卡尺的刻线原理

游标卡尺的尺身每小格 1 mm，当两量爪合并时，游标上的 50 格刚好与尺身上的 49 mm 对正，如图 1-18 所示。游标的每格长度为 49/50 mm = 0.98 mm，尺身与游标每格之差为 1 − 0.98 = 0.02 mm，此差值即为 1/50 mm 游标卡尺的测量精度。

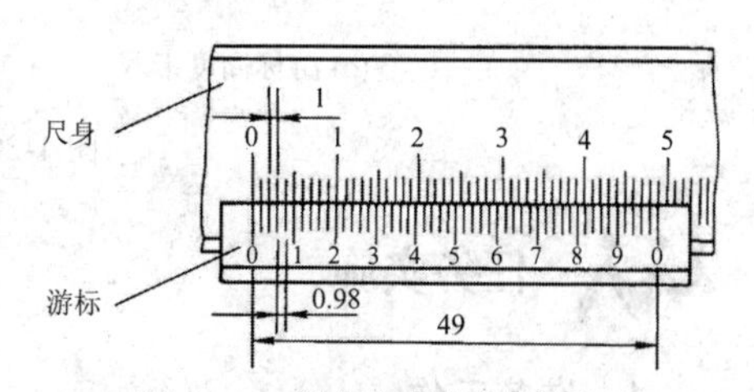

图 1-18　游标卡尺的刻线原理

2) 游标卡尺的读数方法

用游标卡尺测量工件时，其读数方法分为三个步骤，如图 1-19 所示。

(1) 读出游标零线以左尺身的整毫米数 90 mm。

(2) 读出游标零线以右与尺身刻线对齐的刻线数(第一条零线不算，第二条起每格算 0.02 mm)，将它乘以 0.02 得到小数 0.42 mm ($0.02 \times 21 = 0.42$ mm)。

(3) 将尺身和游标上的尺寸相加，即为测得尺寸，$90 + 0.42 = 90.42$ mm。

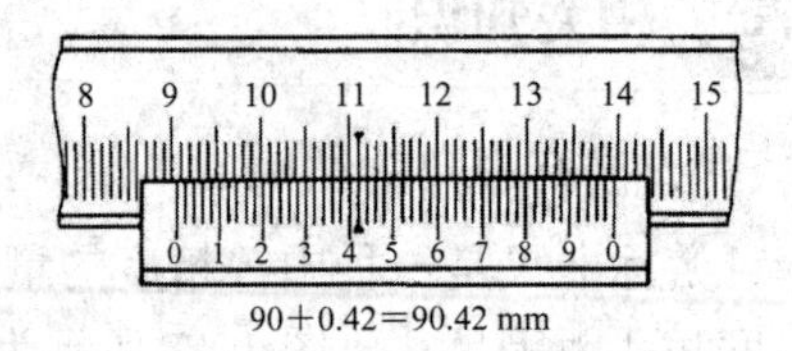

图 1-19　游标卡尺的读数示例

3．游标卡尺的测量范围和精度

游标卡尺的规格按测量范围分为 0～125 mm、0～200 mm、0～300 mm、0～500 mm、300～800 mm、400～1000 mm、600～1500 mm、800～2000 mm 等。

测量工件尺寸时，应按工件尺寸大小和尺寸精度的要求选用量具。游标卡尺只适用于中等精度尺寸的测量和检验，不能用游标卡尺去测量铸锻件等毛坯的尺寸，因为这样容易使量具很快磨损而失去精度，也不能用游标卡尺去测量精度要求高的工件。一般情况下，当被测工件尺寸公差为 0.10～0.35 mm 时，可选用 0.02 mm 或 0.05 mm 规格的游标卡尺进行测量。

另外，除了图 1-20(a)所示的普通游标卡尺外，还有深度游标卡尺(如图 1-20(b)所示)、游标高度卡尺(如图 1-20(c)所示)和齿厚游标卡尺(如图 1-20(d)所示)等，它们的刻线原理和读数方法与普通游标卡尺相同。

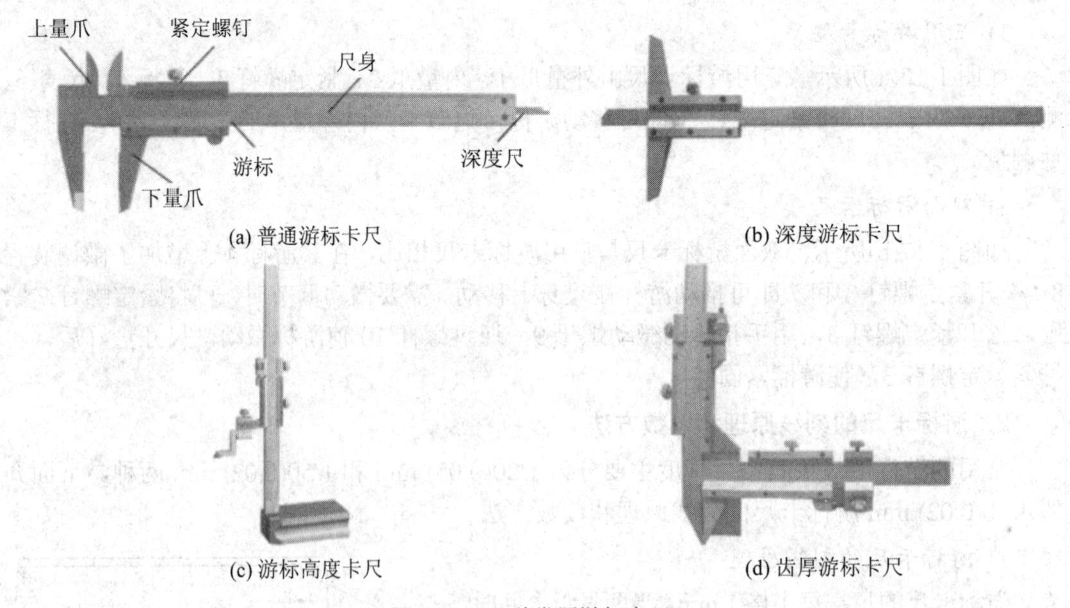

(a) 普通游标卡尺　(b) 深度游标卡尺

(c) 游标高度卡尺　(d) 齿厚游标卡尺

图 1-20　几种常用游标卡尺

任务实施

1．准备工作

(1) 工件准备。

轴套 45 钢，尺寸如图 1-16 所示。

(2) 工具、刃具、量具、辅具准备。

0.02 mm(0～150 mm)、0.02 mm(0～300 mm)游标卡尺各一把。

2. 任务分析

对于如图 1-16 所示的轴套，根据图样可知，需要测量工件的外径、孔径、长度、宽度、深度等，按图样中的尺寸进行测量。

3. 操作步骤

(1) 根据被测工件选用一把三用游标卡尺。

(2) 测量前，应检查(校对)游标卡尺零位的准确性。擦净游标卡尺量爪的两测量面，并将两测量面接触贴合，如无透光现象(或有极微小的均匀透光)，且尺身与游标的零线正好对齐说明游标卡尺零位准确，如图 1-21 所示。否则，说明游标卡尺量爪的两测量面已有磨损，需要修正。

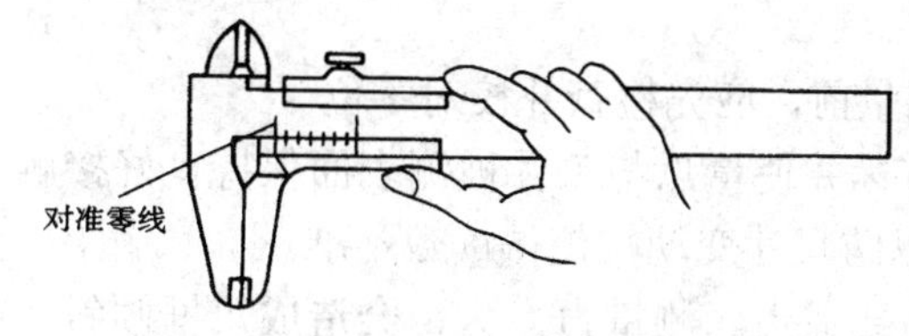

图 1-21　游标卡尺的零位校验

(3) 测量工件的外径(ϕ30 mm，ϕ50 mm)和长度(15 mm，40 mm)。

① 测量时，应将两量爪开度略大于被测尺寸，将固定量爪的测量面贴紧工件，然后轻轻移动游标，使活动量爪的测量面也紧靠工件，并使游标卡尺测量面的边线垂直于工件被测表面，而后把紧定螺钉拧紧，如图 1-22 和图 1-23 所示。

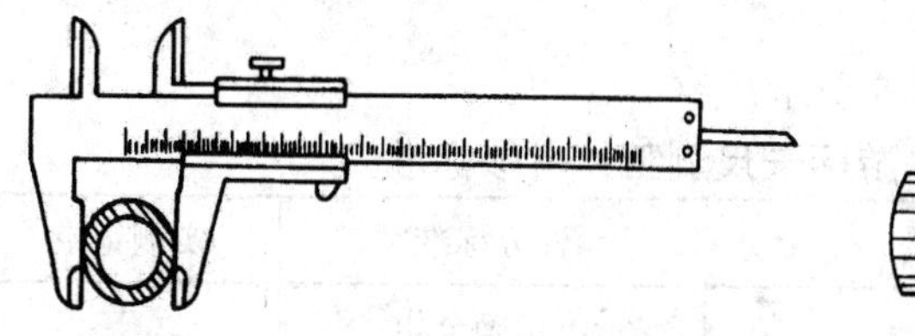

图 1-22　用游标卡尺测工件外圆　　图 1-23　用游标卡尺测工件长度

② 读数时，应水平持游标卡尺，对着光线明亮的地方，视线垂直于刻线表面(避免由斜视造成的读数误差)。

③ 准确读出游标卡尺的读数，做好记录。

(4) 测量工件的内径(ϕ20 mm，ϕ40 mm)。

① 测量时，应将两量爪开度略小于被测尺寸的内径，将固定量爪的测量面贴紧工件，然后轻轻移动游标，使活动量爪的测量面也紧靠工件，并使游标卡尺测量面的边线垂直于工件被测表面，再将紧定螺钉拧紧，如图 1-24 所示。

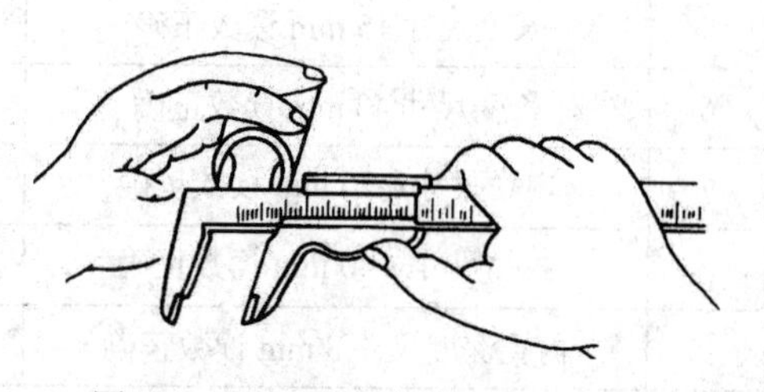

图 1-24　用三用游标卡尺测工件孔径

② 读数时，应水平持游标卡尺，对着光线明亮的地方，视线垂直于刻线表面(避免由斜视造成的读数误差)。

③ 准确读出游标卡尺的读数，做好记录。

(5) 测量工件的内孔深度(8 mm)。

① 测量时，应将测深杆伸长到略大于被测物的尺寸，将尺身的测量面贴紧工件，然后轻轻移动游标，使测深杆的测量面也紧靠工件，并使游标卡尺测量面的边线紧贴于工件被测表面，然后再将紧定螺钉拧紧，如图1-25所示。

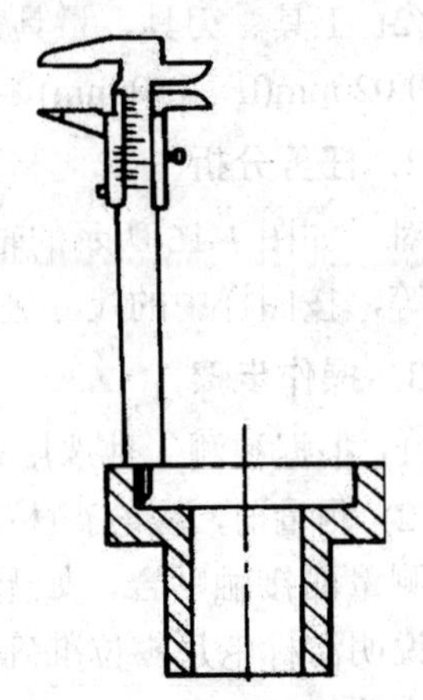

图 1-25　用游标卡尺测工件内孔深度

② 移开游标卡尺，对着光线明亮的地方水平持游标卡尺并读数，视线要垂直于刻线表面(避免由斜视造成的读数误差)。

③ 准确读出游标卡尺的读数，做好记录。

4．注意事项

(1) 使用游标卡尺测量前，应先检查并校对零位。

(2) 测量时，移动游标并使量爪与工件被测表面保持良好接触，取得尺寸后最好把紧定螺钉旋紧后再读数，以防尺寸变动，使得读数不准。

(3) 游标卡尺测量力要适当。测量力太大，会造成尺框倾斜，产生测量误差；测量力太小，卡尺与工件接触不良，使测量尺寸不准确。

(4) 游标卡尺在使用过程中，不要和工具、刀具放在一起，以免碰坏。

(5) 游标卡尺用完后，应及时擦净、涂油，放在专用盒中，保存在干燥处，以免生锈。

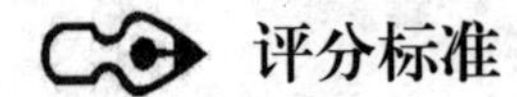

评分标准

游标卡尺测工件考核标准如表1-5所示。

表 1-5　游标卡尺测工件考核标准

序号	任务与技术要求	配分	评分标准	实测记录	得分
1	测量前先检查并校对零位	10	不正确全扣		
2	正确使用游标卡尺	10	总体评定		
3	外圆尺寸 ϕ 30 mm 读数正确	10	尺寸读数不正确全扣		
4	外圆尺寸 ϕ 50 mm 读数正确	10	尺寸读数不正确全扣		
5	长度尺寸 15 mm 读数正确	10	尺寸读数不正确全扣		
6	长度尺寸 40 mm 读数正确	10	尺寸读数不正确全扣		
7	内径尺寸 ϕ 20 mm 读数正确	10	尺寸读数不正确全扣		
8	内径尺寸 ϕ 40 mm 读数正确	10	尺寸读数不正确全扣		
9	内孔深度尺寸 8 mm 读数正确	10	尺寸读数不正确全扣		
10	游标卡尺的保养	10	违者每次扣5分		
总分：100	姓名：　学号：	实际工时：	教师签字：		学生成绩：

任务二　用千分尺测量工件

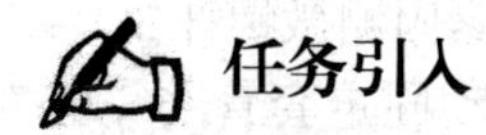

任务引入

使用千分尺测量如图 1-26 所示的轴套的各部分尺寸。

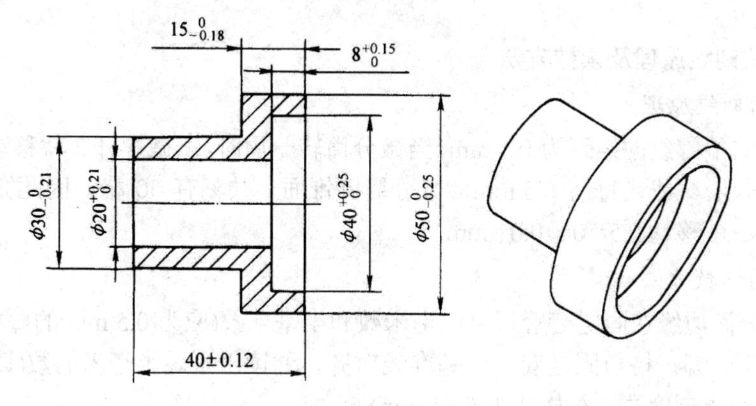

图 1-26　轴套

相关知识

1. 千分尺的结构

千分尺是一种精密量具，它的精度比游标卡尺高，而且比较灵敏。因此，对于加工精度要求较高的工件的尺寸，要用千分尺来测量。一般情况下，当被测工件尺寸公差为 0.015～0.03 mm 时，可选用千分尺进行测量。

千分尺由尺架 1、砧座 2、测微螺杆 3、锁紧装置 4、螺纹轴套 5、固定套管 6、微分筒 7、螺母 8、接头 9 和棘轮 10 组成。它的外形和结构如图 1-27 所示。

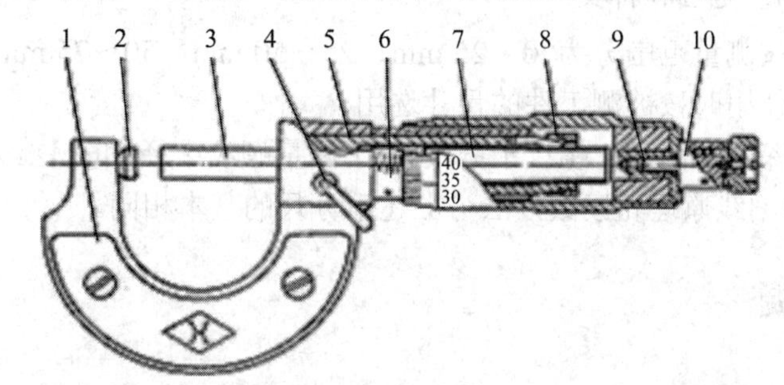

1—尺架；2—砧座；3—测微螺杆；4—锁紧装置；5—螺纹轴套；

6—固定套管；7—微分筒；8—螺母；9—接头；10—棘轮

图 1-27　千分尺的结构

尺架 1 右端的固定套管 6(上面有刻线)固定在螺纹轴套 5 上，而螺纹轴套 5 又和尺架 1 紧密配合成一体。测微螺杆 3 中间是精度很高的外螺纹，与螺纹轴套 5 上的内螺纹精密配合。当配合间隙增大时，可利用螺母 8 依靠锥面调节。测微螺杆另一端的外圆锥与接头 9 的内圆锥相配，并与棘轮 10 连接。由于接头 9 上开有轴向槽，依靠圆锥的推力使微分筒 7 与测微螺杆 3 和棘轮 10 结合成一体。棘轮旋转时，就带动测微螺杆和微分筒一起旋转，并沿轴向移动，即可测量尺寸。

测量时，为了防止尺寸变动，可转动锁紧装置 4，从而通过偏心锁紧固测微螺杆 3。

千分尺在测量前必须校正零位。如果零位不准，可用专用扳手转动固定套管 6。当零线偏离较多时，可松开紧定螺钉，使测微螺杆 3 与微分筒 7 松动，再转动微分筒来对准零位。

2. 千分尺的刻线原理及读数方法

1) 千分尺的刻线原理

测微螺杆 3 右端螺纹的螺距为 0.5 mm，当微分筒转一周时，测微螺杆 3 就移动 0.5 mm。固定套筒上刻有尺身刻线，每格 0.5 mm，微分筒圆锥面上共刻有 50 格，因此微分筒每转一格，测微螺杆 3 就移动 0.5/50＝0.01 mm。

2) 千分尺的读数方法

(1) 读出微分筒边缘在固定套管尺身的毫米数和半毫米数(应为 0.5 mm 的整数倍)。

(2) 看微分筒上哪一格与固定套管上基准线对齐，并读出不足半毫米的数(读出与轴向刻度中线重合的圆周刻度数，每格代表 0.01 mm)。

(3) 将两个读数相加就是测得的实际尺寸。

千分尺的读数方法如图 1-28 所示。

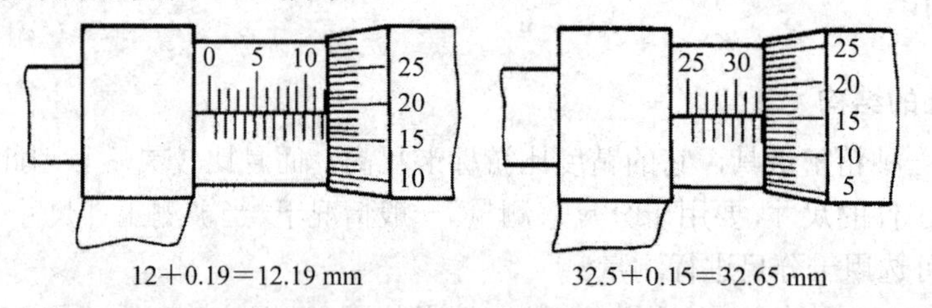

图 1-28　千分尺的读数方法

3. 千分尺的测量范围和种类

千分尺的规格按测量范围分为 0～25 mm、25～50 mm、50～75 mm、75～100 mm、100～125 mm 等，使用时按被测工件的尺寸选用。

内径千分尺、深度千分尺、螺纹千分尺(用于测量螺纹中径)和公法线千分尺(用于测量齿轮公法线长度)的刻线原理和读数方法与上述千分尺的基本相同。

任务实施

1. 准备工作

(1) 工件准备。

轴套 45 钢，尺寸如图 1-26 所示。

(2) 工具、刃具、量具、辅具准备。

0.01 mm(25～50 mm)、0.01 mm(50～75 mm)的千分尺。

2. 图样分析

对于如图 1-28 所示的轴套，根据图样可知，需要测量工件的外径、孔径、长度、宽度、深度等，按图样中的尺寸进行测量。

3. 操作步骤

(1) 选择一把 0.01 mm(25～50 mm)千分尺。

(2) 测量前，千分尺的测量面和工件的被测表面应擦拭干净，以保证测量准确，并检查千分尺零位的准确性，如图 1-29 所示。0～25 mm 的千分尺可直接校验(见图 1-29(a))，而 25～50 mm 的千分尺可用标准样柱校验(见图 1-29(b))。如未对准零位，可用扳手校准。

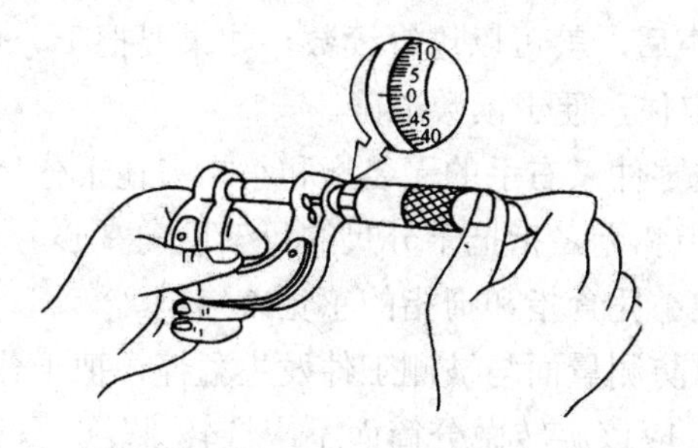

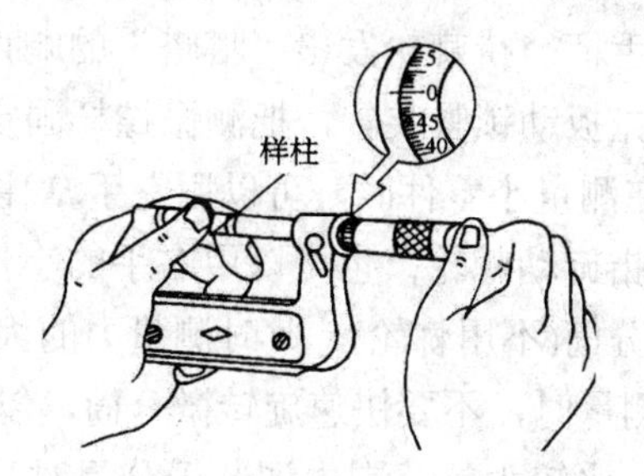

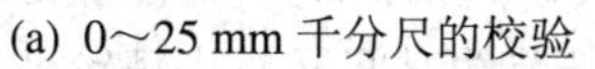

(a) 0～25 mm 千分尺的校验　　(b) 25～50 mm 以上千分尺的校验

图 1-29　千分尺的校验

(3) 测量工件的外径 ϕ30 mm。

① 千分尺可用单手或双手握持对工件进行测量，如图 1-30 所示。单手握测时，旋转力要适当，一般应将测微螺杆伸长到略大于被测工件的尺寸处，将砧座的测量面贴靠着工件，然后转动微分筒，当测量面刚接触工件表面时得到正确的读数，最后把锁紧装置锁紧。

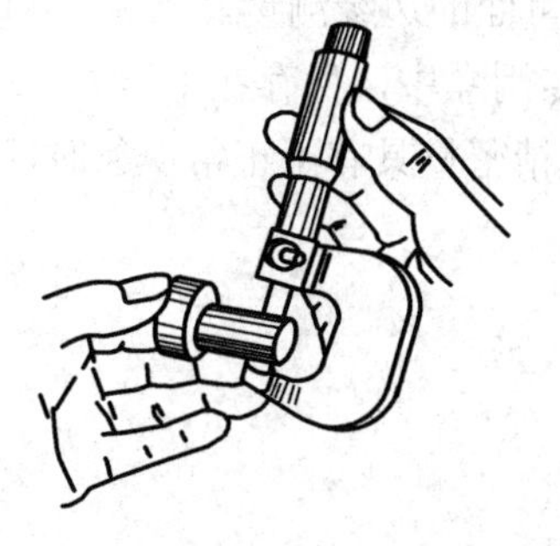

(a) 用单手握千分尺对工件进行测量

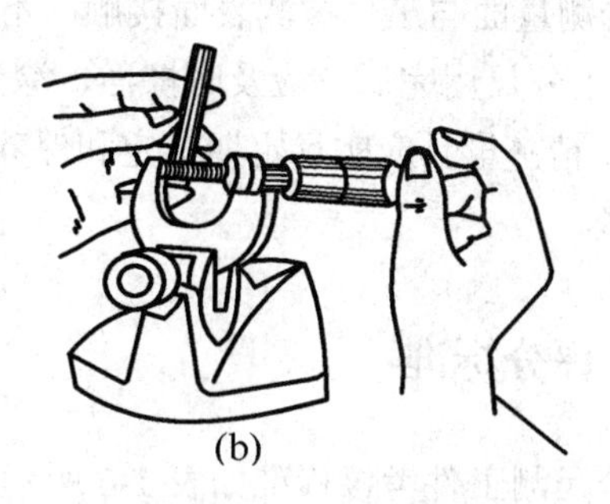

(b) 将千分尺固定在尺架上对工件进行测量

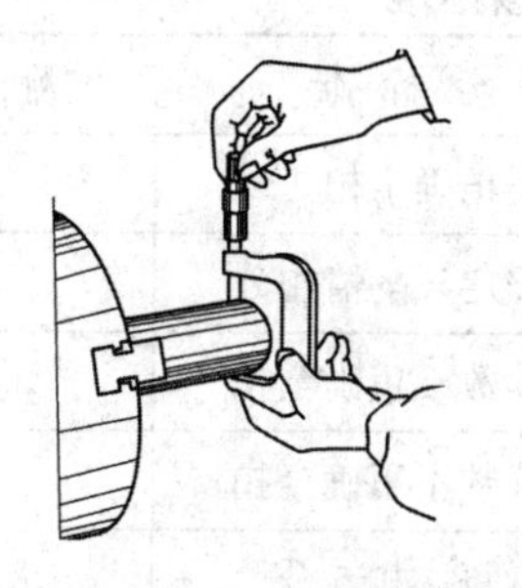

(c) 用双手握千分尺对工件进行测量

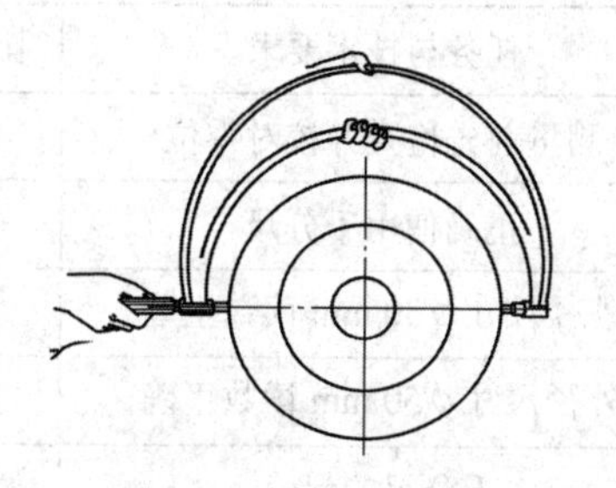

(d) 大尺寸千分尺对工件进行测量

图 1-30　千分尺的使用方法

② 读数时，应水平持千分尺，避免斜视造成的读数误差。

③ 读出千分尺的读数，做好记录。

(4) 测量工件的外径ϕ50 mm。

应选择一把 0.01 mm(50～75 mm)的千分尺，方法同(3)。

4．注意事项

(1) 先将测量面和被测量面擦净，以免脏物影响测量精度，加快量具磨损。

(2) 在使用过程中，不要将千分尺和工具、刀具放在一起，以免碰坏。

(3) 在测量时，当两个测量面快要与被测工件表面接触时，就不要再旋转微分筒，仅旋转棘轮手柄，待棘轮发出“嗒嗒”的响声后，就可以进行读数。如果要把千分尺拿下来读数，应先扳动锁紧装置，把测微螺杆固定住，便于读数准确。

(4) 在测量小零件时，可以用左手拿住零件，右手的无名指和小指夹住千分尺的尺架，食指和拇指旋动棘轮；也可以用右手的小指和无名指把千分尺的尺架压向掌心，食指和拇指旋转微分筒(不用棘轮)，此时测量力的大小凭食指和拇指的感觉来控制。

(5) 测量时，不要快速旋转微分筒，以防测量面与被测工件发生猛撞，把千分尺撞坏。

(6) 在比较大的范围内调节千分尺时，应该旋转微分筒而不应旋转棘轮。只有当测量面与被测工件快接触时才利用棘轮进行测量，这样既节约时间又防止棘轮过早磨损。退尺时，应旋转微分筒，而不应旋动后盖和棘轮，以防后盖松动影响零位。

(7) 为了减少测量误差，可在测量位置多测几次，取平均值。为了测出形状误差，可在工件上不同位置进行反复测量。

(8) 测量时，可以轻轻地晃动千分尺或被测工件，使测量面和工件被测表面接触好；要使整个测量面与工件被测表面接触，不要只用测量面的边缘测量。

(9) 千分尺用完后，应及时擦净、涂油，放在专用盒中，保存在干燥处，以免生锈。

(10) 精密量具应实行定期鉴定和保养。当发现精密量具有不正常现象时，应及时送计量室检修。

评分标准

千分尺测工件考核标准如表 1-6 所示。

表 1-6　千分尺测工件考核标准

序号	任务与技术要求	配分	评 分 标 准	实测记录	得分
1	测量前先检查并校对零位	10	不正确全扣		
2	正确使用千分尺	10	总体评定，酌情扣分		
3	外径尺寸ϕ30 mm 读数正确	35	尺寸读数不正确全扣		
4	外径尺寸ϕ50 mm 读数正确	35	尺寸读数不正确全扣		
5	千分尺的保养	10	违者每次扣 5 分		
总分：100	姓名：	学号：	实际工时：	教师签字：	学生成绩：

任务三 用百分表测量

任务引入

使用百分表检测如图 1-31 所示的工件的形状和位置误差。

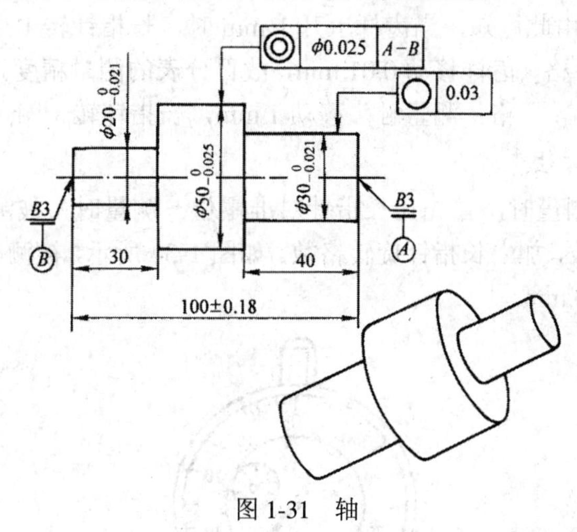

图 1-31 轴

相关知识

1．百分表的结构

钟面式百分表的结构如图 1-32 所示，主要由装夹套筒 1、表盘 2、指针 3、表壳 4、表体 5、测量杆 6 和测量触头 7 组成。

钟面式百分表检测工件时，需要安装在磁力表架上才能使用，钟面式百分表安装在磁力表架上的方法如图 1-33 所示。

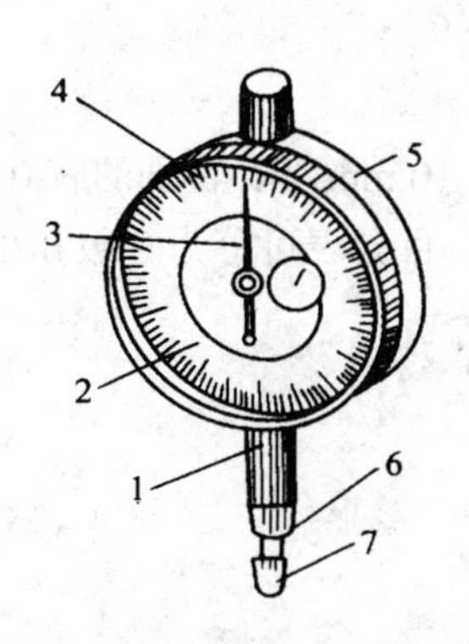

1—装夹套筒；2—表盘；3—指针；4—表壳；5—表体；6—测量杆；7—测量触头

图 1-32 钟面式百分表的结构

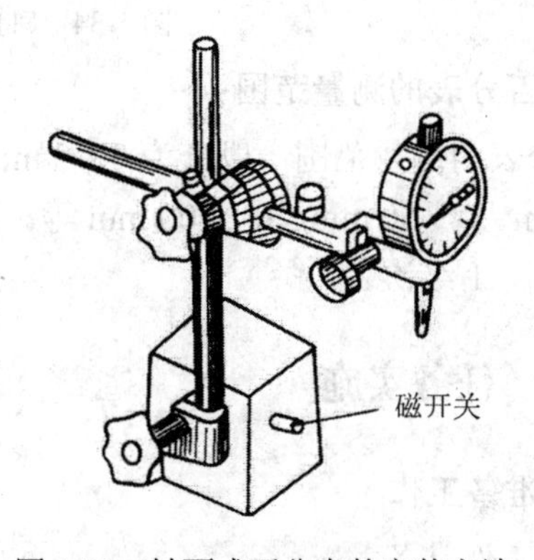

图 1-33 钟面式百分表的安装方法

百分表用于机械零件的尺寸、形状和位置偏差的相对值测量，也可用来检验机床设备的几何精度或调整工件的装夹位置。

2．百分表的刻线原理及读数方法

1) *百分表的刻线原理*

百分表齿杆的齿距是 0.625 mm，当齿杆上升 16 齿时，上升的距离为(0.625 × 16)mm = 10 mm，此时和齿杆啮合的 16 齿的小齿轮正好转动 1 周，而和该小齿轮同轴的大齿轮(100 个齿)也必然转 1 周。中间小齿轮(10 个齿)在大齿轮带动下将转 10 周，与中间小齿轮同轴的长指针也转 10 周。由此可知，当齿杆上升 1 mm 时，长指针转 1 周。表盘上共等分 100 格，所以长指针每转 1 格，齿杆移动 0.01 mm，故百分表的测量精度为 0.01 mm。测量触头移动 0.01 mm，长指针转一格；测量触头移动 1 mm，长指针转一圈，短指针转动一格。

2) *百分表的读数方法*

使用百分表进行测量时，首先让长指针对准零位。测量时，被测工件尺寸(或偏差)等于短指针旋转的整格数，加上长指针旋转格数。如图 1-34 所示，被测工件的尺寸(或偏差) = 1 mm + 0.40 mm = 1.40 mm。

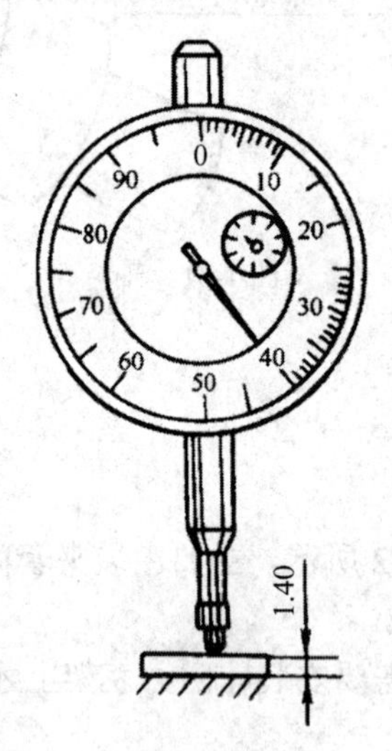

图 1-34　钟面式百分表的读数方法

3．百分表的测量范围

百分表的测量范围一般分为 0～3 mm、0～5 mm、0～10 mm 等，特殊的有 0～20 mm、0～30 mm、0～50 mm、0～100 mm 等。按制造精度分类，百分表可分为 0 级和 1 级。0 级精度最高，1 级次之。

任务实施

1．准备工作

(1) 工件准备。

如图 1-31 所示的轴。

(2) 工具、刃具、量具、辅具准备。

0.01 mm(0～10 mm)钟面式百分表(带磁力表座)、检验平板、偏摆仪各 1 个。

2．图样分析

对于如图 1-31 所示的轴，根据图样得知，需要测量工件的圆度、同轴度，可选用钟面式百分表进行测量。

3．操作步骤

(1) 选择一个钟面式百分表。测量前，把测量杆、测量触头和装夹套筒以及被测工件擦干净。

(2) 将百分表的底座水平吸附在平面上，调整表架各连接处，使百分表处于表架上能上下移动和前后移动的位置处，如图 1-35 所示。

(3) 测量圆柱形零件时，钟面式百分表测量杆的中心线要垂直地通过工件的轴心线，如图 1-36 所示；否则，不仅测量误差大，而且会把测量杆卡住(不能活动)，损坏百分表。

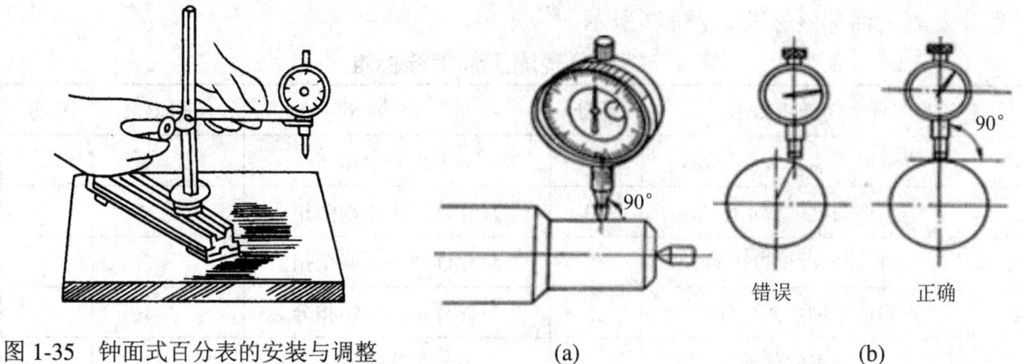

图 1-35　钟面式百分表的安装与调整

图 1-36　用钟面式百分表测圆柱时的安装方法

(4) 用钟面式百分表测量轴类工件的圆度及同轴度，如图 1-37 所示。测量时，将工件用两顶尖顶住，将百分表的测量触头与被测工件外圆面接触，测量触头对外圆表面应有 0.3～0.5 mm 的压入量。为了在测量中读数方便，测量前一般都把指针调到“0”位处。最后，转动工件，观察表针的变动量，表针所指的最大与最小范围的数值的差，即为同轴度的误差值。

读钟面式百分表时，眼睛要垂直观看指针，否则也会由于视差造成读数误差，如图 1-38 所示。当指针停在两条刻线之间时，可进行估读，读出小数第三位，即微米。

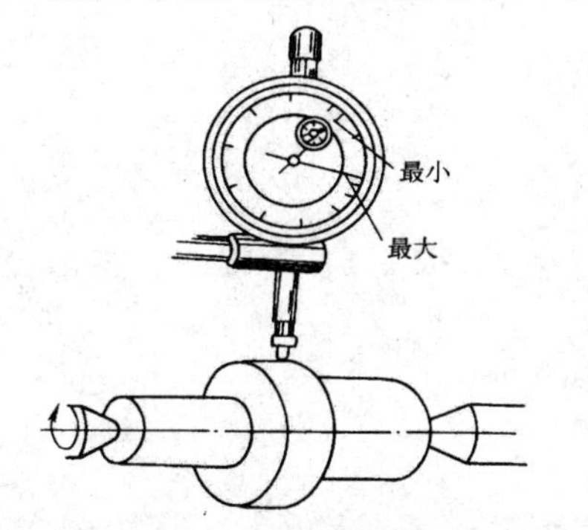

图 1-37　用钟面式百分表测轴类工件的圆度及同轴度

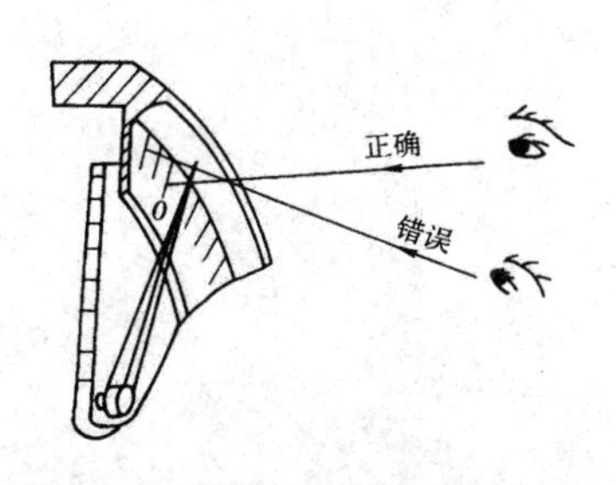

图 1-38　读钟面式百分表的方法

4．注意事项

(1) 使用百分表前，应擦干净表座底面、平板平面、工作台面及工件被测表面和基准表面。

(2) 在测量时，要把钟面式百分表夹在表架或其他牢固的支架上，千万不要图方便把表随便卡在不稳固的地方。这样不仅会造成测量结果不准，而且有可能把表摔坏。

(3) 钟面式百分表在使用过程中应避免受到冲击和振动。

(4) 测量前和测量中应检查测量触头是否松动。

(5) 测量时，测量杆的移动距离不能超出百分表的测量范围。

(6) 不要用百分表去测量毛坯或有显著凹凸的工件，否则会损坏测量触头。

评分标准

百分表测工件考核标准如表 1-7 所示。

表 1-7　百分表测工件考核标准

序号	任务与技术要求	配分	评 分 标 准	实测记录	得分
1	测量前正确安装百分表	10	不正确全扣		
2	工件圆度读数正确	30	尺寸读数不正确全扣		
3	工件同轴度读数正确	30	尺寸读数不正确全扣		
4	正确使用钟面式百分表	20	总体评定，酌情扣分		
5	百分表的保养	10	违者每次扣 5 分		
总分：100	姓名：　学号：	实际工时：	教师签字：	学生成绩：	

模块二　钳　　工

一、实训目的和要求

钳工的实训目的和要求：

(1) 了解钳工工作的特点及应用。

(2) 能正确使用钳工常用的工具、量具。

(3) 熟练掌握钳工的基本操作技能，能按图纸独立加工中等复杂程度的工件。

(4) 初步掌握钳工操作的安全生产知识。

二、钳工概述

1. 钳工的加工特点

钳工是一个技术工艺比较复杂、加工程序细致、工艺要求高的工种。它具有使用工具简单、加工多样灵活、操作方便和适应面广等特点。目前，虽然有各种先进的加工方法，但很多工作仍然需要钳工来完成，钳工在保证产品质量中起重要作用。

2. 钳工常用的设备和工具

钳工常用的设备有钳工工作台、台虎钳、钻床、手电钻、砂轮机等；常用的手用工具有划线盘、錾子、手锯、锉刀、刮刀、扳手、螺钉旋具、锤子等。

1) 钳工工作台

钳工工作台简称钳台，如图 2-1 所示，用于安装台虎钳，进行钳工操作；有单人使用和多人使用两种，用硬质木材或钢材做成。工作台要求平稳、结实，台面高度一般以装上台虎钳后钳口高度恰好与人手肘齐平为宜。

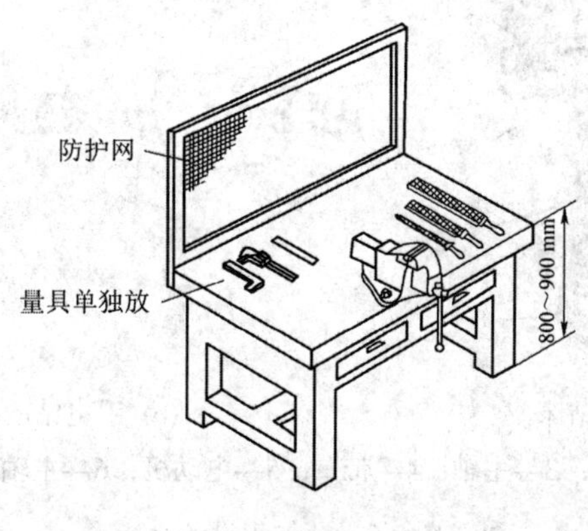

图 2-1　钳工工作台

2) 台虎钳

台虎钳是钳工最常用的一种夹持工具。凿切、锯割、锉削以及许多其他钳工操作都是在台虎钳上进行的。

钳工常用的台虎钳有固定式和回转式两种。图2-2所示为回转式台虎钳的结构图。台虎钳主体是用铸铁制成，由固定部分和活动部分组成。台虎钳固定部分由转盘锁紧螺钉固定在转盘座上，转盘座内装有夹紧盘，放松转盘锁紧手柄，固定部分就可以在转盘座上转动，以变更台虎钳方向。转盘座用螺钉固定在钳台上，连接手柄的螺杆穿过活动部分旋入固定部分上的螺母内。扳动手柄使螺杆从螺母中旋出或旋进，从而带动活动部分移动，使钳口张开或合拢，以放松或夹紧零件。

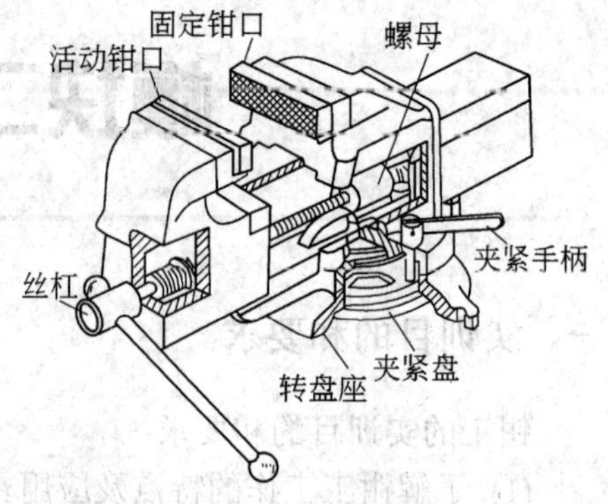

图2-2 回转式虎钳的结构图

为了延长台虎钳的使用寿命，台虎钳上端咬口处用螺钉紧固着两块经过淬硬的钢质钳口。钳口的工作面上有斜形齿纹，使零件夹紧时不致滑动。夹持零件的精加工表面时，应在钳口和零件间垫上纯铜皮或铝皮等软材料制成的护口片(俗称软钳口)，以免夹坏零件表面。

台虎钳规格以钳口的宽度来表示，一般为100～150 mm。

3) 钻床

钻床是用于孔加工的一种机械设备，它的规格用可加工孔的最大直径表示，其品种、规格颇多。其中，最常用是台式钻床(台钻)，如图2-3 (a)所示。这类钻床小型轻便，安装在台面上使用，操作方便且转速高，适于加工中、小型零件上直径在16 mm以下的小孔。

4) 手电钻

图2-3(b)所示为两种手电钻的外形图。手电钻主要用于钻直径在12 mm以下的孔，常用于不便使用钻床钻孔的场合。手电钻的电源有单相(220 V、36 V)和三相(380 V)两种。根据用电安全条例，手电钻额定电压只允许36 V。手电钻携带方便，操作简单，使用灵活，应用较广泛。

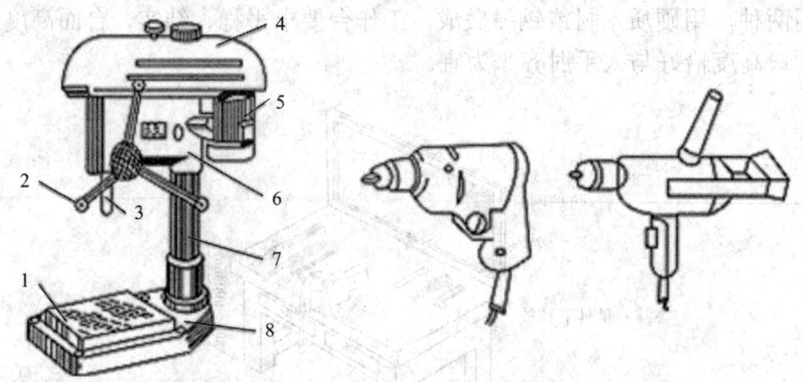

(a) 台式钻床　　(b) 手电钻的外形图

1—工作台；2—进给手柄；3—主轴；4—带罩；5—电动机；6—主轴架；7—立柱；8—机座

图2-3 孔加工设备

3. 钳工的工作范围

钳工的工作范围主要有：

(1) 用钳工工具进行修配及小批量零件的加工。

(2) 精度较高的样板及模具的制作。

(3) 整机产品的装配和调试。

(4) 机器设备(或产品)使用中的调试和维修。

4. 安全操作规程

钳工工作的安全操作规程有：

(1) 使用锉刀、手锤等钳工工具前应仔细检查是否牢固可靠，有无损裂，不合格的不准使用。

(2) 凿、铲工件及清理毛刺时，严禁对着他人进行工作，要戴好防护镜，防止铁屑飞出伤人。使用手锤时，禁止戴手套。不准用扳手、锉刀等工具代替手锤敲打物件，不准用嘴吹或手摸铁屑，以防伤眼伤手。

(3) 用台虎钳夹持工件时，钳口不允许张得过大(不准超过最大行程的 2/3)。夹持圆工件或精密工件时，应用铜垫，以防工件坠落或损伤工件。

(4) 钻小工件时，必须用夹具固定，不准用手拿着工件钻孔。使用钻床加工工件时，禁止戴手套操作。

(5) 使用扳手紧固螺丝时，应检查扳手和螺丝有无裂纹或损坏。在紧固时，不能用力过猛或用手锤敲打扳手，大扳手需要套管加力。在此过程中，应注意安全。

(6) 使用手提砂轮前，必须仔细检查砂轮片是否有裂纹，防护罩是否完好，电线是否磨损、是否漏电，运转是否良好。使用完后，放置于安全可靠处，防止砂轮片接触地面和其他物品。

(7) 使用非安全电压的手电钻、手提砂轮时，应戴好绝缘手套，并站在绝缘橡皮垫上。在钻孔或磨削时，应保持用力均匀，严禁用手触摸转动的砂轮片和钻头。

(8) 使用手锯要防止锯条突然折断，造成割伤事故；使用千斤顶时，要放平提稳，不顶托易滑部位，以防发生意外事故；多人配合操作要有统一指挥及必要的安全措施，协调操作。

(9) 使用剪刀剪铁皮时，手要离开刀刃，剪下的边角料要集中堆放，及时处理，防止刺戳伤人；带电工件需焊补时，应切断电源。

项目一　划　　线

根据图样要求，在毛坯或半成品上划出加工图形、加工界限或加工时找正用的辅助线称为划线。

划线分平面划线和立体划线两种，如图 2-4 所示。平面划线是在零件的一个平面或几个互相平行的平面上划线。立体划线是在工件的几个互相垂直或倾斜平面上划线。

划线多数用于单件、小批生产，如新产品试制和工具、夹具、模具的制造。划线的精度较低；用划针划线的精度为 0.25～0.5 mm，用高度游标尺划线的精度为 0.1 mm 左右。

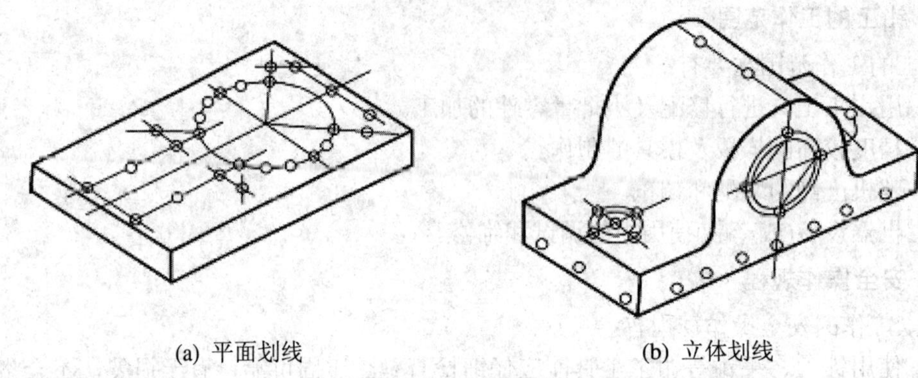

(a) 平面划线　　(b) 立体划线

图 2-4　划线的种类

划线的目的：

(1) 划出清晰的尺寸界线以及尺寸与基准间的相互关系，这样既便于零件在机床上找正、定位，又使机械加工有明确的标志。

(2) 检查毛坯的形状与尺寸，及时发现和剔除不合格的毛坯。

(3) 通过对加工余量的合理调整分配(即划线“借料”的方法)，使零件加工符合要求。

一、划线工具及其用法

划线常用的工具有划线平板、千斤顶、V 形铁、方箱、划针、划卡、划规、划线盘、高度游标尺和样冲等。

1．划线平板

划线平板是划线的基准工具，如图 2-5 所示。它由铸铁制成，其上平面是划线用的基准平面，要求非常平直和光洁。平板要安放牢固，上平面应保持水平，以便稳定地支承工件。平板不准碰撞和用锤敲击，以免降低其精度。平板若长期不用时，应涂防锈油并用木板护盖。

2．千斤顶

千斤顶用于平板上支承较大及不规则的工件，其高度可以调整，以便找正工件。通常用三个千斤顶来支承工件，如图 2-6 所示。

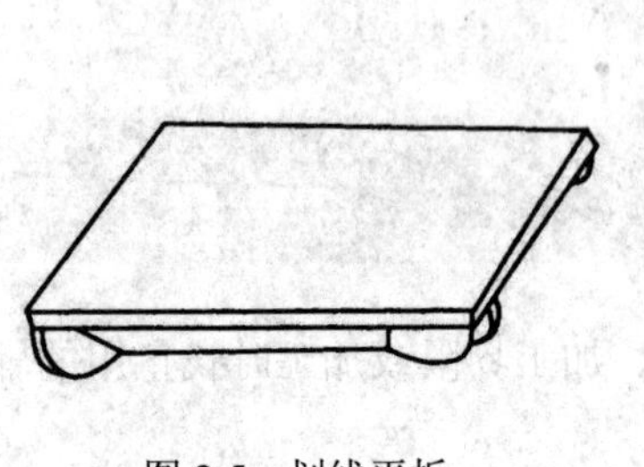

图 2-5　划线平板

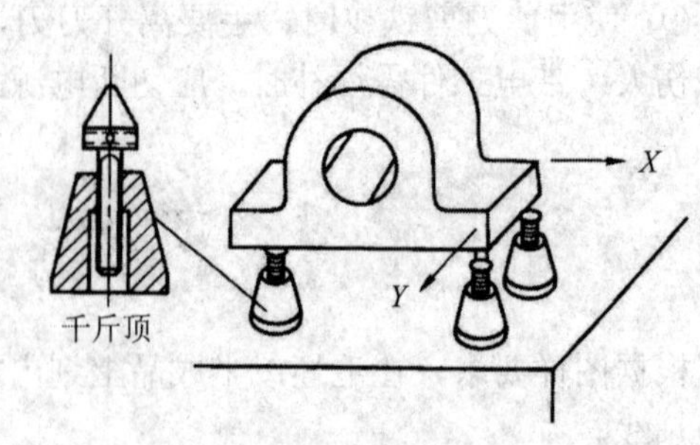

图 2-6　千斤顶及其用途

3．方箱

方箱用于夹持较小的工件，方箱上各相邻的两面均相互垂直。通过翻转方箱，便可以在工件表面上划出相互垂直的线来，如图 2-7 所示。

4．划针

划针用于在工件表面上划线，如图 2-8 所示。

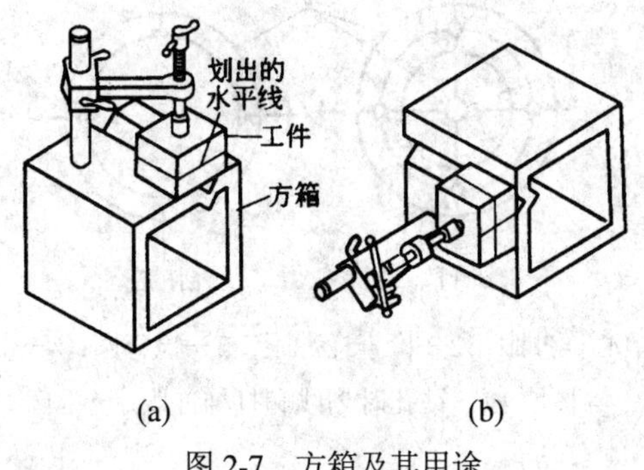

(a)　　(b)

图 2-7　方箱及其用途

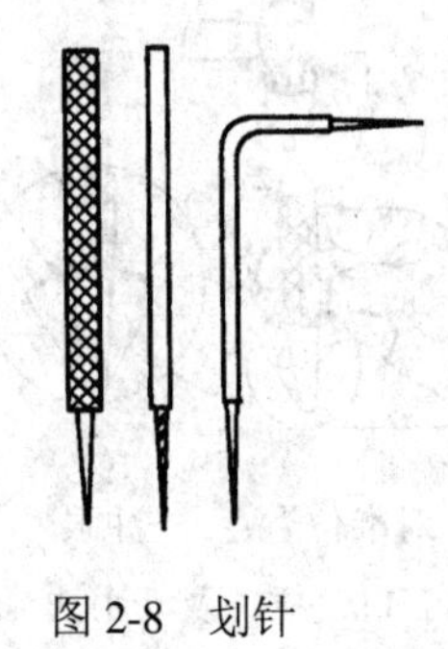

图 2-8　划针

5．划卡

划卡主要用于确定轴和孔的中心位置，如图 2-9 所示。

6．划规

划规是平面划线作图的主要工具，如图 2-10 所示。其用法与几何作图中的圆规类似。

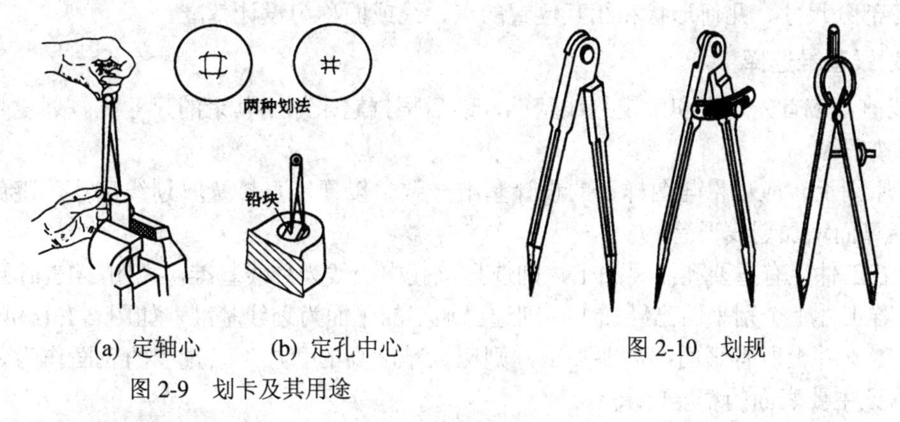

(a) 定轴心　　(b) 定孔中心

图 2-9　划卡及其用途

图 2-10　划规

7．高度游标尺

高度游标尺是精密工具，用于半成品(光坯)的划线，不允许用它在毛坯上划线。使用时，要防止碰坏硬质合金划线脚。

8．样冲

样冲是用于划线时在线上或线的交点上冲眼的工具。样冲眼的目的是加强加工界限，使划出的线条具有永久性的位置标记，并为划圆、划圆弧时打定心脚点。样冲一般用工具钢制成，尖端要淬硬。样冲及其用法如图 2-11 所示，具体使用时还应注意下列事项：

(1) 样冲眼位置要准确，样冲尖应正对线条宽度中间，样冲眼之间的距离视线条的长短、曲直而定。一般长直线条样冲眼可稀些，曲线上的样冲眼宜密些。

(2) 在线的连接点及交叉点处都必须打样冲眼。

(3) 在粗糙表面上，样冲眼宜打深些；在薄板、中心线及辅助线上，宜打浅些；精加工表面上，禁止打样冲眼。

(4) 划好圆后，圆的中心处的样冲眼最好要打大些，以便钻孔时钻头容易对正。

图 2-12 所示为钻孔时划线和打样冲眼示意图。

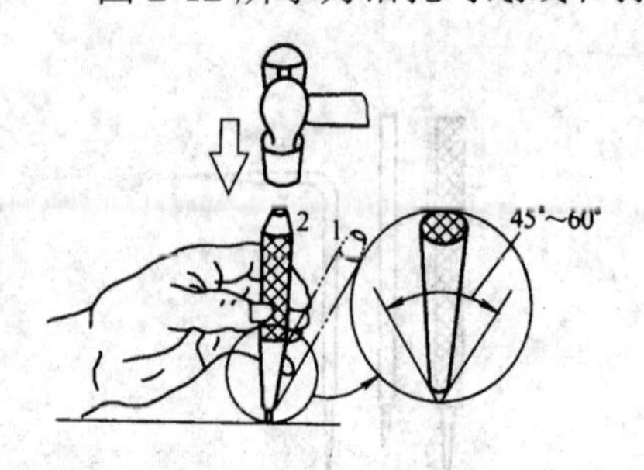

1—.对准位置；2—冲眼

图 2-11　样冲及其用法

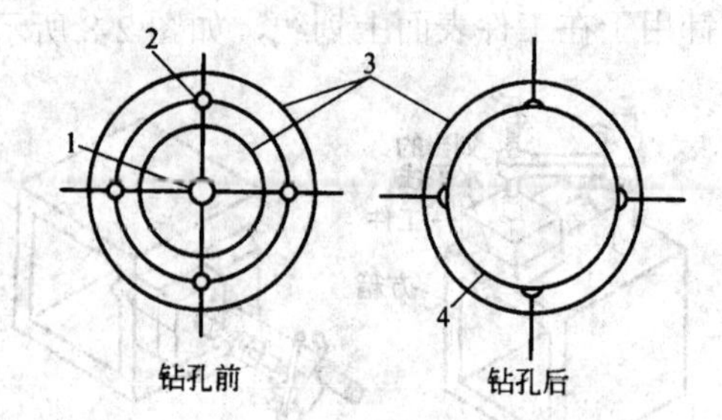

1—定中心样冲眼；2—检查样冲眼；3—检查圆；4—钻出的孔

图 2-12　钻孔时划线和打样冲眼示意图

二、划线基准

1. 划线基准

在工件上划线时，选择工件上某个点、线、面作为依据，调节每次划线的高度，划出其他点、线、面的位置，这些作为依据的点、线、面称为划线基准。在零件图上，用来确定零件各部分尺寸、几何形状和相互位置的点、线或面称为设计基准。

2. 划线基准选择

划线前，应首先选择和确定划线基准，然后根据它来划出其余的尺寸线。划线基准的选择原则如下：

(1) 原则上，应尽量与图样上的设计基准一致，以便能直接量取划线尺寸，避免因尺寸间的换算而增加划线误差。

(2) 若工件上有重要孔需要加工，则选择该孔中心线为划线基准，如图 2-13(a)所示。

(3) 若工件上个别平面已经加工，则选已加工的平面为划线基准，如图 2-13(b)所示。

(4) 若工件上所有平面都需要加工，则应以精度高的和加工余量少的表面作为划线基准，以保证主要表面的精度要求。

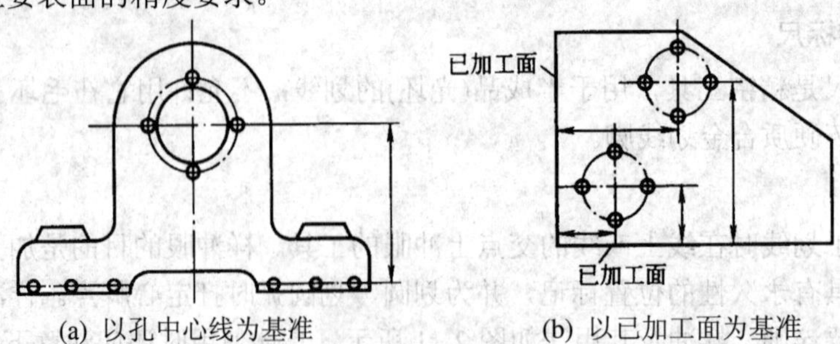

(a) 以孔中心线为基准　　(b) 以已加工面为基准

图 2-13　划线基准

三、划线前的准备

1. 熟悉图样

划线前，应仔细阅读图样及技术要求，明确划线内容、划线基准及划线步骤，准备好划线工装。

2. 工件的检查

划线前，应检查工件的形状和尺寸是否符合图样与工艺要求，以便能够及时发现和处理不合格品，避免造成损失。

3. 清理工件

划线前，应对工件进行去毛边、去毛刺、去氧化皮及清除油污等清理工作，以便涂色划线。

4. 工件涂色

为使划出的线条清楚，可在工件的划线部位涂上一层薄而均匀的涂料。常用的涂料有石灰水(在其中加入了适量的牛皮胶来增加附着力)，用于表面粗糙的铸锻件毛坯上的划线；酒精色溶液(在酒精中加漆片和紫蓝染料配成)和硫酸铜溶液，用于已加工表面上的划线。

5. 在工件孔中装塞块

划线前，如果需要找出毛坯孔的中心，应先在孔中装入木块或铅块。

四、划线过程(平面划线)

平面划线是用钢直尺、90° 角尺、划规、划针等工具在金属表面上作图。平面划线可以在划线平台上进行，也可以在钳台上进行，平面划线示例如图 2-15 所示。划线操作步骤如下：

1. 准备工作

(1) 分析图样，根据工艺要求，明确划线位置和划线基准，确定以 A 面为高度基准，以中心线 B 为宽度方向基准，如图 2-14(a)所示。

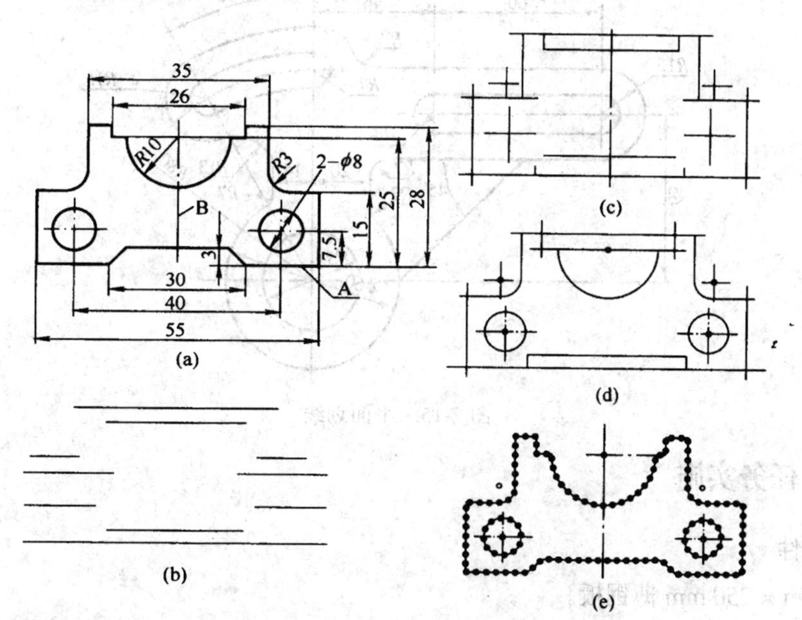

图 2-14 平面划线示例

(2) 准备好划线工具，并检查毛坯是否有足够的加工余量。如果毛坯合格，再对毛坯进行清理。

(3) 在毛坯划线表面上均匀地刷涂料，待涂料干后再进行划线。

2．划线

(1) 确定待划图样位置。先划出高度基准 A 的位置线，再相继划出其他要素的高度位置线(即平行于基准 A 的线)，如图 2-14(b)所示。

(2) 划出宽度基准 B 的位置线，同时划出其他要素宽度的位置线，如图 2-14(c)所示。

(3) 用样冲在各圆心进行冲眼，并划出各圆和圆弧，如图 2-14(d)所示。

(4) 划出各处的连接线，完成工件的划线工作。

(5) 检查图样各方向划线基准选择的合理性，各部位尺寸的正确性。线条要清晰、无遗漏、无错误。

3．打样冲眼

在划好线的图上打样冲眼，显示各部位尺寸及轮廓，如图 2-14(e)所示。

任务一 平面划线

任务引入

如图 2-15 所示的平面图形，按 1∶1 的比例，在 200 mm × 250 mm 的薄钢板上完成平面划线。

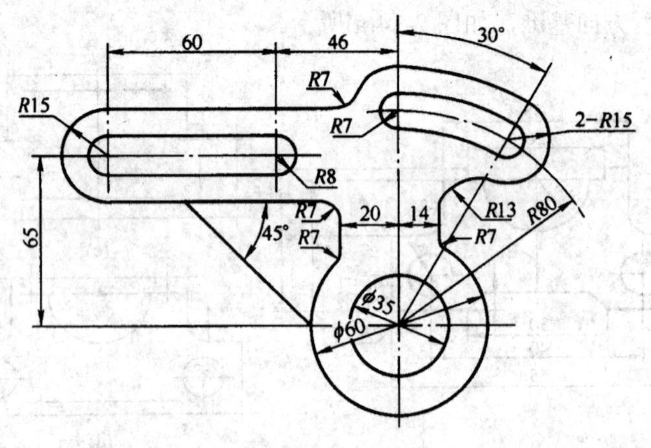

图 2-15　平面划线

任务实施

1．备件

200 mm × 250 mm 薄钢板。

2．工具、量具

划线平板、划针、划规、样冲、手锤、钢直尺、90° 角尺、万能角度尺等。

3．操作步骤

(1) 准备好划线所用的工具、量具，并对工件进行清理和划线表面涂色。

(2) 划线。首先，分别划出各已知水平位置线和垂直位置线，然后，用样冲在ϕ35 mm孔、尺寸 60 mm 的长形腰孔、30° 的弧形腰孔的圆心上冲眼，并划出各已知圆弧和圆；最后，划出各处的连接线，完成工件的划线工作。

(3) 在划好线的图形上打样冲眼，最终显示出各部位尺寸及轮廓。

评分标准

平面划线的考核标准如表 2-1 所示。

表 2-1　平面划线的考核标准

序号	考核项目	配分	评分标准	得分
1	涂色薄面均匀	5	根据所有涂色处总体评定	
2	图形正确、分布合理	12	每差错一处，扣 2 分	
3	划线尺寸误差小于 ±0.30 mm	30	每差错一处，扣 2 分	
4	划线角度误差小于 ±0.5°	3	超差不得分	
5	线条清晰无重复	14	一处线条重复或模糊，扣 2 分	
6	冲眼准确，分布合理	12	根据具体情况酌情扣分	
7	圆弧与直线、圆弧与圆弧连接圆滑	14	一处连接不好，扣 2 分	
8	使用工具正确、操作姿势正确	10	根据具体情况酌情扣分	
9	安全文明生产		违反规定酌情扣分	
10	工时 50 min		每超时 3 min 扣 2 分	
总分：100	姓名：　学号：	实际工时：	教师签字：	学生成绩：

任务二　立体划线

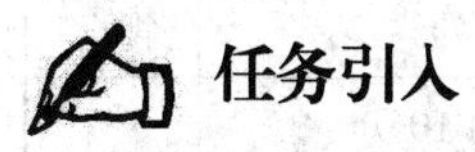

任务引入

对如图 2-16 所示的对边距离为 24 mm 的正六棱柱体，按 1∶1 的比例，在备料上完成立体划线。

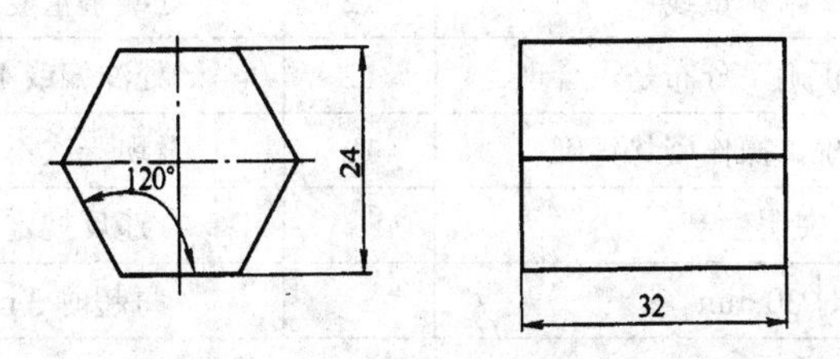

图 2-16　正六棱柱体尺寸

任务实施

1．备件

Q235 钢，ϕ30 mm × 32 mm，端面车平的正六棱柱体。

2．工具、量具

划线平板、V 形铁、游标高度尺、划针、样冲、游标卡尺、万能角度尺等。

3．操作步骤

(1) 准备好划线所用的工具、量具，并对工件进行清理和划线表面涂色。

(2) 将工件安放在 V 形铁上，调整游标高度尺至中心位置，划出中心线，并记下中心高度的尺寸数值，如图 2-17(a)所示。

(3) 根据图样中正六边形对边距离尺寸，调整游标高度尺在圆柱体工件上划出与中心线平行的两条正六角边线，如图 2-17(b)所示。

(4) 依次在工件端面及圆周面上连接圆上各点，打上样冲眼后，便完成圆内接正六角体的划线工作，如图 2-17(c)所示。

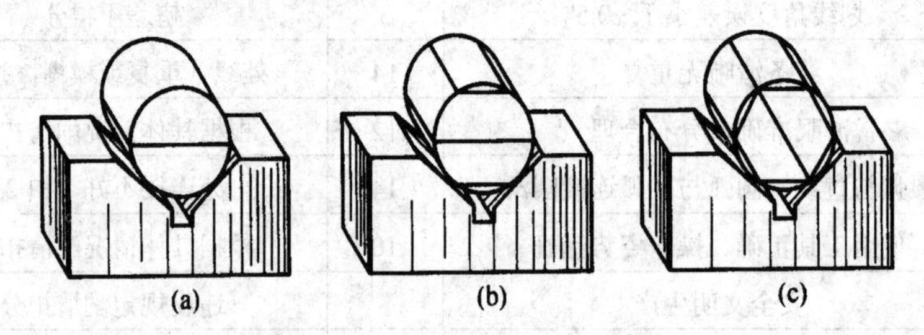

图 2-17　正六棱柱体的划线方法

评分标准

正六棱柱体划线的考核标准如表 2-2 所示。

表 2-2　正六棱柱体划线的考核标准

序号	考 核 项 目	配分	评 分 标 准	得分
1	划线尺寸误差小于 ±0.30 mm(3 处)	30	每一处超差扣 10 分	
2	120° 角度误差 < ±0.5° (6 处)	30	每一处超差扣 5 分	
3	涂色薄面均匀	4	根据所有涂色总体评定	
4	线条清晰无重线	12	一处线条重复或模糊扣 2 分	
5	冲点位置是否正确，分布是否合理	12	一处冲偏或不合理扣 2 分	
6	使用工具正确、操作姿势正确	12	发现一次不正确扣 2 分	
7	安全文明生产		违反规定酌情扣分	
8	工时 30 min		每超时 3 min 扣 2 分	
总分：100	姓名： 学号： 实际工时：		教师签字：	学生成绩：

项目二　锯　　削

锯削是用锯对工件或材料进行切断或开槽的一种切削加工方法。手工锯削是钳工的一项重要操作技能。

一、手锯的构造

手锯由锯弓和锯条组成。

1．锯弓

锯弓是用来安装锯条的，它有固定式和可调式两种，如图 2-18 所示。固定式锯弓是整体的，安装固定长度的锯条；可调式锯弓由前后两段组成，通过调整可以安装不同长度规格的锯条。

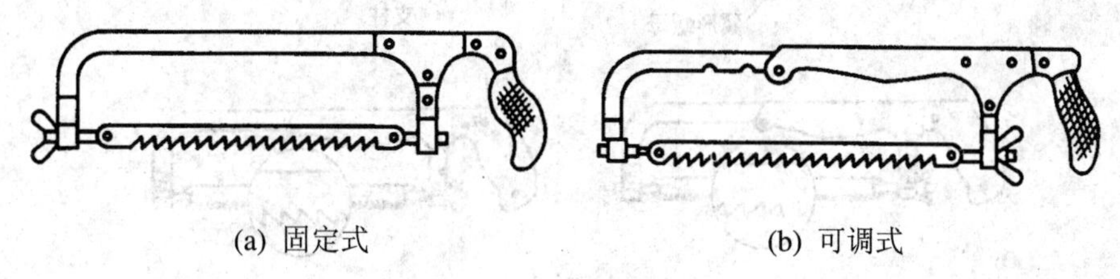

(a) 固定式　　(b) 可调式

图 2-18　锯弓

2．锯条及选用

1) 锯条的材料和规格

锯条常用碳素工具钢或高速钢制造，其规格以锯条两端小孔中心距的大小来表示。常用手工锯条长 300 mm、宽 12 mm、厚 0.8 mm。

2) 锯齿的形状

锯齿是锯条的切削部分，其形状如图 2-19 所示。锯齿的排列多为交错形和波浪形，以减少锯条与锯缝之间的摩擦，利于排屑。图 2-20 所示为锯齿波形排列。

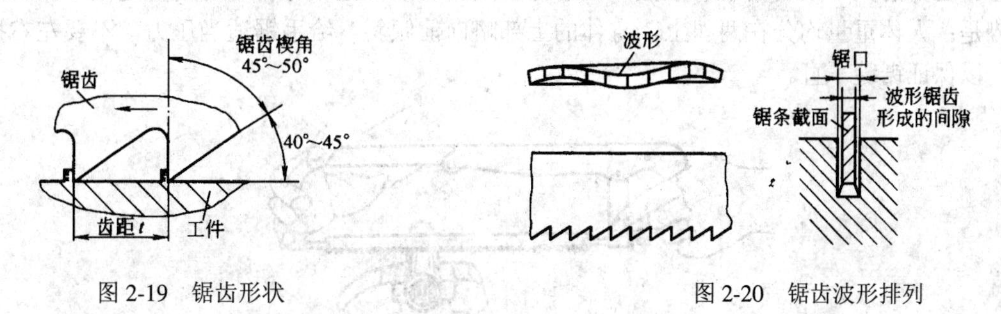

图 2-19　锯齿形状　　图 2-20　锯齿波形排列

3) 锯齿的分类

锯齿的分类是按锯条上每 25 mm 长度内所含齿数多少来确定的。齿数在 14～18 之间的称为粗齿锯条，齿数在 24～32 之间的称为细齿锯条，齿数介于两者之间的称为中齿锯条。

4) 锯条的选用

锯条通常根据工件材料的硬度及厚度来选用。锯削铜、铝等软材料或厚工件时，因锯屑较多，要求有较大的容屑空间，故选用粗齿锯条；锯削硬钢等硬材料时，锯齿不易切入，锯削量小，不需要大的容屑空间，故选用细齿锯条；对于薄壁工件，在锯削时锯齿易被工件勾住而崩刃，需同时工作的齿数多(至少 3 个齿能同时参加工作)，故应选用细齿锯条；锯削普通钢材、铸铁等中等硬度材料或中等厚度工件时，应选用中齿锯条。

二、锯切的步骤和方法

1. 锯条的安装

锯条的安装如图 2-21 所示，由于手锯是在前推时才起切削作用，向后拉时不起切削作用，因此应使锯齿朝前，利用锯条两端安装孔将其装于锯弓两端支柱上，用翼形螺母紧固。

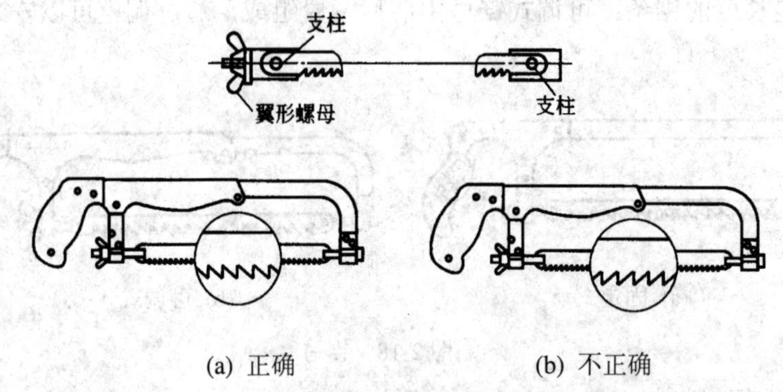

(a) 正确　　(b) 不正确

图 2-21　锯条的安装

锯条安装后，要保证锯条平面与锯弓中心平面平行，不得倾斜和扭曲；否则，锯削时锯缝极易歪斜。另外，安装锯条的松紧程度也应适当，太紧锯条受力过大，锯条容易折断；太松锯条容易扭曲，锯缝易歪斜，也易折断。

2. 手锯的握法及锯削姿势

锯削时，手锯的握法，如图 2-22 所示。握锯时，以右手满握锯柄，左手轻扶锯弓前端，推力和压力的大小主要由右手掌握，左手主要配合右手扶正锯弓，不可用力过大。锯削的姿势是：人体重量均分在两腿上，身体的上部略向前倾斜，给手锯适当压力，不要左右摆动，以保证锯缝平直。

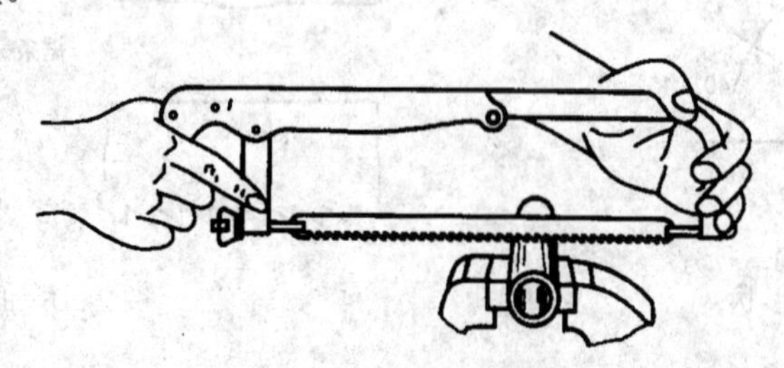

图 2-22　手锯的握法

3. 起锯

起锯是锯削工作的开始。起锯的好坏，直接影响锯削质量。如果起锯不正确，那么会使锯条跳出锯缝，将工件拉毛或引起锯齿崩裂。起锯分远起锯和近起锯两种，如图 2-23 所示。一般采用远起锯，这种方法起锯方便，不易卡住。

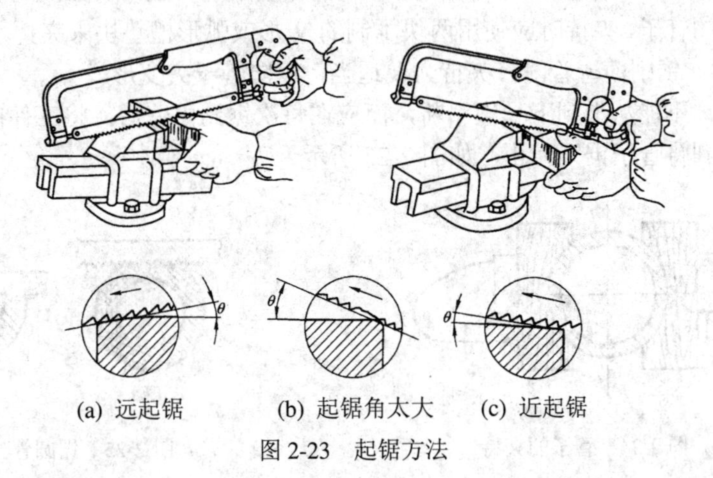

(a) 远起锯　(b) 起锯角太大　(c) 近起锯

图 2-23　起锯方法

起锯时，应注意下列事项：

(1) 为使起锯的位置准确、平稳，可用左手拇指靠住锯条定位。

(2) 起锯时，行程要短，压力要小，速度要慢。

(3) 起锯角为 15° 左右为宜。起锯角太大，起锯不易平稳，尤其是近起锯时，锯齿会被工件棱边卡住引起崩裂，如图 2-23(b)所示；起锯角太小，锯条不易切入工件，还可能会打滑，把工件表面锯坏。

4．锯削运动和速度

锯削运动一般采用小幅度的上下摆动式运动。即手锯推进时，身体略向前倾，双手压向手锯的同时，左手上翘、右手下压；回程时，右手上抬，左手自然跟回。快锯断时，用力应轻，以免碰伤手臂和折断锯条。

锯削速度以每分钟 30～60 次为宜，锯硬材料时可慢些，锯软材料时可快些。锯削时，要用锯条全长工作，以免锯条中间部分迅速磨钝。发现锯缝歪斜时，不要强行扭正，而应将工件翻转 90° 后重新起锯。

5．工件的夹持

工件一般夹在台虎钳的左边，以便操作；工件伸出钳口不应过长，要防止工件在锯削时产生振动；锯缝线要与钳口侧面保持平行，以防锯斜；工件要夹牢，以防锯削时工件移动而引起锯条折断。

三、典型锯削

1．棒料的锯削

若锯削断面要求平整光洁，则采用一次起锯法锯削，即从一个方向开始起锯，连续锯到结束为止；若对断面要求不高，为减小切削阻力和摩擦力，则采用多次起锯法锯削，即在锯入一定深度后再将棒料转过一定角度后重新起锯，如此反复几次从不同方向锯削，最后锯断。多次起锯法比较省力，工作效率高，但断面质量不高。

2．管子的锯削

锯削前，应在管子圆周上划出垂直于轴线的锯削线。锯削时，必须将管子正确夹持。对已加工表面的管子，夹持时应使用两块木制的V形或弧形槽垫块来夹持，以防夹伤管子，如图2-24所示。锯削薄壁管时，夹持力要适当，以防管子夹变形。

锯圆管时，不能从上到下一次锯断，而应在每次锯到内壁后，将工件向推锯方向转过一定角度，直到将管子锯开为止，如图2-25所示。

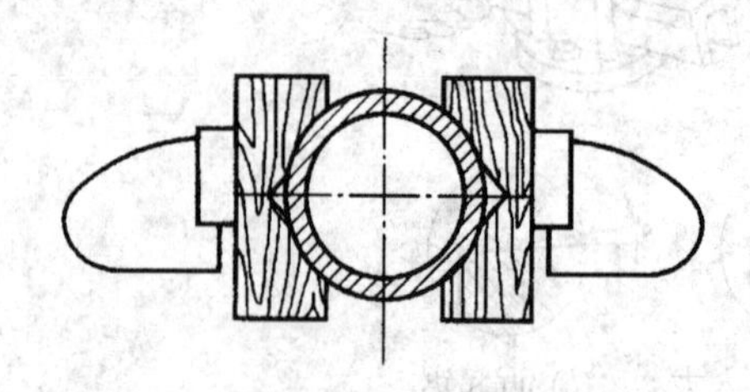

图2-24　管子的夹持

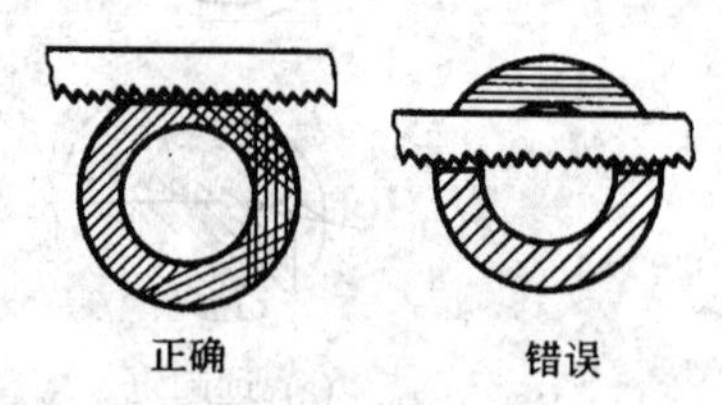

图2-25　锯圆管

3．薄板的锯削

锯削薄板时，可将薄板夹在两木块之间连同木块一起锯削，这样既可以避免锯齿被钩住，又可以增加薄板的刚性，如图2-26(a)所示。当薄板较宽时，可将薄板料直接夹在台虎钳上，用手锯作横向斜推锯削，这样既能使参与锯削的齿数增加，避免锯齿被钩住，同时又能增加工件的刚性，如图2-26(b)所示。

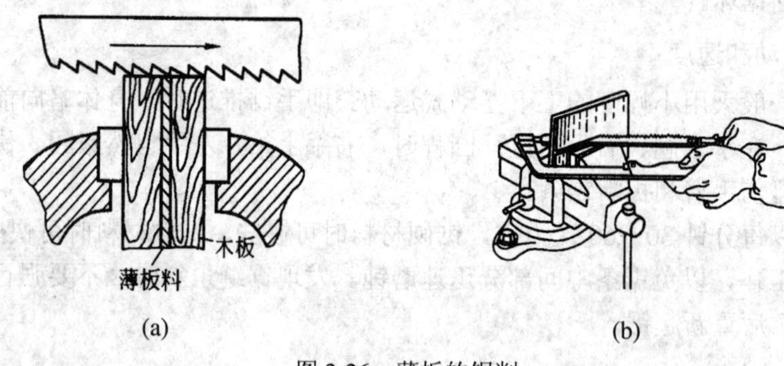

图2-26　薄板的锯削

4．深缝的锯削

当锯缝的深度超过锯弓高度时，称这种缝为深缝。当锯缝深度小于锯弓高度时，可进行正常锯削，如图 2-27(a)所示；当锯缝深度超过锯弓的高度时，应将锯条拆下来并转过

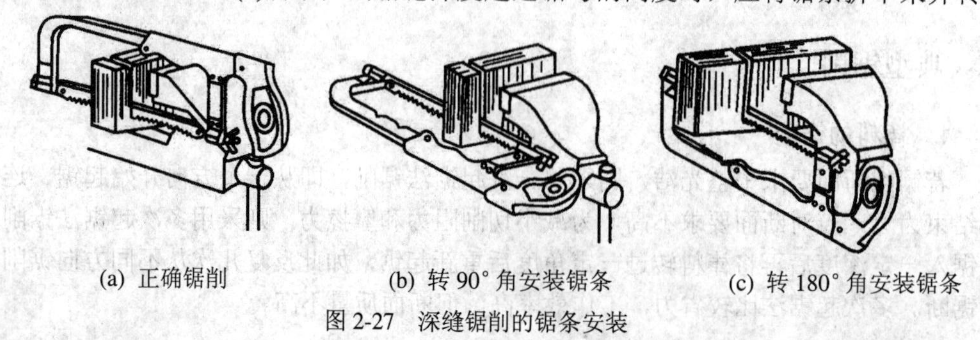

图2-27　深缝锯削的锯条安装

90° 角重新安装，使锯弓转到工件的旁边进行锯削，如图 2-27(b)所示；当锯弓横放其高度仍不够时，可将锯条转过 180° 角，把锯条锯齿安装在锯弓内进行锯削，如图 2-27(c)所示。

任务一　锯削圆钢

任务引入

对于如图 2-28 所示的圆钢件，要求在备件上完成锯削加工。

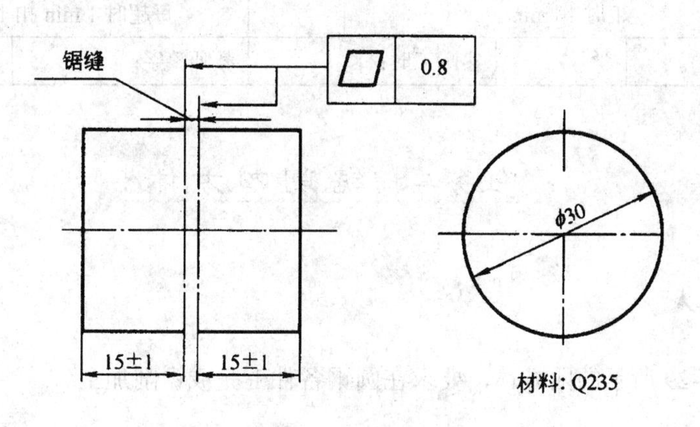

图 2-28　圆钢锯缝

任务实施

1．备件

圆钢 ϕ30 mm × 33 mm，材质 Q235。

2．工具、量具

锯弓、锯条、划线工具、钢直尺、90° 角尺、游标卡尺等。

3．操作步骤

(1) 按图样要求，在圆钢正中间划出锯削加工线。

(2) 将圆钢装夹在台虎钳上，让锯削线超出并靠近钳口，且保证锯削线所在的平面沿铅垂方向。

(3) 选用锯条，并正确安装在锯弓上。

(4) 用手锯沿锯削线连续锯到结束为止，以保证达到图样要求。

(5) 去毛刺，送检。

评分标准

锯削圆钢的考核标准如表 2-3 所示。

表 2-3　锯削圆钢的考核标准

序号	考 核 项 目	配分	评 分 标 准	得分
1	尺寸公差(15 ± 1) mm(2 件)	15 × 2	每超差 0.2 mm 扣 5 分	
2	平面度误差 0.8 mm(2 件)	15 × 2	每超差 0.2 mm 扣 5 分	
3	锯削姿势正确	20	姿势不正确每次扣 5 分	
4	锯削断面纹路整齐(2 面)	5 × 2	锯削断面纹路不整齐，每处扣 1 分	
5	外形无损伤	10	有损伤酌情扣分	
6	锯条使用情况		每折断一根锯条扣 5 分	
7	安全文明生产		违反规定酌情扣分	
8	工时 10 min		每超时 1 min 扣 1 分	
总分：100	姓名：	学号：	实际工时： 教师签字：	学生成绩：

任务二　锯削四方体

任务引入

对于如图 2-29 所示的四方体，要求在圆钢备件上完成锯削加工。

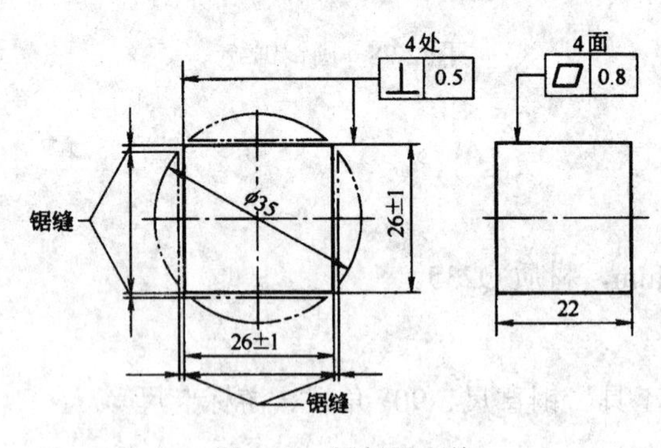

图 2-29　锯削四方体

任务实施

1．备件

圆钢 ϕ35 mm × 22 mm，材质 Q235。

2．工具、量具

锯弓、锯条、划线工具、钢直尺、90° 角尺、游标卡尺等。

3．操作步骤

(1) 按图样要求，划出锯削加工线。

(2) 将备料装夹在台虎钳上，让锯削线超出并靠近钳口，且保证锯削线所在的平面沿铅垂方向。

(3) 选用锯条，正确安装在锯弓上。

(4) 按加工界线分别锯削四方体的四面，并达到图样要求。

(5) 去毛刺，送检。

评分标准

锯削四方体的评分标准如表 2-4 所示。

表 2-4　锯削四方体的评分标准

序号	考 核 项 目	配分	评 分 标 准	得分
1	尺寸公差(26 ± 1)mm(2 处)	12 × 2	每超差 0.2 mm 扣 3 分	
2	平面度误差 0.8 mm(4 面)	6 × 4	每超差 0.2 mm 扣 3 分	
3	垂直度误差 0.5 mm(4 处)	6 × 4	每超差 0.2 mm 扣 3 分	
4	锯削断面纹路整齐(4 面)	2 × 4	锯削断面纹路不整齐每处扣 1 分	
5	锯削姿势正确	10	姿势不正确每次扣 5 分	
6	外形无损伤	10	有损伤酌情扣分	
7	锯条使用情况		每折断一根锯条扣 5 分	
8	安全文明生产		违反规定酌情扣分	
9	工时 30 min		每超时 5 min 扣 3 分	
总分：100	姓名：　学号：	实际工时：	教师签字：	学生成绩：

项目三　锉　　削

锉削就是用锉刀对工件进行切削加工的一种方法。锉削常安排在錾削和锯削之后，是一种精度较高的加工方法，其尺寸精度可达 0.01 mm；表面粗糙度 Ra 值可达 0.8 μm。锉削是钳工的一项最基本的操作技能。

一、锉刀及其使用方法

锉削的主要工具是锉刀，锉刀常用 T12 钢制造。

1．锉刀的结构

锉刀由锉齿、锉刀面、锉刀边、锉刀尾、舌、木柄等部分组成，如图 2-30 所示。

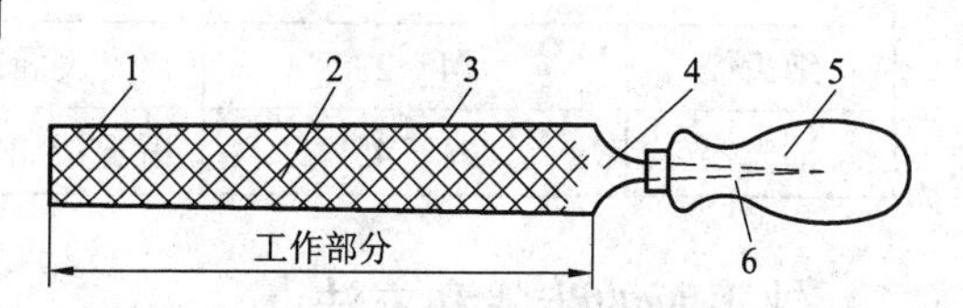

1—锉齿；2—锉刀面；3—锉刀边；4—锉刀尾；5—木柄；6—舌

图 2-30　锉刀各部分名称

2．锉刀的种类

锉刀按用途不同，可分为普通锉刀、整形

锉刀和特种锉刀三种；按齿纹粗细不同，可分为粗齿锉、中齿锉、细齿锉和油光锉等；按其工作部分长度不同，可分为100 mm、150 mm、200 mm、250 mm、300 mm、350 mm及400 mm等七种。生产中应用最多的为普通锉刀，如图2-31所示。普通锉刀按其断面形状和用途不同又可分为以下五种。

(1) 平锉。平锉用于锉削平面、外圆弧面。

(2) 方锉。方锉用于锉削小平面、方孔。

(3) 三角锉。三角锉用于锉削平面、外圆弧面、内角(大于60°)。

(4) 半圆锉。半圆锉用于锉削平面、外圆弧面、凹圆弧面、圆孔。

(5) 圆锉。圆锉用于锉削圆孔及凹面。

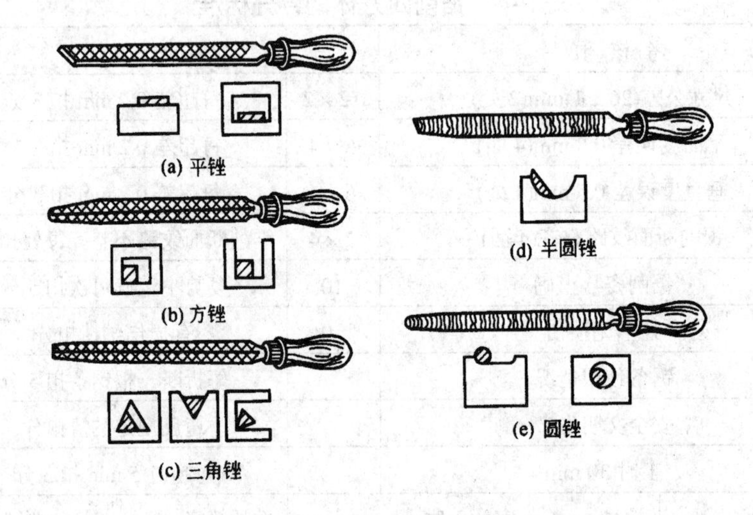

图2-31　普通锉刀的种类

3. 锉刀的选用

合理选用锉刀有利于保证加工质量、提高工作效率和延长锉刀的使用寿命。

锉刀的选用原则：根据工件的形状和加工面大小，选择锉刀的形状和规格大小；根据工件材料软硬、加工余量、精度和表面粗糙度的要求，选择锉刀齿纹的粗细。锉刀的选择如表2-5所示。

表2-5　锉刀的选择

锉刀	齿数(10 mm长度)	特点和应用
粗齿锉	6～14	齿间距大，不易堵塞，适于粗加工和锉削铜、铝等非铁金属
中齿锉	9～19	齿间距适中，适于粗锉后加工
细齿锉	14～23	锉光表面或锉硬金属
油光锉	21～45	用于精加工时修光表面

二、锉平面的步骤和方法

1. 锉刀的握法

锉削时，一般用右手握木柄，大拇指放在其上，其余四指则从下面配合大拇指握住锉刀柄，左手则根据锉刀大小和用力的轻重采取适当的扶法。使用大锉刀时，左手采用全扶法，即用五指全握，掌心全按的方法，如图 2-32(a)所示；使用中锉刀时，左手采用半扶法，即用拇指、食指、中指轻握即可，如图 2-32(b)所示；使用小锉刀时，通常用一只手握住即可，如图 2-32(c)所示。在锉削过程中，右手推动锉刀并决定推动方向，左手协助右手使锉刀保持平衡。

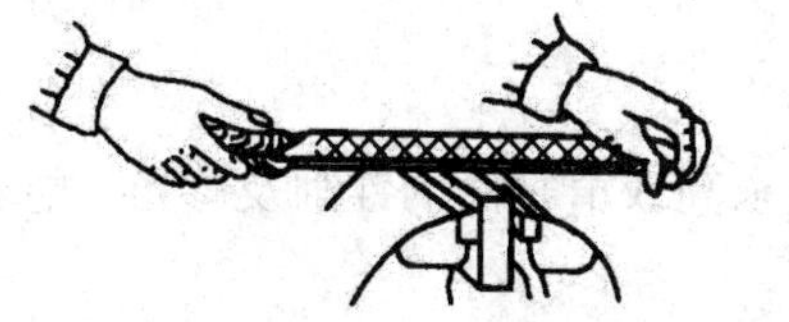

(a) 使用大锉刀两手的握法

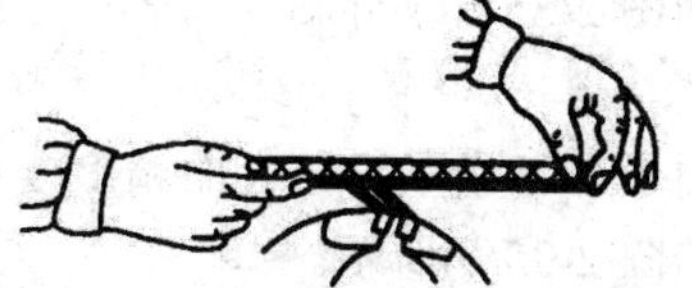

(b) 使用中锉刀两手的握法

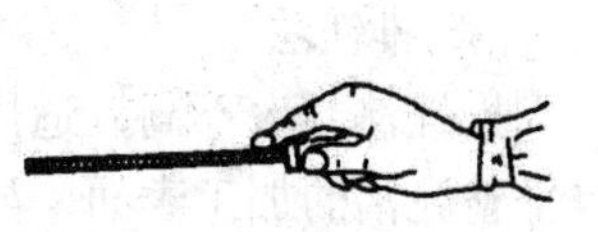

(c) 使用小锉刀的握法

图 2-32　锉刀的握法

2．锉削姿势

锉削时，左腿弯曲，右腿伸直，重心落在左腿上。操作时，两手握住锉刀放在工件上面，左臂弯曲，右小臂要与锉削方向保持基本平行，如图 2-33 所示。正确的锉削姿势能减轻疲劳，提高锉削质量和效率。

3．锉削时施力变化和锉削速度

要使锉削表面平直，必须正确掌握锉削力的平衡。如图 2-33 所示，锉削时右手的压力要随锉刀推动而逐渐增加，左手的压力要随锉刀推动而逐渐减小；当工件处于锉刀中间位置时，两手压力基本相等；回程时不加压力，以减少锉齿的磨损。锉削中，如果两手用力不变化，锉刀就不能保持平衡，工件中间就会出现凸面或鼓形面。锉削时施力变化如图 2-34 所示。

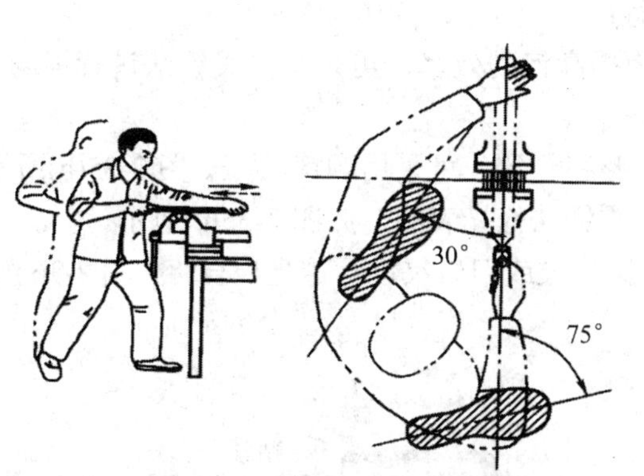

图 2-33　锉削时两脚站立位置及手臂姿势

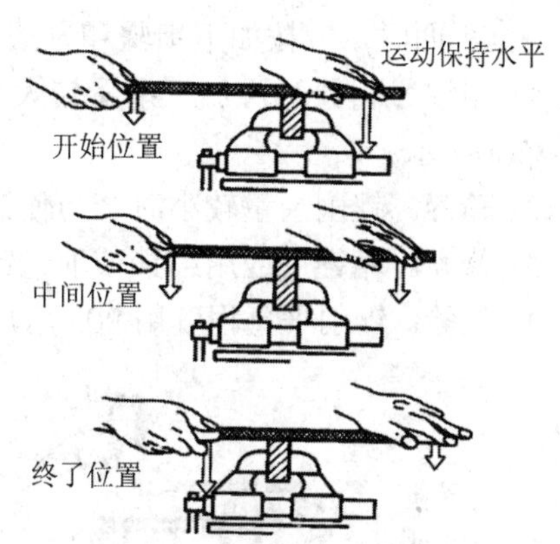

图 2-34　锉削时施力变化

锉削往复速度一般为每分钟 30～60 次。推出时稍慢，回程时稍快，动作要自然协调。

4．锉削方法

锉削基本方法有交叉锉法、顺锉法和推锉法三种，如图 2-35 所示。

(1) 交叉锉法。

交叉锉法是指第一遍锉削和第二遍锉削交叉进行的锉削方法。由于锉痕是交叉的，表面显出高低不平的痕迹，可判断锉削面的平整程度。锉削时，锉刀运动方向与工件夹持方向成 50°～60° 角。交叉锉法一般适用于粗锉。精锉时，必须采用顺锉法，使锉痕变直，纹理一致，如图 2-35(a)所示。

(2) 顺锉法。

顺锉法是指锉刀运动方向与工件夹持方向一致的锉削方法。在锉宽平面时，为使整个加工表面能均匀地锉削，每次退回锉刀时应横向作适当的移动。顺锉法的锉纹整齐一致，比较美观，适用于精锉，如图 2-35(b)所示。

(3) 推锉法。

推锉法效率不高，适用于加工余量小，表面精度要求高或窄平面的锉削及修光，能获得平整光洁的加工表面，如图 2-35(c)所示。

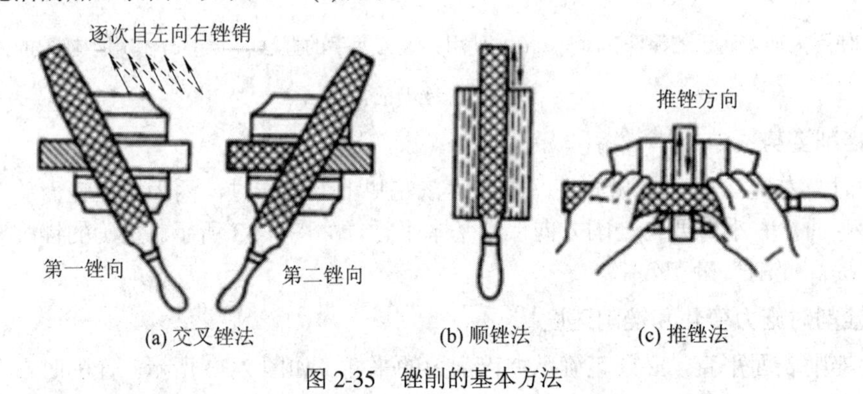

图 2-35　锉削的基本方法

三、锉削过程

1. 锉平面

锉削平面时，应按如下步骤和方法进行：

(1) 粗锉。粗锉时，加工余量较大，为提高锉削效率，可采用交叉锉法进行锉削，如图 2-35(a)所示。

(2) 精锉。锉削余量较小时，为使锉纹整齐一致，可采用顺锉法，如图 2-35(b)所示。

(3) 修光。精锉后应用细锉或油光锉以推锉法修光表面，如图 2-35(c)所示。

(4) 检验。锉削平直程度用 90° 角尺、钢直尺或刀口尺进行透光检查，如图 2-36 所示。

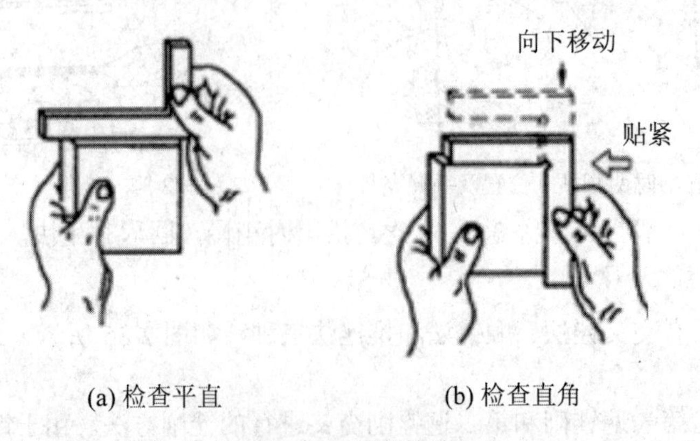

图 2-36　锉削检验

2．锉曲面

(1) 锉削外圆弧面。

锉削外圆弧面有横向滚锉法和顺向滚锉法两种。

① 横向滚锉法。如图 2-37(a)所示，锉刀沿着圆弧的轴线方向作直线运动，同时沿着圆弧面摆动。这种锉法，锉削效率高，但只能锉成近似圆弧面，适用于粗锉。

② 顺向滚锉法。如图 2-37(b)所示，锉刀需要同时完成两个运动，即锉刀的前进运动和锉刀绕工件圆弧中心的转动。这种锉法能得到较光滑的圆弧面，适用于精锉。

(2) 锉削内圆弧面。

锉削内圆弧面的方法如下：

① 锉刀选用。当圆弧半径较小时，选用圆锉；当圆弧半径较大时，选用半圆锉或方锉。

② 锉削方法。如图 2-38 所示，锉削时，锉刀需要同时完成三个运动，即前进运动、向左或向右移动和绕锉刀中心线的转动(按顺时针或逆时针方向转动约 90° 角)。

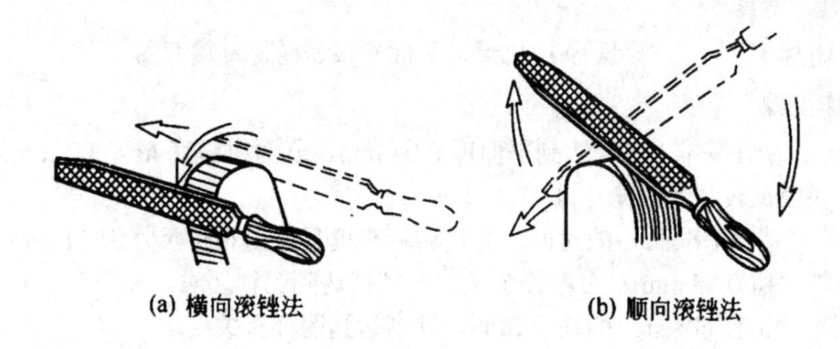

图 2-37　外圆弧面的锉削方法

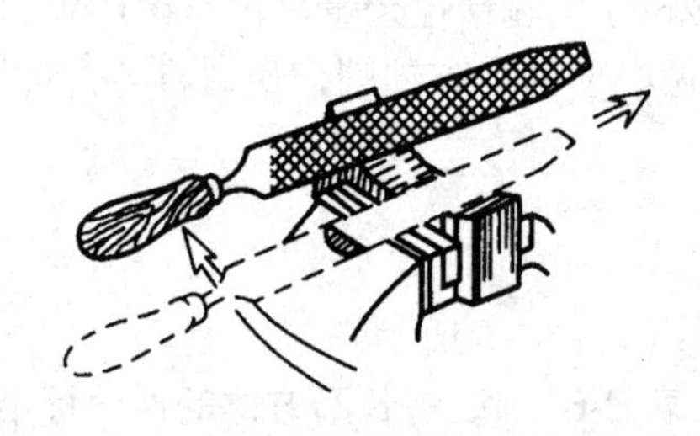

图 2-38　内圆弧面的锉削方法

任务一　锉削长四方体

任务引入

对于如图 2-39 所示的长四方体，要求在备件上完成锉削加工。

技术要求：

(1) 21 mm 尺寸处，其最大与最小尺寸的差值不得大于 1 mm。

(2) 各锐边倒角 *C*1。

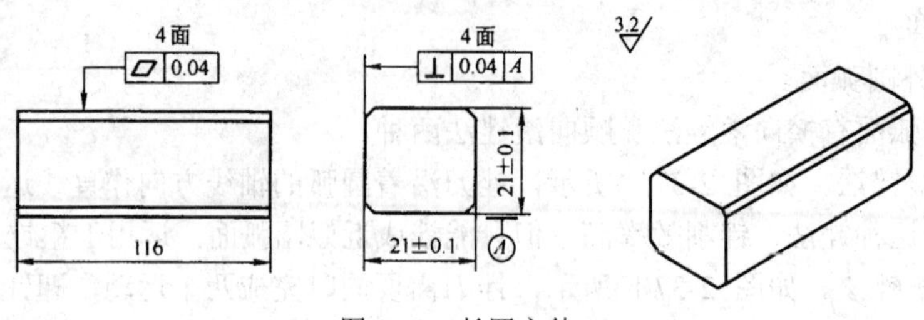

图 2-39　长四方体

任务实施

1．备件

长方体 116 mm × 24 mm × 24 mm，材质 HT200。

2．工具、量具

锉刀、游标卡尺、刀口尺、90° 角尺、划线平板、游标高度尺等。

3．操作步骤

(1) 粗锉、精锉基准面 *A*，达到平面度 0.04 mm、表面粗糙度 $Ra \leqslant 3.2$ μm 的要求(表面粗糙度用样块经比较法目测检定)。

(2) 粗锉、精锉基准面 *A* 的对面。先用游标高度尺划出相距尺寸为 21 mm 的平面加工线，然后粗锉，留 0.15 mm 左右精锉余量，再精锉达到图样要求。

(3) 粗锉、精锉基准面 *A* 的任一邻面，锉削达到图样有关要求。

(4) 粗锉、精锉基准面 *A* 的另一邻面。先用游标高度尺划出相距尺寸为 21 mm 的平面加工线，然后粗锉，留 0.15 mm 左右精锉余量，再精锉达到图样要求。

(5) 全部精度复检，并做必要的修整锉削，最后将各锐边均匀倒角、去毛刺。

评分标准

锉削长四方体的评分标准如表 2-6 所示。

表 2-6　锉削长四方体的评分标准

序号	考 核 项 目	配分	评 分 标 准	得分
1	量具使用正确	4	发现错误每次扣 2 分	
2	平面度误差 0.04 mm(4 面)	6 × 4	每超差 0.01 mm 扣 1 分	
3	表面粗糙度值 $Ra \leqslant 3.2$ μm，锉纹整齐(4 面)	3 × 4	每面不符合要求扣 3 分	
4	尺寸要求(21 ± 0.1) mm(2 处)	18 × 2	每超差 0.01 mm 扣 3 分	
5	垂直度误差 0.04 mm(4 处)	6 × 4	每超差 0.01 mm 扣 1 分	
6	安全文明生产	10	违反规定酌情扣分	
7	工时 150 min		每超时 6 min 扣 1 分	
总分：100	姓名：　学号：	实际工时：	教师签字：	学生成绩：

任务二　锉削六角体

任务引入

对于如图 2-40 所示的六角体，要求在备件上完成锉削加工。

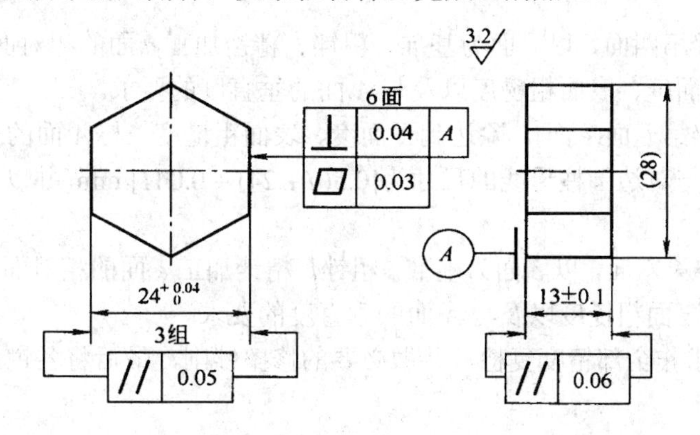

图 2-40　六角体

任务实施

1．备件

圆钢 ϕ130 mm × 15 mm，材质 Q235。

2．工具、量具

锉刀、游标卡尺、千分尺、刀口尺、90° 角尺、万能角度尺、划线平板、游标高度尺等。

3．操作步骤

(1) 选择较平整且与轴线相垂直的端面进行粗锉、精锉，达到平面度和表面粗糙度要求，并做好标记，作为基准面 *A*。

(2) 以 *A* 面为基准，粗锉、精锉相对面，达到尺寸公差、平行度和表面粗糙度的要求。

(3) 按圆周上已划好的加工界线，依次锉削六个侧面。六个侧面的加工顺序如图 2-41 所示。具体锉削步骤如下：

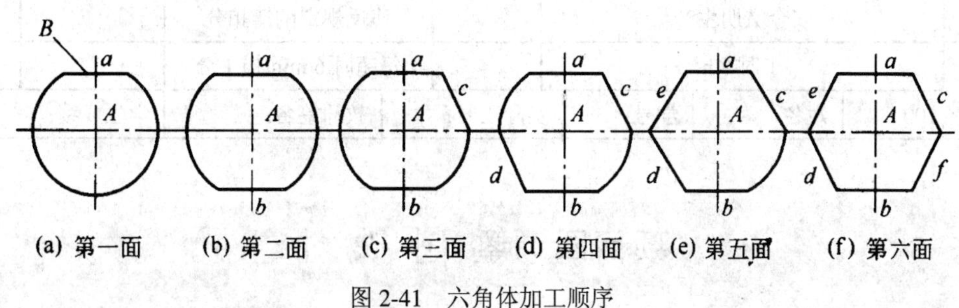

图 2-41　六角体加工顺序

① 检查原材料，测量出备件实际直径 *d*。

② 粗锉、精锉 A 面，除达到平面度、表面粗糙度以及与 A 面的垂直度要求外，同时要保证该面与对边圆柱母线的尺寸为[$0.5(d + 24) + 0.041$] mm，并做标记，作为基准面 B。

③ 以基准面 B 为基准，粗锉、精锉加工，使得面的相对面为凸面，达到尺寸公差、平行度、平面度、表面粗糙度以及与 A 面的垂直度的要求。

④ 粗锉、精锉第三面(c 面)，除达到平面度、表面粗糙度、与 A 面的垂直度的要求外，同时还要保证该面与对边圆柱母线的尺寸为[$0.5(d + 24) + 0.041$] mm，并以基准面 B 为基准，锉准 120° 角。

⑤ 粗锉、精锉第四面，以 c 面为基准，粗锉、精锉加工 c 面的相对面 d 面，达到尺寸公差、平行度、平面度、表面粗糙度以及与 A 面的垂直度的要求。

⑥ 粗锉、精锉第五面(e 面)，除达到平面度、表面粗糙度、与 A 面的垂直度的要求外，同时还要保证该面与对边圆柱母线的尺寸为[$0.5(d + 24) + 0.041$] mm。并以基准面 B 为基准，锉准 120° 角。

⑦ 粗锉、精锉第六面，以 e 面为基准，粗锉、精锉加工 e 面的相对面，达到尺寸公差、平行度、平面度、表面粗糙度以及与 A 面的垂直度的要求。

(4) 按图样要求作全部精度复检，并做必要的修整锉削，最后将各锐边均匀倒棱。

评分标准

锉削六角体的考核标准如表 2-7 所示。

表 2-7　锉削六角体的考核标准

序号	考 核 项 目	配分	评 分 标 准	实测记录	得分
1	尺寸要求 13 ± 0.1 mm	6	每超差 0.01 mm 扣 2 分		
2	尺寸要求 24 mm(3 处)	8 × 3	每超差 0.01 mm 扣 2 分		
3	平面度误差 0.03 mm(6 面)	3 × 6	每超差 0.01 mm 扣 1 分		
4	平行度误差 0.05 mm(3 组)	6 × 3	每超差 0.01 mm 扣 2 分		
5	平行度误差 0.06 mm	4	每超差 0.01 mm 扣 2 分		
6	垂直度误差 0.04 mm(6 面)	3 × 6	每超差 0.01 mm 扣 1 分		
7	表面粗糙度 3.2 μm(4 面)	2 × 4	每面不符合要求扣 2 分		
8	锉纹整齐，倒棱均匀(4 面)	1 × 4	每面不符合要求扣 1 分		
9	安全文明生产		违反规定酌情扣分		
10	工时 8 h		每超时 6 min 扣 1 分		
总分：100	姓名：	学号：	实际工时：	教师签名：	学生成绩：

项目四　錾 削 铁 件

錾削是用锤子锤击錾子对金属进行切削加工的一种方法，主要用于不便于机械加工的零件和部件的粗加工，可錾切平面，开沟槽，板料分割，以及清理铸锻件上的毛刺和飞边等。

任务引入

对于如图 2-42 所示的铁件，要求在备件上完成錾削加工。

技术要求：

22 mm 尺寸处其最大与最小尺寸的差值不得大于 1.2 mm。

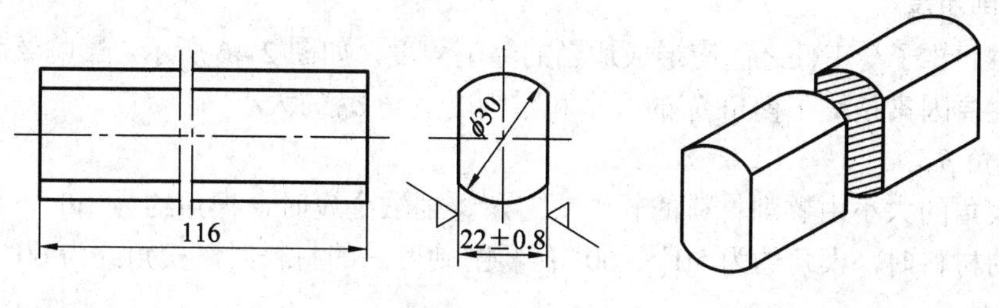

图 2-42　铁件

相关知识

1. 錾削工具

錾削的主要工具是錾子和锤子。

1) 錾子

錾子是錾削工件的刀具。錾子的结构如图 2-43 所示，它由切削部分、錾身及錾头三部分组成。錾头有一定的锥度，顶端略带球形，以便锤击时作用力容易通过錾子的中心线，使錾子容易保持平稳。錾身多呈八棱形，以防止錾削时錾子转动。

钳工常用的錾子主要有平錾(扁錾)、尖錾(窄錾)、油槽錾三种，如图 2-44 所示。平錾适用于錾切平面、分割薄金属板或切断小直径棒料及去毛刺等；尖錾适用于錾槽或沿曲线分割板料；油槽錾适用于錾切润滑油槽。

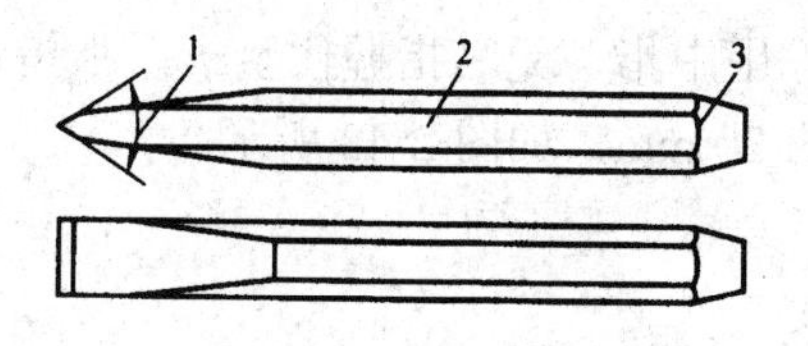

1—切削部分；2—錾身；3—錾头

图 2-43　錾子的结构

(a) 平錾　(b) 尖錾　(c) 油槽錾

图 2-44　常用錾子

2) 锤子

锤子是钳工常用的敲击工具，由锤头、木柄和斜楔铁组成，如图 2-45 所示。锤子的规格以锤头的质量来表示，有 0.25 kg、0.5 kg、1 kg 等几种。木柄装入锤孔后用斜楔铁楔紧，以防工作时锤头脱落伤人。

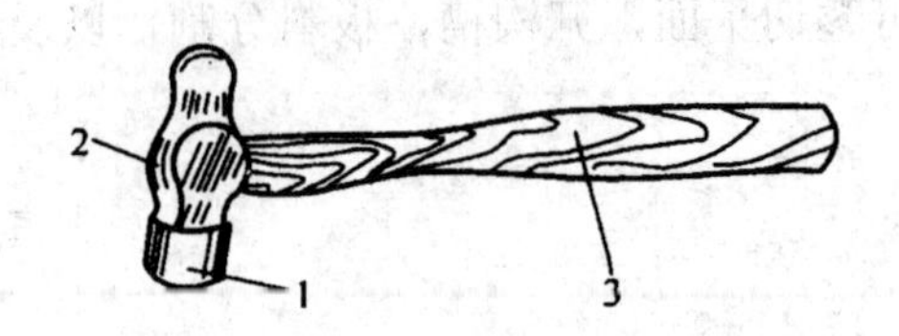

1—锤头；2—斜楔铁；3—木柄

图 2-45　锤子

2．錾削角度

錾削时，錾子与工件之间应形成适当的錾削角度，如图 2-46 所示。影响錾削质量和錾削效率的主要因素是錾子楔角 β_0 的大小和錾削时后角 α_0 的大小。

(1) 楔角 β_0。

錾子楔角的大小由錾削材料的软硬决定。錾削软金属时，楔角约为 30°～50°；錾削中等硬度的材料时，楔角约为 50°～60°；錾削硬度高的材料时，楔角约为 60°～70°。

(2) 后角 α_0。

一般情况下，后角 α_0 取 5°～8°。若 α_0 过大，则錾子容易扎入工件，如图 2-47(a)所示；若 α_0 过小，则錾子会从工件表面滑脱，造成錾面凸起，如图 2-47(b)所示。

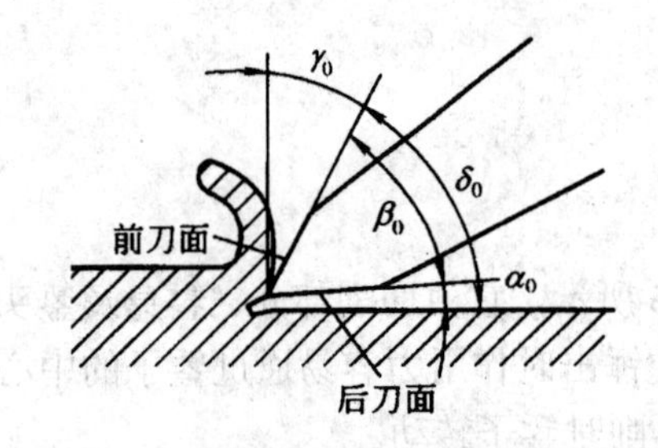

图 2-46　錾削角度

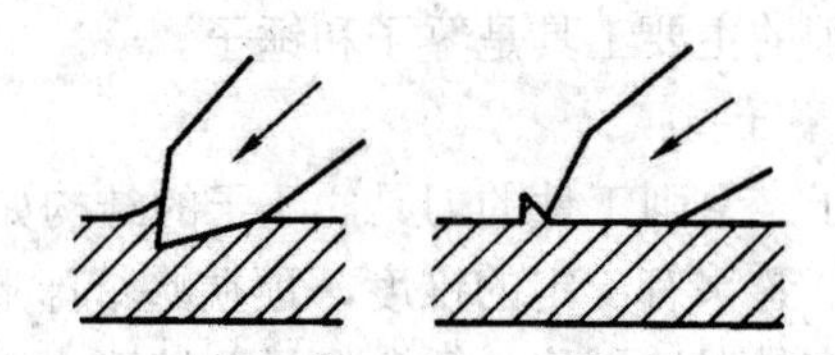

(a) 后角过大　　(b) 后角过小

图 2-47　后角大小对錾削的影响

3．錾子和锤子的握法

1) 錾子的握法

錾子的握法采用正握法，即手心向下，腕部伸直，用中指、无名指握住錾子，小指自然合拢，食指与大拇指自然伸直松靠，錾子头部伸出约 20 mm，如图 2-48 所示。

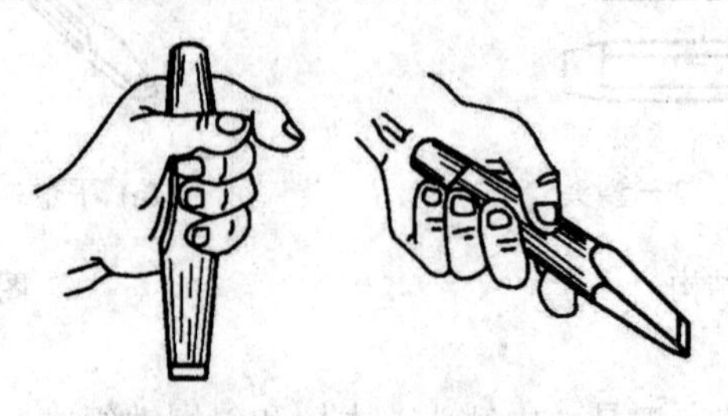

(a) 正握法　　(b) 反握法

图 2-48　錾子的握法

2) 锤子的握法

锤子的握法有紧握法和松握法两种。

(1) 紧握法。用右手五指紧握锤柄，大拇指合在食指上，虎口对准锤头方向，木柄尾端露出约 15～30 mm。挥锤和锤击过程中，五指始终紧握，如图 2-49 所示。

(2) 松握法。只用大拇指和食指始终握紧锤柄。挥锤时，小指、无名指、中指依次放松；锤击时，以相反的次序收拢握紧，如图 2-50 所示。这种握法手不易疲劳，锤击力大，是常用的握锤方法。

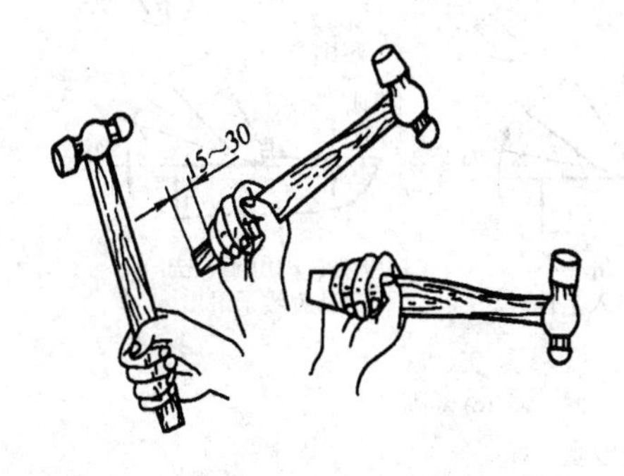

图 2-49 锤子紧握法

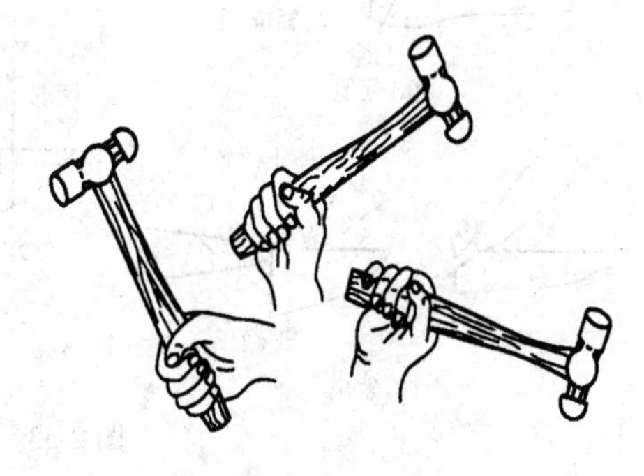

图 2-50 锤子松握法

4. 錾削姿势、挥锤方法及锤击速度

1) 錾削时的站立步位与姿势

錾削时，操作者的站立步位与姿势应便于用力，身体的重心偏于右腿，略向前倾。左脚跨前半步，膝盖稍有弯曲，保持自然，右脚站稳伸直。錾削时的站立步位如图 2-51 所示。

2) 挥锤方法

挥锤方法有腕挥、肘挥和臂挥三种，如图 2-52 所示。

腕挥：用手腕的动作进行锤击运动，锤击力小，用于錾削余量较少或錾削开始或结尾时。

肘挥：用手腕与肘部一起挥动作锤击运动，挥动幅度较大，锤击力也较大，这种方法应用最多。

臂挥：用手腕、肘和全臂一起挥动，锤击力最大，用于需要大力錾削的工作。

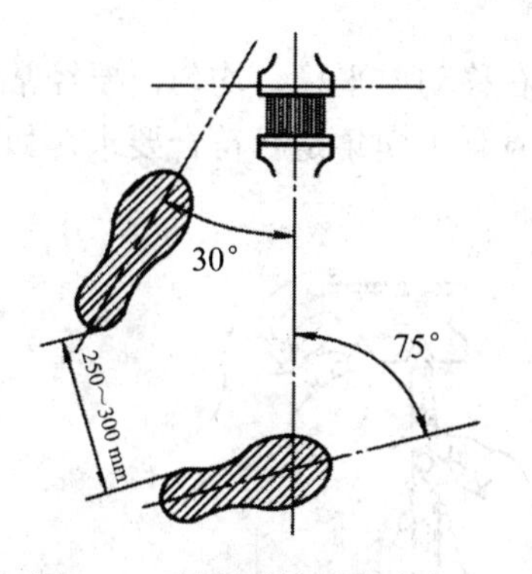

图 2-51 錾削时的站立步位

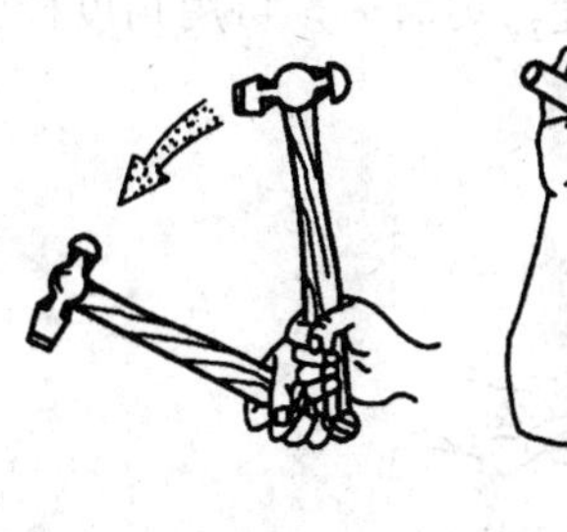

(a) 腕挥

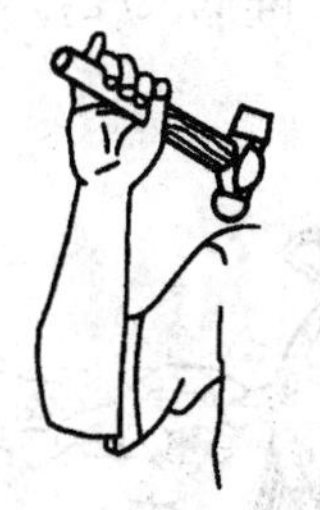

(b) 肘挥

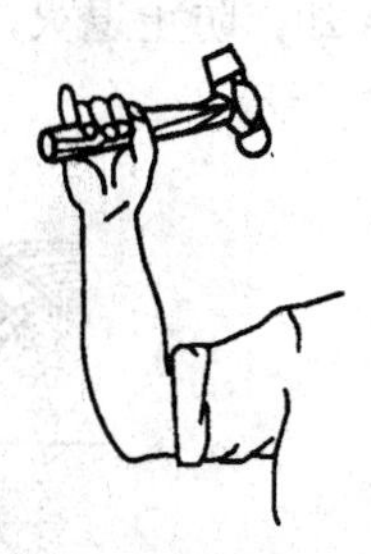

(c) 臂挥

图 2-52 挥锤方法

3) 锤击速度

錾削时的锤击要稳、准、狠，动作要有节奏地进行。一般在肘挥时约每分钟 40 次，腕挥时约每分钟 50 次。

5. 錾削过程

錾削操作过程一般分为起錾、錾削和錾出三个步骤，如图 2-53 所示。

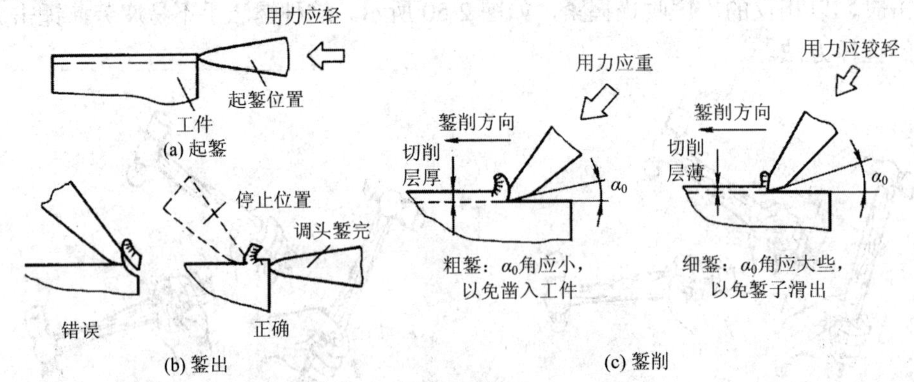

图 2-53　錾削步骤

(1) 起錾。起錾时，錾子要握平或使錾头略向下倾斜，以便錾刃切入工件。

(2) 錾削。錾削可分为粗錾和细錾两种。錾削时，要保持錾子的正确位置和錾削方向。粗錾时，α_0 角应取小些，用力应重；细錾时，α_0 角应取大些，用力应较轻。錾削厚度要合适，厚度太厚，不仅消耗体力，錾不动，而且易使工件报废。錾削厚度一般取 1～2 mm，细錾时取 0.5 mm 左右。

(3) 錾出。当錾削至平面尽头约 10 mm 时，必须调头錾去余下的部分，以免损坏工件棱角或边缘。

6. 錾子的刃磨

錾子的刃磨要求是錾子的楔角大小应与工件材料相适应，楔角与錾子中心线对称，切削刃要锋利。

錾子楔角的刃磨方法如图 2-54 所示，双手握住錾子，在旋转的砂轮的轮缘上进行刃磨。刃磨时，必须使切削刃高于砂轮水平中心线，錾子在砂轮全部宽度范围内作左右移动，并且要控制錾子的方向、位置，保证磨出所需的楔角 β_0 值。

刃磨时，还应注意：加在錾子上的压力不宜过大，左右移动要平稳、均匀，要经常蘸水冷却，防止退火，降低硬度。刃磨后，可用角度样板检验錾子楔角是否符合要求，如图 2-55 所示。

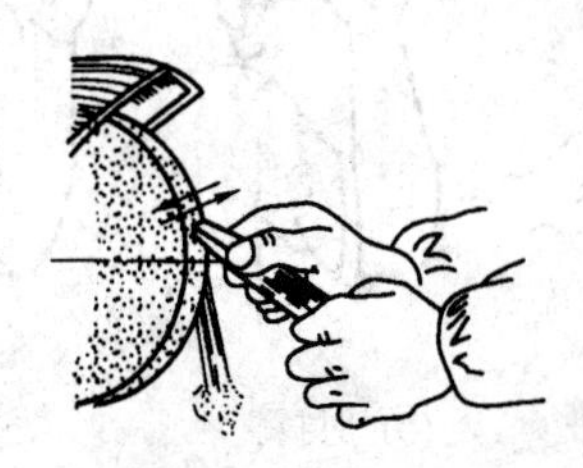
图 2-54　錾子楔角的刃磨方法

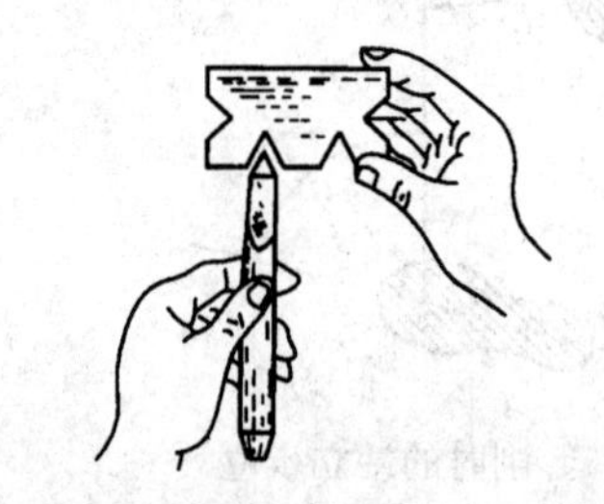
图 2-55　用角度样板检查錾子楔角

7．錾切板料

1) 錾切薄板料

錾切厚度在 2 mm 左右的金属薄板料时，可以将板料夹在台虎钳上，用平錾沿着钳口并斜对着板料约 45° 角方向，按线自右向左錾切，如图 2-56(a)所示。

2) 錾切厚板料

錾切厚度较大的金属板料时，不宜夹在台虎钳上。通常，应将板料放在铁砧上或平整的板面上，并在板料下面垫上衬垫进行錾切，如图 2-56(b)所示。图 2-56(c)所示为錾切形状复杂板料。

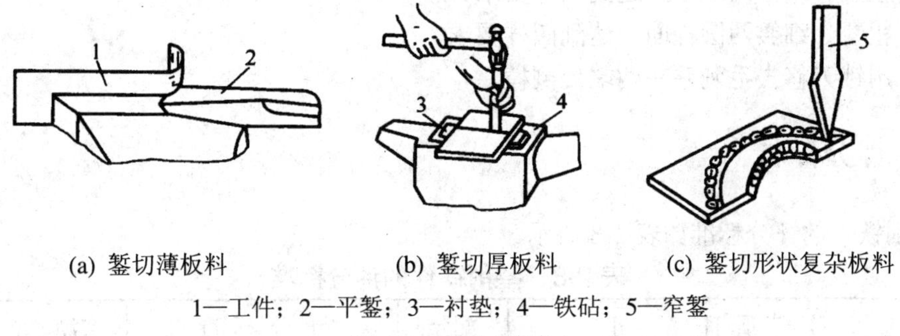

(a) 錾切薄板料　(b) 錾切厚板料　(c) 錾切形状复杂板料

1—工件；2—平錾；3—衬垫；4—铁砧；5—窄錾

图 2-56　錾切板料

3) 錾削窄平面

錾削窄平面时，选用平錾，錾子的切削刃最好倾斜并与錾削前进方向形成一个角度。夹持工件时，工件被錾削部分应露出钳口，如图 2-57 所示。

图 2-57　窄平面的錾削方法

4) 錾削宽平面

錾削宽平面时，应先用窄錾开槽，然后再用平錾錾平，如图 2-58 所示。

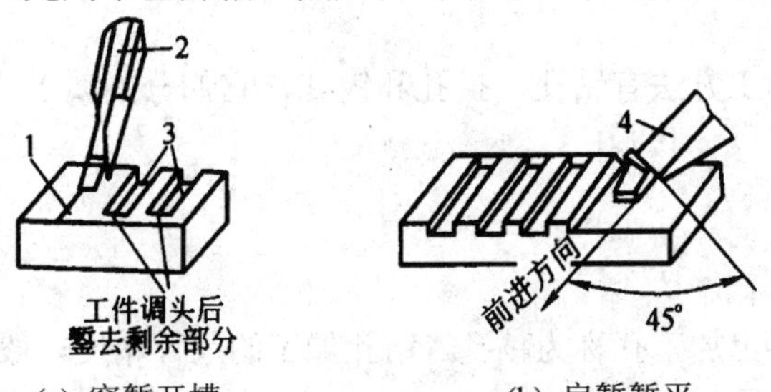

(a) 窄錾开槽　(b) 扁錾錾平

1—錾前划的线：2—窄錾；3—已錾出的槽，4—平錾

图 2-58　宽平面的錾削方法

任务实施

1．备件

长方体 116 mm × 32 mm × 24 mm，材质 HT200。

2．工具、量具

锤子、平錾、窄錾、划线工具、钢直尺、塞尺、游标卡尺等。

3．操作步骤

(1) 粗錾、细錾两平面，达到图样要求。

(2) 粗錾、细錾两圆柱面，达到图样要求。

(3) 用锉刀修去毛刺并在两端处倒棱。

评分标准

錾削铁件的评分标准如表 2-8 所示。

表 2-8 錾削铁件的评分标准

序号	考核项目	配分	评分标准	实测记录	得分
1	工件划线正确	10	每一处错误扣 2 分		
2	尺寸 22 mm ± 0.8 mm(等距测 5 处)	50	每一处超差扣 10 分		
3	22 mm 尺寸差 1.2 mm	10	超差不得分		
4	平面度 0. 5mm(2 面)	30	每一面超差扣 15 分		
5	安全文明生产		违反规定酌情扣分		
6	工时 4 h		每超时 5 min 扣 2 分		
总分：100	姓名： 学号：	实际工时：	教师签字：	学生成绩：	

项目五 钻孔、扩孔及铰孔

钳工中常用的孔加工方法有钻孔、扩孔和铰孔，它们分别属于孔的粗加工、半精加工和精加工。

一、钻孔

用钻头在实体材料上加工孔称为钻孔。钻孔加工的尺寸精度一般为 IT10 以下，表面粗糙度值 *Ra* 为 50～12.5 μm。

在钻床上钻孔时，工件固定不动，钻头旋转(主运动)并作轴向移动(进给运动)，如图 2-59 所示。由于钻头结构上存在着刚度差和导向性差等缺点，因而影响了加工质量。

钻孔属于粗加工或要求不高的终加工，其尺寸公差等级一般为 IT12 左右，表面粗糙度 Ra 值为 12.5 μm。

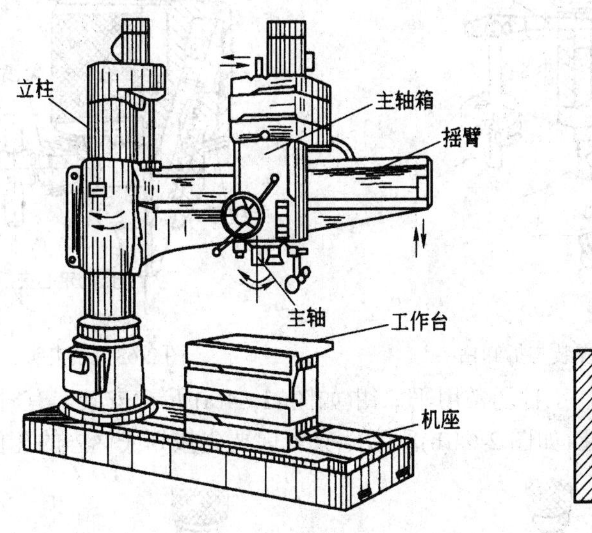

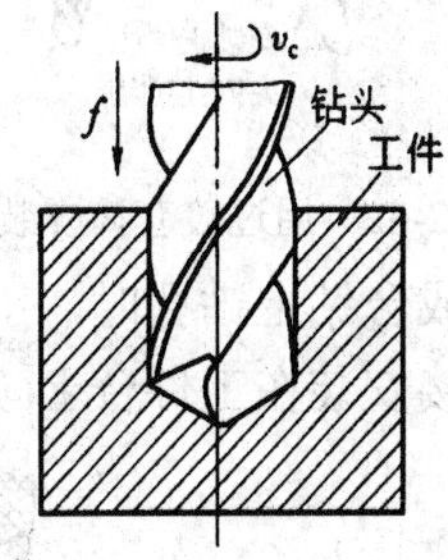

图 2-59 钻床与钻孔

1. 麻花钻头

钻孔用的刀具主要是麻花钻头。麻花钻的组成部分如图 2-60 所示。麻花钻的前端为切削部分(如图 2-61 所示)，有两个对称的主切削刃，两刃之间的夹角通常为 $2\alpha = 116° \sim 118°$，称为锋角。钻头顶部有横刃，即两后刀面的交线，它的存在使钻削时的轴向力增加。所以常采取修磨横刃的办法，缩短横刃。导向部分上有两条刃带和螺旋槽，刃带的作用是引导钻头和减少与孔壁的摩擦，螺旋槽的作用是向孔外排屑和向孔内输送切削液。

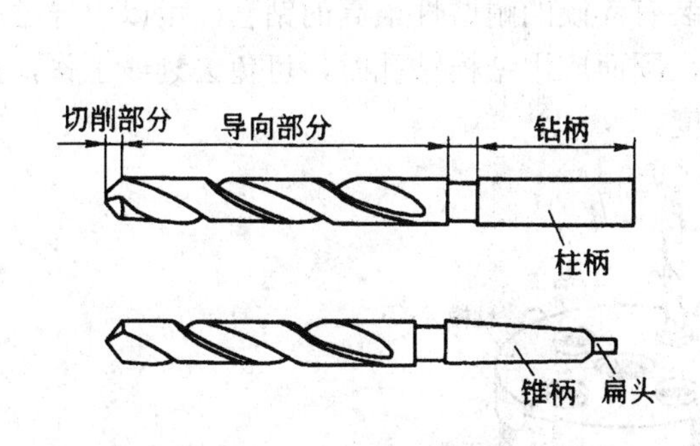

图 2-60 麻花钻的组成部分

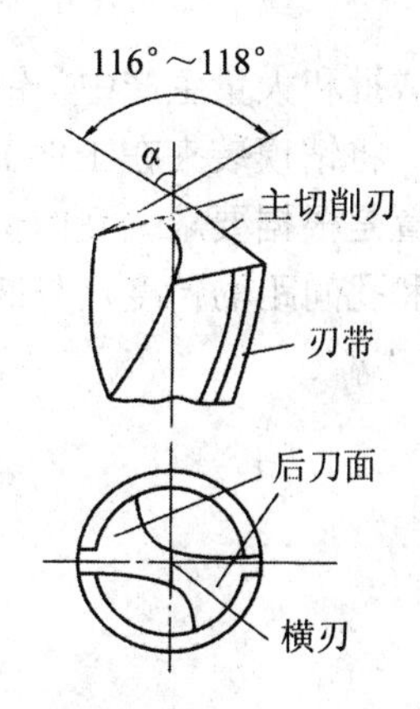

图 2-61 麻花钻的切削部分

2. 钻孔用的附件

麻花钻头按尾部形状的不同，有不同的安装方法。锥柄钻头可以直接装入机床主轴的锥孔内。当钻头的锥柄小于机床主轴锥孔时，则需用图 2-62 所示的过渡套筒。由于过渡套筒要用于各种规格的麻花钻的安装，所以套筒一般需要数只。圆柱柄钻头通常要用图 2-63 所示的钻夹头进行安装。

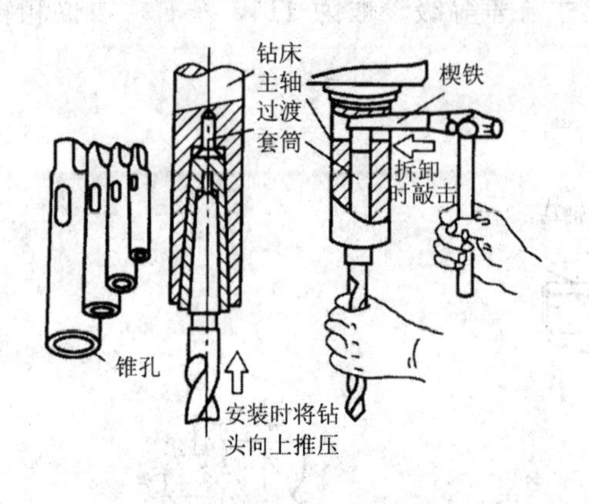

图 2-62 用过渡套筒安装与拆卸钻头

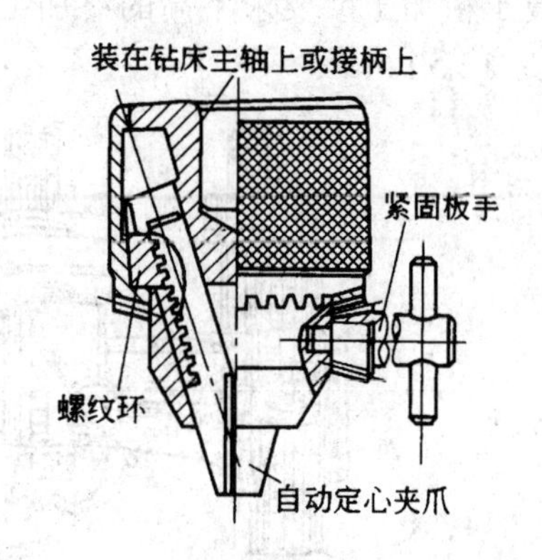

图 2-63 钻夹头

在立钻或台钻上钻孔时，工件通常用平口钳(如图 2-64(a)所示)安装。有时用压板、螺栓把工件直接安装在工件台上(如图 2-64(b)所示)，夹紧前要先按划线标志的孔位进行找正。

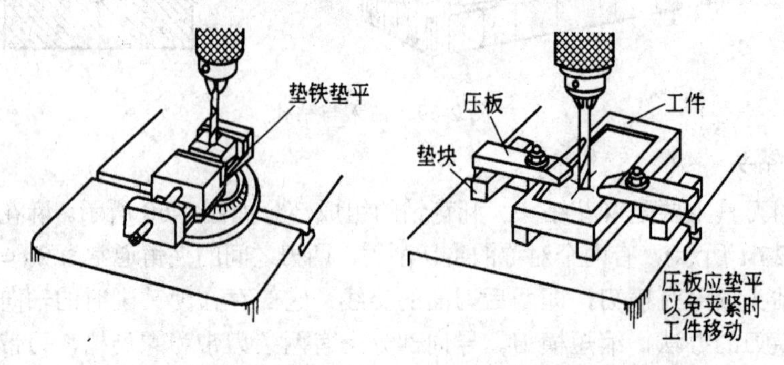

(a) 用平口钳安装 (b) 用压板、螺栓安装

图 2-64 钻孔时工件的安装

在成批和大量生产中，钻孔广泛使用钻模夹具。钻模的形式很多，图 2-65 所示为其中的一种。将钻模装夹在工件上，钻模上装有淬硬的耐磨性很高的钻套，用以引导钻头。钻套的位置是根据要求钻孔的位置确定的，因而应用钻模钻孔时，可免去划线工作，提高生产效率和孔间距的精度，降低表面粗糙度。

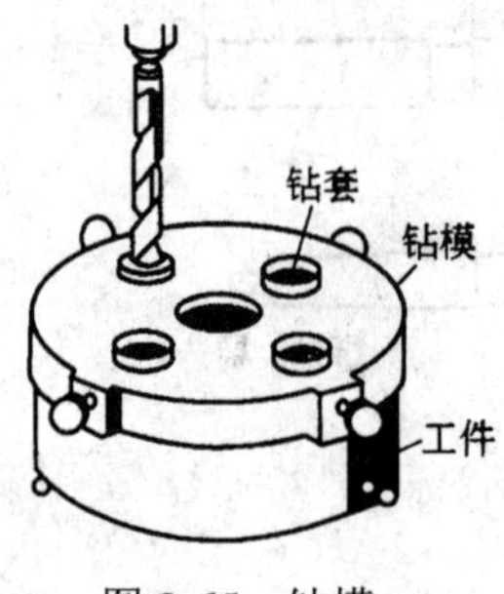

图 2-65 钻模

3. 钻孔方法

按划线钻孔时，钻孔前应在孔中心处打好样冲眼，划出检查圆，以便找正中心，便于引钻，然后钻一浅坑，检查判断是否对准中心。若偏离较多，可用样冲在应钻掉的位置錾

出几条槽，以便把钻偏的中心纠正过来，如图 2-66 所示。

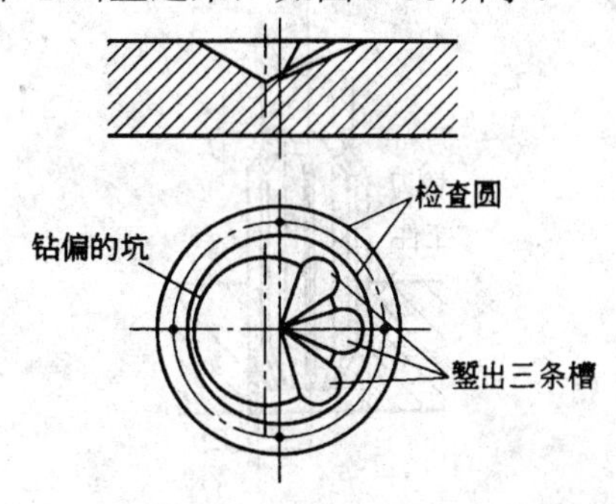

图 2-66　钻偏时的纠正方法

用麻花钻头钻较深的孔时，要经常退出钻头以排出切屑和进行冷却，否则可能使切屑堵塞在孔内卡断钻头或由于过热而加剧钻头磨损。为降低切削温度，提高钻头的耐用度，需要施加切削液。钻直径大于 30 mm 的孔时，由于有较大的轴向抗力，很难一次钻出。这时可先钻出一个直径较小的孔(为加工孔径的 1/2 左右)，然后用第二把钻头将孔扩大到所要求的直径。

二、扩孔

扩孔用于扩大工件上已有的孔(锻出、铸出或钻出的孔)，其切削运动与钻孔相同(如图 2-67 所示)。它可以在一定程度上校正原孔轴线的偏斜，并使其获得较正确的几何形状与较低的表面粗糙度。扩孔属于半精加工，其尺寸公差等级可达 IT10-IT9，表面粗糙度 *R*a 值可达 6.3～3.2 μm。扩孔既可以作为孔加工的最后工序，也可以作为铰孔前的预备工序。扩孔加工余量一般为 0.5～4 mm。

扩孔钻的形状与麻花钻相似，其不同之处在于：扩孔钻有三个至四个主切削刃，且没有横刃。扩孔钻的钻芯大，刚度较好，导向性好，切削平稳。扩孔钻如图 2-68 所示。

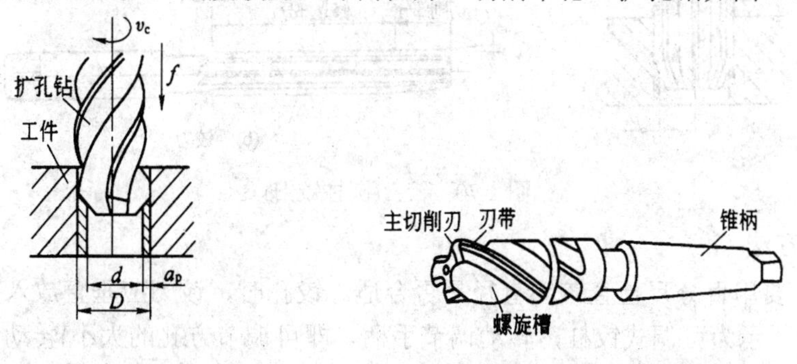

图 2-67　扩孔及其运动　　　图 2-68　扩孔钻

三、铰孔

铰孔是用铰刀对孔进行最后的精加工，铰孔及其运动如图 2-69 所示。铰孔的尺寸公差等级可达 IT7～IT6，表面粗糙度 *R*a 值可达 1.6～0.8 μm。铰孔的加工余量很小，粗铰为 0.15～0.25 mm，精铰为 0.05～0.15 mm。

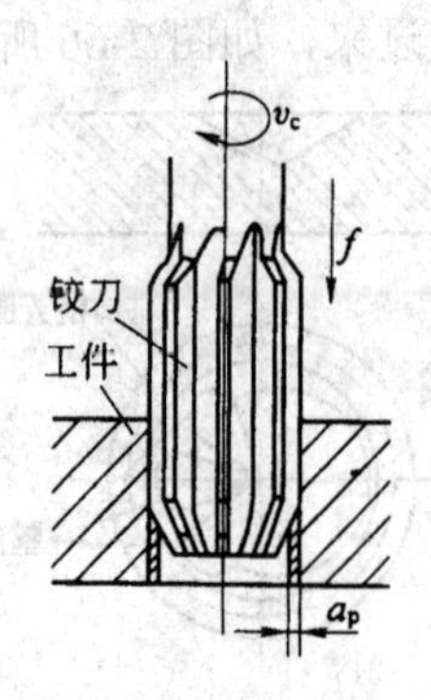

图 2-69　铰孔及其运动

1．铰刀

铰刀的形状如图 2-70 所示。它类似扩孔钻，只不过它有更多的切削刃(6～12 个)和较小的顶角，且铰刀每个切削刃上的负荷明显小于扩孔钻，这些因素既提高了铰孔的尺寸公差等级，又降低了铰孔的表面粗糙度 *R*a 值。铰刀的刀刃多做成偶数，并成对地位于通过直径的平面内，其目的是便于测量铰刀的直径尺寸。

铰刀分为机铰刀和手铰刀。机铰刀(如图 2-70(a)所示)多为锥柄，装在钻床或车床上进行铰孔，铰孔时选较低的切削速度，并选用合适的切削液，以降低加工孔的表面粗糙度 *R*a 值。手铰刀(如图 2-70(b)所示)切削部分较长，导向作用好，易于铰削时的导向和切入。

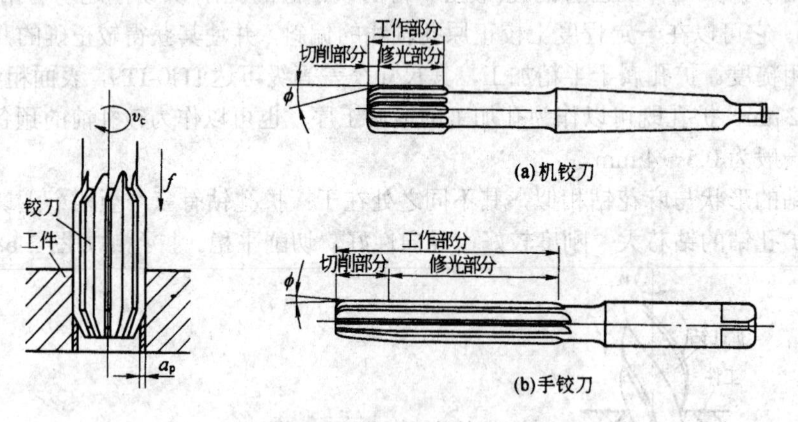

图 2-70　铰刀(圆柱铰刀)

2．铰孔方法

铰孔前，要用百分尺检查铰刀直径是否合适。铰孔时，铰刀应垂直放入孔中，然后用铰杠(图 2-71 所示为可调式铰杠，转动调节手柄，即可调节方孔的大小)转动铰刀并轻压进给即可进行铰孔。铰孔过程中，铰刀不可倒转，以免崩刃。铰削钢件时，应加机油润滑。铰削带槽孔时，应选螺旋刃铰刀。

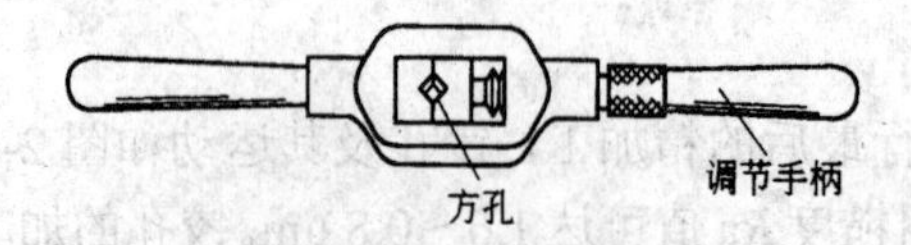

图 2-71　可调式铰杠

四、钻孔前的准备

1．工件划线

钻孔前需按照孔的位置、尺寸要求，划出孔的中心线和圆周线，并打上样冲眼。对精度要求较高的孔，还要划出检查圆。

2．钻头的选择

钻削时要根据孔径的大小和精度等级选择合适的钻头，其选择方法如下：

(1) 钻削直径小于 30 mm 的孔，对于精度要求较低的，可选用与孔径相同直径的钻头一次钻出；对于精度要求较高的，可选用小于孔径的钻头钻孔，并留出加工余量进行扩孔或铰孔。

(2) 钻削直径在 30～80 mm 之间的孔，对于精度要求较低的，应选用直径为孔径的 $\frac{3}{5}\sim\frac{4}{5}$ 的钻头进行钻孔，然后扩孔；对精度要求较高的，可选用小于孔径的钻头钻孔，并留出加工余量进行扩孔和铰孔。

3．钻头的装夹

根据钻头柄部形状的不同，钻头装夹有以下两种方法。

(1) 直柄钻头。此类钻头可用钻夹头装夹。钻夹头的结构如图 2-72 所示，通过转动紧固扳手夹紧或放松钻头。

(2) 锥柄钻头。尺寸大的，可直接装入钻床主轴锥孔内；尺寸小的，可用过渡套筒过渡连接。过渡套筒及锥柄钻头的装卸方法如图 2-73 所示。

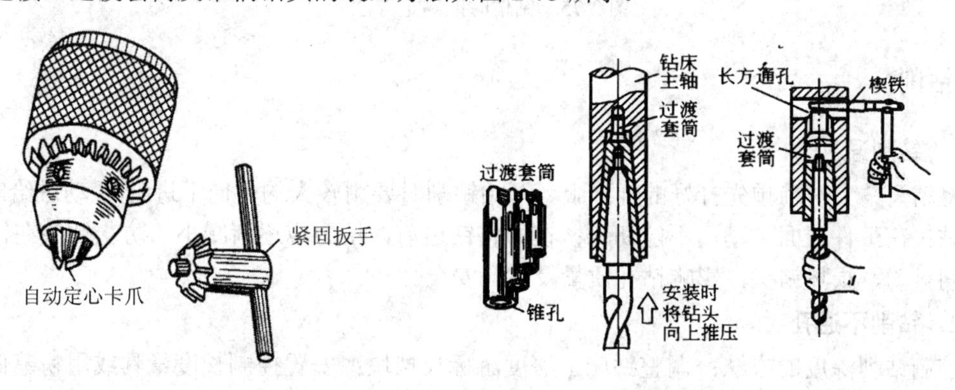

图 2-72　钻夹头　　　　图 2-73　过渡套筒及锥柄钻头的装卸方法

钻头装夹时，应先轻轻夹住，开车检查有无摆动。若无摆动，则停车夹紧，开始工作；若有摆动，则应停车重新装夹，纠正后再夹紧。

4．工件的装夹

工件钻孔时，应保证被钻孔的中心线与钻床工作台面垂直，并根据工件大小、形状选择合适的装夹方法。常用的基本装夹方法如下：

(1) 对于小型工件或薄板工件，可以用手虎钳夹持，如图 2-74(a)所示。

(2) 对于中、小型形状规则的工件，可用平口钳装夹，如图 2-74(b)所示。

(3) 在圆柱面上钻孔时，可用 V 形铁装夹，如图 2-74(c)所示。

(4) 对于较大的工件或形状不规则的工件，可以用压板螺栓直接装夹在钻床工作台上，如图 2-74(d)所示。

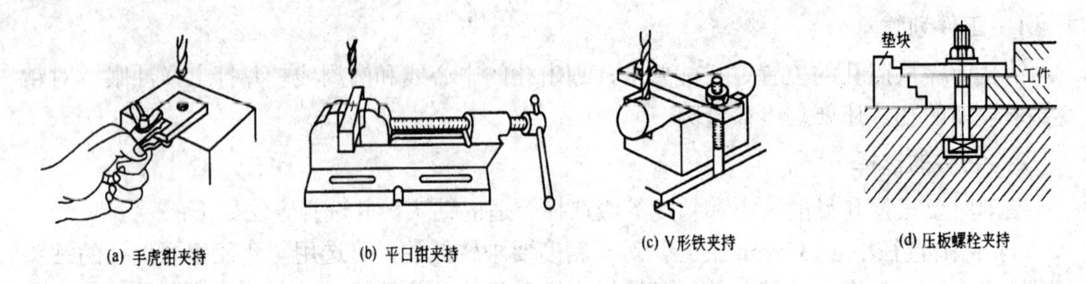

图 2-74 钻床钻孔时工件的装夹

5．起钻与纠偏

开始钻孔时，应进行试钻，即用钻头尖在孔中心上钻一浅坑(约占孔径的 1/4)，检查坑的中心是否与检查圆同心，如有偏位应及时纠正。其纠正方法如图 2-75 所示。

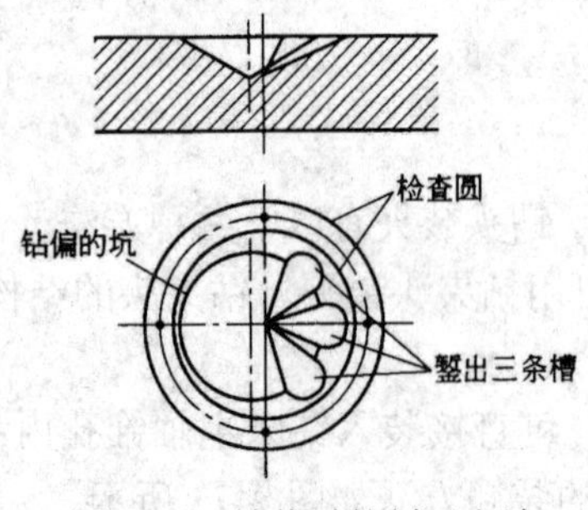

图 2-75 钻偏时的纠正方法

五、钻削

1．钻削通孔

将钻头钻尖对准预先打好的样冲眼，开始钻削时要用较大的力向下进给(手动进给时)，避免钻尖在工件表面晃动而不能切入；在即将钻透前，压力应逐渐减小，防止钻头在钻通的瞬间抖动，损坏钻头，影响钻孔质量及钻孔安全。

2．钻削不通孔

控制钻削深度的方法：调整钻床上深度游标尺挡块；安置控制长度量具或用粉笔做标记等。

3．钻削深孔

当孔的深度超过孔径的 3 倍时，即为深孔。钻深孔时，要经常退出钻头及时排屑和冷却，否则容易造成切屑堵塞或使钻头过度磨损甚至折断。

4．钻削大直径孔

钻孔直径 $D > 30$ mm 应分两次钻削。第一次用(0.6～0.8)D 的钻头先钻孔，再用所需直径的钻头将孔扩大到所要求的直径，这样既有利于提高钻头寿命，也有利于提高钻削质量。

为提高钻削质量，钻削时还应注意下列事项：

(1) 尽量避免在斜面上钻孔。若必须在斜面上钻孔，则应用立铣刀在钻孔的位置先铣出一个平面，使之与钻头中心线垂直。钻半圆孔则必须另找一块同样材料的垫块与工件拼夹在一起钻孔。

(2) 钻削时，应使用切削液对加工区域进行冷却和润滑。切削液的选择：一般钢件用乳化液或机油；铝合金工件用乳化液、煤油；冷硬铸铁工件用煤油。

任务一 钻削六角体螺纹底孔

任务引入

对于如图 2-76 所示的六角体，要求在备件上完成螺纹底孔钻削加工。

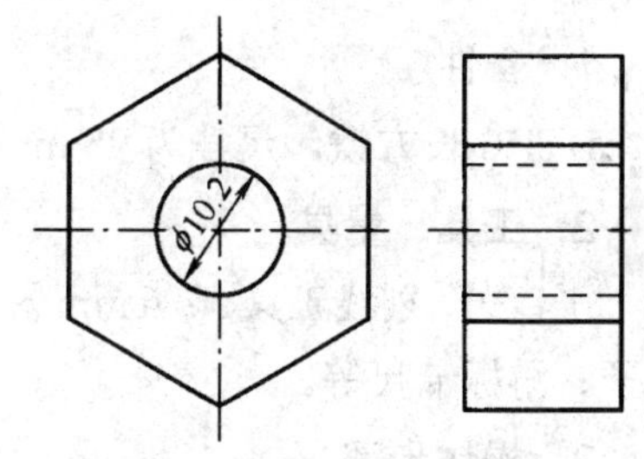

图 2-76 钻削六角体螺纹底孔

任务实施

1．备件

锉削六面体的工件，材质 Q235。

2．工具、量具

平口钳、划线工具、ϕ10.2 mm 钻头、样冲、锤子、游标卡尺等。

3．操作步骤

(1) 按图样要求划线，并在孔心打上样冲眼。

(2) 由教师作钻床调整、钻头装夹、工件装夹以及钻孔方法等示范操作。

(3) 练习钻床空车操作，并作钻床转速、主轴头架和工作台升降等调整练习。

(4) 在钻床上装夹ϕ10.2 mm 钻头，钻削 M12 螺纹底孔，并保证达到图样要求。

评分标准

钻削六角体螺纹底孔的评分标准如表 2-9 所示。

表 2-9 钻削六角体螺纹底孔的评分标准

<table>
<tr><th>序号</th><th colspan="2">考 核 项 目</th><th colspan="2">配分</th><th colspan="2">评 分 标 准</th><th>得分</th></tr>
<tr><td>1</td><td colspan="2">孔的对称误差要求 0.20 mm(3 处)</td><td colspan="2">10 × 3</td><td colspan="2">每超差 0.05 mm 扣 5 分</td><td></td></tr>
<tr><td>2</td><td colspan="2">孔与端面垂直度误差 0.15 mm</td><td colspan="2">30</td><td colspan="2">每超差 0.05 mm 扣 10 分</td><td></td></tr>
<tr><td>3</td><td colspan="2">钻床使用操作情况</td><td colspan="2">20</td><td colspan="2">根据情况酌情扣分</td><td></td></tr>
<tr><td>4</td><td colspan="2">工具使用正确</td><td colspan="2">20</td><td colspan="2">根据情况酌情扣分</td><td></td></tr>
<tr><td>5</td><td colspan="2">安全文明生产</td><td colspan="2"></td><td colspan="2">违反规定酌情扣分</td><td></td></tr>
<tr><td>6</td><td colspan="2">工时 10 min</td><td colspan="2"></td><td colspan="2">每超时 1 min 扣 1 分</td><td></td></tr>
<tr><td colspan="2">总分：100</td><td colspan="2">姓名：</td><td>学号：</td><td>实际工时：</td><td>教师签字：</td><td>学生成绩：</td></tr>
</table>

任务二 长方铁钻孔

任务引入

对于如图 2-77 所示的长方铁，要求在备件上完成钻孔加工。

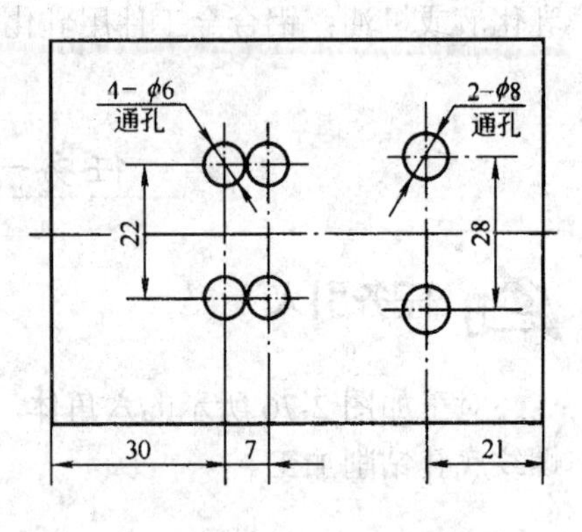

图 2-77 长方铁

任务实施

1．备件

HT150 长方铁，尺寸为 95 mm × 75 mm × 34 mm。

2．工具、量具

平口钳、划线工具、ϕ6 mm 和 ϕ8 mm 钻头、样冲、锤子、游标卡尺等。

3．操作步骤

(1) 按图样要求划线，并在孔心打上样冲眼。

(2) 在钻床上装夹 ϕ8 mm 钻头，钻削 2 个 ϕ8 mm 的通孔，并保证达到图样要求。

(3) 在钻床上装夹 ϕ6 mm 钻头，钻削 4 个 ϕ6 mm 的通孔，并保证达到图样要求。

评分标准

长方铁钻孔的评分标准如表 2-10 所示。

表 2-10 长方铁钻孔的评分标准

序号	考核项目	配分	评分标准	实测记录	得分
1	孔距尺寸误差要求 ±0.15 mm(9 处)	4 × 9	每超差 0.05 mm 扣 2 分		
2	孔的对称度误差要求 0.20 mm(3 处)	15	每超差 0.05 mm 扣 4 分		
3	孔与端面垂直度误差 0.15 mm(6 处)	15	每超差 0.05 mm 扣 2 分		
4	钻床使用操作情况	15	根据情况酌情扣分		
5	工具使用正确	10	根据情况酌情扣分		
6	安全文明生产	15	违反规定酌情扣分		
7	工时 50 min	15	每超时 3 min 扣 1 分		
总分：100	姓名： 学号：	实际工时：	教师签字：	学生成绩：	

项目六 攻螺纹和套螺纹

攻螺纹是指用丝锥加工工件内螺纹的操作。套螺纹是指用板牙加工工件外螺纹的操作。攻螺纹和套螺纹一般用于加工普通螺纹。攻螺纹和套螺纹所用的工具简单、操作方便，但生产率低、精度不高，主要用于单件或小批量的小直径螺纹加工。

一、攻螺纹工具

攻螺纹用的主要工具是丝锥和铰杠(扳手)。

1. 丝锥

丝锥是加工小直径内螺纹的常用成形刀具，分机用丝锥和手用丝锥两种。丝锥的结构如图 2-78 所示，它由工作部分和颈部组成。其中，工作部分由切削部分与校准部分组成。

切削部分是丝锥的主要工作部分，磨成圆锥形。切削部分的作用是切去孔内螺纹牙间的金属。校准部分的作用是修光螺纹和引导丝锥的轴向移动。丝锥上有 3～4 条容屑槽，便于容屑和排屑。丝锥颈部的方榫的作用是与铰杠相配合并传递扭矩。

为减小切削力和延长丝锥使用寿命，常将整个切削量分配给几支丝锥来完成。每种尺寸的丝锥一般由两支或三支组成，分别称为头锥、二锥或三锥，它们的区别在于切削部分的锥角和长度不同，头锥、二锥和三锥的区别如图 2-79 所示。攻螺纹时，先用头锥加工，然后依次用二锥、三锥加工。头锥完成切削量的大部分，剩余小部分切削量由二锥和三锥完成。

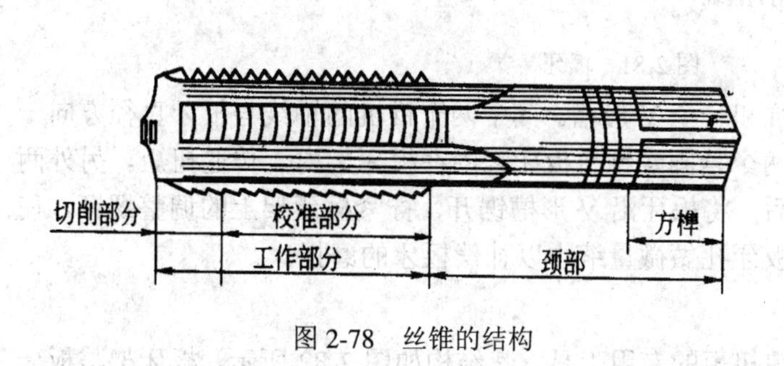

图 2-78　丝锥的结构

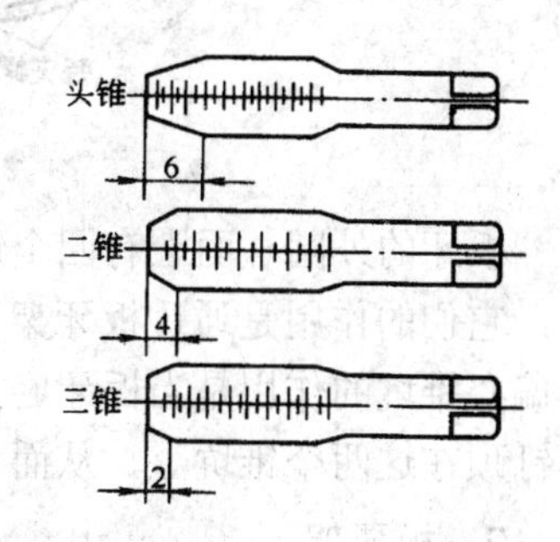

图 2-79　头锥、二锥、三锥的区别

2. 铰杠

铰杠(又称扳手)是用来夹持丝锥和铰刀的工具，其结构如图 2-80 所示。其中，固定式铰杠常用于 M5 以下的丝锥；可调式铰杠因其方孔尺寸可以调节，能与多种丝锥配合使用，应用广泛。

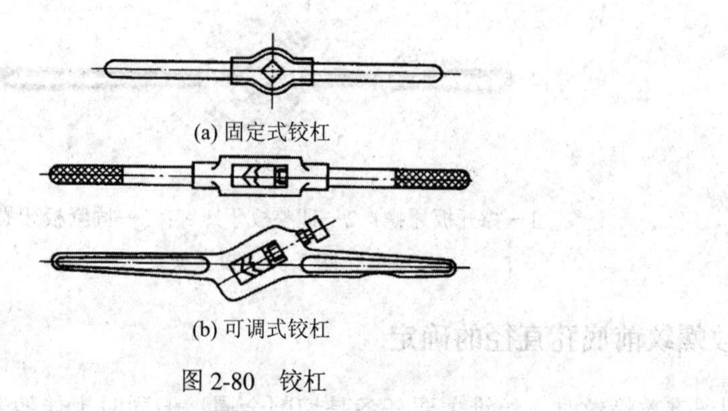

(a) 固定式铰杠

(b) 可调式铰杠

图 2-80　铰杠

二、套螺纹工具

套螺纹用的主要工具是板牙和板牙架。

1．板牙

板牙是加工小直径外螺纹的成形刀具，其结构如图 2-81 所示。在靠近螺纹处钻了几个排屑孔，以形成切削刃。板牙两端是切削部分，做成 2φ 的锥角，一端磨损后，可换另一端使用；板牙中间是校准部分，主要起修光螺纹和导向作用。

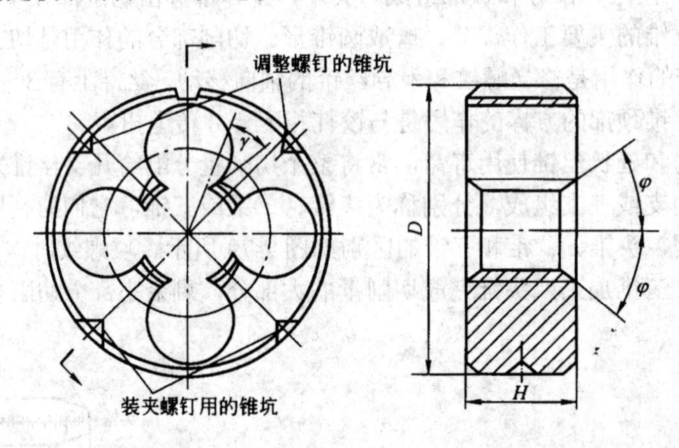

图 2-81　板牙

板牙的外圆柱面上有四个锥坑和一个 V 形槽。其中两个锥坑的轴线与板牙直径方向一致，它们的作用是通过板牙架上两个紧固螺钉将板牙紧固在板牙架内，传递扭矩。另外两个偏心锥坑的作用是当板牙磨损后，将板牙沿 V 形槽锯开，拧紧板牙架上的调整螺钉，使螺钉顶在这两个锥坑上，从而使板牙孔做微量缩小以补偿板牙的磨损。

2．板牙架

板牙架是用来夹持板牙、传递扭矩的专用工具，其结构如图 2-82 所示。板牙架与板牙配套使用。为了减少板牙架的规格，一定直径范围内的板牙的外径是相等的，当板牙外径与板牙架不配套时，可以加过渡套或使用大一号的板牙架。

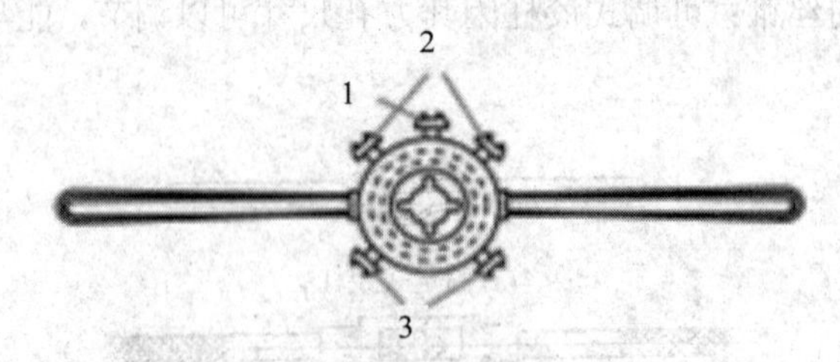

1—撑开板牙螺；2—调整板牙螺钉；3—固紧板牙螺钉

图 2-82　板牙架

三、攻螺纹前底孔直径的确定

用丝锥攻螺纹时，丝锥主要任务是切削金属，但同时也伴随着严重的挤压作用，特别是塑性材料的丝锥的挤压作用更加明显。因此，攻螺纹前螺纹底孔直径必须大于螺纹的小径且小于螺纹的大径。具体确定方法可以查表或用经验公式计算。经验公式如下：

$$D_{底} = d - P \quad \text{(适用于钢料及韧性材料)}$$

$$D_{底} = d - (1.05 \sim 1.1)P \quad \text{(适用于铸铁及脆性材料)}$$

式中：$D_{底}$为攻螺纹前钻底孔直径，单位为 mm；d 为螺纹大径，单位为 mm；P 为螺距，单位为 mm。

攻不通孔(盲孔)螺纹时，由于丝锥不能攻到底，所以底孔深度要大于螺纹部分的长度，其钻孔深度 L 由以下公式确定：

$$L = L_0 + 0.7d$$

式中：L_0 为螺纹深度，单位为 mm；d 为螺纹大径，单位为 mm。

四、套螺纹前工件直径的确定

套螺纹主要是切削金属形成螺纹牙形，但也有挤压作用。套螺纹前，应首先确定工件直径，工件直径太大则难以套入；太小则套出的螺纹不完整。具体确定方法可以查表或用公式计算。计算公式如下：

$$d_0 \approx d - 0.13P$$

式中：d_0 为套螺纹前工件直径，单位为 mm；d 为螺纹大径，单位为 mm；P 为螺距，单位为 mm。

五、攻螺纹

攻螺纹的操作方法如下：

(1) 用稍大于底孔直径的钻头或锪钻将孔口两端倒角，以利于丝锥切入。

(2) 开始时，选用头锥，用铰杠夹持丝锥的方榫，将丝锥放到已钻好的底孔处，并注意使丝锥中心与孔的中心重合，然后用右手握铰杠中间，并用食指和中指夹住丝锥，适当施加压力并顺时针转动，攻入1～2 圈。

(3) 检查丝锥与工件端面的垂直度，如图 2-83 所示。

(4) 检查垂直后，用双手握住铰杠的两端平稳地顺时针转动铰杠，每转 1～2 圈要反转 1/4 圈，以利于断屑和排屑，如图 2-84 所示。

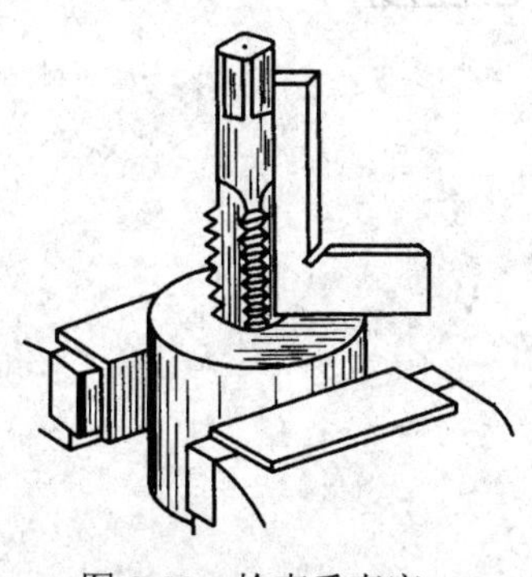

图 2-83　检查垂直度

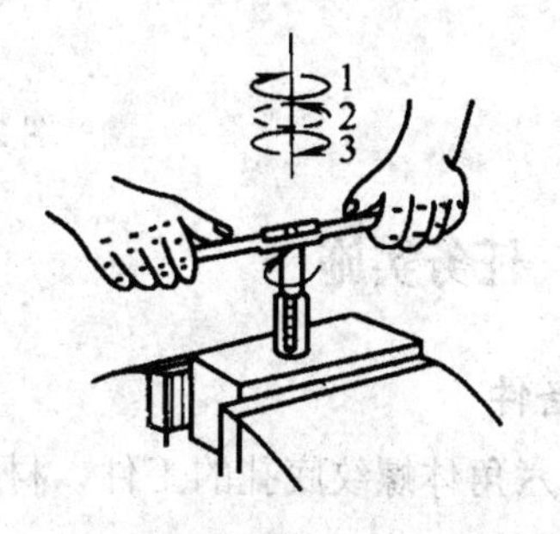

1，3—攻螺纹切削；2—退回断屑

图 2-84　攻螺纹操作

(5) 头锥攻完后，反向退出，再依次用二锥、三锥攻。每换一锥，应先将丝锥旋入1～2圈扶正、定位，再用铰杠攻入，以防乱扣。

攻螺纹时，还应注意：双手用力要平衡，如果感到扭矩很大，不可强行扭动，应将丝锥反转退出。对于钢料工件，攻螺纹时要加机油润滑，这样会使螺纹光洁，同时能延长丝锥使用寿命；对于铸铁工件，攻螺纹时可以用煤油润滑。

六、套螺纹

套螺纹的操作方法如下：

(1) 套螺纹前必须对工件倒角，以便于板牙顺利套入。

(2) 装夹工件时，工件伸出钳口的长度应稍大于螺纹长度。

(3) 套螺纹的过程与攻螺纹相似，如图2-85所示。操作时，用力要均匀，开始转动板牙时，要稍加压力，套入3～4圈后，可只转动不加压，并经常反转以便断屑。

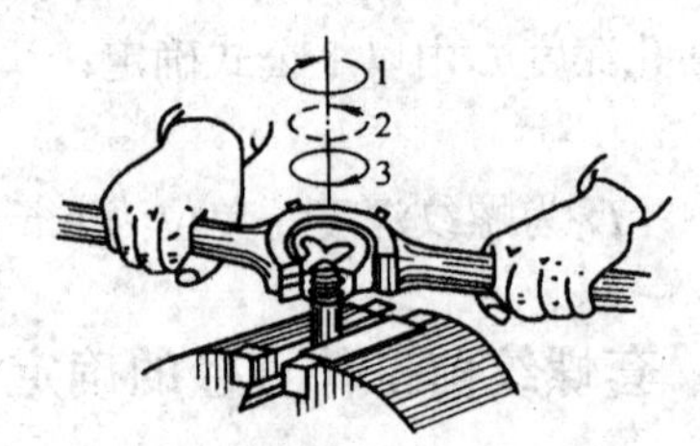

1，3—套螺纹切削；2—退回断屑

图2-85　套螺纹操作

任务一　六角螺母攻螺纹

任务引入

对于如图2-86所示的六角螺母，要求在备件上完成攻螺纹加工。

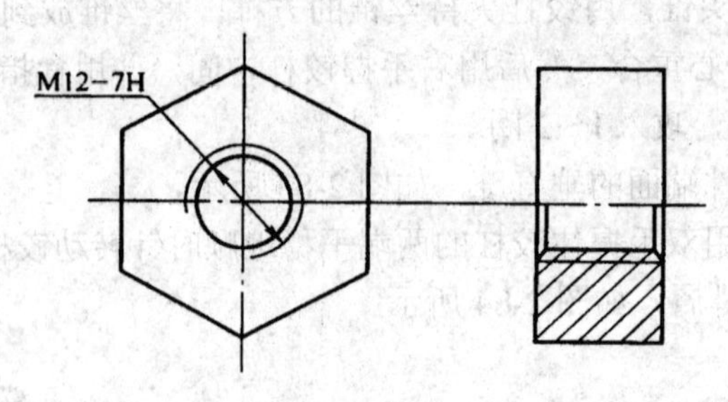

图2-86　六角螺母攻螺纹

任务实施

1. 备件

钻削六角体螺纹底孔的工件，材质Q235。

2. 工具、量具

钻头、丝锥、铰杠、90°角尺、游标卡尺等。

3．操作步骤

(1) 用ϕ2 mm 钻头对孔口两端倒角。

(2) 用 M12 丝锥攻制 M12 螺纹，注意检查垂直，并用相应的螺钉配合检验。

评分标准

六角螺母攻螺纹的评分标准如表 2-11 所示。

表 2-11　六角螺母攻螺纹的评分标准

序号	考核项目	配分	评分标准	得分
1	螺纹垂直度误差 0.15 mm	10 × 3	每超差 0.01 mm 扣 2 分	
2	螺纹两端孔口倒角正确	30	根据情况酌情扣分	
3	螺钉配合正确	20	根据情况酌情扣分	
4	工具使用、操作正确	20	根据情况酌情扣分	
5	安全文明生产		违反规定酌情扣分	
6	工时 20 min		每超时 1 min 扣 1 分	
总分：100	姓名：	学号：　实际工时：	教师签字：	学生成绩：

任务二　长方铁攻螺纹

任务引入

对于如图 2-87 所示的长方铁，要求在备件上完成攻螺纹加工。

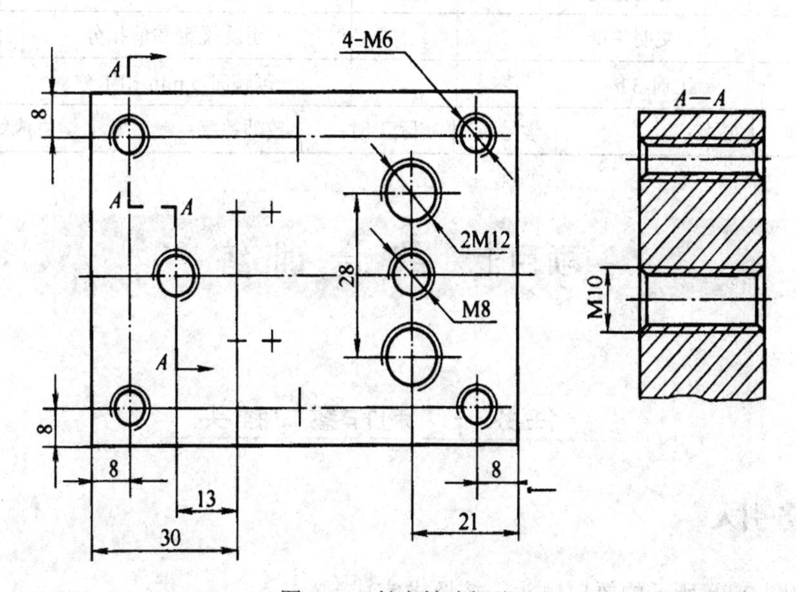

图 2-87　长方铁攻螺纹

任务实施

1. 备件

HT150 长方铁，尺寸为 95 mm × 75 mm × 34 mm。

2. 工具、量具

平口钳、划线工具、钻头、丝锥、铰杠、样冲、锤子、90° 角尺、游标卡尺等。

3. 操作步骤

(1) 按图样要求划出各螺纹孔加工位置线，并在孔心打上样冲眼。
(2) 钻出各螺纹底孔，并对孔口倒角。
(3) 依次攻螺纹 4 × M6、M8、M10、2 × M12，并用相应的螺钉进行配检。

评分标准

长方铁攻螺纹的评分标准如表 2-12 所示。

表 2-12　长方铁攻螺纹的评分标准

序号	考 核 项 目	配分	评 分 标 准	得分
1	孔距尺寸误差要求 ±0.15 mm	18	每超差 0.05 mm 扣 2 分	
2	孔的对称度误差要求 0.20 mm	32	每超差 0.05 mm 扣 4 分	
3	攻螺纹垂直度误差 0.15 mm	16	每超差 0.05 mm 扣 2 分	
4	螺钉配合正确	20	根据情况酌情扣分	
5	螺孔倒角正确	6	根据情况酌情扣分	
6	工具使用正确	8	根据情况酌情扣分	
7	安全文明生产		违反规定酌情扣分	
8	工时 3 h		每超时 5 min 扣 1 分	
总分：100	姓名：　学号：	实际工时：	教师签字：	学生成绩：

项目七　综 合 训 练

任务一　制作錾口锤头

任务引入

对于如图 2-88 所示的錾口锤头，按要求完成制作。

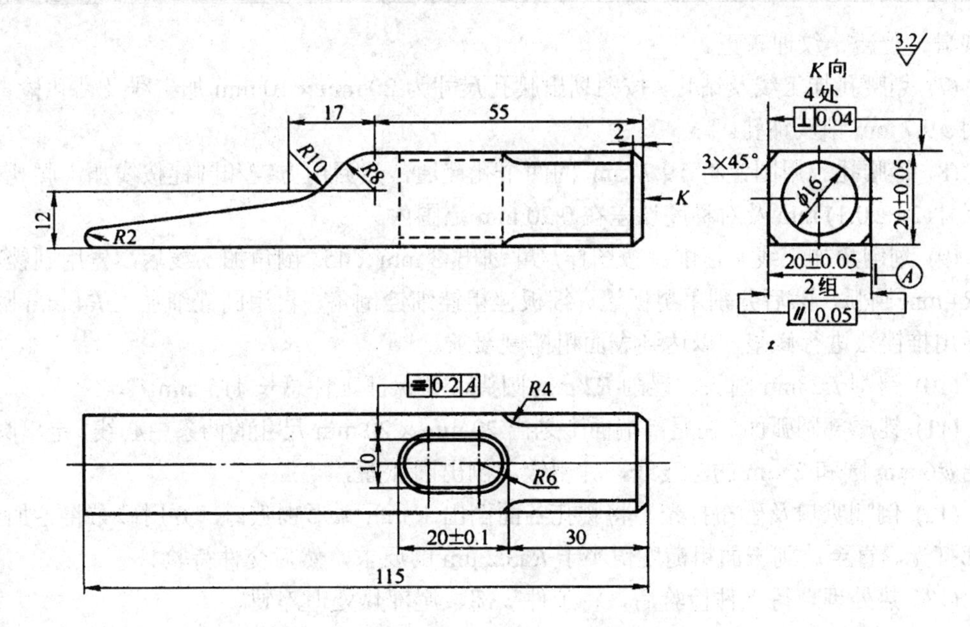

图 2-88　錾口锤头

任务实施

1．备件

长方铁 116 mm × 24 mm × 24 mm，材质 Q235。

2．工具、量具

划针、划规、样冲、锤子、划线平板、扁锉、方锉、半圆锉、圆锉、ϕ5 mm 和ϕ9.7 mm 钻头、锯弓、扁錾、游标高度尺、游标卡尺、千分尺、90° 角尺、刀口尺、塞尺、半径样板、钢直尺等。

3．操作步骤

(1) 检查备料的尺寸。

(2) 锉削长四方体。锉削长四方体时，其加工步骤可参照锉削技能训练中锉削长四方体各面的顺序进行锉削加工。锉削后要求达到尺寸(20 ± 0.05) mm × (20 ± 0.05) mm 及平行度 0.05 mm、垂直度 0.04 mm、表面粗糙度 Ra≤3.2 μm 要求。

(3) 锉削端面。以长面为基准，锉削端面，达到基本垂直，表面粗糙度 Ra≤3.2 μm。

(4) 划圆弧加工线。以长面及端面为基准，按图样要求，划出 R10 mm、R8 mm、R2 mm 圆弧加工线。

(5) 钻ϕ5 mm 孔及斜面锯切。在 R10 mm 的圆弧钻ϕ5 mm 的孔，并用手锯按线锯去斜面余料(要放锉削用量)。

(6) 粗锉、细锉圆弧面和斜面。用半圆锉按线粗锉 R10 mm 内圆弧面，用粗板锉粗锉斜面和 R8 mm 圆弧面至划线线条后，再用细板锉细锉斜面，用半圆锉细锉 R10 mm 内圆弧面，而后用细板锉细锉 R8 mm 外圆弧面。最后，用细板锉及半圆锉作推锉修整，达到各形面连接圆滑、光洁、纹理齐正。

(7) 划腰孔加工线及钻孔。按图划出腰孔尺寸为 20 mm × 10 mm 加工线及钻孔检查线，并用 ϕ9.7 mm 钻头钻孔。

(8) 锉腰孔。用圆锉将 ϕ9.7 mm 的两个孔锉通，然后用方锉和圆锉按线加工腰孔，达到尺寸(20 ± 0.1) mm 及对称度误差在 0.20 mm 范围内。

(9) 划倒角加工线并锉削。按图样尺寸划出 3 mm × 45° 倒角加工线后，先用圆锉粗锉出 R4 mm 圆弧，然后分别用粗板锉、细板锉粗锉细锉倒角，再用圆锉细加工 R4 mm 圆弧，最后用推锉法进行修整，以达到表面粗糙度要求。

(10) 锉削 R2 mm 圆头。锉削 R2 mm 圆头，并保证工件总长 115 mm。

(11) 锉尾部圆弧面。在尾部端面上划出 20 mm × 20 mm 尺寸的两条中心线，定出圆心，划出 ϕ6 mm 圆和 2 mm 的深度线，并用锉刀倒出圆弧面。

(12) 倒喇叭口及砂布打光。将腰孔各面倒出 1 mm 弧形喇叭口，并用砂布将各加工面全部打光，直至达到表面粗糙度值小于 Ra3.2 μm 的要求，然后交件待验。

(13) 热处理。待工件检验后，将工件头部、尾部热处理淬硬。

评分标准

制作錾口锤头的评分标准如表 2-13 所示。

表 2-13 制作錾口锤头的评分标准

序号	考核项目	配分	评分标准	得分
1	尺寸要求(20 ± 0.05)mm(2 处)	8 × 2	超差 0.01 mm 扣 4 分	
2	平行度 0.05 mm(2 处)	4 × 2	超差 0.01 mm 扣 2 分	
3	垂直度 0.04 mm(2 处)	3 × 4	超差 0.01 mm 扣 3 分	
4	3 mm × 45° 倒角尺寸正确(4 处)	2 × 4	1 处不正确扣 2 分	
5	R4 mm 内圆弧连接圆滑、无坍角(4 处)	2 × 4	1 处不符合扣 2 分	
6	R10 mm 与 R8 mm 圆弧面连接圆滑	8	1 处不圆滑扣 4 分	
7	头部斜面平直度 0.04 mm	8	超差 0.01 mm 扣 4 分	
8	腰孔长度要求(20 ± 0.10)mm	8	超差 0.05 mm 扣 4 分	
9	腰形孔对称度 0.2 mm	10	超差 0.05 mm 扣 5 分	
10	R2 mm 圆弧面圆滑	4	1 处不圆滑扣 2 分	
11	倒角均匀、各棱线清晰	5	每一棱线不符合要求扣 1 分	
12	表面粗糙度 $Ra \leqslant 3.2$ μm，纹理齐正	5	每一面不符合要求扣 1 分	
13	安全文明生产		违反规定酌情扣分	
14	工时 16 h		每超时 1 h 扣 5 分	
总分：100	姓名：	学号：	实际工时： 教师签字：	学生成绩：

任务二　四方体镶嵌

任务引入

对于如图 2-89 所示的四方体镶嵌块，按要求完成制作。

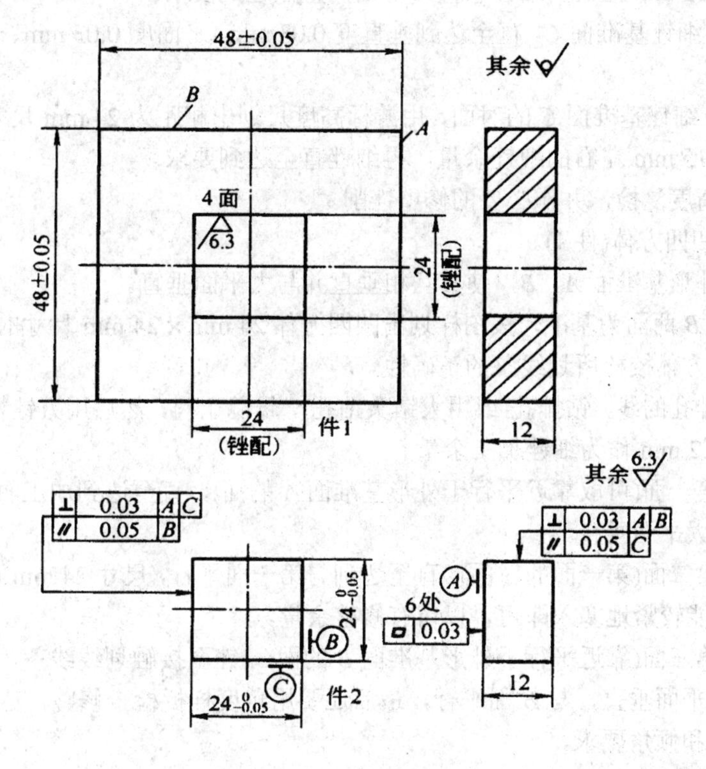

图 2-89　四方体镶嵌块

任务实施

1．备件

Q235 钢，尺寸为 48 mm × 48 mm × 12 mm。

2．工具、量具

划针、样冲、锤子、划线平板、手锯、扁锉(粗、细)、三角锉、方锉、游标高度尺、游标卡尺、千分尺、90° 角尺、刀口尺、塞尺、钢直尺等。

3．操作步骤

(1) 加工凸四方体(件 2)。

① 粗锉、细锉大基准面 *A*，直至达到平面度 0.03 mm、表面粗糙度 *Ra*≤6.3 μm 的要求，

并做好标记。

② 粗锉、细锉大基准面 *A* 的对面，用游标高度尺划出相距为 12 mm 尺寸的平面加工线，先粗锉，留 0.15 mm 左右的细锉余量，再细锉直至达到平面度 0.03 mm、表面粗糙度 $Ra \leq 6.3$ μm 的要求。

③ 粗锉、细锉基准面 *B*，直至达到垂直度 0.03 mm、平面度 0.03 mm、表面粗糙度 $Ra \leq 6.3$ μm 的要求。

④ 粗锉、细锉基准面 *B* 的对面，用游标高度尺划出相距为 24 mm 尺寸的平面加工线，先粗锉，留 0.15 mm 左右的细锉余量，再细锉直至达到要求。

⑤ 粗锉、细锉基准面 *C*，直至达到垂直度 0.03 mm、平面度 0.03 mm、表面粗糙度 $Ra \leq 6.3$ μm 的要求。

⑥ 粗锉、细锉基准面 *C* 的对面，用游标高度尺划出相距为 24 mm 尺寸的平面加工线，先粗锉，留 0.15 mm 左右的细锉余量，再细锉直至达到要求。

⑦ 全部精度复检，并作必要的修整锉削。

(2) 镶嵌凹四方体(件 1)。

① 修整外形基准面 *A*、*B*，使其互相垂直并与大平面垂直。

② 以 *A*、*B* 两面为基准，按图样划出凹四方体 24 mm × 24 mm 尺寸的加工线，并用已加工好的凸四方体校核所划线条的正确性。

③ 划钻排孔的线，钻排孔(或用大钻头钻孔)，锯除余料，然后用方锉粗锉至接近线条，每边留 0.1～0.2 mm 作为细锉加工余量。

④ 细锉第一面(可取靠近平行于外形基准面 *A* 的面)，直至达到加工面纵横平直，并与 *A* 面平行及与大平面垂直。

⑤ 细锉第二面(第一面的对面)，直至达到与第一面平行，尺寸 24 mm 可用外四方体(件 2)试镶，使其能较紧地塞入即可，以留有修整余量。

⑥ 细锉第三面(靠近平行于外形基准面 *B* 的面)，锉至接触划线线条，达到加工面纵横平直，并与大平面垂直，与 *B* 面平行，最后还要用角度样板检查修整，达到与第一面、第二面的垂直度和倾角要求。

⑦ 细锉第四面，直至达到与第三面平行，与两侧面及大平面垂直，并用凸四方体试镶，达到能较紧地塞入即可。

⑧ 精锉修整各面，即用凸四方体各向镶嵌。先用透光法检查接触部位，进行修整，当凸四方体塞入后，采用透光和涂色相结合的方法检查接触部位，然后逐步修锉达到配合要求。最后进行转位互换修整，达到转位互换的要求，并用手将凸四方体推出、推进无阻滞。

(3) 各锐边去毛刺、倒棱。

检查配合精度，最大间隙处用两片 0.1 mm 塞尺塞入对组面检查，其塞入深度不得超过 6 mm，最大喇叭口用两片 0.14 mm 塞片检查，其塞入深度不得超过 3 mm。

评分标准

四方体镶嵌的评分标准如表 2-14 所示。

表 2-14 四方体镶嵌的评分标准

序号	考核项目	配分	评分标准	得分
1	尺寸要求 $24_{-0.05}^{0}$ mm(2 处)	8 × 2	超差 0.01 mm 扣 8 分	
2	平行度误差 0.05 mm(2 处)	5 × 2	超差 0.01 mm 扣 5 分	
3	垂直度误差 0.30 mm(4 处)	4 × 4	超差 0.01 mm 扣 2 分	
4	平面度误差 0.03 mm(6 处)	2 × 6	超差 0.01 mm 扣 1 分	
5	换位配合间隙不大于 0.1 mm(4 处)	6 × 4	超差 0.01 mm 扣 6 分	
6	喇叭口小于 0.14 mm(4 处)	3 × 4	超差 0.01 mm 扣 3 分	
7	表面粗糙度 $Ra \leqslant 6.3$ μm(10 面)	1 × 10	1 面不符合要求扣 1 分	
8	安全文明生产		违反规定酌情扣分	
9	工时 12 h		每超时 30 min 扣 3 分	
总分：100	姓名：	学号：	实际工时：	教师签字：　学生成绩：

复习思考题

1. 选择题

(1) 攻螺纹时造成螺孔攻歪的原因之一是丝锥(　　)。

A. 深度不够　　B. 强度不够

C. 位置不正　　D. 方向不一致

(2) 锯削软材料和厚材料选用锯条的锯齿是(　　)。

A. 粗齿　　B. 细齿

C. 硬齿　　D. 软齿

(3) 钻头直径大于 13 mm 时，柄部一般做成(　　)。

A. 直柄　　B. 莫氏锥柄

C. 方柄　　D. 直柄或锥柄

2. 简述题

(1) 钳工的主要工作包括哪些？

(2) 划线工具有几类，分别如何正确使用？

(3) 有哪几种起锯方式？起锯时应注意哪些问题？

(4) 什么是锉削？其加工范围包括哪些？

(5) 怎样正确采用顺向锉法、交叉锉法和推锉法？

(6) 钻孔、扩孔与铰孔各有什么区别？

(7) 什么是攻螺纹？什么是套螺纹？

(8) 什么是装配？装配方法有几种？

模块三 车削加工

一、实训目的和要求

车削加工的实训目的和要求如下：

(1) 通过车削加工基本操作，使学生了解车削加工在机械加工中的重要性，了解零件加工工艺过程及机械加工基本知识。

(2) 了解车削加工的工艺特点、加工范围及车工安全操作知识。

(3) 了解普通车床组成部分及作用，掌握主要调整方法并能较熟练地调整普通车床。

(4) 了解车刀的结构、车刀的主要角度和作用、刀具材料及性能要求。

(5) 掌握外圆、端面、锥面、成形面、内孔、螺纹、滚花等的基本操作技能，能合理选择刀具、夹具、量具，并能按照图纸的基本要求，独立完成中等复杂零件的车削加工。

二、安全操作规程

车削加工的安全操作规程如下：

(1) 车削铸铁、气割下料的工件时，应擦去导轨上的润滑油，工件上的型砂杂质应在加工前清除干净，以免磨坏床面导轨。

(2) 下班前，应清除车床上及车床周围的切屑和杂物，车床擦净后加入润滑油，将滑板箱摇至床尾一端，各传动手柄放到空挡位置。关闭车床电源。

(3) 开机前，检查车床各部分机构是否完好，各手柄位置是否正确。检查所有注油孔，并进行润滑。然后，低速运转车床约两分钟，查看运转是否正常。若发现车床有异常响声，则立即关机检查修理(在手柄位置正确的情况下)。

(4) 工作中，主轴需要变速时必须先停机再变速。

(5) 工作时，应穿工作服，袖口应扎紧。女同志应戴工作帽，头发应塞入帽中，操作中不准戴手套或其他首饰品，夏季禁止穿裙子、短裤和凉鞋操作车床。

(6) 工作时，头不应靠工件太近，高速切削时必须戴防护眼镜。

(7) 车床转动时，不准测量工件，不准用手去触摸工件表面。停机时，不准用手刹住转动着的卡盘。

(8) 工件装夹完毕随手取下卡盘扳手。棒料伸出主轴后端过长应使用料架或挡板。

(9) 应该用专用的钩子清除切屑，不允许用手直接清除。

(10) 工作时，必须集中精力，身体和衣服不能靠近正在旋转的车床的零部件，如带轮、齿轮、卡盘，身体不准依靠在车床上。

(11) 机床转动时，不能离开车床，若要离开车床，应关闭电源。

(12) 调换齿轮时，应关闭电动机电源。

三、工具、夹具、量具、图样放置合理

(1) 工作时所使用的工具、夹具、量具以及工件应尽可能集中在操作者的周围。布置物件时，右手拿的放在右面，左手拿的放在左面；常用的放在近处，不常用的放在远处。物件放置应有固定的位置，使用后要放回原处。

(2) 工具箱的布置要分类，并保持清洁、整齐。要求小心使用的物体放置稳妥，重的东西放下面，轻的放上面。

(3) 图样、操作卡片应放在便于阅读的部位，保持清洁和完整。

(4) 毛坯、半成品和成品应分开，并按次序整齐排列，以便放置或取用。

(5) 工件周围应保持整齐、清洁。

项目一 车工基本功训练

任务一 车削概述

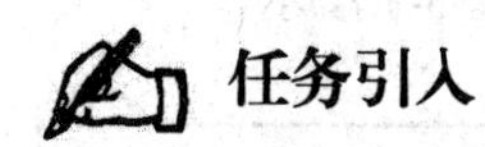

实训教学要求：

(1) 车工在机械加工中的地位和作用。

(2) 了解车床的加工范围。

(3) 了解车床的加工精度及表面粗糙度。

(4) 了解车床的种类及编号。

1. 车工在机械加工中的地位和作用

车削加工是指在车床上应用刀具与工件作相对切削运动，以改变毛坯的尺寸和形状等，使之成为零件的加工过程。在切削加工中，车工是最常用的一种加工方法。车床占机床总数的一半左右，故在机械加工中具有重要的地位和作用。

2. 车床的加工范围

在车床上所使用的刀具主要有车刀、钻头、铰刀、丝锥和滚花刀等。车床主要用来加工各种回转表面，如内、外圆柱面，内、外圆锥面，端面，内、外沟槽，内、外螺纹，内、外成形表面，丝杆，钻孔，扩孔，铰孔，镗孔，攻丝，套丝，滚花等，如图3-1所示。

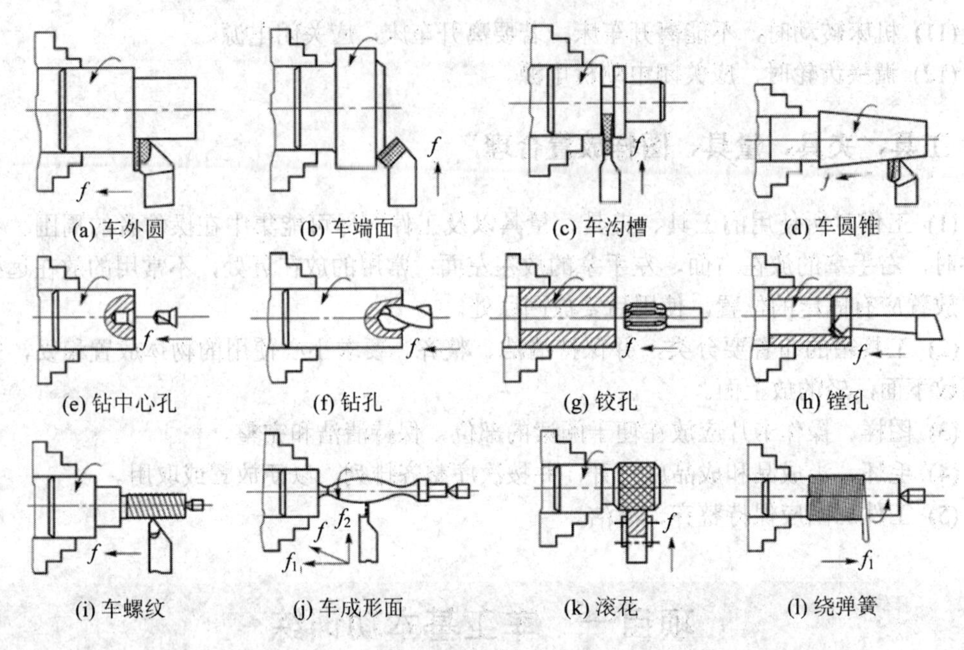

(a) 车外圆　(b) 车端面　(c) 车沟槽　(d) 车圆锥

(e) 钻中心孔　(f) 钻孔　(g) 铰孔　(h) 镗孔

(i) 车螺纹　(j) 车成形面　(k) 滚花　(l) 绕弹簧

图 3-1　车床的加工范围

3. 车床的加工精度及表面粗糙度

车削加工的尺寸精度较宽，一般可达 IT12～IT7，精车时可达 IT8～IT7。车床加工的表面粗糙度 *Ra*(轮廓算术平均高度)数值的范围一般是 6.3～0.8 μm，如表 3-1 所示。

表 3-1　常用车床的加工精度与相应表面粗糙度

加工类别	加工精度	相应表面粗糙度值 Ra/μm	标注代号	表面特征
粗车	IT12	25～50	*Ra*50 Ra25	可见明显刀痕
	IT11	12.5	Ra12.5	可见刀痕
半精车	IT10	6.3	*Ra*6.3	可见加工痕迹
	IT9	3.2	*Ra*3.2	微见加工痕迹
精车	IT8	1.6	*Ra*1.6	不见加工痕迹
	IT7	0.8	*Ra*0.8	可辨加工痕迹方向
精细车	IT6	0.4	*Ra*0.4	微辨加工痕迹方向
	IT5	0.2	*Ra*0.2	不辨加工痕迹

4．车床的种类、编号及规格

1) 车床的种类

车床的种类很多，最常用的为卧式车床、立式车床(见图 3-2)、数控车床(见图 3-3)。它们的特点是万能性强，适合加工各种工件。

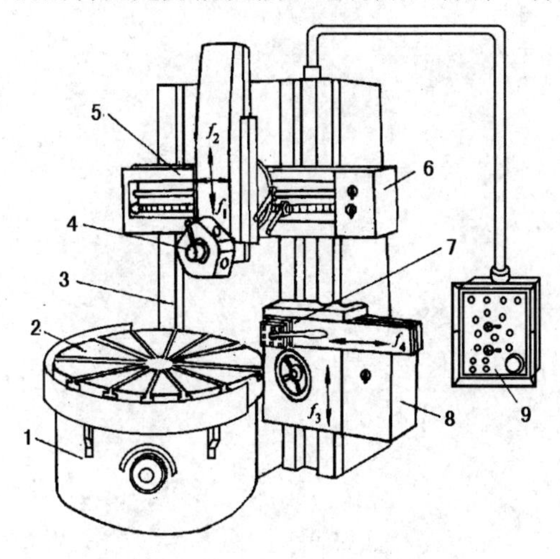

1—底座；2—工作台；3—立柱；
4—垂直刀架；5—横梁；6—刀架进给箱；
7—侧刀架；8—侧刀架进给箱；9—控制箱

图 3-2　立式车床

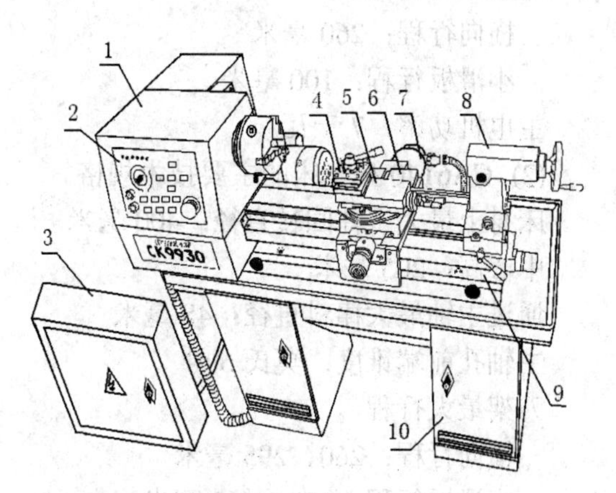

1—床头箱(附步进电机)；2—控制箱；
3—电气柜；4—回转刀架；5—小刀架；6—中刀架；
7—步进电机；8—尾架；9—床身；10—床脚

图 3-3　CK9930 数控车床

2) 车床的编号

车床依其类型和规格，可按类、组、型三级编成不同的型号，“C”为“车”字的汉语拼音的第一个字母，直接读音为“che”。

现以 C620 型和 CA6140 型普通卧式车床为例，介绍车床编号。

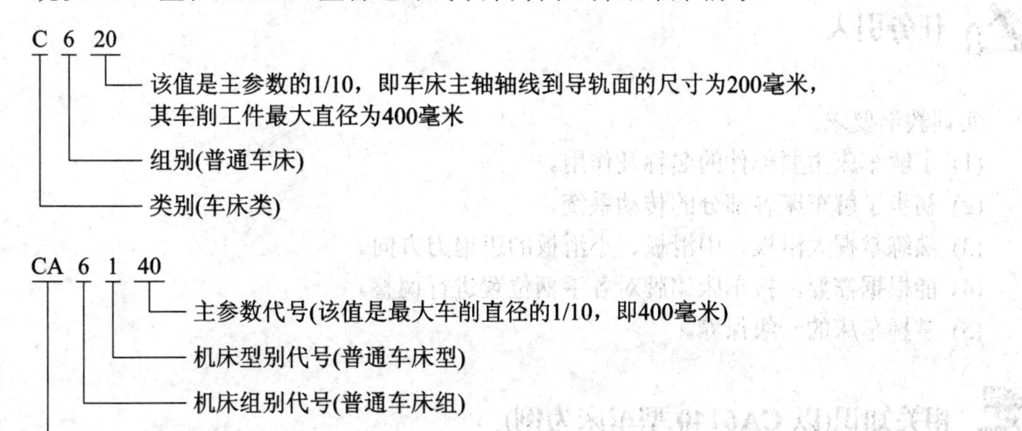

3) 车床的规格

以 C620 型和 CA6140 型车床为例介绍它们的主要技术规格。

(1) C620型车床的主要技术规格。

床身上最大工件回转直径：400毫米

中心高：202毫米

通过主轴最大棒料直径：37毫米

主轴孔前端锥度：莫氏5号

刀架最大行程

　横向行程：260毫米

　小滑板行程：100毫米

主电机功率：7千瓦

(2) CA6140型车床的主要技术规格。

床身上最大工件回转直径：400毫米

中心高：205毫米

通过主轴最大棒料直径：48毫米

主轴孔前端锥度：莫氏6号

刀架最大行程

　横向行程：260、295毫米

　小滑板行程：139、165毫米

纵向快速移动：4米每分

横向快速移动：2米每分

主电机功率：7.5千瓦

任务二　车床操作练习

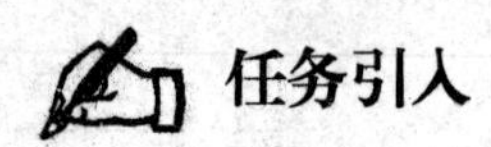

任务引入

实训教学要求：

(1) 了解车床主要部件的名称及作用。

(2) 初步了解车床各部分的传动系统。

(3) 熟练掌握大滑板、中滑板、小滑板的进退刀方向。

(4) 能根据需要，按车床铭牌对各手柄位置进行调整。

(5) 掌握车床的一级保养。

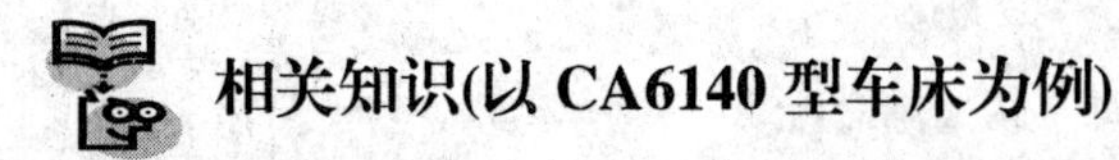

相关知识(以CA6140型车床为例)

1. CA6140型车床主要部件的名称及作用

CA6140型车床主要部件的名称(见图3-4)及作用如下：

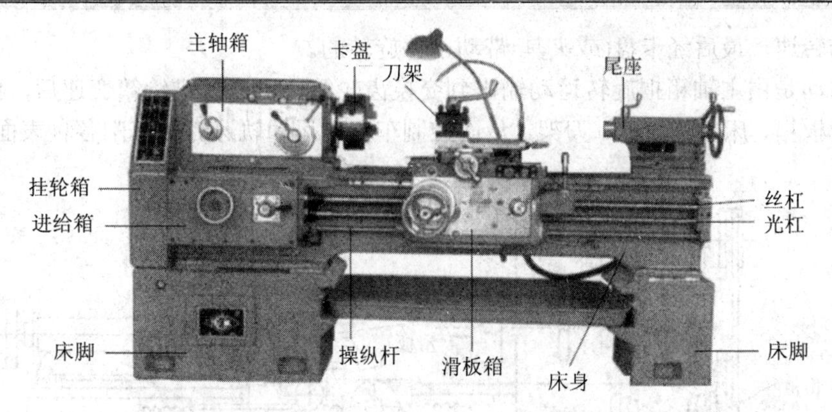

图 3-4　CA6140 型卧式车床

1) 主轴箱(又称床头箱)

主轴箱支撑并传动主轴带动工件做旋转运动。箱内装有齿轮、轴等，组成变速传动机构，变换箱外手柄的位置可使主轴得到各种不同的转速。

主轴通过卡盘等夹具装夹工件，并带动工件旋转，以实现车削。

2) 交换齿轮箱(又称挂轮箱)

交换齿轮箱把主轴的旋转运动传递给进给箱。更换箱内齿轮，配合进给箱内的变速机构，可以得到车削各种不同螺距的螺纹(或蜗杆)的进给运动，并能满足车削时对不同纵、横向进给量的需求。

3) 进给箱(又称走刀箱)

进给箱是进给传动系统的变速机构。利用箱内的齿轮传动机构，把交换齿轮箱传递过来的动力，经过变速后传递给丝杠，以实现车削各种螺纹；同时，也将变速后的动力传递给光杠，以实现机动进给。

4) 滑板箱

滑板箱接受光杠或丝杠传递的运动，以驱动大滑板和中滑板，并使安装在上面的小滑板及刀架做纵、横向进给运动。滑板箱上还装有一些手柄及按钮，用来操纵主轴的转动和滑板的各种机动进给。

5) 刀架

刀架用于安装车刀并带动车刀进行车削。

6) 尾座

尾座安装在床身导轨上，并沿此导轨做纵向移动。尾座主要用来安装后顶尖及钻头、铰刀等。

7) 床身

床身用于支撑和连接车床的各个部件，并保证各部件在工作时有准确的相对位置。

2. 车床传动系统简介

为了完成车削加工，车床必须有主运动和进给运动的相互配合。CA6140 型车床的传动系统如图 3-5 所示。

主运动是通过电动机的驱动带，把运动输入到主轴箱，再通过变速机构变速，使主轴得到不同的转速，最后经卡盘(或夹具)带动工件旋转的。

进给运动是由主轴箱把旋转运动输出到交换齿轮箱，再通过进给箱变速后，由丝杠或光杠驱动滑板箱、床鞍、滑板、刀架，从而控制车刀的运动轨迹完成车削各种表面的工作。

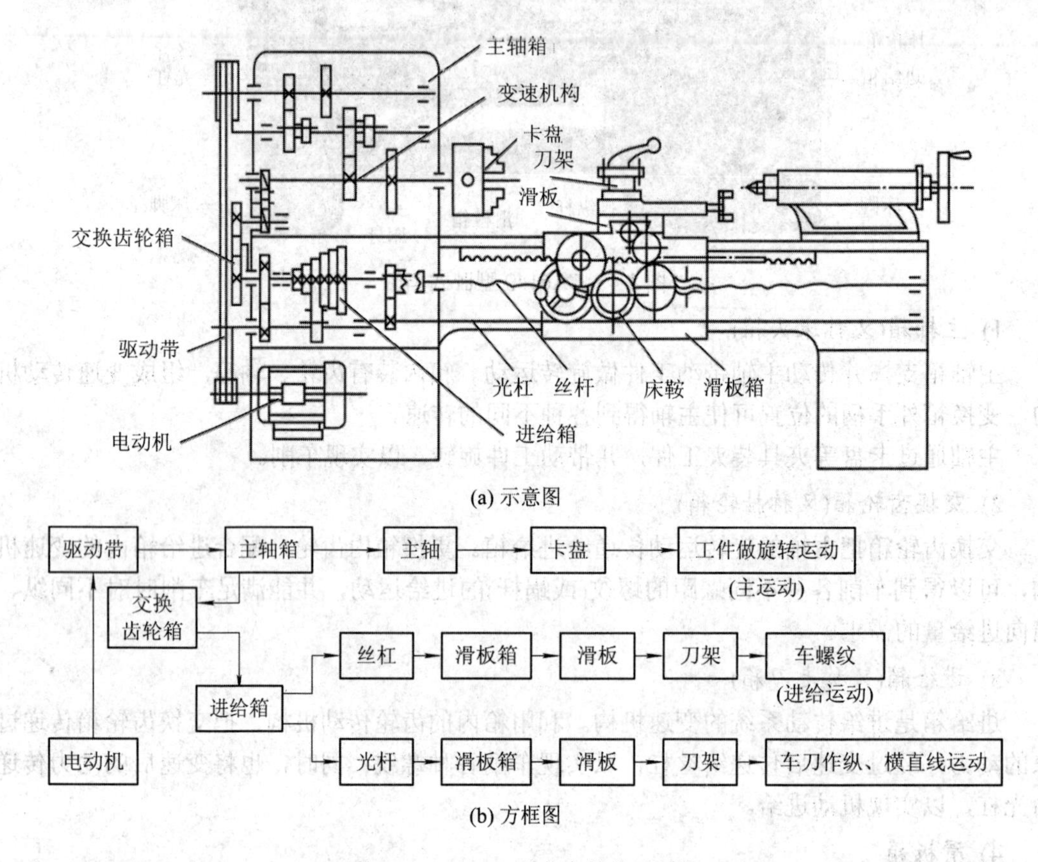

(a) 示意图

(b) 方框图

图 3-5　CA6140 型车床的传动系统

3. 车床的润滑和一级保养

1) 车床的润滑

要使车床能保持正常的运转和减少磨损，必须经常对车床的所有摩擦部分进行润滑。

车床上常用的润滑方式有以下六种：

(1) 浇油润滑。车床的床身导轨面，中、小滑板导轨面等外露的滑动表面，擦干净后应用油壶浇油润滑。

(2) 溅油润滑。车床交换齿轮箱内的零件一般通过齿轮的转动把润滑油飞溅到各处的方式进行润滑。

(3) 油绳润滑。将毛线浸在油槽内，利用毛细管的作用把油引到所需要润滑的部位(见图 3-6(a))，如车床进给箱内的润滑就是采用这种方式。

(4) 弹子油杯润滑。车床尾座和中、小滑板摇手柄转动轴承处，一般采用这种方式。润滑时，用油嘴把弹子按下，滴入润滑油(见图 3-6(b))。

(5) 黄油(油脂)杯润滑。车床挂轮架的中间齿轮，一般用黄油杯润滑。润滑时，先在黄油杯中装满工业润滑脂，当拧紧油杯盖时，润滑油就挤入轴承套内(见图 3-6(c))。

(6) 油泵循环润滑。这种润滑方式是靠车床内的油泵供应充足的油量来润滑的。

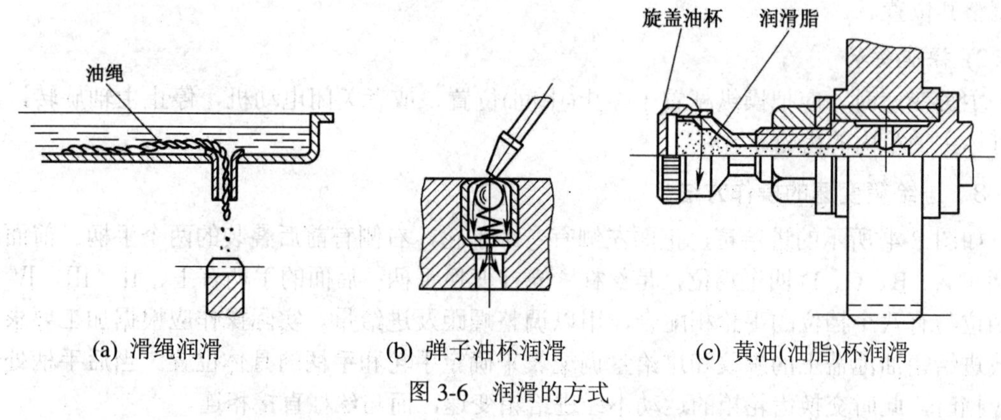

(a) 滑绳润滑 (b) 弹子油杯润滑 (c) 黄油(油脂)杯润滑

图 3-6 润滑的方式

2) 普通车床的一级保养

车床保养工作做得好坏，直接影响零件的加工质量和生产效率。车工除了要能熟练地操纵车床以外，为了保证车床的工作精度和延长它的使用寿命，还必须学会对车床进行合理的保养。当车床运转 500 小时以后，需进行一级保养。保养工作以操作工人为主，并在维修工人配合下进行。保养时，必须先切断电源，然后进行工作，主要的工作是注意清洁、润滑和进行必要的调整。

任务实施

1．大滑板、中滑板和小滑板的操作方法及操作要求

1) 大滑板、中滑板和小滑板的操作方法

(1) 大滑板的操作方法。摇动滑板箱(见图 3-4)正面右侧的大手轮，当手轮顺时针转动时，大滑板向床尾方向移动；当手轮逆时针转动时，大滑板向主轴箱方向移动。

(2) 中滑板的操作方法。当顺时针转动中滑板手柄时，中滑板向远离操作者的方向移动(车外圆时为横向进刀)；当逆时针转动中滑板手柄时，中滑板向靠近操作者的方向移动(车外圆时为横向退刀)。

(3) 小滑板的操作方法。当小滑板手柄顺时针转动时，小滑板向主轴箱方向移动；当小滑板手柄逆时针转动时，小滑板向床尾方向移动。

2) 操作要求

(1) 摇动手柄时，要求双手交替动作自如，使床鞍、中滑板和小滑板的移动速度均匀。

(2) 熟记大滑板、中滑板和小滑板的进退刀方向，要求反应灵活，动作准确。

2．主轴箱变速的操作方法和操作要求

1) 主轴箱变速的操作方法

(1) 主轴箱正面右侧有两个叠套的手柄(见图 3-4)，用于主轴变速。前面的手柄有六个挡位，每个挡位有四级转速，若要选择某一转速可通过后面的手柄来控制。后面的手柄除两个空挡外，尚有四个挡位，只要将后面手柄位置拨到其所显示的颜色与前面手柄所处挡位上的转速数字所标示的颜色相同的挡位即可。

(2) 主轴箱左侧的手柄是加大螺距及螺纹左、右旋向变换的操纵机构，可根据加工需要调整其位置。

2) 操作要求

主轴变速时，应把操纵杆置于停止(中间)位置，或者关闭电动机，停止主轴旋转，以防打坏主轴箱内的齿轮。

3．进给箱变速的操作方法

如图 3-4 所示的进给箱，正面左侧有一个手轮，右侧有前后叠装的两个手柄。前面的手柄有 A、B、C、D 四个挡位，是丝杠、光杠变换手柄；后面的手柄有Ⅰ、Ⅱ、Ⅲ、Ⅳ四个挡位与有八个挡位的手轮相配合，用以调整螺距及进给量。实际操作应根据加工要求，查找进给箱油池盖上的螺纹和进给量调配表来确定手轮和手柄的具体位置。当后手柄处于第Ⅳ挡时，此时交换齿轮箱的运动不经进给箱变速，而与丝杠直接相连。

4．车床启动的操作方法和操作要求

1) 车床启动的操作方法

电源开关置于“开”的位置，按下床鞍(见图 3-5)上的启动按钮(绿色)，使电动机启动。将滑板箱右侧操纵杆手柄向上提起，则主轴逆时针方向旋转(正转)。操纵杆手柄有向上、中间、向下三个挡位，可分别实现主轴的正转、停止和反转。

2) 操作要求

(1) 在启动车床之前，应把主轴转速调整到低速挡位置，再逐步提高主轴转速。

(2) 启动前，检查操纵杆是否处在中间(停止)位置。

5．自动进给的操作方法和操作要求

1) 自动进给的操作方法

滑板箱(见图 3-4)右侧有一个带“十”字槽的扳手柄，是刀架实现纵向、横向机动进给和快速移动的集中操纵机构。扳动该手柄可进行自动进给，扳动方向与刀架运动的方向一致。该手柄的顶部有一个快进按钮，按下时可进行快速进给。

2) 操作要求

切削加工时，不可用快速进给，以免发生事故。

6．刻度盘及分度盘的操作训练

1) 刻度盘及分度盘的操作说明

(1) 滑板箱正面的大手轮轴上的刻度盘分为 300 格，每转过 1 格，表示床鞍纵向移动 1 mm。

(2) 中滑板丝杆上的刻度盘分为 100 格，每转过 1 格，表示刀架横向移动 0.05 mm。

(3) 小滑板丝杆上的刻度盘分为 100 格，每转过 1 格，表示刀架纵向移动 0.05 mm。

(4) 小滑板上的分度盘在刀架需要斜向进刀加工短锥体时，可顺时针或逆时针地在 90° 范围内转过某个角度。使用时，应先松开锁紧螺母，转动小滑板至所需要的角度后，再锁紧螺母以固定小滑板。

2) 刻度盘及分度盘的操作训练内容

(1) 若刀架需向左纵向进刀 250 mm，应该操纵哪个手柄(或手轮)呢？其刻度盘转过的格数为多少？请实施操作。

(2) 若刀架需横向进刀 0.5 mm，中滑板手柄刻度盘应朝什么方向转动？转过多少格？请实施操作。

(3) 若需车削圆锥角 $\alpha = 30^{\circ}$ 的正锥体(即小头在右)，小滑板分度盘应如何转动？请实施操作。

★ 容易产生的问题和注意事项

(1) 按基本操作训练次序逐个练习。从大滑板、中滑板和小滑板操作练习开始，至自动进给操作练习为止。

(2) 每个操作练习合格后，再进行下一项练习。

(3) 车床运转操作时，转速要慢。

(4) 自动进给练习时，注意大滑板、中滑板的移动距离，以防发生碰撞事故和造成中滑板丝杠损坏。

评分标准

车床操作练习评分标准如表 3-2 所示。

表 3-2　车床操作练习评分标准

序号	任务与技术要求	配分	评 分 标 准	实测记录	得分
1	工件放置或夹持正确	15	不符合要求酌情扣分		
2	工具、量具放置位置正确、排列整齐	15	不符合要求酌情扣分		
3	操作姿势正确	15	不符合要求酌情扣分		
4	车床主要部件的名称及作用	15	总体评定		
5	车床各部分传动系统	10	总体评定		
6	能根据需要，按车床铭牌对各手柄位置进行调整	15	不符合要求酌情扣分		
7	熟练掌握床鞍、中滑板、小滑板的进退刀方向	15	不符合要求酌情扣分		
8	安全文明操作		违者每次扣 2 分		
总分：100	姓名：	学号：	实际工时：	教师签字：	学生成绩：

任务三　车刀刃磨练习

任务引入

(1) 了解车刀的材料、种类和用途。

(2) 了解砂轮的种类和使用砂轮的安全知识。

(3) 掌握车刀的刃磨姿势及刃磨方法。

相关知识

1. 车刀概述

1) 车刀切削部分的常用材料

(1) 高速钢。

高速钢又称锋钢、白钢。它是以钨(W)、铬(Cr)、钒(V)、钼(Mo)为主要合金元素的高级合金钢，其硬度、耐磨性都有显著提高，但其耐热性较差，适用于低速切削。淬火后，其硬度可达到 HRC61～65，红硬性可达 600℃，可广泛用于制造复杂的刀具，如钻头、铣刀、拉刀和其他成形刀具。高速钢的常用牌号有 W18Cr4V、W9Cr4V2 等。

(2) 硬质合金。

硬质合金是目前应用最为广泛的一种车刀材料，适合高速切削。硬质合金是具有高耐磨性和高耐热性的碳化钨(WC)和碳化钛(TiC)等的金属粉末，以钴(Co)作为黏结剂，用粉末冶金法制得的。其硬度很高，可达 HRC74～82，能耐 800～1000℃高温，允许切削速度可达 100～300 m/min，但硬质合金的抗弯强度低，冲击韧性较差。目前，硬质合金按其成分不同，主要有钨钴类(YG)和钨钛钴类(YT)。

① 钨钴类(YG)：由碳化钨和钴组成，含钴较多，故韧性好，但硬度较低，耐磨性较差。它适用于加工铸铁、青铜等脆性材料。钨钴类的常用牌号为 YG8、YG6、YG3，依次适用于粗加工、半精加工、精加工。

② 钨钛钴类(YT)：由碳化钨、碳化钛和钴组成。由于加入了碳化钛，因而耐热性和耐磨性增加，能耐 900～1000℃的高温。但因含钴量减少，所以韧性下降，材料质地脆且不耐冲击，适用于加工钢材等塑性材料。钨钛钴类的常用牌号为 YT5、YT15、YT30，依次适用于粗加工、半精加工、精加工。

2) 车刀的种类与用途

(1) 车刀的种类。

常用的车刀种类有外圆车刀、端面车刀、切断刀、内孔车刀、成形车刀和螺纹车刀等，常用车刀的类型如图 3-7 所示。

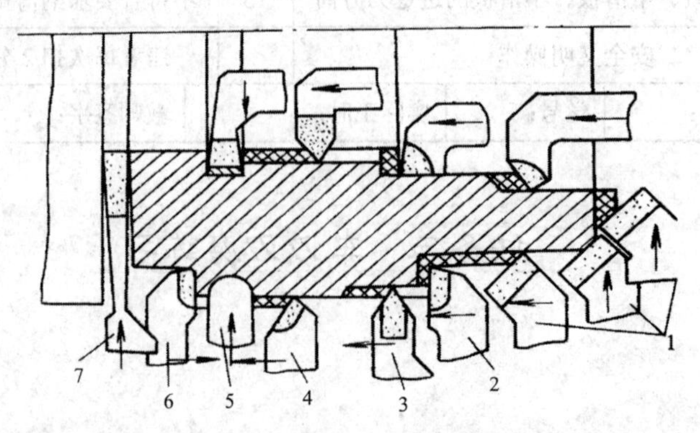

1—45° 弯头车刀；2—90° 外圆车刀；3—外螺纹车刀；4—75° 外圆车刀；
5—成形车刀；6—90° 左切外圆车刀；7—切断刀(切槽刀)

图 3-7　车刀的类型

(2) 常用车刀的用途。

① 90° 车刀(偏刀)：用来车削工件外圆、端面和台阶，分为左偏刀和右偏刀两种。常用的是右偏刀，它的刀刃向左，90° 外圆车刀如图 3-7 中的 2 和 6 所示。

② 45° 车刀(弯头车刀)：主要用于车削不带台阶的光轴。它可以车外圆、端面和倒角，使用比较方便，刀头和刀尖部分强度高。45° 弯头车刀如图 3-7 中的 1 所示。

③ 75° 车刀：主偏角为 75°，适用于粗车加工余量大、表面粗糙、有硬皮或形状不规则的零件。它能承受较大的冲击力，刀头强度高，耐用度高。75° 外圆车刀如图 3-7 中 4 所示。

④ 内孔车刀：用来车削工件的内孔，又称镗孔刀。它可以分为通孔刀和不通孔刀两种。通孔刀的主偏角小于 90°，一般在 45°～75° 之间，副偏角在 20°～45° 之间，扩孔刀的后角应比外圆车刀稍大，一般为 10°～20°。不通孔刀的主偏角应大于 90°，刀尖在刀杆的最前端，为了使内孔底面车平，刀尖与刀杆外端距离应小于内孔的半径，如图 3-7 中 10 和 11 所示。

⑤ 切断刀及切槽刀：用来切断工件或车削工件的沟槽。切断刀的刀头较长，其刀刃亦狭长，这是为了减少工件材料消耗并使得切断时能切到中心。因此，切断刀的刀头长度必须大于工件的半径。切槽刀与切断刀基本相似，只不过其形状应与槽间一致，如图 3-7 中 7 和 8 所示。

⑥ 成形车刀：用来车削工件的成形面，如图 3-7 中 5 所示。

⑦ 螺纹车刀：用来车削各种不同规格的内外螺纹。螺纹按照牙型的不同分为三角形、方形和梯形等，相应使用三角形螺纹车刀、方形螺纹车刀和梯形螺纹车刀等。螺纹的种类很多，其中以三角形螺纹应用最广。采用三角形螺纹车刀车削公制螺纹时，其刀尖角必须为 60°，前角取 0°，如图 3-7 中 3 和 9 所示。

3) *车刀切削部分的组成和主要角度*

(1) 车刀切削部分的组成。

车刀切削部分主要由前刀面、主后刀面、副后刀面、主切削刃、副切削刃和刀尖(即三面两刃一尖)组成，如图 3-8 所示。

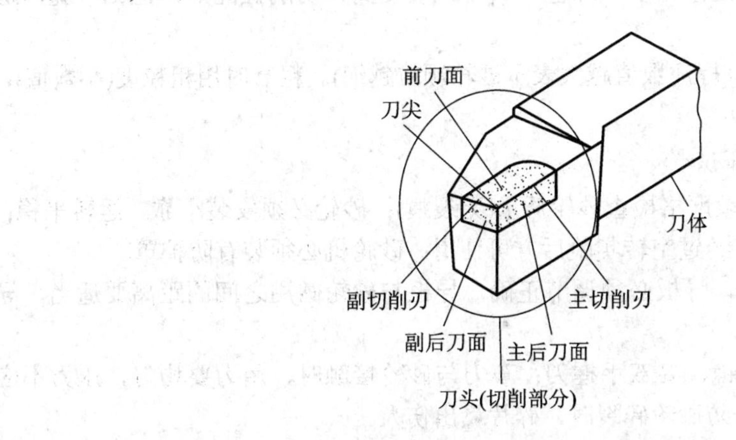

图 3-8　车刀切削部分的组成图

① 前刀面：车刀上切屑流经的表面。

② 主后刀面：车刀上与工件过渡表面相对的表面。

③ 副后刀面：车刀上与工件已加工表面相对的表面。

④ 主切削刃(主刀刃)：前刀面与主后刀面相交的部分，担负主要切削的任务。

⑤ 副切削刃(副刀刃)；前刀面与副后刀面相交的部分，靠近刀尖部分参加少量的切削工作。

⑥ 刀尖：主切削刃与副切削刃连接处的那一小部分切削刃。为了增加刀尖处的强度，改善散热条件，在刀尖处磨有过渡刃。

(2) 车刀的主要角度。

车刀的主要角度有主偏角 K_r、副偏角 K_r'、后角 α_O、副后角 α_O' 和前角 γ_O，如图 3-9 所示。

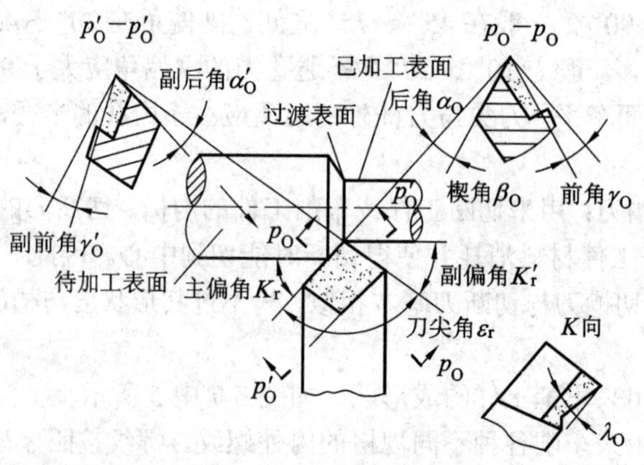

图 3-9 车刀切削部分的主要角度

2. 砂轮的选用和使用砂轮机的安全知识

1) 砂轮的选用

目前，常用的砂轮有氧化铝砂轮和碳化硅砂轮两类。

(1) 氧化铝砂轮。氧化铝砂轮多呈白色，其砂粒韧性好，比较锋利，但硬度稍低，常用于刃磨高速钢车刀和硬质合金车刀的碳素钢部分。

(2) 碳化硅砂轮。碳化硅砂轮多呈绿色，其砂粒硬度高，切削性能好，但比较脆，适于刃磨硬质合金车刀。

砂轮的粗细以粒度表示(标注数值越大表示砂轮颗粒越细)。粗磨时用粗粒度(小数值)，精磨时用细粒度(大数值)。

2) 使用砂轮机的安全知识

(1) 安装新砂轮时，必须严格检查砂轮质量(无裂痕)；砂轮必须安装牢靠，运转平稳；不得有过大的跳动、摇摆，经过空转实验后方可使用；砂轮机必须装有防护罩。

(2) 装有导板的砂轮机，导板必须调节正确，导板与砂轮圆周之间的距离要适当，导板紧固螺钉必须拧紧。

(3) 磨刀时，应戴防护镜，要双手握刀；车刀与砂轮接触时，用力要均匀，压力不应过大；人站在砂轮侧面，以防砂轮碎裂时，碎片飞出伤人。

(4) 禁止在砂轮两侧精磨刀具，禁止磨有色金属或非金属材料；禁止磨大直径工件、铸铁件、长棒料及板件等，以免损坏砂轮或发生事故。

(5) 磨刀完毕后，应随手关闭砂轮机电源。

3. 刃磨车刀的方法及步骤

现以 90° 硬质合金外圆车刀为例介绍刃磨车刀的方法及步骤。

1) *磨主后刀面*

人站立在砂轮左侧面，两脚分开，腰稍弯，右手捏刀头，左手握刀柄，刀柄与砂轮轴线平行，车刀放在砂轮水平中心位置。先磨主后刀面碳素钢部分(比车刀的后角大 2°～3°)，再刃磨硬质合金车刀头部分的主后角，同时磨出主偏角，如图 3-10(a)所示。

2) *磨副后刀面*

人站立在砂轮偏右侧一些，左手捏刀头，右手握刀柄，其他方法与磨主后刀面相同，同时磨出副后角和副偏角，如图 3-10(b)所示。

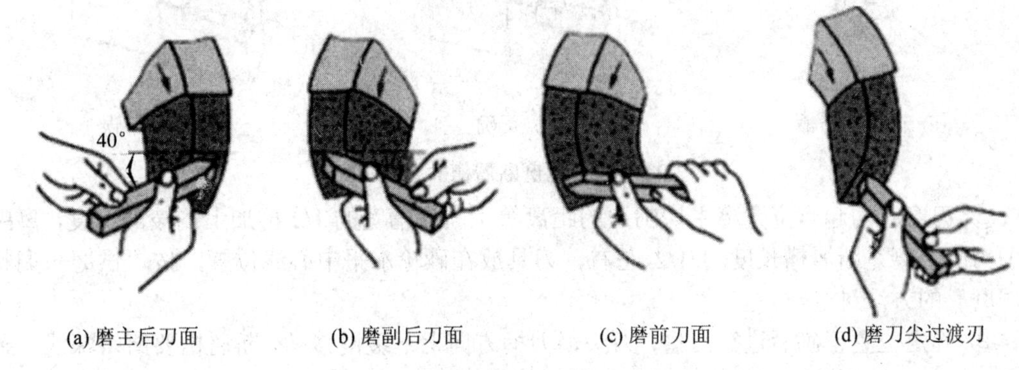

(a) 磨主后刀面　(b) 磨副后刀面　(c) 磨前刀面　(d) 磨刀尖过渡刃

图 3-10 刃磨外圆车刀的一般步骤

3) *磨前刀面*

一般是左手捏刀头，右手握刀柄，刀柄保持平直，刀柄尾段向砂轮中心方向偏斜出一个车刀前角的角度，车刀头部接触砂轮，磨出前刀面及前角，如图 3-10(c)所示。

4) *磨断屑槽*

(1) 刃磨断屑槽的目的。

对塑性金属进行高速切削时，会产生带状切屑缠绕在工件、车刀或机床零件上，这会损坏刀具和降低工件车削质量，而且随时会飞散出来，给操作者造成麻烦和危险。所以必须根据切削用量、工件材料和切削要求，在前刀面上磨出尺寸、形状不同的断屑槽。当切屑经过断屑槽时，使切屑本身产生内应力，强迫切屑变形而折断以达到断屑的目的。

(2) 断屑槽的种类及选择。

断屑槽常见的有圆弧形和直线形两种，如图 3-11 所示。

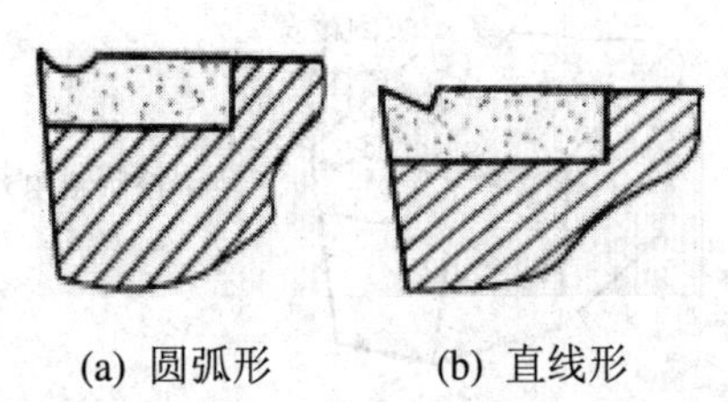

(a) 圆弧形　(b) 直线形

图 3-11 断屑槽的两种形式

① 圆弧形断屑槽一般前角较大，用于高速钢车刀和车削较软的塑性材料的硬质合金车刀。

② 直线形断屑槽一般前角较小，适宜车削较硬的材料或粗加工。

断屑槽磨好后，使用中有时并不断屑。这时，可适当加大进给量，强迫切屑折断，也可采用适当调整背吃刀量或降低切削速度的办法使切屑折断。

(3) 断屑槽的刃磨方法。

刃磨圆弧形断屑槽时，应把砂轮的外圆与端面之间的交角处修整成相应的圆弧。刃磨直线形断屑槽时，砂轮的刃磨方法如下：

① 左手拇指与食指握刀柄上部，右手握刀柄下部，刀头向上，刀头前面接触砂轮的左侧交角处，并与砂轮外圆成一夹角，这一夹角在车刀上就构成了一个前角。刃磨断屑槽的方法如图 3-12(a)所示。

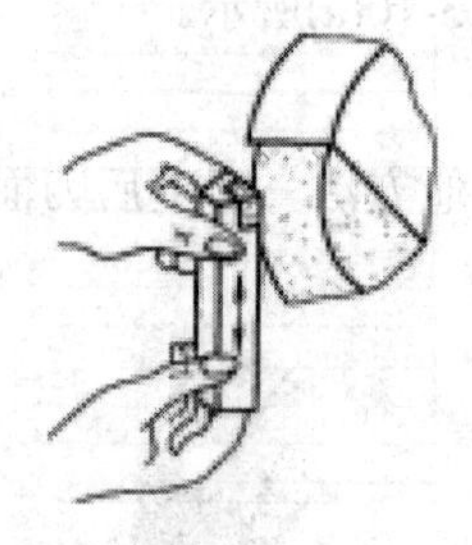

(a) 刃磨断屑槽

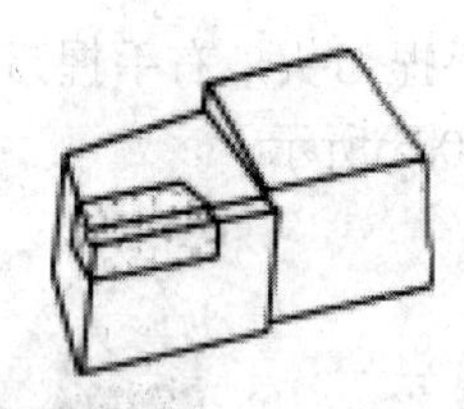

(b) 正确

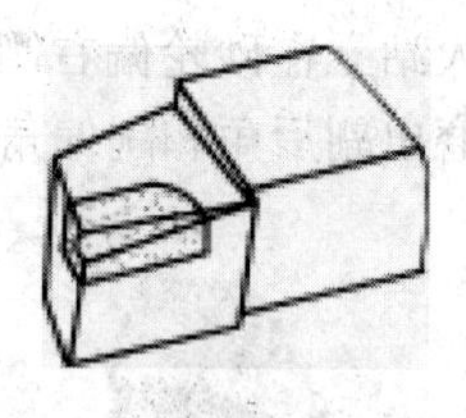

(c) 错误

图 3-12 刃磨断屑槽的方法

② 刃磨时的起点位置离主切削刃的距离等于断屑槽宽的 1/2 再加上倒棱的宽度，离副切削刃的距离是断屑槽长度的 1/2 左右。刀具放在砂轮水平中心线位置，按“试磨—调整—试磨”的方法进行。

③ 确定位置正确后进行刃磨，刀头沿刀柄方向上下缓慢移动，断屑槽要磨得深浅一致(见图 3-12(b))。不要把断屑槽磨斜或将前角磨塌(见图 3-12(c))。

5) 精磨主后刀面和副后刀面

精磨前，要修整好砂轮，保持砂轮平稳旋转，砂轮外圆表面应平直。

6) 磨负倒棱

刀具主切削刃担负着绝大部分的切削工作。为了提高主切削刃的强度，改善其受力和散热条件，通常在车刀的主切削刃上磨出负倒棱，如图 3-13 所示。刃磨时，要使主切削刃的后端向刀尖方向逐渐轻轻地接触砂轮，车刀前刀面与砂轮端面成负倒棱 γ_f 的角度，如图 3-14 所示。

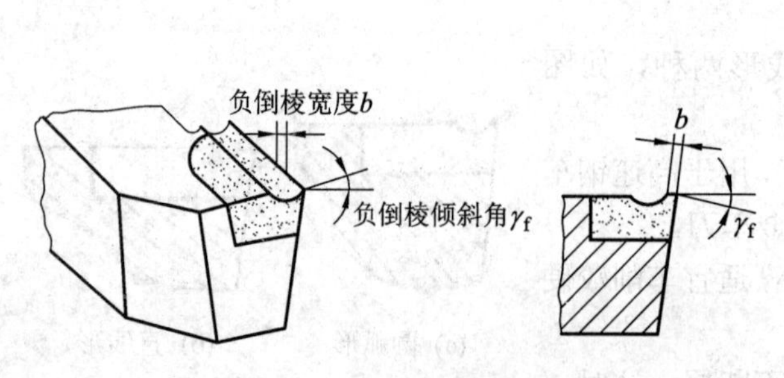

图 3-13 负倒棱

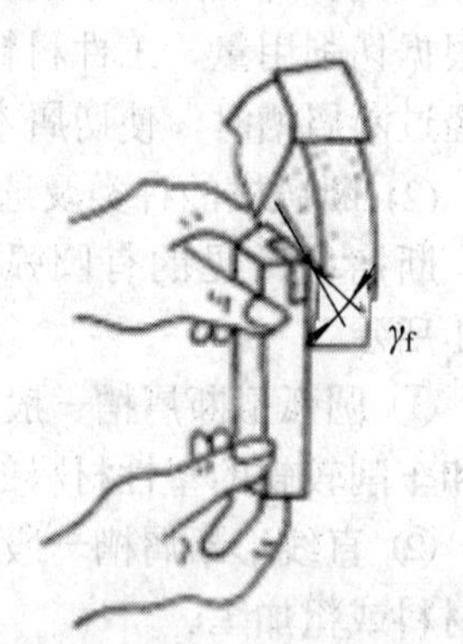

图 3-14 磨负倒棱图

7) *磨刀尖过渡刃*

过渡刃有圆弧形和直线形两种。以右手捏车刀前端为支点，左手握刀柄，刀柄后半部向下倾斜一些，车刀主后刀面与副后刀面交接处自下而上地轻轻接触砂轮，使刀尖处具有0.2 mm 左右的小圆弧刃或短直线刃，如图 3-10(d)所示。

8) *车刀的研磨*

刃磨后的车刀，其切削刃有时不够平滑光洁，可用油石研磨。研磨时，手持油石而后贴着各刀面平行移动。要求动作平稳，用力均匀，如图 3-15 所示。

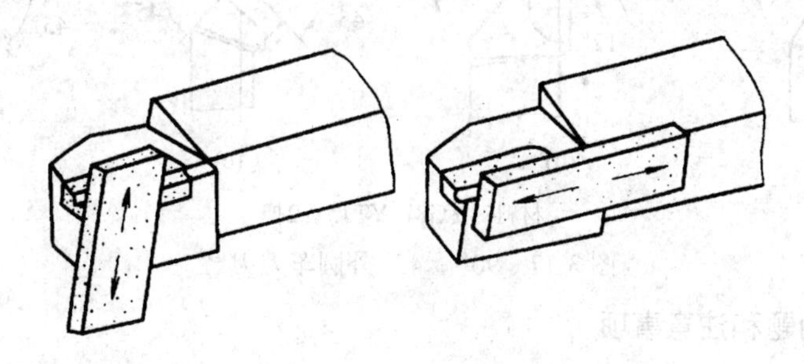

图 3-15　用油石研磨车刀

任务实施

1．外圆车刀试刃磨(见图 3-16)

(1) 粗磨主后刀面磨出主偏角、主后角。

(2) 粗磨副后刀面磨出副偏角、副后角。

(3) 粗磨、精磨前刀面，磨出前角或断屑槽。

(4) 精磨主后刀面、副后刀面。

(5) 磨出刀尖圆弧。

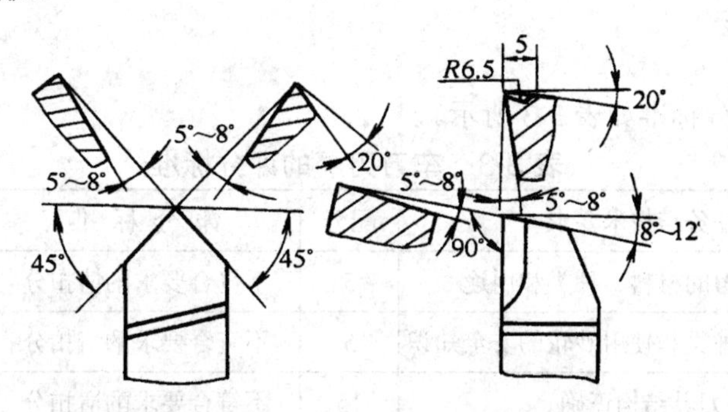

材料： 45 钢　　尺寸：16 mm × 16 mm × 200 mm

图 3-16　　90°、45° 外圆车刀刃磨练习

2．90°、45° 外圆车刀刃磨(见图 3-17)

(1) 粗磨、精磨硬质合金部分主后刀面、副后刀面。

(2) 粗磨、精磨前刀面。

(3) 粗磨、精磨前角或断屑槽。

(4) 精磨主后刀面和副后刀面。

(5) 磨过渡刃。

(6) 用磨石研磨。

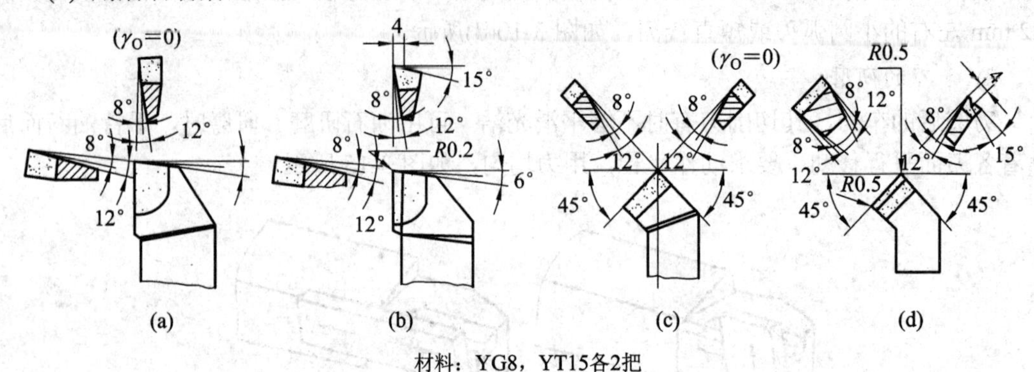

材料：YG8，YT15各2把

图 3-17　90°、45°外圆车刀刃磨

★ 容易产生的问题和注意事项

(1) 车刀刃磨时，应按使用砂轮机的安全知识去做。

(2) 先刃磨练习车刀，角度刃磨正确后，再刃磨正式车刀。

(3) 车刀高低必须控制在砂轮水平中心端面内，刀头略向上翘，否则会出现后角过大或负后角等问题。

(4) 车刀刃磨时，应作水平方向的左右缓慢移动，以免砂轮表面出现凹坑。

(5) 刃磨硬质合金车刀时，不可把刀头部分放入水中冷却，以防刀片突然冷却而碎裂。刃磨高速钢车刀时，应随时用水冷却，以防车刀过热退火，降低硬度。

(6) 车刀刃磨练习的重点是掌握车刀刃磨的姿势和刃磨车刀角度的方法。

(7) 刃磨断屑槽时，按“试磨—观察位置是否正确—调整—再刃磨”的方法进行。

评分标准

车刀刃磨的评分标准如表 3-3 所示。

表 3-3　车刀刃磨的评分标准

序号	任务与技术要求	配分	评 分 标 准	实测记录	得分
1	了解车刀的材料、种类和用途	5	不符合要求酌情扣分		
2	了解砂轮的种类和使用砂轮的安全知识	5	不符合要求酌情扣分		
3	刀具结构正确	15	不符合要求酌情扣分		
4	刃磨操作正确、自然	15	不符合要求酌情扣分		
5	刃磨姿势	30	总体评定(每面 10 分)		
6	刃磨方法与结果	30	不符合要求酌情扣分		
7	安全文明操作		违者每次扣 2 分		
总分：100	姓名：	学号：	实际工时：	教师签字：	学生成绩：

项目二　车削轴类零件

任务一　手动进给车削外圆和端面

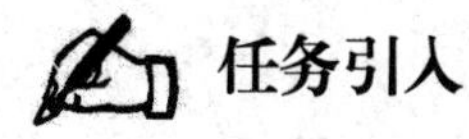

任务引入

1．实训教学要求

(1) 合理组织工作位置，遵守操作规程，养成文明生产、安全生产的良好习惯。

(2) 掌握手动进给按图样要求车削工件的方法。

(3) 掌握车削外圆时试切削的方法。

(4) 熟练卡尺、千分尺等量具的使用技能。

2．车外圆、端面练习

车外圆、端面练习用的工件如图 3-18 所示。

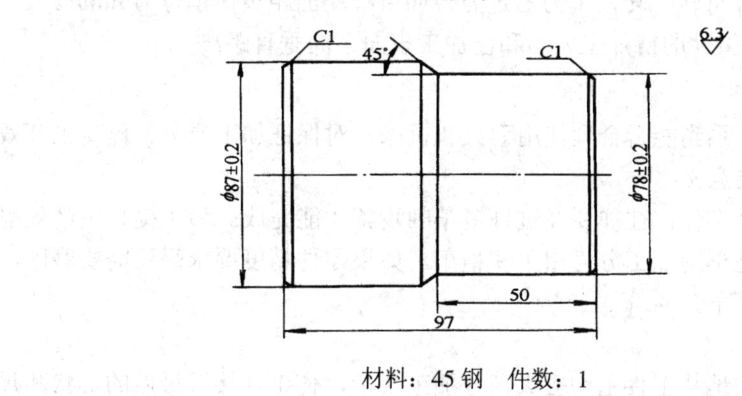

材料：45 钢　件数：1

图 3-18　车外圆、端面练习用的工件

相关知识

1．车削运动与切削用量的基本概念

1) 车削运动

车削加工是最基本、最广泛的一种切削加工方法，是在车床上利用工件的旋转运动(主运动)和刀具的进给运动(辅运动)来完成的加工方法。车削时，工件上将会形成三个不断变化的表面，如图 3-19 所示。

(1) 已加工表面：已切除多余金属层而形成的新表面。

(2) 过渡表面：车刀切削刃在工件上形成的表面，它将在工件的下一转里被切除。

(3) 待加工表面：工件上有待切除的多余金属层的表面。它可能是毛坯表面或加工过的表面。

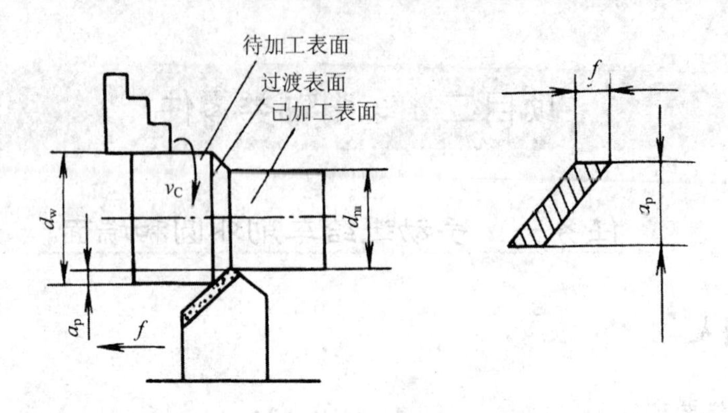

图 3-19 工件上的三个表面

2) 切削用量的基本概念

切削用量是度量主运动和进给运动大小的参数，即切削三要素。它包括背吃刀量(切削深度)、进给量和切削速度。

(1) 切削速度 v_C：主运动的线速度，也可以理解为在一分钟内车刀切削刃围绕工件所走过的路程。

(2) 进给量 f：工件每转一转，车刀沿走刀方向所移动的距离，单位为 mm/r。

(3) 背吃刀量 a_p：工件的待加工表面和已加工表面之间垂直距离。

3) 切削用量的选择

切削用量的选择关系到能否合理使用刀具和机床，对保证加工质量、提高生产效率和经济效益，都具有重要意义。

在车床上加工一个零件，往往要经过许多车削步骤才能完成。为了提高生产效率，保证加工质量，生产中把车削加工分为粗车和精车。如果零件精度要求高还需要磨削，则车削又可分为粗车和半精车。

(1) 粗车。

粗车的目的是尽快地从工件上切去大部分加工余量，使工件接近最后的形状和尺寸。粗车要给精车留有合适的加工余量，而精度和表面粗糙度等技术要求都较低。实践证明，加大切深不仅使生产率提高，而且对车刀的耐用度影响又不大。因此，粗车时，要优先选用较大的切深，其次要根据可能适当加大进给量，最后选用中等偏低的切削速度。粗车的另一个作用是及时发现毛坯材料内部的缺陷，如砂眼、裂纹等。粗车切削用量一般选 $a_p = 2$～5 mm，$f = -0.3$～0.7 mm/r。

(2) 精车。

精车是为了使工件获得准确的尺寸和规定的表面粗糙度。精车时，为保证达到表面粗糙度要求而采用的主要措施是：采用较小的主偏角、副偏角或刀尖磨有小圆弧，这些措施都会减小残留面积，可使 Ra 数值减小；选用较大的前角，并用油石把车刀的前刀面和后刀面打磨得光一些，亦可使 Ra 数值减小；合理选择切削用量，当选用高的切削速度、较小的切深以及较小的进给量时，都有利于减小残留面积，从而提高表面质量。精车时，车刀应锋利。精车时，切削用量一般选 $a_p = 0.2$～1 mm，$f = 0.1$～0.3 mm/r。高速钢车刀的切削速度选 $v_C < 5$ m/min 并加切削液，硬质合金车刀的切削速度选 $v_C > 80$ m/min。

粗车和精车(或半精车)留的加工余量一般为 0.5～2 mm，加大切深对精车来说并不重要。精车的目的是要保证零件的尺寸精度和表面粗糙度等技术要求，精加工的尺寸精度可达 IT9～IT7，表面粗糙度数值 *R*a 达 1.6～0.8 μm。其尺寸精度主要是依靠准确地度量、准确地进刻度并加以试切来保证的。因此，操作时要细心认真。

2. 外圆车刀的装夹方法

(1) 刀尖伸出长度约等于刀柄厚度的 1.5 倍，垫刀片的片数要尽量少，要与刀台前边、左边对齐，如图 3-20(a)所示。

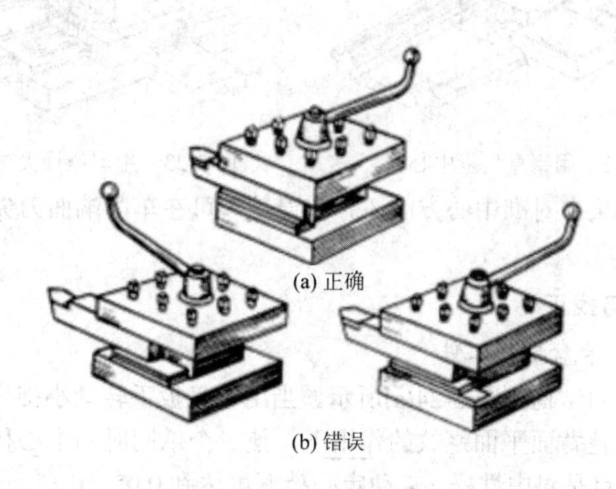

图 3-20 车刀的装夹

(2) 车刀刀尖必须对准工件中心，45° 外圆车刀左侧刀尖要对准工件中心(见图 3-21(b))。车刀刀尖高于工件轴心线(见图 3-21(a))，会使车刀的实际后角减小，车刀后面与工件之间的摩擦增大。车刀刀尖低于工件轴心线(图 3-21(c))，会使车刀的实际前角减小，切削阻力增大。刀尖不对中心，在车至端面中心时，会留有凸头(见图 3-21(d))。使用硬质合金车刀时，若忽视此点，车到中心处会使刀尖崩碎(见图 3-21(e))。

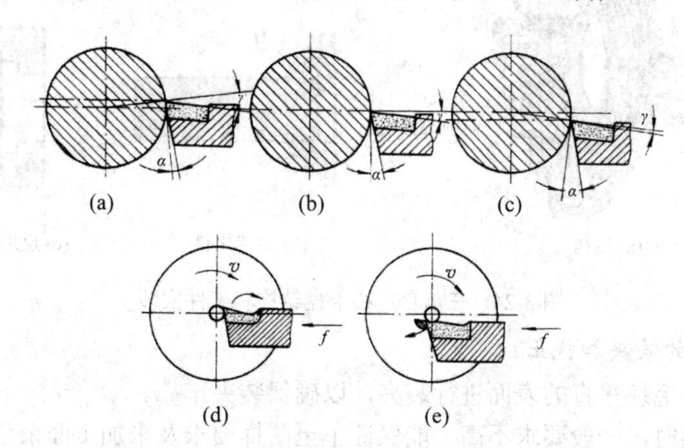

图 3-21 车刀刀尖不对工件中心的后果

车刀刀尖对准工件中心的方法有三种：

① 根据车床主轴中心高度，用钢直尺测量装刀，如图 3-22 所示。

② 用尾座顶尖校正车刀刀尖高低，如图3-23所示。

③ 将车刀靠近工件端面，用目测法估计车刀的高低。

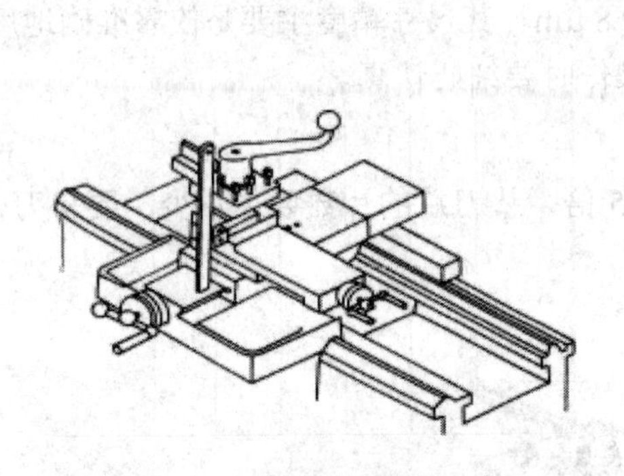

图3-22　用钢直尺量中心高

图3-23　用尾座顶尖对准中心

以上三种方法如果在对准中心方面还存在误差，可在车削端面刀尖至接近工件中心时纠正。

3．工件的安装与找正

1) 用三爪自定心卡盘安装工件

三爪自定心卡盘的结构如图3-24(a)所示。当用卡盘扳手转动小锥齿轮时，大锥齿轮也随之转动，在大锥齿轮背面平面螺纹的作用下，使三个爪同时向中心移动或退出，以夹紧或松开工件。它的特点是对中性好，自动定心精度可达到0.05～0.15 mm，可以装夹直径较小的工件，如图3-24(b)所示。当装夹直径较大的外圆工件时，可用三个反爪进行，如图3-24(c)所示。但三爪自定心卡盘由于夹紧力不大，所以一般只适宜于重量较小的工件。当对重量较大的工件进行装夹时，宜用四爪单动卡盘或其他专用夹具。

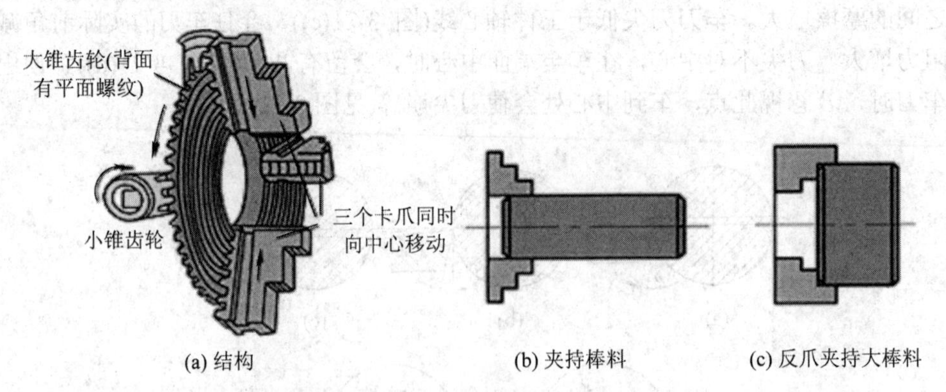

(a) 结构　(b) 夹持棒料　(c) 反爪夹持大棒料

图3-24　三爪自定心卡盘结构和工件安装

2) 铸件毛坯的装夹和找正

(1) 选择铸件毛坯平直的表面进行装夹，以确保装夹牢靠。

(2) 找正外圆时，一般要求不高，能保证车至图样要求及未加工面余量均匀即可。

4．用手动进给车端面、外圆和倒角

1) 车端面

开动车床使工件旋转，移动床鞍使车刀刀尖轻轻接触工件端面，用小滑板控制背吃刀

量，摇动中滑板手柄作横向进给，由工件中心向外(见图 3-25(a))或由工件外向中心(见图 3-25(b))车削。若用 90° 外圆车刀车削端面应选用由中心向外沿车削，背吃刀量大时应锁紧床鞍。

2) 车外圆

(1) 移动床鞍。利用钢直尺、样板使车刀刀尖移至工件所需车削长度处，开动车床使工件旋转，如图 3-26 所示。中滑板作横向进给，使刀尖轻轻接触工件外圆刻一条线痕，而后中滑板退刀，床鞍移出工件外，以此法来控制车削长度。

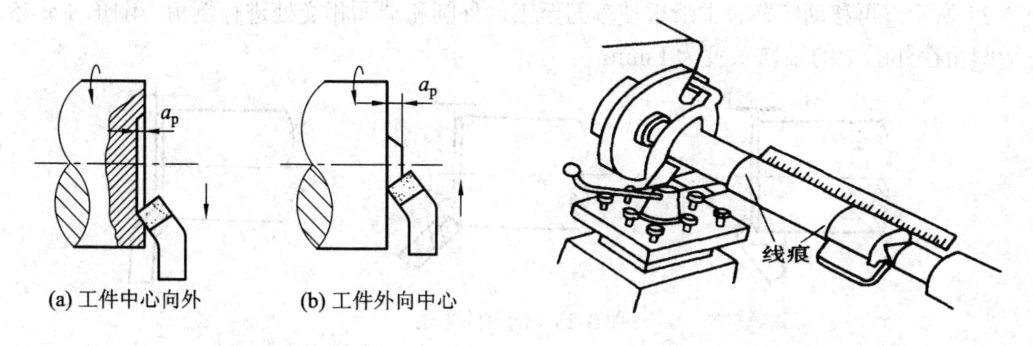

图 3-25 车端面的方法

图 3-26 用钢直尺、样板确定车削长度

(2) 试车削。

在车削外圆时，通常要进行试切削和试量(试切削步骤如图 3-27 所示)。启动车床，移动大滑板与中滑板，使车刀刀尖与工件表面轻微接触(见图 3-27(a))，并记下中滑板刻度。中滑板手柄不动，移动大滑板，退出车刀与工件端面 2～5 mm(见图 3-27(b))。按选定的背吃刀量 a_{p1} 摇动中滑板手柄，根据中滑板刻度作横向进给(见图 3-27(c))。移动大滑板，试切长度约 2～3 mm(见图 3-27(d))。中滑板手柄不动，向右退出车刀并停车，测量工件尺寸(见图 3-27(e))。根据测量结果，调整背吃刀量 a_{p2}(见图 3-27(f))。如果尺寸正确，则可以手动或自动进刀车削；如果不符合要求，则应根据中滑板刻度调整背吃刀量，再进刀车削。试切削要领为“一对二退三进刀，四试五测六加工”。

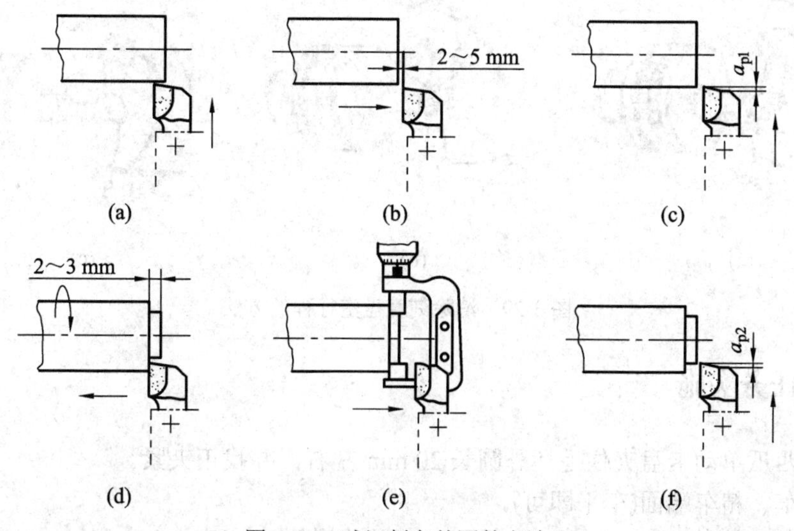

图 3-27 试切削车外圆的方法

(3) 当车刀刀尖将车至刻痕处时，停车测量长度尺寸。剩余长度余量，可根据小滑板刻度盘的刻度，纵向移动小滑板把余量车掉(需精车时应留精车余量)。然后，横向移动中滑板慢慢退刀，以保证台阶端面垂直轴心线。

(4) 当外圆直径余量较大时，可分次进行车削，方法同上。

(5) 按以上方法精车外圆，直至长度达到尺寸要求为止。

3) 倒角

转动刀架使车刀的切削刃与工件外圆成 45° 夹角(45° 外圆刀已和外圆成 45° 夹角)，如图 3-28 所示。再移动床鞍、中滑板使车刀至工件外圆和端面相交处进行倒角。倒角 1 × 45° 是指倒角在外圆上的轴向长度为 1 mm。

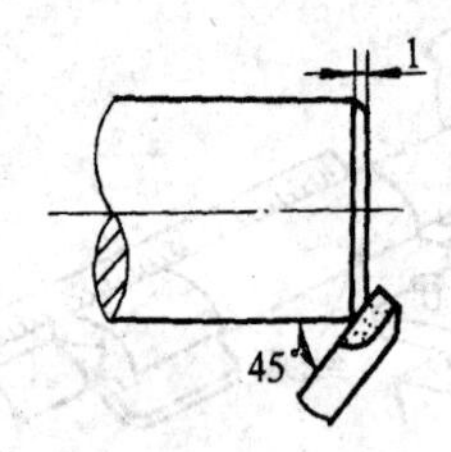

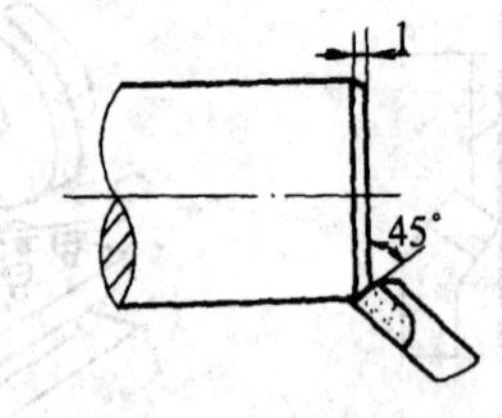

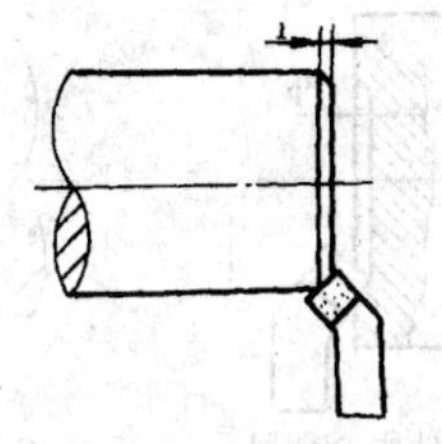

图 3-28　倒角的方法

5．刻度盘的应用

在车削工件时，为了正确且迅速地掌握切削量，通常利用中滑板或小滑板上的刻度盘进行操纵，如图 3-29(a)所示。中滑板的刻度盘用来控制横向进给，小滑板的刻度盘用来控制短距离的纵向进给。

使用刻度盘时，由于螺杆和螺母之间的配合往往存在间隙而产生空行程，即刻度盘转动而滑板并未移动，如图 3-29(b)所示。所以使用时要消除空行程后，再把刻线转到所需要的格数。当背吃刀量过大时，需要向反方向退出大于空行程量，然后再转到需要的格数，如图 3-29(c)所示。

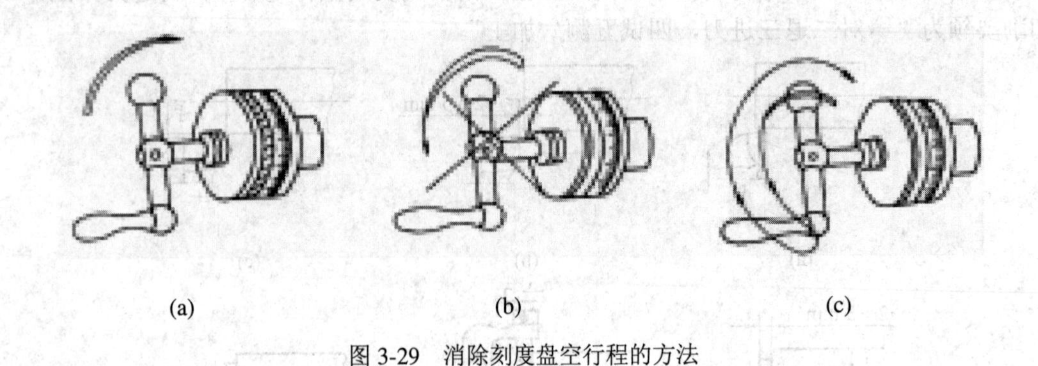

图 3-29　消除刻度盘空行程的方法

任务实施

(1) 用四爪单动卡盘夹住毛坯外圆长 20 mm 左右，并找正夹紧。

(2) 粗车、精车端面(车平即可)。

(3) 粗车、精车 $\phi 87 \pm 0.2$ mm，长 60 mm，并倒角 1 × 45°。

(4) 调头夹ϕ87，外圆长 20 mm 左右，并找正夹紧。

(5) 粗车、精车端面至总长 97 mm，外圆ϕ78 ± 0.2 mm，长 50 mm 至尺寸要求。

(6) 倒角 1 × 45°。

★ 容易产生的问题和注意事项

1．容易产生的问题

(1) 工件端面中心留有凸台，车刀没对准工件中心。

(2) 端面不平，有凹凸。其原因是背吃刀量过大，车刀磨损，床鞍没锁紧，刀架和车刀紧固力不足产生位移。

(3) 车外圆时，两端直径大小不一样，形成锥度。

(4) 小滑板车外圆时，小滑板导轨与主轴中心线不平行。

(5) 转数过高，在切削过程中车刀磨损。

(6) 摇动中滑板切削时没有消除空行程。

(7) 车削表面痕迹粗细不一，手动进给不均匀。

2．注意事项

(1) 变换转速时，应先停机，后变速，否则容易打坏齿轮。

(2) 切削时，应先开机后进刀。切削完毕时，先退刀后停机，否则车刀容易损坏。

(3) 车削铸铁毛坯时，由于表面氧化皮较硬且含有砂粒，应尽可能进刀大些，一次性把其车掉，否则车刀容易磨损。

(4) 手动进给练习时，应把有关进给手柄置于空挡位置。

(5) 加工后的外圆最好垫铜皮装夹、找正，以防夹坏工件。

(6) 车削前，应检查滑板位置是否正确，工件装夹是否牢靠，卡盘扳手是否取下。

(7) 检查车刀是否装夹正确，紧固螺钉是否拧紧，刀架压紧手柄是否锁紧。

评分标准

手动进给车削外圆和端面的评分标准如表 3-4 所示。

表 3-4　手动进给车削外圆和端面的评分标准

序号	任务与技术要求	配分	评 分 标 准	实测记录	得分
1	工件放置或夹持正确	5	不符合要求酌情扣分		
2	车刀装夹正确	5	不符合要求酌情扣分		
3	加工操作正确、自然	15	不符合要求酌情扣分		
4	测量姿势正确，数据准确	15	不符合要求酌情扣分		
5	手动进给步骤正确	15	不符合要求酌情扣分		
6	试切削步骤正确	15	不符合要求酌情扣分		
7	按图样达到要求	30	总体评定		
8	安全文明操作		违者每次扣 2 分		
总分：100　姓名：　学号：	实际工时：		教师签字：	学生成绩：	

任务二　机动进给车削外圆和端面

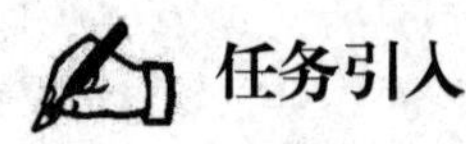

任务引入

1．实训教学要求

(1) 掌握机动进给车外圆和端面的方法。
(2) 掌握调整机动进给手柄位置的方法。
(3) 练习接刀车削外圆和控制工件两端平行度的方法。

2．机动进给车削外圆及找正平行度练习

机动进给车削外圆及找正平行度练习用的工件如图 3-30 所示。

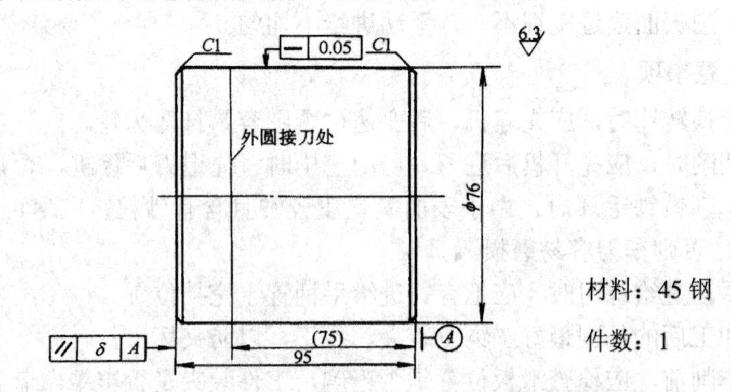

图 3-30　机动进给车削外圆及找正平行度练习用的工件

相关知识

工件来料长度余量较少或一次安装不能完成切削的光轴，通常采用调头接刀车削的方法。调头接刀的表面一般有接刀痕，有损质量和美观，在加工条件许可的情况下，一般不采用此法。但由于校正工件是车工的基本功，因此必须进行学习。

1．机动进给车削工件

机动进给与手动进给相比有很多优点，如操作者省力，进给均匀，加工后工件表面粗糙度值小等。但机动进给是机械传动，操作者对机动进给手柄的位置以及操作方法必须熟记在心。初次使用时，主轴转速不要太高，并且选较低的进给量，否则在紧急情况下容易损坏工件或机床。使用机动进给车削工件的过程是：

启动车床带动工件旋转 → 试切削 → 机动进给 →

{横向车平面 → 车至接近工件中心停止进给；纵向车外圆 → 车至接近需要长度时停止进给} → 改用手动进给车至 {工件中心；长度尺寸} → 退刀 → 停机

2．工件的装夹与找正

每当接刀工件装夹时，为了保证形位公差，要求应仔细找正，否则会造成表面接刀偏差，影响工件质量。找正的方法如下：

(1) 车削工件第一头时，应尽量车长一些，以保证调头装夹时两点间的找正距离大一些，如图 3-31(a)所示。

(2) 当工件的第一头精车至最后一刀时，应稍离台阶处停刀，以防车刀碰到台阶后突然增加切削量，产生扎刀。

(3) 当调头精车时，车刀要锋利，最后一刀的精车余量要少，否则容易产生凹痕。

(4) 工件两端端面有平行度要求的，加工时，要保证第一头的台阶端面和工件端端面平行，以便找正。

(5) 找正工件两端平行度的方法是以工件先车削的一端外圆和台阶端面为基准，用划线盘找正，如图 3-31(b)所示。找正的正确与否，可在车削过程中用游标卡尺、千分尺检查。如果发现尺寸偏差，应从工件最薄处用铜棒向卡盘方向敲击，逐步找正至公差范围内。

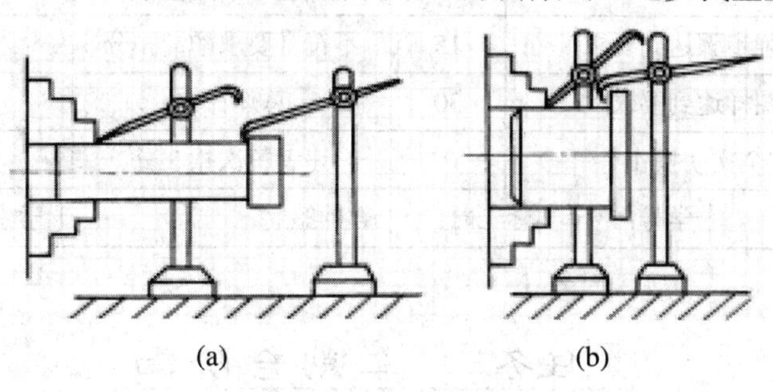

图 3-31　工件调头找正

任务实施

操作步骤：

(1) 用四爪单动卡盘夹住外圆长 15 mm 左右，并找正夹紧。

(2) 粗车端面(车平即可)及外圆 ϕ76 mm(氧化皮尽可能一刀车去)、长 75 mm，留精车余量。

(3) 精车端面、外圆至尺寸要求，并倒角 1×45°。调头，夹住外圆找正，粗车、精车端面及外圆 ϕ76 mm，使总长及外圆尺寸符合图样要求，并控制平行度。

(4) 倒角 1×45°。

(5) 检查合格后取下工件。(该工件可进行多次练习)

★ 容易产生的问题和注意事项

1．容易产生的问题

(1) 粗车切削力较大，工件易发生移位，精车前应再次进行复查校正，以保证达到形位公差要求。

(2) 端面易产生凹凸，应随时检查(钢直尺、卡尺)。

2．注意事项

(1) 初学使用机动进给车削，进给手柄要放置正确，以防发生事故。

(2) 快到车削长度时停止机动进给，手动进给至所需车削长度。

评分标准

机动进给车削外圆和端面的评分标准如表 3-5 所示。

表 3-5　机动进给车削外圆和端面的评分标准

序号	任务与技术要求	配分	评 分 标 准	实测记录	得分
1	工件放置或夹持正确	5	不符合要求酌情扣分		
2	车刀装夹正确	5	不符合要求酌情扣分		
3	加工操作正确、自然	15	不符合要求酌情扣分		
4	测量姿势正确，数据准确	15	不符合要求酌情扣分		
5	手动进给步骤达到要求	15	不符合要求酌情扣分		
6	试切削步骤达到要求	15	不符合要求酌情扣分		
7	按图样达到要求	30	总体评定		
8	安全文明操作		违者每次扣 2 分		
总分：100	姓名：	学号：	实际工时：	教师签字：	学生成绩：

任务三　车削台阶轴

任务引入

1．实训教学要求

(1) 掌握车台阶工件的方法。

(2) 巩固用划线盘找正工件的外圆和反端面的方法。

2．车多台阶轴练习

车多台阶轴用的工件如图 3-32 所示。

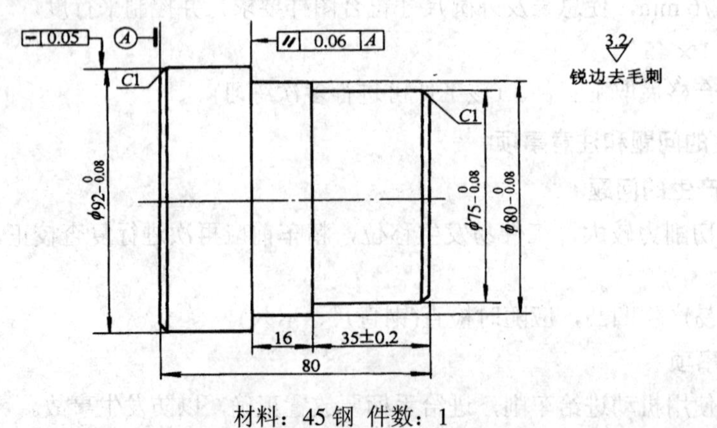

材料：45 钢 件数：1

图 3-32　车多台阶轴用的工件

相关知识

在同一工件上，有几个直径大小不同的圆柱体连接在一起像台阶一样，就称它为台阶工件。台阶工件的车削，实际上就是外圆和端面车削的组合，故在车削时必须兼顾外圆的尺寸精度和台阶长度的要求。

1. 台阶工件的技术要求

台阶工件通常与其他零件结合使用，因此它的技术要求一般有以下四点：

(1) 各挡外圆之间的同轴度。

(2) 外圆和台阶端面的垂直度。

(3) 台阶端面的平面度。

(4) 外圆和台阶端面相交处的清角操作。

2. 车刀的选择和装夹

车台阶工件，通常使用 90° 外圆偏刀。安装时，为了保证加工出的工件端面和台阶端面与轴心线垂直，主偏角应在 90° ～93° 之间，如图 3-33 所示。

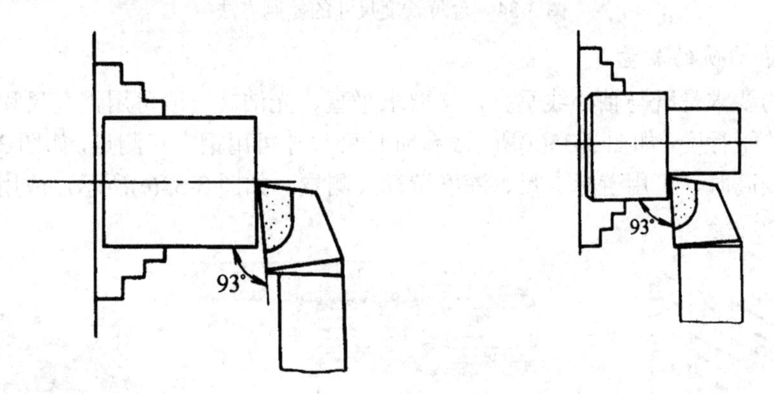

图 3-33　93° 车刀的装夹角度

3. 车台阶工件的方法

车台阶工件的方法，一般分粗车和精车两种。粗车台阶工件时，台阶长度尺寸应根据尺寸标注基准留精车余量。精车台阶工件时，通常在机动进给精车外圆至近台阶处时，以手动进给代替机动进给。当车至台阶端面时，变纵向进给为横向进给，而后移动中滑板由里向外慢慢精车台阶端面，以确保台阶端面与轴心线垂直。

1) 控制台阶长度尺寸的三种方法

(1) 刻线法。先用钢直尺或样板量出台阶的长度尺寸，并用车刀刀尖在台阶的所在位置处车出细线，然后再车削，如图 3-34(a)所示。

(2) 用挡铁控制台阶长度。在成批生产台阶轴时，为了准确迅速地掌握台阶长度，可用挡铁定位来控制，如图 3-34(b)所示。先把挡铁 1 固定在床身导轨上适当位置，与图上台阶 a_3 的台阶面轴向位置一致。挡铁 2、3 的长度分别等于 a_2、a_1 的长度。当床鞍纵向进给碰到挡铁 3 时，工件台阶长度 a_1 车好；拿去挡铁 3，调整好下一个台阶的背吃刀量，继续纵向进给；当床鞍碰到挡铁 2 时，台阶长度 a_2 车好；当床鞍碰到挡铁 1 时，台阶长度 a_3

车好，这样就完成了全部台阶的车削。用这种方法车削台阶可减少大量的测量时间，台阶长度精度可达 0.1～0. 2 mm。

(3) 用床鞍纵向进给刻度盘控制台阶长度。CA6140 型车床的床鞍进给刻度盘一格等于 1 mm，据此，可根据台阶长度计算出床鞍进给时刻度盘应转动的格数，如图 3-34(c)所示。

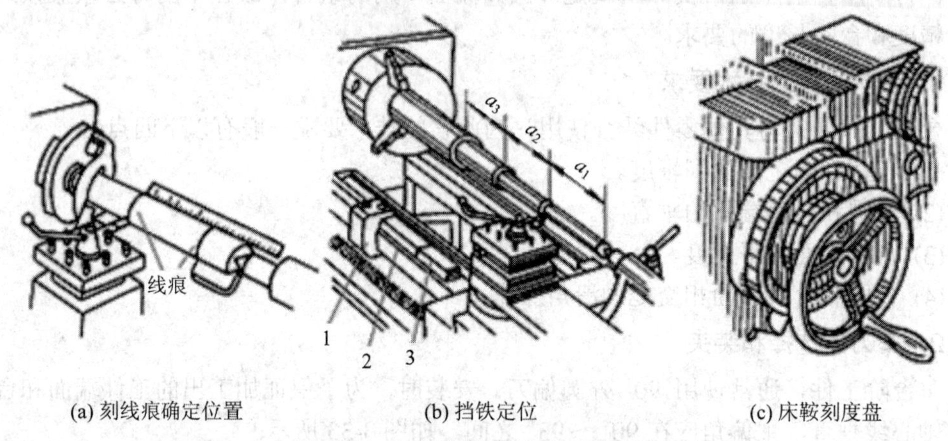

(a) 刻线痕确定位置　　(b) 挡铁定位　　(c) 床鞍刻度盘

图 3-34　台阶长度尺寸的控制方法

2) 端面和台阶的测量

对端面的要求是既与轴心线垂直，又要求平直、光洁。一般可用钢直尺和刀口形直尺来检测端面的平行度，如图 3-35(a)所示。台阶长度尺寸可用钢直尺测量，如图 3-35(b)所示，当精度要求较高时，可用游标卡尺、深度游标尺测量，如图 3-35(c)所示，或用样板测量，如图 3-35(d)所示。

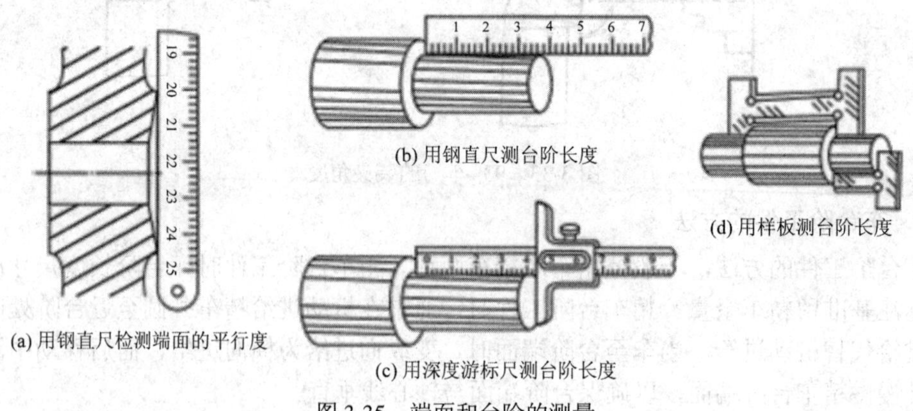

(a) 用钢直尺检测端面的平行度　　(b) 用钢直尺测台阶长度　　(c) 用深度游标尺测台阶长度　　(d) 用样板测台阶长度

图 3-35　端面和台阶的测量

3) 工件的调头找正和车削

根据习惯的找正方法，应先找正卡爪处工件的外圆，后找正台阶处的反端面。这样，反复多次找正后才能进行车削。当粗车完毕时，宜再进行一次复查，以防粗车时工件发生移位。

任务实施

操作步骤：

(1) 用四爪单动卡盘夹住工件外圆，外圆长 15 mm 左右，而后找正夹紧。

(2) 粗车端面(注意总长尺寸)及外圆，使其尺寸分别为ϕ75 mm、长 35 mm，ϕ80 mm、长 16 mm，留精车余量。

(3) 精车端面、外圆，使其尺寸分别为$\phi 75_{-0.08}^{\ 0}$ mm、长 35 mm ± 0.2 mm，$\phi 80_{-0.08}^{\ 0}$ mm、长 16 mm 为止，并倒角 1 × 45°。

(4) 调头垫铜皮夹住尺寸为ϕ75 mm 的外圆，找正近卡爪处外圆和台阶反端面并夹紧。粗车、精车端面，保证平行度，使总长达到尺寸要求。粗车、精车外圆$\phi 92_{-0.08}^{\ 0}$ mm 至尺寸要求，并倒角 1 × 45°。

(5) 检查直线度、平行度及尺寸，合格后取下工件。

★ 容易产生的问题和注意事项

(1) 台阶端面和外圆相交处要清角，防止产生凹坑和出现小台阶。

(2) 台阶端面与外圆不垂直，其原因一是车刀车台阶时没从里向外横向切削或车刀装夹时主偏角小于 90°，二是与刀架、车刀、滑板等发生移位有关。

(3) 要正确使用游标卡尺，测量时松紧适度，卡脚应和测量端面贴平。

(4) 从工件上取下游标卡尺时，应把紧定螺钉拧紧，以防游标移动，影响读数的正确性。

评分标准

车削台阶轴的评分标准如表 3-6 所示。

表 3-6　车削台阶轴的评分标准

序号	任务与技术要求	配分	评 分 标 准	实测记录	得分
1	工件放置或夹持正确	5	不符合要求酌情扣分		
2	车刀装夹正确	5	不符合要求酌情扣分		
3	加工操作正确、自然	15	不符合要求酌情扣分		
4	测量姿势正确，数据准确	15	不符合要求酌情扣分		
5	车台阶步骤达到要求	15	不符合要求酌情扣分		
6	用划线盘找正工件外圆和端面并达到要求	15	不符合要求酌情扣分		
7	按图样达到要求	30	总体评定(每项 5 分)		
8	安全文明操作		违者每次扣 2 分		
总分：100	姓名：	学号：	实际工时：	教师签字：	学生成绩：

任务四　一夹一顶车削轴类零件

任务引入

一般而言，对于较短的回转体类工件，比较适合用三爪自定心卡盘装夹；但对于较长的回转体类工件，用此方法则刚性较差。所以，一般较长的工件，尤其是较重要的工件，不能直接用三爪自定心卡盘装夹，而要用一端夹住，另一端用后顶尖顶住的装夹方法。这种装夹方法能承受较大的轴向切削力，可大大提高刚性，同时也可提高切削用量。

1. 实训教学要求

(1) 了解一夹一顶装夹工件的优缺点。

(2) 掌握一夹一顶装夹和车削工件的方法。

2. 一夹一顶车多台阶轴练习

一夹一顶车多台阶轴练习用的工件如图 3-36 所示。

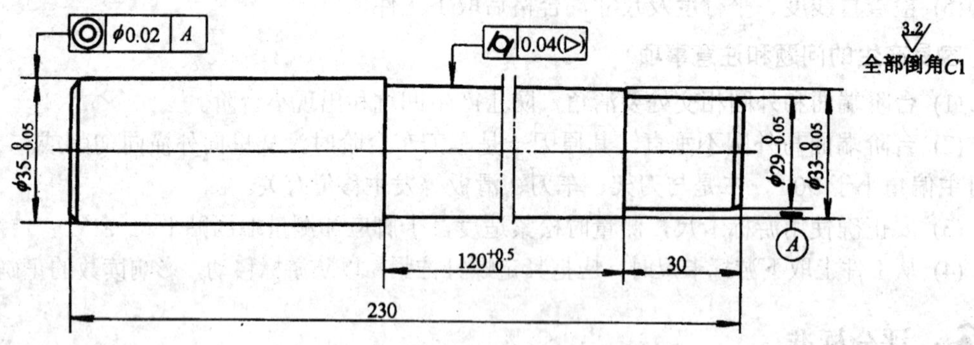

材料：45 钢　件数：1

图 3-36　一夹一顶车多台阶轴的工件

相关知识

1. 中心孔的加工

1) 中心孔的类型

中心孔有 A 型(不带护锥)、B 型(带护锥)、C 型(带螺纹孔)、R 型(弧型)四种，如图 3-37 所示。

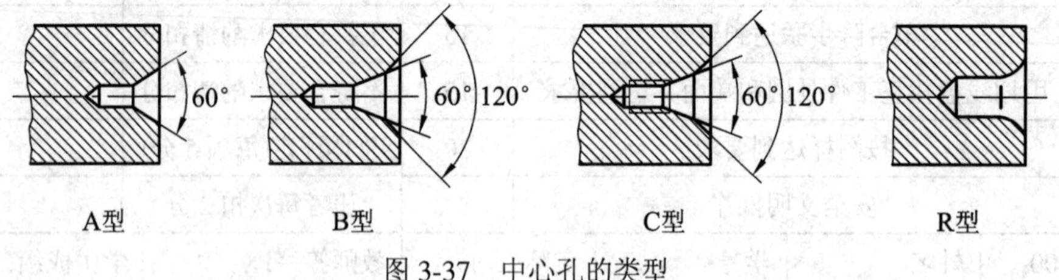

图 3-37　中心孔的类型

2) 中心孔的作用

(1) A 型用于工序较少辅助定位的工件。

(2) B 型用于精度要求高且工序较多的工件。

(3) C 型用于需要在轴向固定其他零件的轴类零件。

(4) R 型与顶尖配合是线接触，可提高定位精度，用于轻型和高精度轴类零件。

3) 钻中心孔

(1) 中心钻的类型。中心孔通常用中心钻钻出，常用的中心钻有 A 型和 B 型两种，如图 3-38 所示。中心钻的材料一般为高速钢，中心钻应以中心孔的圆柱尺寸选取。

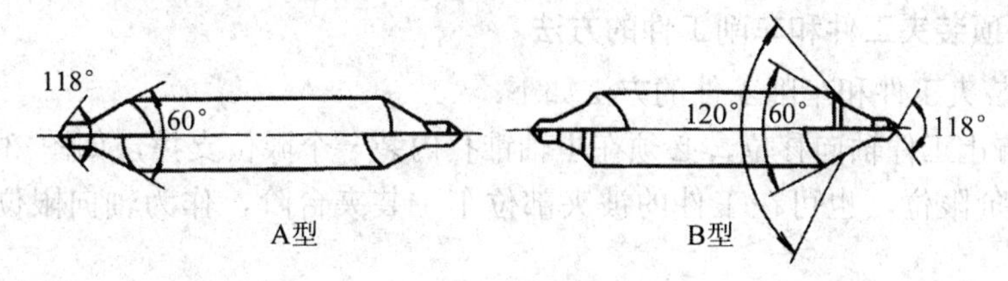

图 3-38 中心钻的两种类型

钻夹头装夹中心钻的方法如下：

① 用钻夹头装夹中心钻(见图 3-39(a))。用钻夹头钥匙逆时针方向旋转钻夹头的外套，使钻夹头的三个爪张开大于中心钻外径，把中心钻插入，露出三分之一长度，然后顺时针方向转动钻夹头的外套，再用钻夹头扳手夹紧，如图 3-39(b)所示。

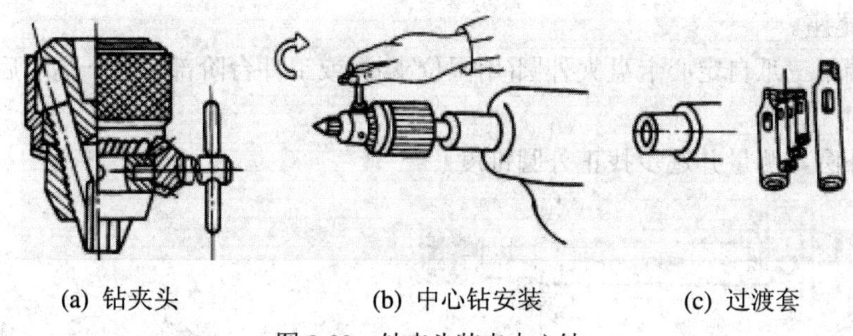

(a) 钻夹头　　(b) 中心钻安装　　(c) 过渡套

图 3-39 钻夹头装夹中心钻

② 将钻夹头锥柄和尾座套筒锥孔擦干净，将钻夹头锥柄放入尾座套筒锥孔内用力插入，使其与圆锥面结合。如果钻夹头锥柄比尾座套筒锥孔小，可用过渡套配合，如图 3-39(c)所示。

③ 将工件端面车平，不得留有凸台。

④ 移动尾座，套筒伸出的长度约为 50～70 mm，使中心钻接近工件端面。

⑤ 找正尾座中心。启动车床使工件转动，观察中心钻头部是否与工件旋转中心一致，如果不一致则调整尾座两侧的螺钉，使尾座横向位置移动。当中心找正后，两侧螺钉要同时锁紧。

⑥ 选择主轴转速和钻削。由于中心孔直径小，主轴转速要大于 1000 r/min。钻削时，进给量要小而均匀。当中心钻钻入工件时，加切削液，中途退出 1～2 次清除切屑。钻削完毕时，应稍停留中心钻，然后退出，使中心孔光、圆、准确。

4) 中心钻折断的原因

中心钻折断的原因的：

(1) 工件端面有凸头，使中心钻偏斜折断。

(2) 中心钻未对准工件旋转中心。

(3) 移动尾座不小心撞断。

(4) 转速太低，进给太大使中心钻折断。

(5) 切屑阻塞，中心钻磨损，强行钻入而使中心钻折断。

2. 一夹一顶装夹工件的优缺点

一夹一顶装夹工件的优缺点分别为：

(1) 优点：这种装夹方法，装夹刚性好，能承受较大的切削力。

(2) 缺点：对有相互位置精度要求和需多次装夹加工的工件只能进行粗车及半精车。

3. 一夹一顶装夹工件和车削工件的方法

一夹一顶装夹工件和车削工件的方法如下：

(1) 为了防止工件轴向移位，必须在主轴锥孔内装一个限位支撑，如图 3-40(a)所示，或利用工件台阶限位，也可在工件的被夹部位车一装夹台阶，作为轴向限位支撑，如图 3-40(b)所示。

(2) 限位支撑如图 3-40(c)所示。先将锥柄及主轴锥孔擦干净，再用轴向力把限位支撑装入主轴锥孔内，并调整好限位尺寸。调整方法：调整螺栓 3 使其达到限位尺寸，再锁紧螺母 2 即可。

(3) 调整好尾座使其后部“0”线对齐。

(4) 根据工件长度，调整尾座距离。尾座套筒不宜伸出过长，以不影响车刀车削工件为准，紧固尾座。

(5) 一端用三爪自定心卡盘夹外圆(用限位支撑)或工件台阶部分，一端用后顶尖顶住中心孔。

(6) 车外圆，测量并逐步找正外圆锥度。

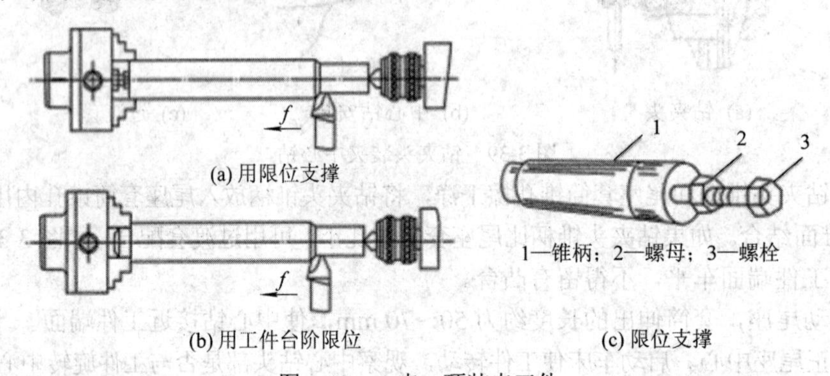

图 3-40　一夹一顶装夹工件

任务实施

操作步骤：

(1) 先夹工件外圆，再车端面(车平即可)，最后钻中心孔。

(2) 夹工件外圆长 6 mm 左右(用限位支撑或车出 6 mm 装夹台阶)，另一端中心孔用顶尖支顶。

(3) 粗车ϕ29 mm、长 30 mm，ϕ33 mm、长 120 mm 及ϕ35 mm、长 80 mm(找正锥度)。

(4) 精车$\phi 29_{-0.05}^{\ 0}$ mm、长 30 mm，$\phi 33_{-0.05}^{\ 0}$ mm、长 120 mm 及$\phi 35_{-0.05}^{\ 0}$ mm、长 80 mm 至尺寸要求，并倒角 1×45°。

(5) 调头垫铜皮，夹住ϕ35 mm 外圆，车准总长 230 mm，并倒角 1×45°。

★ 容易产生的问题和注意事项

(1) 一夹一顶车削应使用限位支撑或车出装夹台阶，否则就应随时注意后顶尖支顶的一夹一顶车多台阶轴的松紧，并及时进行调整，以防发生事故。

(2) 一夹一顶车多台阶轴顶尖支顶的松紧应适当。

(3) 注意三爪自定心卡盘的卡爪不应有喇叭口。如果喇叭口较大，则应随时注意卡爪夹紧情况，以防发生危险。

(4) 注意图样标注的工件锥度的方向性。

(5) 下料长度 240 mm。

评分标准

一夹一顶车削的评分标准如表 3-7 所示。

表 3-7 一夹一顶车削的评分标准

序号	任务与技术要求	配分	评 分 标 准	实测记录	得分
1	工件放置或夹持正确	5	不符合要求酌情扣分		
2	工具、量具放置位置正确、排列整齐	5	不符合要求酌情扣分		
3	加工操作正确、自然	15	不符合要求酌情扣分		
4	测量姿势正确，数据准确	15	不符合要求酌情扣分		
5	一夹一顶装夹工件步骤达到要求	15	不符合要求酌情扣分		
6	车削工件步骤达到要求	15	不符合要求酌情扣分		
7	按图样达到要求	30	总体评定(每项 5 分)		
8	安全文明操作		违者每次扣 2 分		
总分：100	姓名： 学号：	实际工时：	教师签字：	学生成绩：	

任务五 两顶尖装夹车削轴类零件

任务引入

1. 实训教学要求

掌握在两顶尖上加工轴类零件的方法。

2. 两顶尖装夹车双向台阶轴练习

两顶尖装夹车双向台阶轴用的工件如图 3-41 所示。

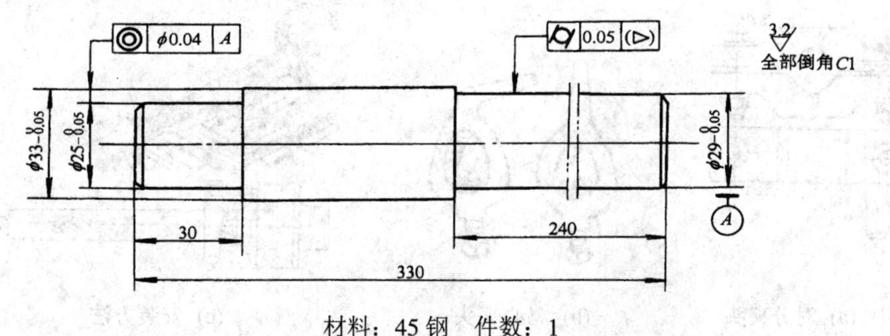

材料：45 钢 件数：1

图 3-41 两顶尖装夹车双向台阶轴的工件

相关知识

在机械加工中，对于有相互位置精度要求，且需多次装夹或多道工序加工完成的轴类零件，可用两顶尖装夹，以确保工件定心准确和便于装卸。

两顶尖装夹定位精度高，可以多次重复使用，定位精度不变，有利于保证工件各表面间相互位置的精度，装夹方便。但两顶尖装夹的顶尖与顶尖孔接触面积小，承受切削力小，给提高切削用量带来困难。

1. 顶尖的种类

顶尖分为前顶尖和后顶尖两种，其作用是定位、承受工件的重量和切削时的切削力。顶尖与工件一起旋转，因此与中心孔不产生摩擦。

前顶尖分为两种：一种是插入主轴锥孔内使用的固定顶尖，这种顶尖装夹牢靠，适宜于批量生产；另一种是夹在卡盘上使用的顶尖。

2. 工件的安装和车削

(1) 尾座的调整。移动尾座，在前、后顶尖将要接触时，看两顶尖尖部是否对齐(见图3-42)，看有刻度的尾座的“0”线是否对齐。如果没有对齐，则可调整尾座上部的螺钉 1 和 2(见图 3-43)，使前、后顶尖或尾座“0”线对齐。根据工件长度，调整尾座距离，尾座套筒不宜伸出过长，以不影响车刀车削工件为准，紧固尾座。

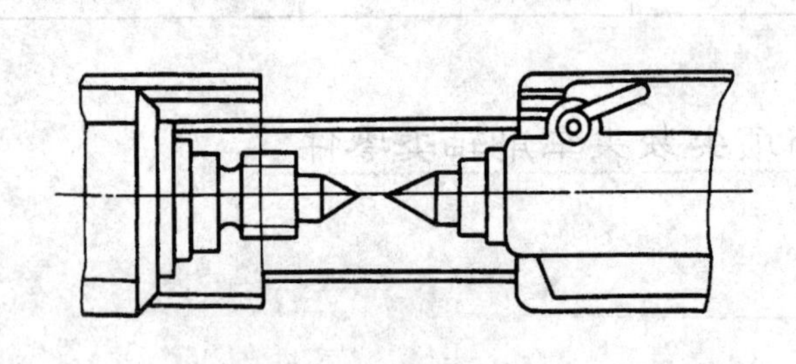

图 3-42　尾座与主轴对中心

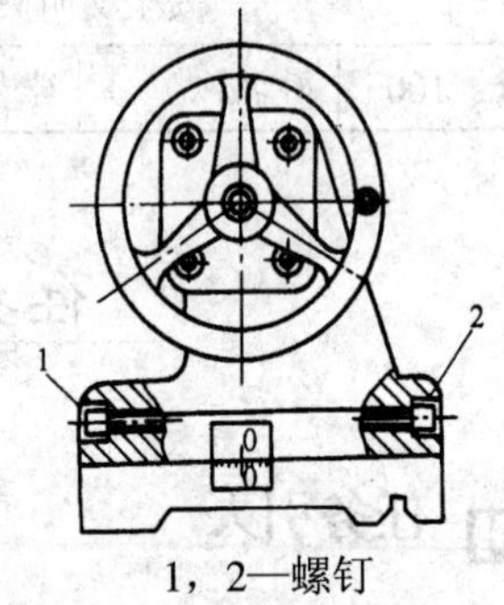

1，2—螺钉

图 3-43　对齐尾座“0”线

(2) 用对分夹头(见图 3-44(a))或鸡心夹头(见图 3-44(b))夹紧工件一端，拨杆伸向端面外。

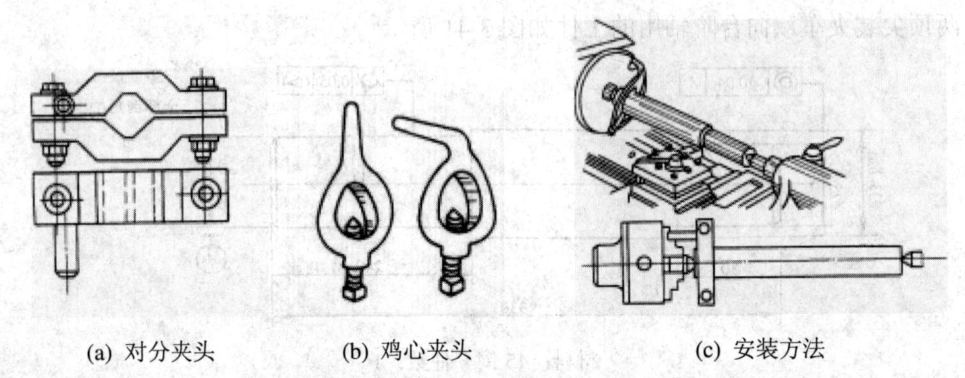

(a) 对分夹头　(b) 鸡心夹头　(c) 安装方法

图 3-44　用对分夹头、鸡心夹头装夹工件

(3) 将有夹头的一端中心孔放置在前顶尖上，工件另一端中心孔用后顶尖支顶，使夹头的拨杆与卡爪侧端面接触，如图 3-44(c)所示，或放在拨盘槽内，以带动工件旋转。调整顶尖松紧度，以没有轴向窜动为宜。如果后顶尖用固定顶尖，则应加润滑油脂，然后将尾座套筒的紧固螺钉压紧。

(4) 试切削外圆(注意工件余量)。用外径千分尺测量工件两端直径，根据工件直径之差来调整尾座的横向偏移量，尾座的横向偏移量为两端直径之差的 1/2。如果靠近卡爪端直径比尾座端直径大，则尾座应向离开操作者方向调整；如果靠近尾座端直径比卡爪端直径大，则尾座应向操作者方向移动。调整尾座后，再进行试切削。这样反复找正，直到消除锥度后再进行车削。

为了节省找正工件时间，往往先将工件中间车凹，如图 3-45 所示，注意留精车余量。然后车削两端外圆，并测量找正即可。

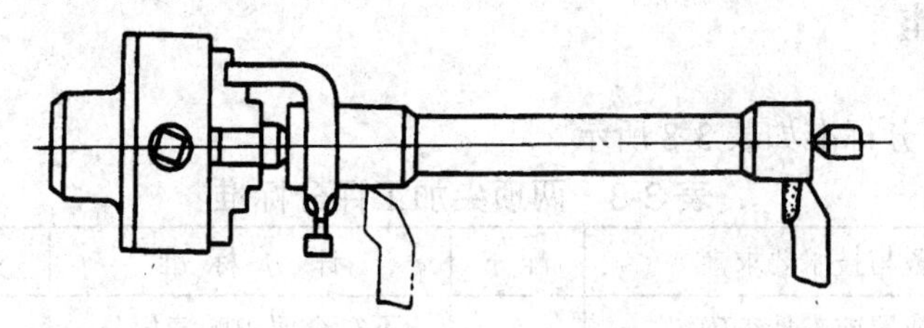

图 3-45　将工件中间车凹后，以两端外圆找正锥度

任务实施

操作步骤：

(1) 先夹工件外圆，再伸出 50 mm 车端面，最后钻中心孔。

(2) 调头夹外圆，车端面和总长至图样要求，最后钻中心孔。

(3) 在两顶尖上装夹工件。

(4) 粗车，使外圆和端面的尺寸分别为 $\phi 29$ mm、长 240 mm，$\phi 33$ mm、长 61 mm(留精车余量，并把工件产生的锥度找正)。

(5) 精车，使外圆和端面的尺寸分别为 $\phi 29_{-0.05}^{\ 0}$ mm、长 240 mm，$\phi 33_{-0.05}^{\ 0}$ mm、长 61 mm，达到尺寸要求。

(6) 倒角 $1\times45°$。

(7) 工件调头装夹。

(8) 粗车、精车内圆，使其尺寸为 $\phi 25_{-0.05}^{\ 0}$ mm、长 30 mm。

(9) 倒角 $1\times45°$。

(10) 检查质量合格后，取下工件。

★ 容易产生的问题和注意事项

(1) 中心孔的大小、类型应根据加工直径尺寸及工件加工要求选取。

(2) 钻成批轴类的中心孔时，工件两端钻出的中心孔尺寸应保持一致，否则将影响磨削工序的加工质量。

(3) 切削前，床鞍应在工件加工的全行程中左右移动，并观察是否有影响车削加工的情况存在。

(4) 夹头要夹紧，防止切削时移动，损坏刀具。夹头的拨杆不要顶死卡盘端面，以防影响顶尖的定心作用。

(5) 工件在顶尖上装夹时，应保持顶尖与中心孔的清洁，并防止碰伤中心孔。

(6) 两顶尖的支顶松紧应适宜。顶尖支顶太松，切削时易振动，影响工件的尺寸精度且会产生形状误差。

(7) 防止固定顶尖的支顶太紧，产生高温，使工件热变形，烧坏顶尖和中心孔。

(8) 在切削过程中，应随时注意工件在两顶尖间的松紧程度和前顶尖是否发生移位，以便及时加以调整和修正。

(9) 注意安全，防止夹头钩衣伤人，应及时用专用切屑钩清除切屑。

评分标准

两顶尖加工评分标准如表 3-8 所示。

表 3-8　两顶尖加工评分标准

序号	任务与技术要求	配分	评 分 标 准	实测记录	得分
1	工件放置或夹持正确	5	不符合要求酌情扣分		
2	中心钻装夹正确	5	不符合要求酌情扣分		
3	加工操作正确、自然	15	不符合要求酌情扣分		
4	测量姿势正确，数据准确	15	不符合要求酌情扣分		
5	钻削中心孔步骤达到要求	15	不符合要求酌情扣分		
6	两顶尖上加工零件步骤达到要求	15	不符合要求酌情扣分		
7	按图样达到要求	30	总体评定(每项 5 分)		
8	安全文明操作		违者每次扣 2 分		
总分：100	姓名：	学号：	实际工时：	教师签字：	学生成绩：

项目三　切槽与切断

任务一　切断刀和切槽刀的刃磨

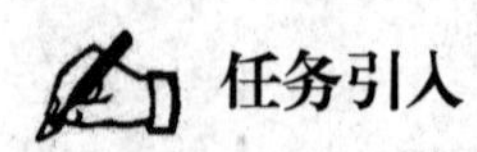

任务引入

实训教学要求为：

(1) 了解切断刀和切槽刀的种类和用途。

(2) 了解切断刀和切槽刀的组成及其角度要求。

(3) 掌握切断刀和切槽刀的刃磨方法。

(4) 了解切断和切槽的加工方法。

相关知识

1．沟槽的形状和种类

在工件上切各种形状的槽叫切沟槽，外圆和平面上的沟槽叫外沟槽，内孔的沟槽叫内沟槽。

沟槽的形状和种类较多，常用的沟槽有矩形槽(见图 3-46(a))、圆弧形槽(见图 3-46(b))、梯形槽(见图 3-46(c))等。矩形槽的作用通常是使装配的零件有正确的轴向位置，在磨削、车螺纹、插齿等加工过程中便于退刀。

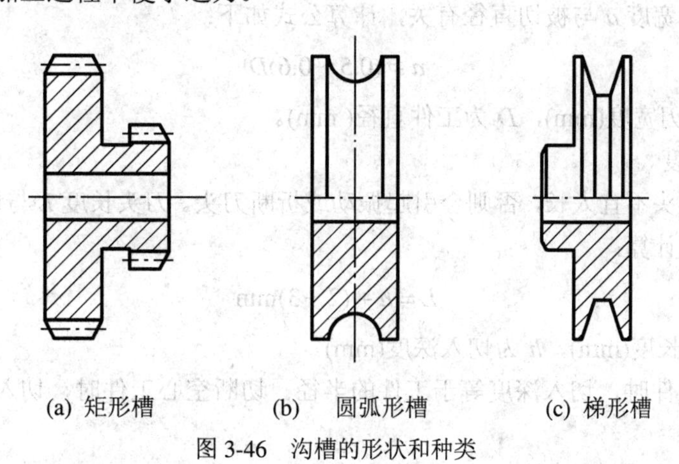

(a) 矩形槽　(b) 圆弧形槽　(c) 梯形槽

图 3-46　沟槽的形状和种类

矩形切槽刀和切断刀的几何形状基本相似，刃磨方法也基本相同，只是刀头部分的宽度和长度有所区别，有时也通用，故合并讲解。

2．切断(槽)刀的基本知识

(1) 切断刀的几何角度。

切断刀按刀具材料可分为硬质合金切断刀和高速钢切断刀。切断刀的几何角度如图 3-47 所示。

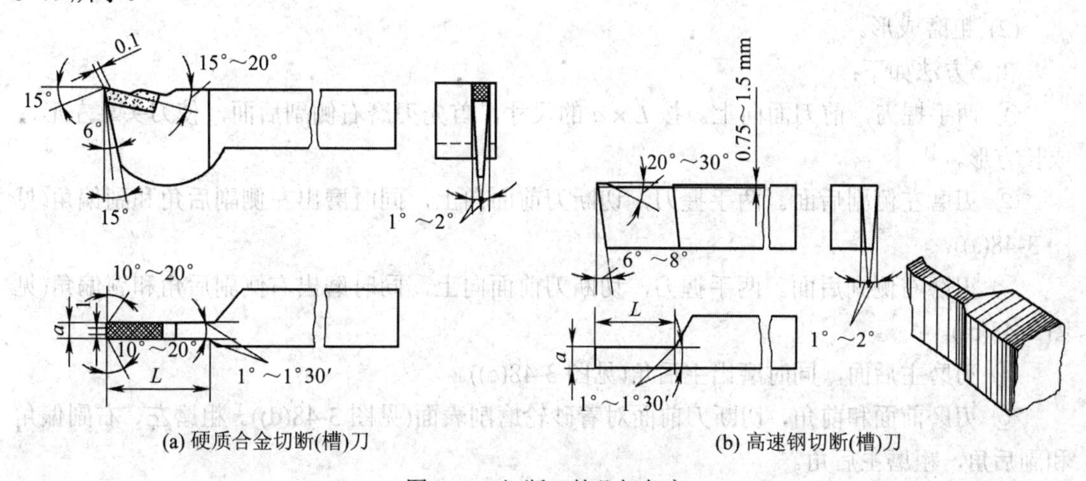

(a) 硬质合金切断(槽)刀　(b) 高速钢切断(槽)刀

图 3-47　切断刀的几何角度

切断刀的几何角度具体如下：

① 前角 $\gamma_o = 5° \sim 20°$。

② 主后角 $\alpha_o = 6° \sim 8°$。

③ 副后角 $\alpha_o' = 1° \sim 3°$。

④ 主偏角 $K_r = 90°$。

⑤ 副偏角 $K_r' = 1° \sim 1.5°$。

(2) 主切削刃的宽度。

主切削刃太宽，会因切削力太大而振动，同时浪费材料；主切削刃太窄，又会削弱刀体强度，车削时易造成车刀折断。因此，主切削刃的宽度要合理选取。

主切削刃的宽度 a 与被切直径有关，计算公式如下：

$$a \approx (0.5 \sim 0.6)D$$

式中，a 为切削刃宽度(mm)，D 为工件直径(mm)。

(3) 刀头长度。

切断刀的刀头不宜太长，否则会引起振动或折断刀头。刀头长度 L 与切入深度 h 有关，其长度可用下式计算：

$$L = h + (2 \sim 3)\text{mm}$$

式中，L 为刀头长度(mm)，h 为切入深度(mm)。

切断实心工件时，切入深度等于工件的半径；切断空心工件时，切入深度等于工件的壁厚。

(4) 卷屑槽。

卷屑槽不宜磨得太深，一般为 0.75～1.5 mm。卷屑槽磨得太深，其刀头强度差，容易折断，更不能把前面磨得低或磨成台阶形。

3．刃磨的方法和步骤

(1) 选择砂轮。

高速钢切断(槽)刀用氧化铝砂轮刃磨，硬质合金切断(槽)刀用碳化硅砂轮刃磨。

(2) 粗磨成形。

粗磨方法如下：

① 两手握刀，前刀面向上。按 $L \times a$ 的尺寸，首先刃磨右侧副后面，使刀头靠左形，成长方形。

② 刃磨左侧副后面。两手握刀，切断刀前面向上，同时磨出左侧副后角和副偏角(见图 3-48(a))。

③ 刃磨右侧副后面。两手握刀，切断刀前面向上，同时磨出右侧副后角和副偏角(见图 3-48(b))。

④ 刃磨主后面，同时磨出主后角(见图 3-48(c))。

⑤ 刃磨前面和前角，切断刀前面对着砂轮磨削表面(见图 3-48(d))。粗磨左、右副偏角和副后角，粗磨主后角。

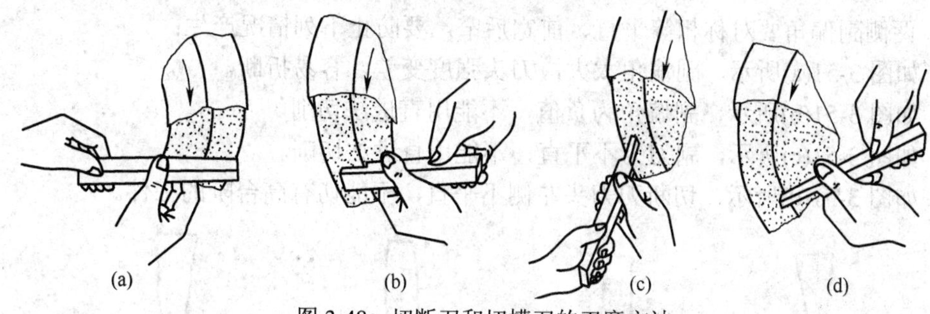

图 3-48　切断刀和切槽刀的刃磨方法

(3) 精磨。

① 精磨左副后刀面，连接刀尖与圆弧相切处，刀体顺时针旋转 1°～2°，刀体水平旋转 1°～3°，刀尖微翘 3° 左右，同时磨出副后角和副偏角。刀侧与砂轮的接触点应放在砂轮的边缘处。

② 精磨右侧副后角和副偏角。

③ 修磨主后刀面和后角，后角度数为 6°～8°。

④ 修磨前刀面和前角，前角度数为 5°～20°。

⑤ 修磨刀尖圆弧。

4．注意事项

(1) 卷屑槽不宜过深，一般为 0.75～1.5 mm，如图 3-49(a)所示。卷屑槽太深，前角过大，楔角将会减小，刀头散热面积也就减小，这使得刀尖强度降低，刀具寿命降低，且易扎刀，如图 3-49(b)所示。

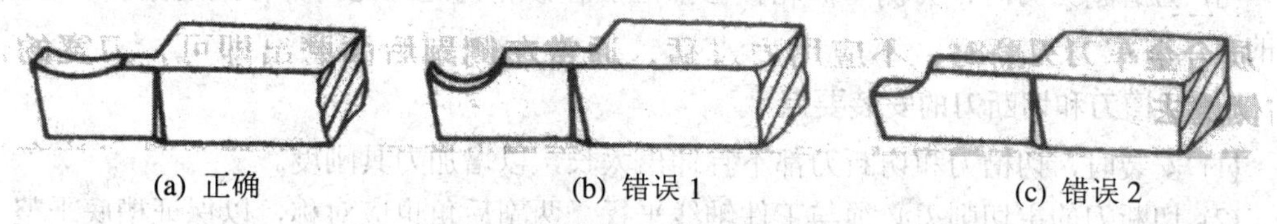

图 3-49　前角的正确与错误示意图

(2) 防止磨成台阶形，否则切削时切屑流出不顺利，排屑困难，切削力增加，使得刀具强度相对降低，易折断，如图 3-49(c)所示。

(3) 两侧副后角应以切断刀的底面为基准，保证对称相等，如图 3-50(a)所示。如果两副偏角不同，一侧为负值，该侧与工件已加工表面摩擦，造成两切削刃的切削力不均衡，使刀头受到一个扭力而折断，如图 3-50(b)所示。若两副后角的角度太大，则刀头强度变差，切断时容易折断刀头，如图 3-50(c)所示。

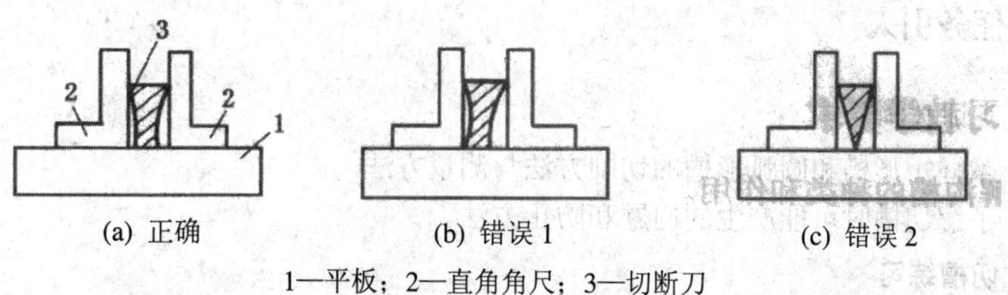

1—平板；2—直角角尺；3—切断刀

图 3-50　切断(槽)刀的副后角

(4) 两侧副偏角要对称相等平直、前宽后窄。要防止下列情况产生：

① 如图 3-51(a)所示，副偏角太大，刀头强度变差，容易折断。

② 如图 3-51(b)所示，副偏角为负值，不能用直进法切削。

③ 如图 3-51(c)所示，副刀刃不平直，不能用直进法切削。

④ 如图 3-51(d)所示，切断刀刀头左侧不平直，不能切有高台阶的工件。

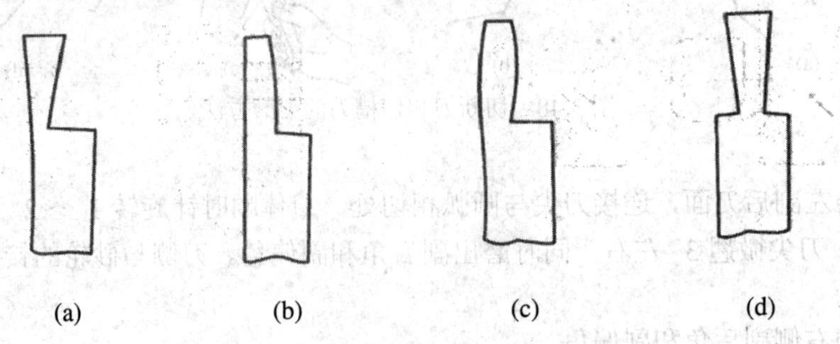

图 3-51 切断刀副偏角的几种错误磨法

(5) 切断刀和切槽刀有两个副偏角与两个副后角，其角度范围都很小。刃磨时，要确保两组角度对称，既要磨出副偏角，又要同时磨出副后角，这是刃磨切断刀和切槽刀的难点，也是关键所在。

(6) 高速钢切断刀刃磨时，要随时冷却，以防退火。硬质合金切断刀刃磨时，刀片不能在水中冷却，以防刀片碎裂。

(7) 硬质合金切断刀刃磨时不能用力过猛，以防脱焊。

(8) 刃磨副刀刃时，刀侧与砂轮接触点应放在砂轮的边缘处，并仔细观察和修整副刀刃的直线度。

5．切槽刀和切断刀的安装要点

(1) 安装时，切槽刀和切断刀都不宜伸出太长，以增加刀具刚度。

(2) 切断刀的主切削刃必须与工件轴线平行，两副后角也应对称，以保证槽底平整。

(3) 切断实心工件时，切断刀的主切削刃必须与工件中心等高，否则不能切到工件中心，并且容易崩刃，甚至断刀。

任务二 切矩形槽

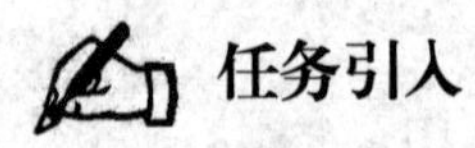

任务引入

1．实训教学要求

(1) 掌握矩形槽和圆弧形槽的切削方法与测量方法。

(2) 了解切槽时可能产生的问题和防止方法。

2．切槽练习

切槽练习用的工件如图 3-52 所示。

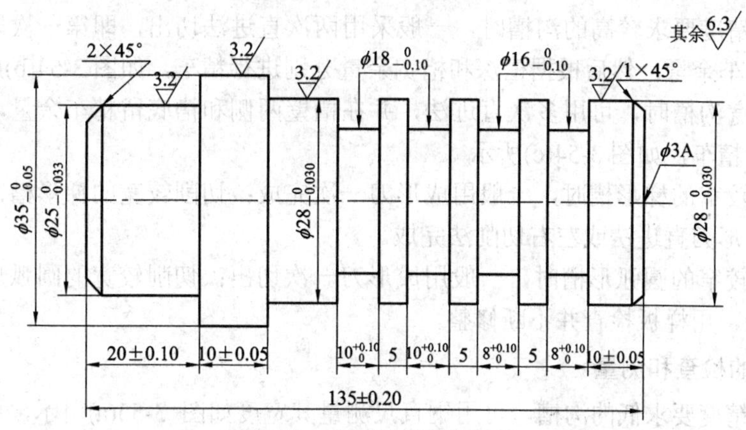

图 3-52　切槽练习用的工件

相关知识

1．切槽刀的安装

切槽刀的装夹是否正确，对切槽的质量有直接的影响。例如，矩形切槽刀的装夹，要求垂直于工件轴线，否则切出的槽壁不会平直。

2．切槽方法

在工件表面上切沟槽的方法叫切槽。槽的加工位置有外槽、内槽和端面槽三种，如图 3-53 所示。

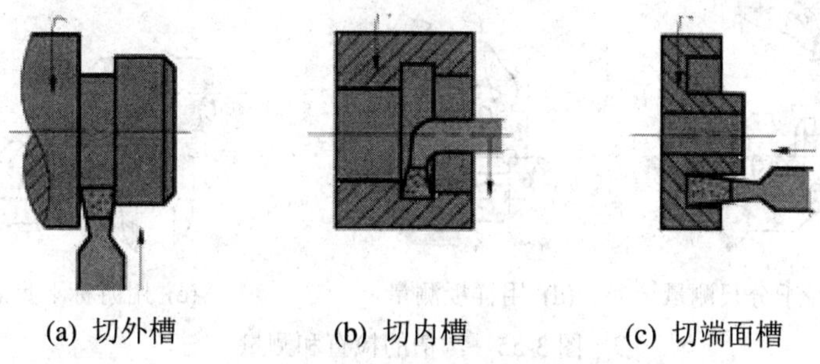
(a) 切外槽　(b) 切内槽　(c) 切端面槽

图 3-53　常用切槽的方法

(1) 切削精度不高、宽度较窄的沟槽，可用刀宽等于槽宽的切槽刀，采用一次直进法切出，如图 3-54(a)所示。

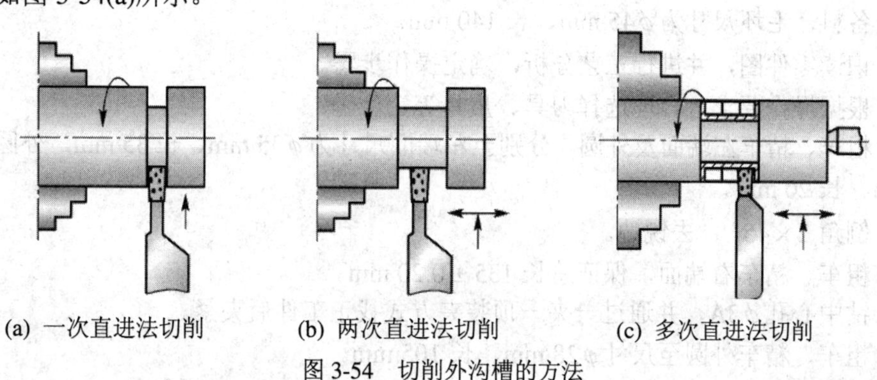
(a) 一次直进法切削　(b) 两次直进法切削　(c) 多次直进法切削

图 3-54　切削外沟槽的方法

(2) 切削精度要求较高的沟槽时，一般采用两次直进法切出，即第一次切槽时槽壁两侧和槽底留精车余量，然后根据槽深和槽宽余量分别进行精车，如图 3-54(b)所示。

(3) 切较宽沟槽时，可用多次直进法，并在槽壁两侧和槽底留精车余量，最后根据槽深、槽宽进行精车，如图 3-54(c)所示

(4) 切削较窄的梯形槽时，一般用成形刀一次完成；切削较宽的梯形槽，通常先切直槽，然后用梯形刀直进法或左右切削法完成。

(5) 切削较窄的圆弧形槽时，一般用成形刀一次切出；切削较宽的圆弧形槽时，可用双手联动切削，用样板检查并不断修整。

3．沟槽的检查和测量

(1) 对于精度要求低的沟槽，可用钢直尺测量其宽度如图 3-55(a)所示，用钢直尺、外卡钳等相互配合的方法测量槽底直径，3-55(b)所示。

(2) 对于精度要求高的沟槽，通常用外径千分尺测量沟槽的槽底直径，如图 3-55(c)所示；用样板和游标卡尺测量其宽度，分别如图 3-55(d)和图 3-55(e)所示。

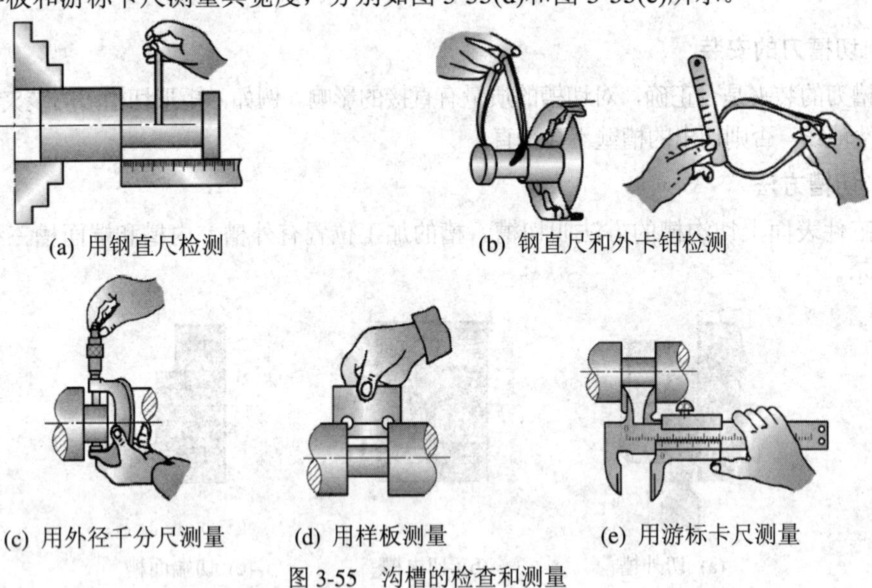

(a) 用钢直尺检测　(b) 钢直尺和外卡钳检测

(c) 用外径千分尺测量　(d) 用样板测量　(e) 用游标卡尺测量

图 3-55　沟槽的检查和测量

任务实施

(1) 备料，毛坯尺寸为ϕ45 mm、长 140 mm。

(2) 识读零件图，并进行工艺分析，确定操作步骤。

(3) 根据操作要求，合理选择刀具、量具等。

(4) 粗车、精车左端面及外圆，分别至左端面尺寸为ϕ35 mm、长 35 mm，外圆尺寸为ϕ25 mm、长 20 mm。

(5) 倒角 2×45°，去锐边。

(6) 粗车、精车右端面，保证总长 135±0.20 mm。

(7) 钻中心孔ϕ3A，并通过一夹一顶装夹方式找正工件后夹紧。

(8) 粗车、精车外圆至尺寸ϕ28 mm、长 105 mm。

(9) 切槽，槽的尺寸为ϕ18 mm、长 10mm(两处)、ϕ16 mm、长 8 mm(两处)。

(10) 倒角 1×45°，去锐边。

(11) 检查工件。

★ **容易产生的问题和注意事项**

(1) 切断毛坯工件时，为了连续切削，应先用外圆车刀将外圆车圆。刚开始切入工件时，进给速度应慢些(不能停留)，以防“扎刀”。

(2) 当用一夹一顶装夹工件时，不要把工件全部切断。

(3) 发现切断表面凹凸不平或有明显扎刀痕迹时，应及时修磨切断刀。

(4) 发生车刀切不进时，应立即退刀，检查车刀是否对准工件中心或是否锋利等。

(5) 若切槽刀的主刀刃和轴心线不平行，则切出的沟槽一侧直径大，另一侧直径小，即成竹节形。

(6) 要防止槽底与槽壁相交处出现圆角，以及槽底中间尺寸小、靠近槽壁两侧尺寸大的现象。

(7) 槽壁与中心线出现内槽狭窄外口大的喇叭形的主要原因是：切槽刀刃磨角度不正确；切槽刀装夹不垂直。

(8) 槽壁与槽底产生小台阶的主要原因是接刀不正确。

(9) 用接刀法切沟槽时，应注意各条槽距。

(10) 要正确使用游标卡尺、样板、塞规测量沟槽。

(11) 合理选取转速和进给量。

(12) 正确使用切削液。

评分标准

切槽的评分标准如表 3-9 所示。

表 3-9 切槽的评分标准

序号	检测项目	配分	标 准	检测结果	得分
1	外圆公差(四处)	6×4	超 0.01 扣 2 分，超 0.02 不得分		
2	外圆 *Ra*3.2(四处)	3×4	降一级扣 2 分		
3	外沟槽(四处)	6×4	超差、槽壁不直扣分		
4	长度公差(四处)	3×4	超差不得分		
5	倒角(两处)	2×2	不合格不得分		
6	清角，去锐边	5	一处不合格扣 0.5 分		
7	切平端面	2×2	不合格不得分		
8	中心孔	2	不合格不得分		
9	工件外观	5	不完整扣分		
10	安全文明操作	8	违章扣分		
合计		100			

任务三　切　　断

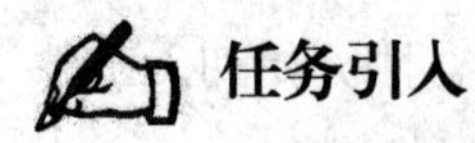

任务引入

1．实训教学要求

(1) 掌握直进法和左右借刀法切断工件。

(2) 巩固切断刀的刃磨和修正方法。

(3) 对于不同材料的工件，能选用不同角度的切断刀进行切断，并要求切割面平整光洁。

2．切断练习

(1) 用左右借刀法或直进法切断工件，如图 3-56 所示，图中单位为 mm。

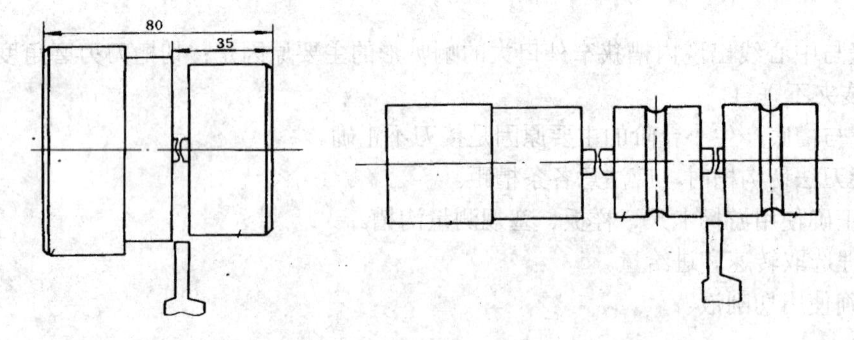

图 3-56　切断

(2) 练习，共切割六段，如图 3-57 所示。

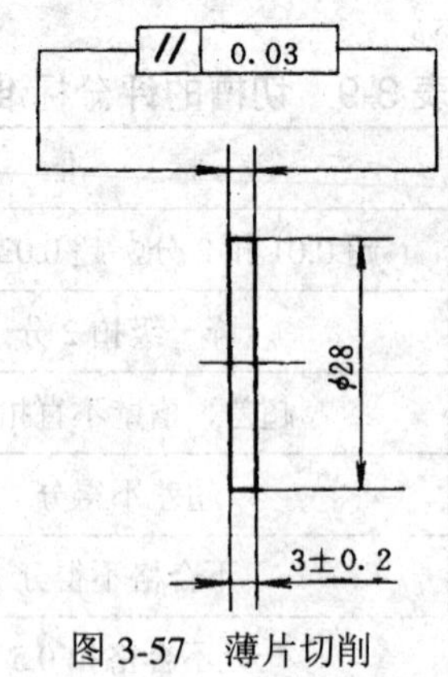

图 3-57　薄片切削

相关知识

1．工艺知识

切断要用切断刀。切断刀的形状与切槽刀相似，但因刀头窄而长，很容易折断。常用的切断方法有直进法和左右借刀法两种，如图 3-58 所示。直进法常用于切断铸铁等脆性材料；左右借刀法常用于切断钢等塑性材料。

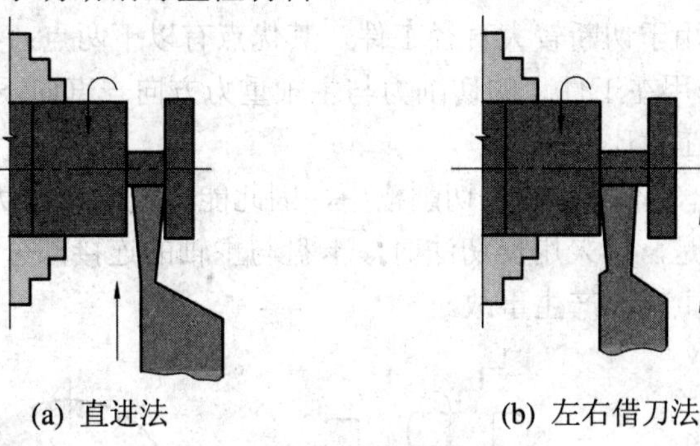

(a) 直进法　　(b) 左右借刀法

图 3-58　切断方法

(1) 切断刀的种类。

① 高速钢切断刀。其刀头和刀杆是用同一种材料锻造而成的。切断刀损坏以后，可以通过锻造再使用。因此，高速钢切断刀比较经济，目前应用较为广泛，如图 3-59(a)所示。高速钢刀片机夹式切断刀如图 3-59(c)所示。

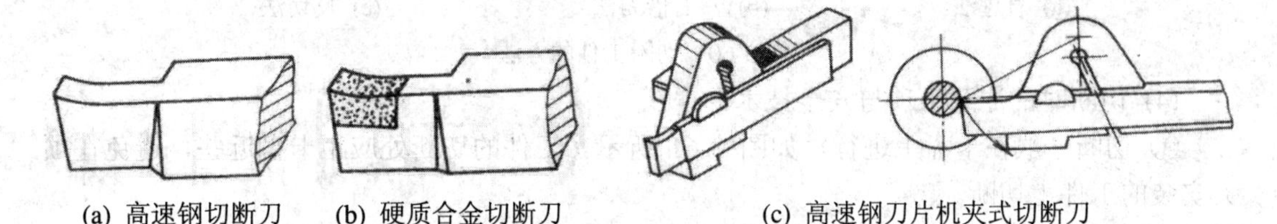

(a) 高速钢切断刀　(b) 硬质合金切断刀　(c) 高速钢刀片机夹式切断刀

图 3-59　切断刀的种类

② 硬质合金切断刀。其刀头用硬质合金焊接而成，因此，硬质合金切断刀适用于高速切削，如图 3-59(b)所示。

③ 弹性切断刀。为节省高速钢材料，切断刀被制作成片状，再夹在弹簧刀杆内。这种切断刀既节省刀具材料又富有弹性，当进给过快时，刀头在弹性刀杆的作用下会自动产生让刀，这样就不容易产生扎刀而折断车刀。

(2) 切断刀的安装。

切断刀的装夹是否正确，对切断工件能否顺利进行、切断的工件的平面是否平直有直接的影响，所以切断刀的安装要求严格。

① 切断实心工件时，切断刀的主刀刃必须严格对准工件中心，刀头中心线与工件轴线垂直。

② 为了增加切断刀的强度，刀杆不宜伸出过长，以防振动。

2．切断加工方法

(1) 用直进法切断工件，如图 3-60(a)所示。所谓直进法，是指在垂直于工件轴线方向切断工件。这种切断方法切断效率高，但对刀具刃磨、装夹有较高的要求，否则容易造成切断刀折断。

(2) 用左右借刀法切断工件，如图 3-60(b)所示。在切削系统(刀具、工件、车床)刚性等不足的情况下，可采用左右借刀法切断工件。这种方法是指切断刀在径向进给的同时，在轴线方向反复往返移动直至工件切断。

(3) 用反切法切断工件，如图 3-60(c)所示。反切法是指将工件反转，车刀反装进行切断。这种切断方法常应用于切断较大直径工件，其优点有以下两点：

① 反转切断时，作用在工件上的切削力与主轴重力方向一直向下，因此主轴不容易产生上下跳动，所以切断工件比较平稳。

② 切屑从下面流出，不会堵塞在切削槽中，因此能比较顺利地切削。

但是，必须指出的是，在采用反切法时，卡盘与主轴的连接部分必须有保险装置，否则卡盘会因倒车而脱离主轴，产生事故。

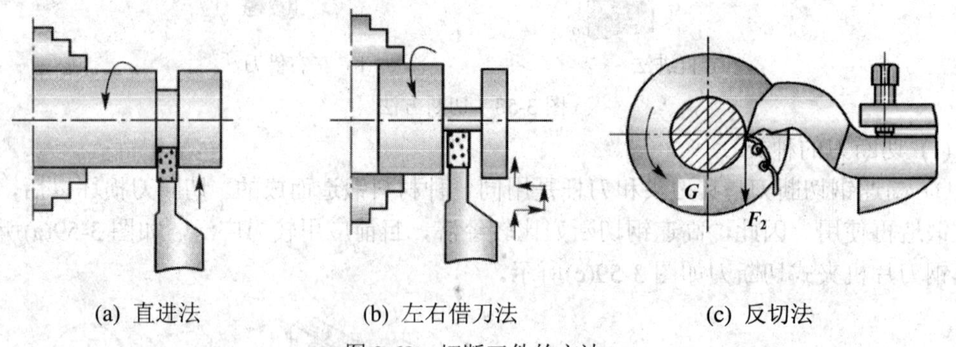

(a) 直进法　(b) 左右借刀法　(c) 反切法

图 3-60　切断工件的方法

(4) 切断时的注意事项与安全技术。

① 切断一般在卡盘上进行，如图 3-61 所示。工件的切断处应距卡盘近些，避免在顶尖安装的工件上切断。

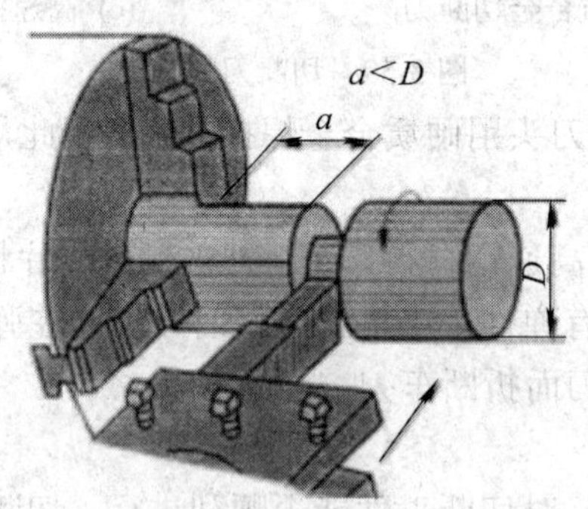

图 3-61　在卡盘上切断

② 切断刀刀尖必须与工件中心等高，否则切断处将剩有凸台，且刀头也容易损坏(见图 3-62)。发生车刀切不进时，应立即退刀，检查车刀是否对准工件中心或是否锋利等。

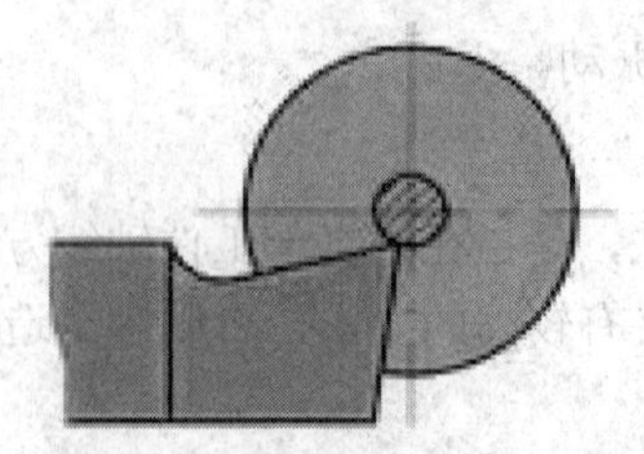

(a) 切断刀安装过低，不易切削

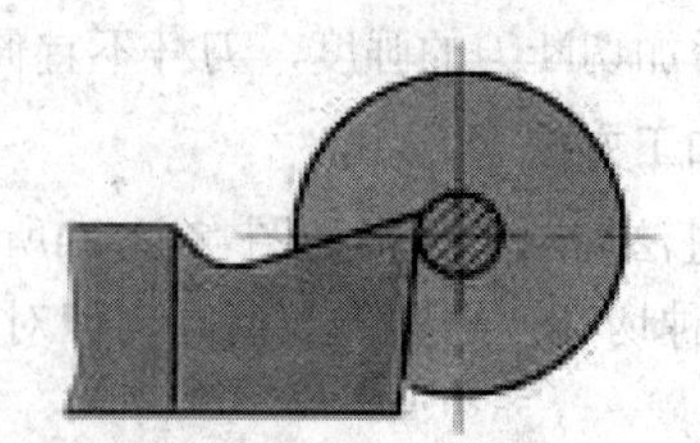

(b) 切断刀安装过高，刀具后面顶住工件，刀头易被压断

图 3-62　切断刀刀尖必须与工件中心等高

③ 切断刀伸出刀架的长度不要过长，进给要缓慢均匀。快要切断的时候，必须放慢进

给速度，以免刀头折断。

④ 切断钢件时，需要加切削液进行冷却润滑；切铸铁时，一般不加切削液，但必要时，可用煤油进行冷却润滑。

⑤ 切断两顶尖工件时，不能直接切到中心，以防车刀折断，工件飞出。

⑥ 切割前应调整中、小滑板的松紧，一般以紧为好。

⑦ 用高速钢刀切断工件时，应浇注切削液，这样可以延长切断刀的使用寿命；用硬质合金刀切断工件时，中途不准停车，否则刀刃易碎裂。

⑧ 一夹一顶或两顶尖安装工件时不能把工件直接切断，以防切断时工件飞出伤人。

⑨ 用左右借刀法切断工件时，借刀速度应均匀，借刀距离要一致。

3．可能产生问题的原因和防止方法

1) 被切工件的平面产生凹凸的原因

(1) 切断刀两侧的刀尖刃磨或磨损不一致造成让刀，因而使工件平面产生凹凸。

(2) 窄切断刀的主刀刃与工件轴心线有较大的夹角，左侧刀尖有磨损现象，进给时在侧向切削力的作用下刀头易产生偏斜，势必产生工件平面内凹，如图 3-63 所示。

(3) 主轴轴向窜动。

(4) 车刀安装歪斜或副刀刃没磨直。

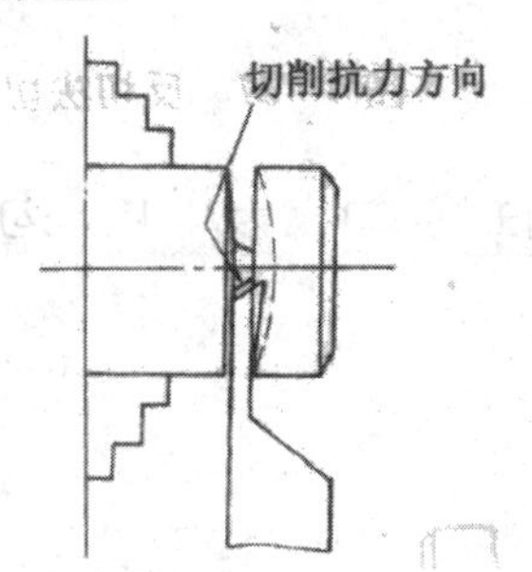

图 3-63 刀尖偏斜使工件平面内凹

2) 切断时产生振动的原因和防止措施

(1) 切削时产生振动的原因。

① 主轴间隙及中、小滑板间隙过大。

② 切断的棒料过大，在离心力的作用下产生振动。

③ 切断刀远离支撑点。

④ 工件细长，切断刀刃口太宽。

⑤ 切断时，转速过高，进给量过小。

⑥ 切断刀伸出过长。

(2) 防止切削振动的措施。切削时，往往会产生振动，使切削无法进行，甚至损坏刀具。故可采用下述措施防止振动：

① 机床主轴间隙及中、小滑板间隙应尽量调小。

② 适当增大前角，使切削锋利且便于排屑；适当减小后角，以使车刀能“撑住”工件。

③ 切断刀离卡盘的距离一般应小于被切工件的直径。

④ 适当加快进给速度或减慢主轴转速。

⑤ 选用合适的主切削刃宽度。在主切削刃中间磨出 0.5 mm 的槽，起到消振、导向作用。

3) 切断刀折断的原因

切断刀折断的原因有：

(1) 工件装夹不牢靠，切割点远离卡盘，在切削力作用下工件抬起，造成刀头折断。

(2) 切断时，排屑不良、铁屑堵塞，造成刀头载荷过大时刀头折断。

(3) 切断刀的几何形状刃磨不正确。副后角、副偏角太大，主切削刃太窄，刀头过长，削弱了刀头的强度；切削刃前角过大，造成扎刀。另外，刀头歪斜，切削刃两边受力不均，也易使切断刀折断。

(4) 切断刀安装不正确，切断刀刀头中心线与工件轴心线不垂直，两副偏角安装不对称，主刀刃与工件轴线不等高。

(5) 进给量过大或排屑不顺畅，切断刀前角过大。

(6) 床鞍及中、小滑板松动，切削时，产生“扎刀”，致使切断刀折断。

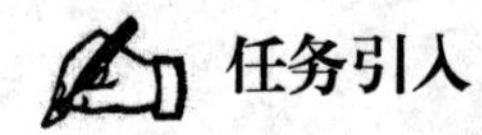

任务实施

(1) 夹住外圆，车工件至尺寸 ϕ28 mm。

(2) 切割厚 3 mm。

任务四　切内沟槽

任务引入

1. 实训教学要求

(1) 掌握内沟槽加工过程及方法。

(2) 学会测量内沟槽。

2. 切内沟槽练习

切内沟槽用的工件如图 3-64 所示。零件材料为 45 钢，毛坯规格为 ϕ45 mm、长 60 mm。

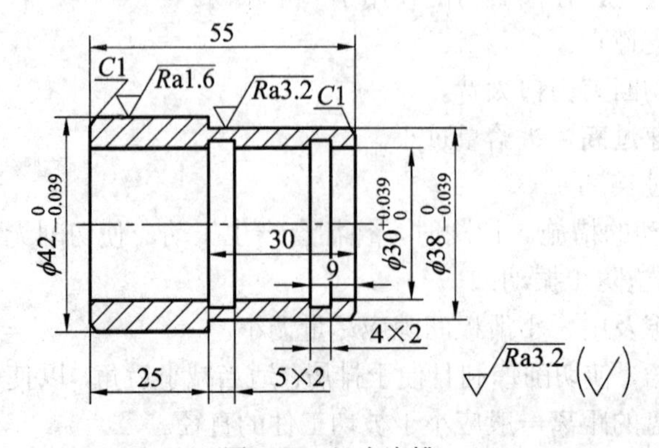

图 3-64　切内沟槽

相关知识

1. 内沟槽切刀的种类

内沟槽切刀与切断刀的几何形状相似。加工小孔中的内沟槽时，切刀做成整体式。如图 3-65 所示，常见的内沟槽切刀有高速钢整体式内沟槽切刀、硬质合金整体式内沟槽切刀。在直径较大的内孔中切内沟槽时，切刀可做成机夹式，然后把切刀装夹在刀柄上使用，如图 3-65(c)所示，这样切刀刚性较好。由于内沟槽通常与孔轴线垂直，因此要求内沟槽切刀的刀体与刀柄轴线垂直。

(a) 高速钢整体式内沟槽切刀

(b) 硬质合金整体式内沟槽切刀

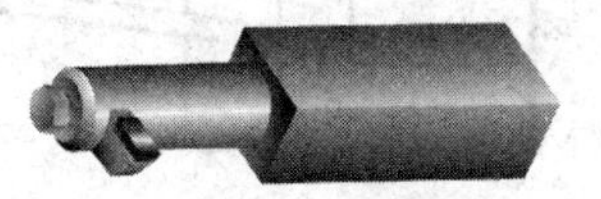

(c) 机夹式内沟槽切刀

图 3-65　内沟槽切刀

2. 切内沟槽的方法

切内沟槽的方法与切外沟槽的方法类似。对于宽度较小和要求不高的内沟槽，可用主切削刃宽度等于槽宽的内沟槽切刀采用一次直进法切出，如图 3-66(a)所示。对于要求较高或较宽的内沟槽，可采用多次直进法切出。粗车时，槽壁和槽底留精车余量，然后根据槽宽、槽深进行精车，如图 3-66(b)所示。若内沟槽深度较浅、宽度较大，可用盲孔粗切刀先切出凹槽，如图 3-66(c)所示，再用内沟槽切刀切沟槽两端垂直面。

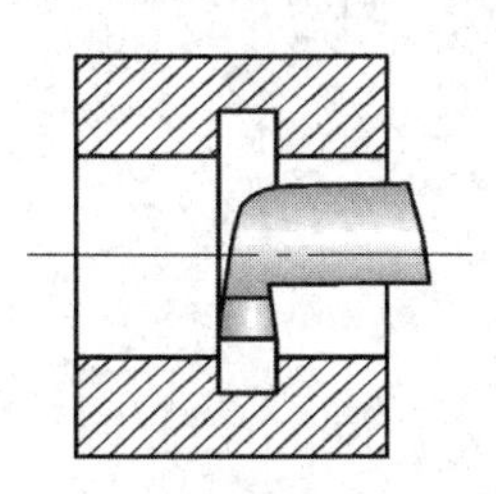

(a) 一次直进法切削

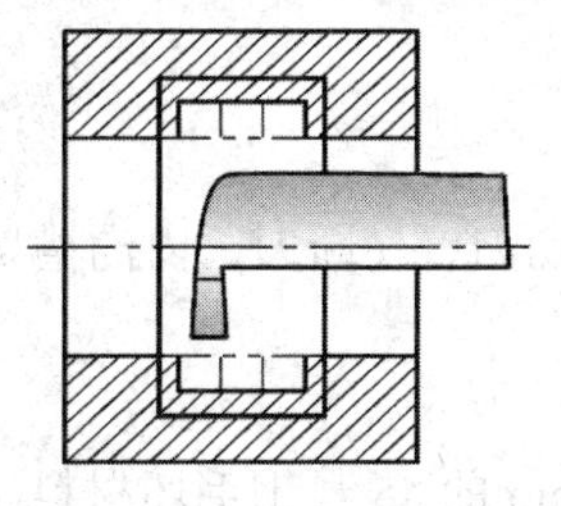

(b) 多次直进法切削

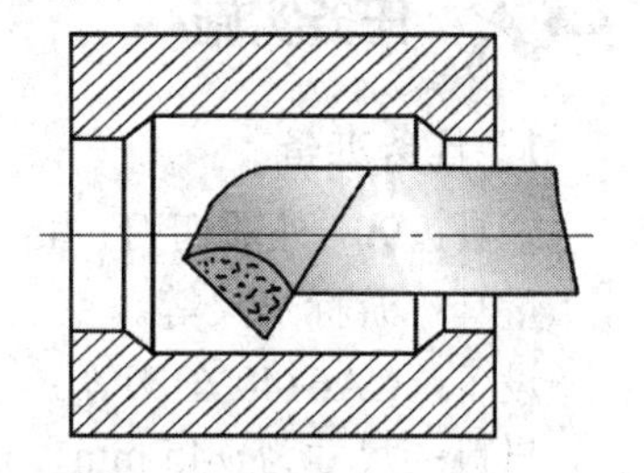

(c) 用盲孔粗切刀切削

图 3-66　切内沟槽的方法

直进法切削内沟槽的步骤如下：

(1) 启动车床，移动刀架，使内沟槽切刀的主切削刃轻轻地与孔壁接触，将中滑板刻度调至零位，确定槽深起始位置。

(2) 将内沟槽切刀的外侧刀尖与工件端面轻轻接触，并将床鞍上的刻度调至零位，以确定内沟槽轴向起始位置。

(3) 移动床鞍，使内沟槽切刀进入孔内。此时应观察床鞍刻度盘数值，以便控制内沟槽的轴向位置。

(4) 反向转动中滑板手柄，使内沟槽切刀横向进给，并观察中滑板刻度值，以确保切至所需内沟槽深度。

(5) 切刀在槽底稍作停留，使主切削刃修正槽底，降低其表面粗糙度。

(6) 先横向退刀，再纵向退刀。退刀时，要避免内沟槽切刀与内孔孔壁擦碰而伤及内孔。

3．内沟槽的测量

内沟槽的测量如图 3-67 所示，深度较深的内沟槽一般用弹簧卡钳测量；内沟槽直径较大时，可用弯脚游标卡尺测量；内沟槽的轴向尺寸可用钩形游标深度卡尺测量；内沟槽的宽度可用样板或游标卡尺(当孔径较大时)测量。

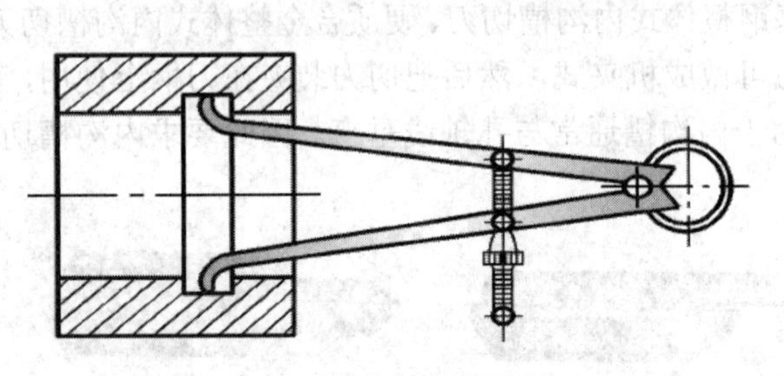

(a) 弹簧卡钳的应用

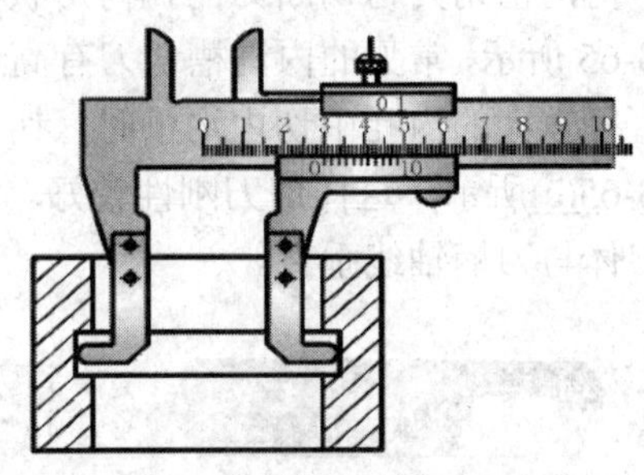

(b) 弯脚游标卡尺的应用

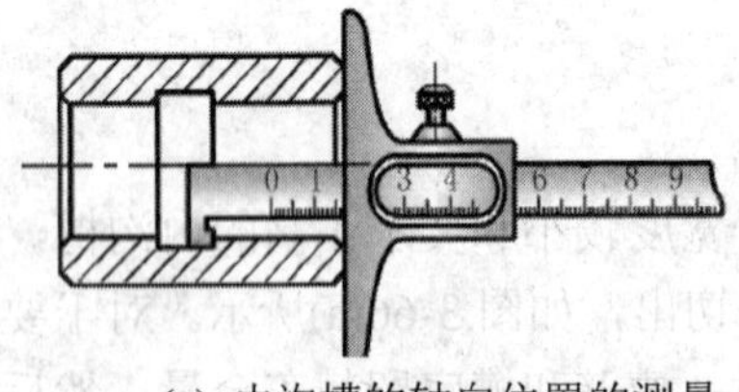

(c) 内沟槽的轴向位置的测量

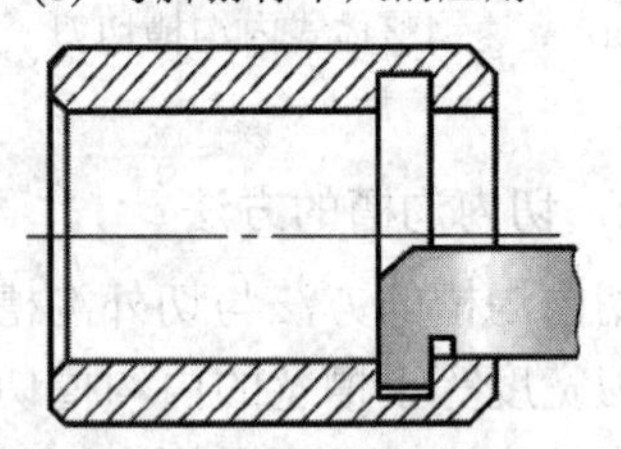

(d) 内沟槽的宽度的测量

图 3-67 内沟槽的测量

任务实施

1．任务准备

工具：90° 外圆切刀、45° 外圆切刀、切断刀、内沟槽切刀等。

量具：游标卡尺等。

设备：CA6140 车床等。

材料：尺寸为ϕ45 mm、长 60 mm 的 45 号钢毛坯材料。

2．操作步骤

(1) 工件伸出卡爪 30 mm，校正并夹紧；车平端面，钻ϕ25 mm 通孔。

(2) 粗、精加工外圆至尺寸要求ϕ42 mm、长 27 mm，保证表面粗糙度，倒角 *C*1。

(3) 工件调头装夹，校正并适当夹紧；车平端面，保证 55 mm 总长。粗、精加工外圆至尺寸ϕ38 mm、长 30 mm，保证表面粗糙度，倒角 *C*1。

(4) 粗、精加工内孔至尺寸ϕ30 mm，保证表面粗糙度。

(5) 粗、精加工内槽 5 mm × 2 mm、4 mm × 2 mm，并保证长度尺寸和表面粗糙度；去毛刺检查尺寸，最后卸下工件。

(6) 交检。

评分标准

切内沟槽评分标准如表 3-10 所示，表内单位均为 mm。

表 3-10 切内沟槽评分标准

序号	检测项目	配分	评 分 标 准	检测结果	得分
1	外圆 $\phi 42_{-0.039}^{0}$，$Ra3.2$	10/5	每超差 0.01 扣 2 分，每降一级扣 2 分		
2	外圆 $\phi 38_{-0.039}^{0}$，$Ra3.2$	10/5	每超差 0.01 扣 2 分，每降一级扣 2 分		
3	内孔 $\phi 30_{0}^{+0.039}$，$Ra3.2$	10/5	每超差 0.01 扣 2 分，每降一级扣 2 分		
4	内槽 4×2	10	超差不得分		
5	内槽 5×2	10	超差不得分		
6	尺寸 9，30	5/5	超差不得分		
7	尺寸 25，55	5/5	超差不得分		
8	倒角、去毛刺 5 处	5	每处不符扣 1 分		
9	安全操作规程	10	按相关安全操作规程酌情扣 1～10 分		
总分		100	总得分		

项目四 车削圆锥面

圆锥的应用十分广泛，如圆锥螺栓、圆锥销、齿轮和联轴器的圆锥面连接及在机床与工具中常用的车床主轴孔与顶尖的配合(莫氏 5#)，车床尾架孔与顶尖的配合(莫氏 4#)等。这种连接与配合的主要优点为：配合紧密，拆卸方便，并且经多次拆卸仍能保持精度和同轴度；当圆锥面的锥角较小(3°以下)时，可传递较大的扭矩。

将工件切削成圆锥表面的方法称为车圆锥。对于长度、角度要求不同的圆锥零件，需采用不同的方法进行切削。用车床加工圆锥主要有下列四种方法：转动小滑板角度法、尾座偏移法、靠模法(也叫锥尺加工法)、样板刀法(也叫宽刃刀法)。以上方法是使刀具的运动轨迹与零件的主轴中心线成圆锥半角 $\alpha/2$，加工出所需圆锥的。

1．转动小滑板角度法

转动小滑板车圆锥体如图 3-68 所示。将小滑板的转盘在水平端面上旋转 $\alpha/2$ 角，使小滑板在转盘导轨上相对于主轴中心线(或工件中心线)斜向手动进给来车锥度。这种方法操作简单，能保证一定的加工精度，而且还能车内锥面和锥角较大的锥面，因此应用广泛。但由于车刀受方刀架行程的控制，不能自动走刀，所以该方法只适用于加工圆锥半角 $\alpha/2$ 大，锥体长度 L 短的成批圆锥工件。转动小滑板角度法为车圆锥实训课的重点。

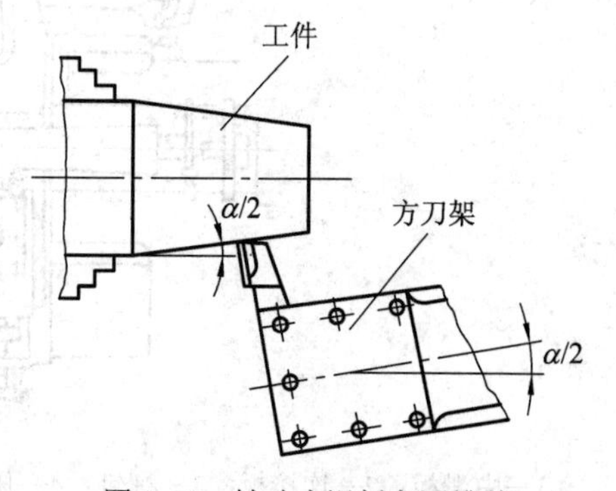

图 3-68 转动小滑板车圆锥体

2. 尾座偏移法

尾座偏移法车圆锥体如图 3-69 所示。工件装夹于两顶尖之间，将尾座横向移动 S，使工件回转轴线与车床主轴线成一个斜角，其大小等于圆锥半角 $\alpha/2$。由于装夹条件的限制，锥度偏移的角度不宜过大，故尾座偏移法适合加工锥度较小而锥体较长的工件，可纵向机动进给，但不能切削内孔。即该方法的加工范围：锥度 α 小，锥体长度 L 长的圆锥面零件。

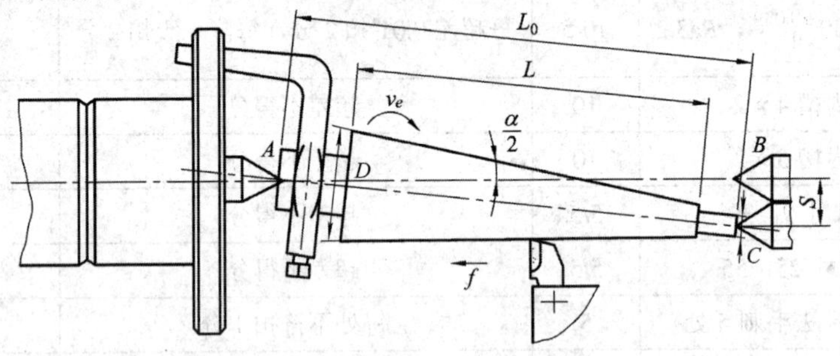

图 3-69　尾座偏移法车圆锥体

尾座偏移法的相关计算公式：

$$S = L_0 \tan\frac{\alpha}{2}$$

$$\tan\frac{\alpha}{2} = \frac{D-d}{2L}$$

式中：S 为尾座偏移量，单位为 mm；$\alpha/2$ 为圆锥半角，单位为(°)；D 为圆锥大端直径，单位为 mm；d 为圆锥小端直径，单位为 mm；L_0 为工件总长，单位为 mm；L 为锥体长度，单位为 mm。

3. 靠模法(锥尺加工法)

靠模法是指刀具按照所需锥度的靠模纵向进给车锥度。这种方法操作简单，生产效率高，能保证加工精度要求，但靠模制造成本高。因此，该方法适用于锥度小而锥体长的成批量生产。常见的靠模装置如图 3-70 所示，底座 8 固定在车床上，底座上装有锥度靠模 7，

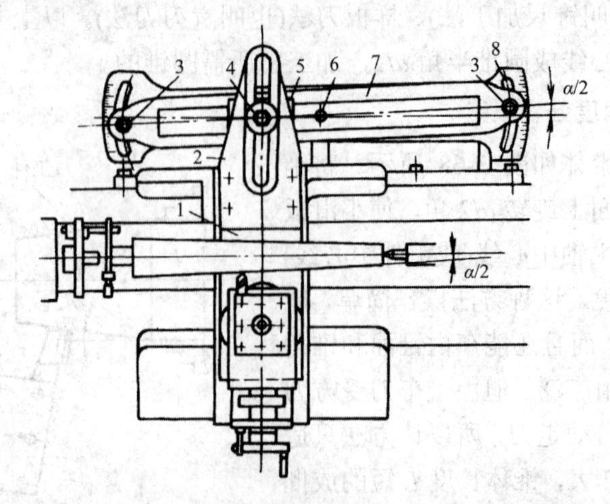

1—中滑板；2—连接板；3—螺钉；4—压板螺针；5—小滑板；6—销轴；7—靠模；8—底座

图 3-70　靠模法车圆锥

靠模 7 可绕销轴 6 转动。靠模转过与圆锥半角 $\alpha/2$ 相等角度后用螺钉 3 固定于底座上。小滑板 5 可在锥度靠模的槽中移动，中滑板 1 与丝杆的连接分离，并通过连接板 2、压板螺钉 4 与滑块连接在一起。加工时，大滑板作纵向自动进给，中滑板由大滑板带动同时受靠模 7 约束，获得纵向与横向的合成运动，使切刀的刀尖轨迹平行于靠模板上的槽，从而切出所需要的圆锥。通过将小滑板转动至 90° 后，由小滑板作横向进刀的方法，控制切削尺寸。

4．样板刀法(宽刃刀法)

样板刀法是指利用宽刃切刀直接切削锥度。这种方法属于成形车削，只适用于加工短锥体，如倒角等(见图 3-71(a))。该方法要求车床刚性较好，否则易引起振动。如果工件圆锥面长度大于车刀切削刃，可采用多次接刀加工方法，但接刀处必须平整(见图 3-71(b))。

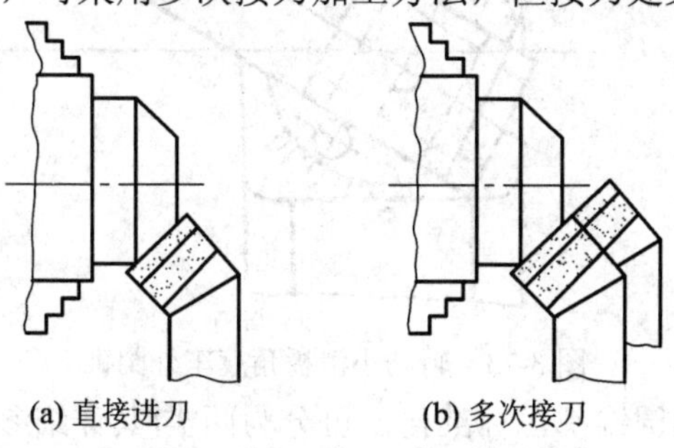

(a) 直接进刀　　(b) 多次接刀

图 3-71　样板刀法车圆锥

任务一　转动小滑板角度车外圆锥

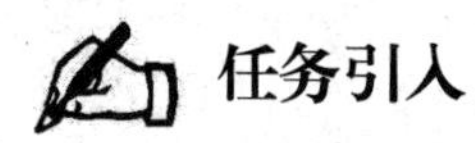

任务引入

1．实训教学要求

(1) 掌握转动小滑板角度车外圆锥的方法。

(2) 根据圆锥各部分尺寸，能计算小滑板的旋转角度。

(3) 掌握锥度的测量方法。

2．转动小滑板角度法车外圆锥

转动小滑板角度法车外圆锥如图 3-72 所示。

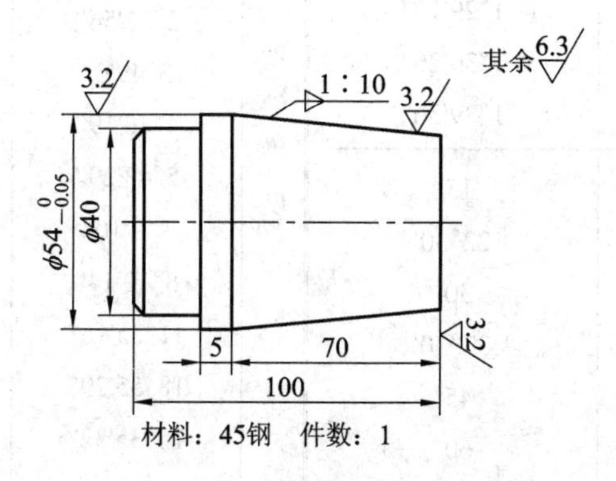

图 3-72　转动小滑板角度法车外圆锥

相关知识

车较短的圆锥时，可以用转动小滑板角度法。车削时，只要把小滑板按工件的圆锥半角$\alpha/2$要求转动一个相应的角度，如图 3-73 所示，使车刀的运动轨迹与所要车削的圆锥素线平行即可。

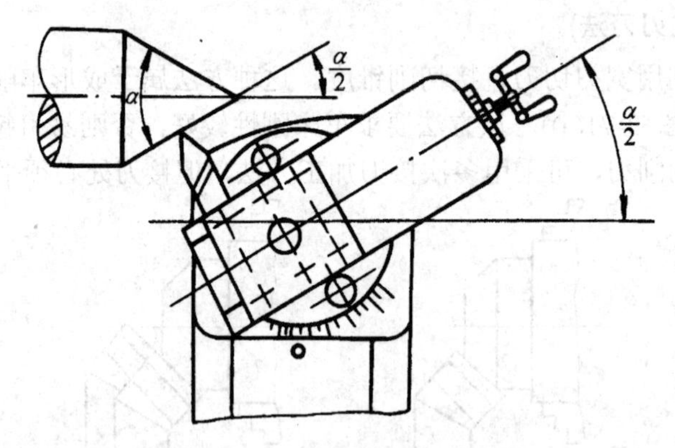

图 3-73　转动小滑板角度车外圆锥

常用的工具、刀具的圆锥都已标准化，可分为两类(其详细参数可从《机械设计手册》结构要素篇查得)：一类是莫氏圆锥，分为七个号码，从小到大依次为 0～6 号，莫氏圆锥是从英制换算过来的，每个号码的锥度都不一样，但都接近 1∶20；另一类为公制圆锥，共八个号码，依次为 40、60、80、100、120、140、160、200，其号码即为圆锥大端直径，锥度均为 1∶20。除以上两种锥度外，还有其他各种专用的标准锥度，如：1∶2、1∶5、1∶10 等。

车削常用锥度和标准锥度时，小滑板转动角度可参考表 3-11。

表 3-11　车削常用锥度和标准锥度时小滑板转动角度

名称		锥度	小滑板转动角度	名称		锥度	小滑板转动角度
莫氏	0	1∶19.212	1°29′27″	标准锥度	0°17′11″	1∶200	0°08′36″
	1	1∶20.047	1°25′43″		0°34′23″	1∶100	0°17′11″
	2	1∶20.020	1°25′50″		1°8′45″	1∶50	0°34′23″
	3	1∶19.922	1°26′16″		1°54′35″	1∶30	0°57′17″
	4	1∶19.254	1°29′15″		2°51′54″	1∶20	1°25′56″
	5	1∶19.002	1°30′26″		3°49′6″	1∶15	1°54′33″
	6	1∶19.180	1°29′36″		4°46′19″	1∶12	2°23′09″
标准锥度	30°	1∶1.866	15°		5°43′29″	1∶10	2°51′15″
	45°	1∶1.207	22°30′		7°9′10″	1∶8	3°34′35″
	60°	1∶0.866	30°		8°10′14″	1∶7	4°05′08″
	75°	1∶0.625	37°30′		11°25′16″	1∶5	5°42′38″
	90°	1∶0.5	45°		18°55′29″	1∶3	9°27′44″
	120°	1∶0.289	60°		16°35′32″	7∶24	8°17′46″

1．转动小滑板角度车外圆锥的特点

转动小滑板角度车外圆锥的特点如下：

(1) 能车圆锥角较大的工件。

(2) 能车出整锥体和圆锥孔，并且操作简便。

(3) 只能手动进给，劳动强度大，工件表面粗糙度较难控制。

(4) 因受小滑板行程限制，只能加工锥面不长的工件。

2．小滑板转动角度的计算

根据被加工零件给定的已知条件(见图 3-74)，可应用下面的公式计算圆锥半角，即

$$\tan\frac{\alpha}{2}=\frac{C}{2}=\frac{D-d}{2L}$$

式中：$\alpha/2$ 为圆锥半角；为 C 为圆锥体的锥度；D 为最大圆锥直径，简称大端直径(mm)；d 为最小圆锥直径，简称小端直径(mm)；L 为最大圆锥直径处与最小圆锥直径处的轴向距离(mm)。

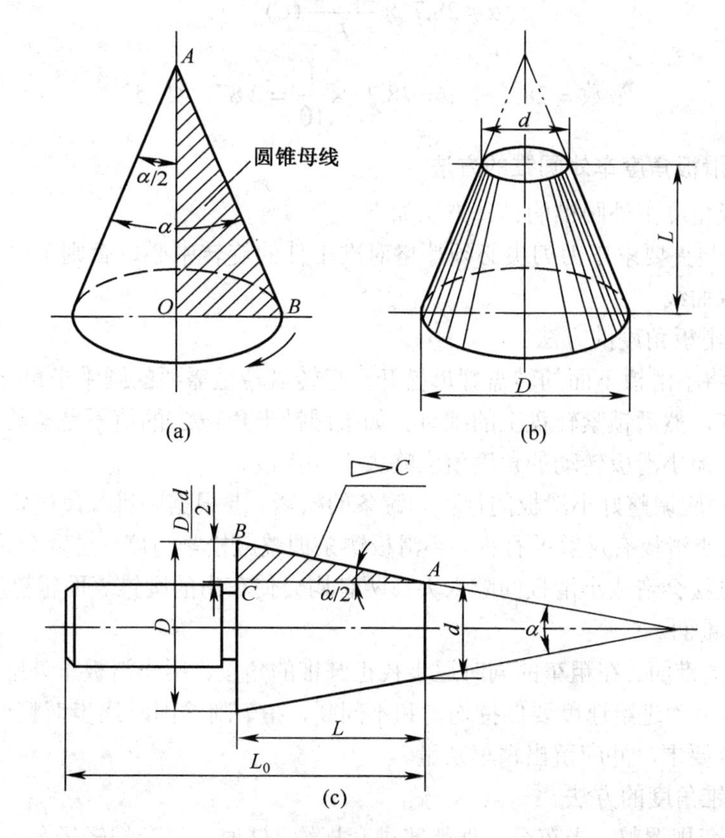

图 3-74　小滑板转动角度计算示意图

应用上面的公式计算出的 $\alpha/2$，需要查三角函数表，比较麻烦。如果 $\alpha/2$ 的值较小，在 1°～13°之间，可以用乘上一个常数的近似方法来计算，即

$$\frac{\alpha}{2}=\text{常数}\times\frac{D-d}{L}$$

圆锥面经验公式：

当圆锥半角 $\frac{\alpha}{2} < 6°$ 时，

$$\alpha \approx 28.7° \times \frac{D-d}{L}\ (C)°$$ (已知式中任意三个参数，可求出剩余一个未知量)

例：已知工件大端直径 $D = 58$ mm，锥形部分长度 $L = 92$ mm，锥度 $C = 1:10$，求圆锥半角 $\alpha/2$。

解 ① 查三角函数表。

$$\tan\frac{\alpha}{2} = \frac{D-d}{2L} = \frac{C}{2} = \frac{1}{20} = 0.05$$

$$\frac{\alpha}{2} = 2°52'$$

② 用经验公式计算。

$$\alpha \approx 28.7° \times \frac{D-d}{L}(C)°$$

$$常数 = 28.7°，\alpha = 28.7° \times \frac{1}{10} = 2.87° \approx 2°52'$$

3．转动小滑板角度车外圆锥的方法

转动小滑板角度车外圆锥的具体方法如下：

(1) 车刀的装夹要求车刀刀尖必须严格对准工件的旋转中心，否则车出的圆锥素线将不是直线而是双曲线。

(2) 转动小滑板角度的方法。

① 用扳手将小滑板下面的转盘螺母松开，把转盘转至需要的圆锥半角 $\alpha/2$ 的刻度处，与基准零线对齐，然后锁紧转盘上的螺母。如果圆锥半角 $\alpha/2$ 的值不是整数，则其小数部分用目测估计，但小滑板转动的角度值应略大于计算值。

② 车削前，应调整好小滑板的行程和镶条的松紧。要根据圆锥长度确定小滑板的行程长度，使车削时小滑板有足够的行程。小滑板镶条调整应松紧适度，过紧会造成手动费力，移动不均匀；过松会造成小滑板间隙太大。两者均会使车出的圆锥表面粗糙度值加大。

(3) 车外圆锥面。

① 粗车外圆锥面。在粗车的同时逐步找正圆锥的角度。用小滑板车外圆锥面时，背吃刀量不要太大，手动进给速度要保持均匀和不间断，在车削的同时逐步调整小滑板的角度，使工件锥度符合要求，并应留出精车余量。

② 找正圆锥角度的方法。

(a) 用圆锥套规调整。当车至工件能塞进套规约 1/2 时，将套规轻轻套入工件，用手捏住套规左右两端分别做上下摆动，通过感觉来判断套规与工件大、小端直径的配合间隙。如图 3-75(a)所示，大端有间隙，说明圆锥角小；如图 3-75(b)所示，小端有间隙，说明圆锥角大，微调小滑板角度，再进行车削。再次用套规检查，若左右两端摆动感觉不大，则可用涂色法进行检查调整。

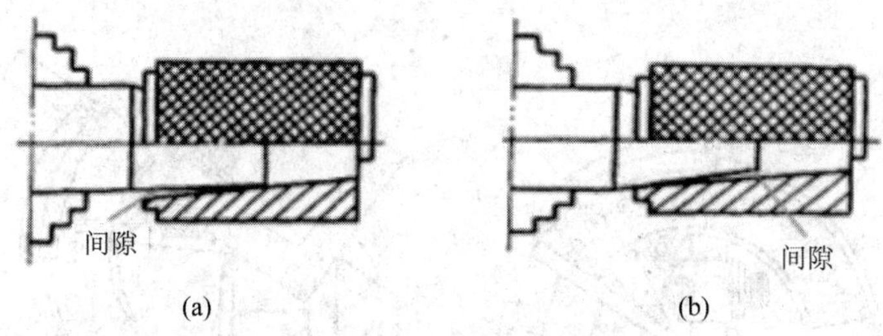

图 3-75 用圆锥套规调整角度

在工件表面上，顺着母线，每隔 120° 涂上薄而均匀的一条显示剂，再用套规插入转动半圈，根据擦痕情况判断圆锥角大小进行调整。如果显示剂被均匀地擦掉，说明角度正确。假如工件大端显示剂被擦掉，小端显示剂没有接触，说明圆锥角大；假如小端显示剂被擦掉而大端没接触，则说明圆锥角小。

(b) 用游标万能角度尺调整。对于角度零件或精度不高的圆锥表面，可用游标万能角度尺检查调整。根据被测角度调整好游标万能角度尺角度，把尺的基面放在被测件的基准面上(轴心位置)，用透光法检查微调角度尺刻度，使直尺或角尺与被测面靠平，如图 3-76 所示。然后通过角度尺的读数来微调小滑板的角度。

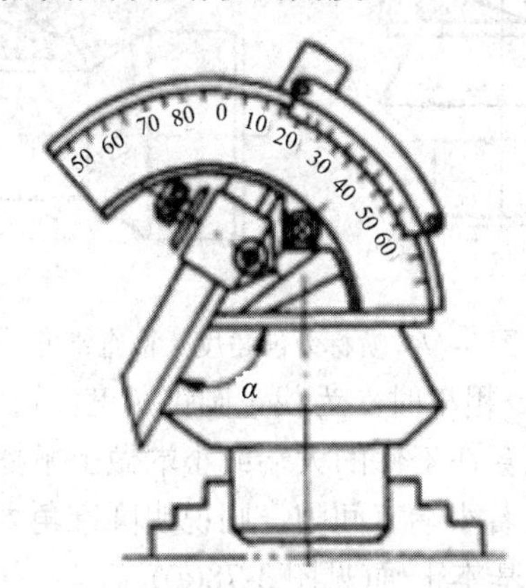

图 3-76 用游标万能角度尺调整角度

③ 车外圆锥面精度尺寸的控制。精车外圆锥面主要是提高工件的表面质量，控制圆锥面的尺寸精度。

(a) 用游标卡尺和千分尺控制锥长和工件大、小端直径。测量直径的位置必须在锥体的最大端或最小端处。

(b) 用圆锥套规上的界限线控制尺寸。当锥度已找正，而大端或小端尺寸还未能达到要求时，需要再车削，可用计算法和移动床鞍法来解决其背吃刀量。

4．锥度的检验方法

圆锥面的测量任务主要是圆锥斜角(或圆锥角)及圆锥面的长度。常用的锥度检测工具有游标万能角度尺、锥度套规等。对于角度和精度不高的圆锥表面，可用游标万能角度尺检查。

(1) 游标万能角度尺检查锥度如图 3-77 所示。把游标万能角度尺调整到需测量的 $\alpha/2$ 角度处，游标万能角度尺的角尺面与工件端面靠平，直尺与工件斜面接触，通过透光的大小来校准小滑板的角度；反复测量直至达到要求。

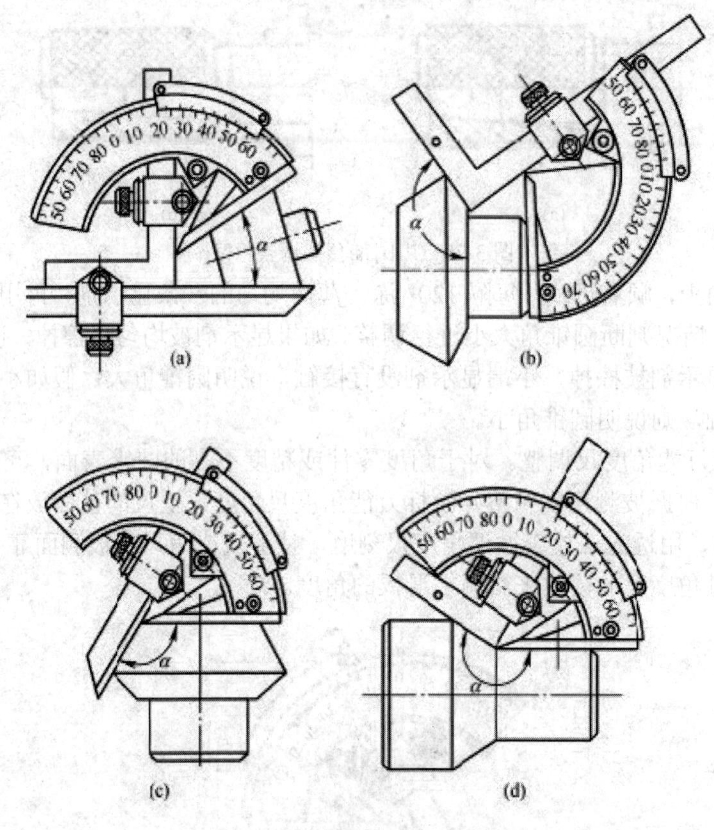

图 3-77　游标万能角度尺检查锥度

(2) 用锥度套规检查锥度。粗车时，为找正圆锥角度，通常用锥度套规采用“间隙法”检验。其方法为：把锥度套规套在工件的大端或小端做上下摇摆。如果大端有间隙，则说明圆锥角太小(见图 3-78(b))；若小端有间隙，则说明圆锥角太大(见图 3-78(c))；如果大、小端都无间隙，则说明圆锥角基本正确(见图 3-78(a))。

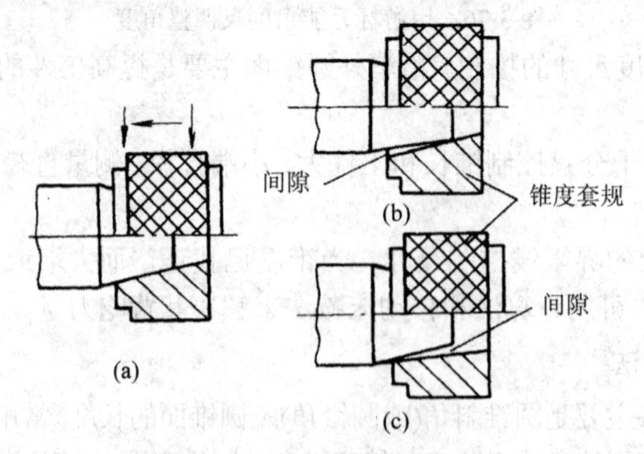

图 3-78　锥度套规检查锥度

(3) 用涂色法精确检验圆锥接触面积来测定圆锥角度。其方法如下：

① 用显示剂(红丹粉或印油)在工件表面上顺着圆锥素线，薄而均匀地涂上 2～3 根线，如图 3-79 所示。

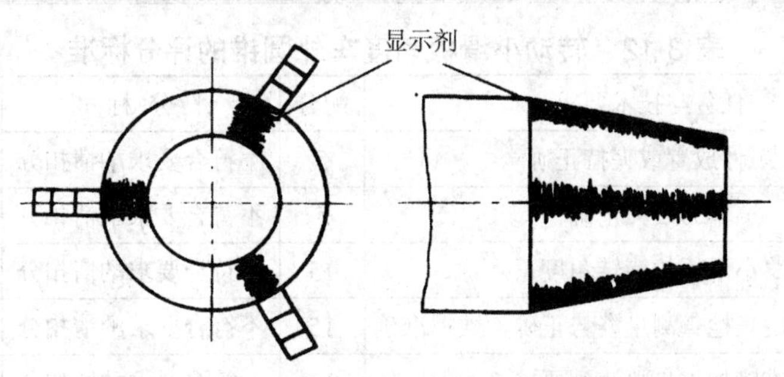

图 3-79　锥度表面涂色的方法

② 把圆锥套规套在工件上，轻轻施加轴向推力，并将圆锥套规转动约半圈。

③ 取下圆锥套规，观察工件锥面上的摩擦痕迹，以确定小滑板应转的方向，并逐步校准小滑板的角度。如果三条显示剂在工件全长上均匀地被擦去，则说明接触良好，锥度正确；如果三根线只有部分被擦去，则说明圆锥角度不正确或圆锥母线不直。锥体的检查在试切时就开始了，所以必须经试切和多次反复检查及调整。

任务实施

操作步骤：

(1) 夹住工件外圆，伸出长度在 50 mm 左右。

(2) 粗、精车端面及外圆 ϕ40 mm、长 25 mm 至尺寸要求。

(3) 调头夹住外圆 ϕ40 mm、长 18 mm 左右，车端面总长 100 mm 至尺寸要求。

(4) 粗、精车外圆至尺寸要求 $\phi 54^{0}_{-0.05}$ mm。

(5) 小滑板转过半角 $\alpha/2$，车锥度至图样要求。

(6) 用游标万能角度尺检查。

★ 容易产生的问题和注意事项

(1) 车刀必须对准工件旋转中心，避免产生双曲线误差。

(2) 应两手握小滑板手柄，均匀移动小滑板，工件表面应一刀车出。

(3) 粗车时，进刀量不宜过大，应先找正锥度，以防工件车小而报废。一般留精车余量 0.5 mm。

(4) 用游标万能角度尺检查锥度时，角度尺应通过工件中心。用涂色法检验圆锥接触面积来测定圆锥角度时，工件表面粗糙度值要小，涂色要薄而均匀，转动量一般在半圈之内，多则易造成误判。

(5) 转动的小滑板角度应稍大于圆锥半角 $\alpha/2$，然后逐步找正。当小滑板角度调整到相差不多时，只需把紧固螺母稍松一些，用左手拇指紧贴在小滑板转盘与中滑板底盘上，用铜棒轻轻敲小滑板并凭手指的感觉决定微调量，这样可较快地找正锥度。

(6) 小滑板不宜过松，以防工件表面车削痕迹粗细不一。

(7) 防止扳手在扳小滑板紧固螺母时打滑而撞伤手。

评分标准

转动小滑板角度车外圆锥的评分标准如表 3-12 所示。

表 3-12　转动小滑板角度车外圆锥的评分标准

序号	任务与技术要求	配分	评 分 标 准	实测记录	得分
1	工件放置或夹持正确	5	不符合要求酌情扣分		
2	车刀装夹正确	5	不符合要求酌情扣分		
3	计算小滑板的旋转角度正确	15	不符合要求酌情扣分		
4	游标万能角度尺检查测量姿势正确，数据准确	15	不符合要求酌情扣分		
5	锥度加工步骤达到要求	15	不符合要求酌情扣分		
6	切削用量的选择正确	15	不符合要求酌情扣分		
7	按图样达到要求	30	总体评定(每项 5 分)		
8	安全文明操作		违者每次扣 2 分		
总分：100	姓名：	学号：	实际工时：	教师签字：	学生成绩：

任务二　转动小滑板角度车圆锥孔

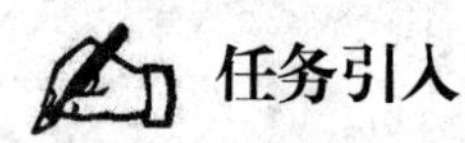

任务引入

1．实习教学要求

(1) 掌握转动小滑板角度车圆锥孔的方法。

(2) 合理选择切削用量。

2．车锥套

车锥套如图 3-80 所示。

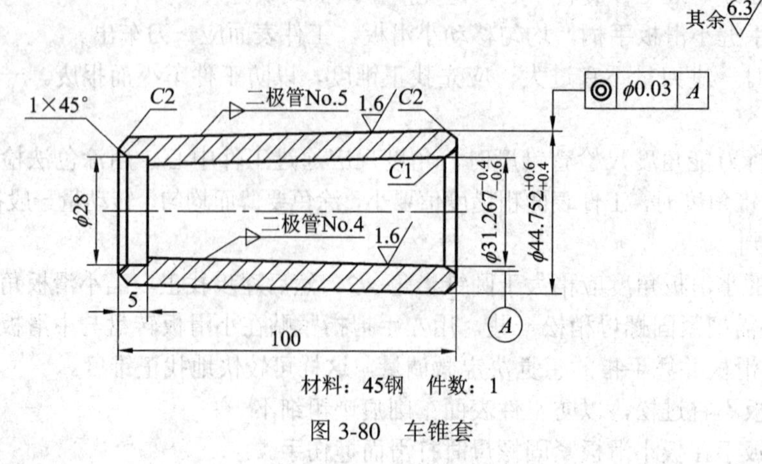

材料：45钢　件数：1

图 3-80　车锥套

相关知识

车圆锥孔比车外圆锥困难，因为车削工作在孔内进行，不易观察，所以为了便于测量，装夹时应使锥孔大端直径的位置在外端。

1．转动小滑板角度车圆锥孔的方法

(1) 车刀装夹要求。车刀刀尖要严格对准工件中心，刀柄伸出长度应保证工件切削行程的需要，刀柄与工件锥孔周围应留有一定的退刀量。

(2) 转动小滑板角度的方法。转动小滑板角度的方法与车外圆锥相同，但转动方向相反，应顺时针方向转过工件圆锥半角 $\alpha/2$，同时调整好小滑板镶条的松紧及行程距离。

(3) 粗车内圆锥面的方法。粗车内圆锥面的步骤如下：

① 钻孔。钻孔时，用小于锥孔小端直径 1～2 mm 的麻花钻钻孔。

② 粗车内圆锥面。同车外圆锥面一样，车削至锥形塞规能塞进工件锥孔约 1/2 长度时，用涂色法检查锥孔角度，根据擦痕情况调整小滑板转动的角度，直到角度找正为止，并留精车余量。

(4) 精车内圆锥面。精车内圆锥面控制尺寸的方法与精车外圆锥面控制尺寸的方法相同，也可采用计算法或移动床鞍法确定。

2．切削用量的选择

(1) 切削速度比车外圆锥面时低 10%～20%。

(2) 手动进给要始终保持均匀，不能有停顿与快慢不均匀现象，最后一刀的背吃刀量 a_p 一般取 0.1～0.2 mm 为宜。

(3) 精车钢件时，可以加切削液或润滑油，以减小表面粗糙度 *R*a 值，提高表面质量。

3．车配套圆锥面的方法

加工配套圆锥面时，可先转动小滑板车好外圆锥面；在不改变小滑板角度的同时，将内圆锥车刀反装，使切削刃向下，主轴仍正转，便可以加工出与圆锥体相配合的圆锥孔，如图 3-81 所示。

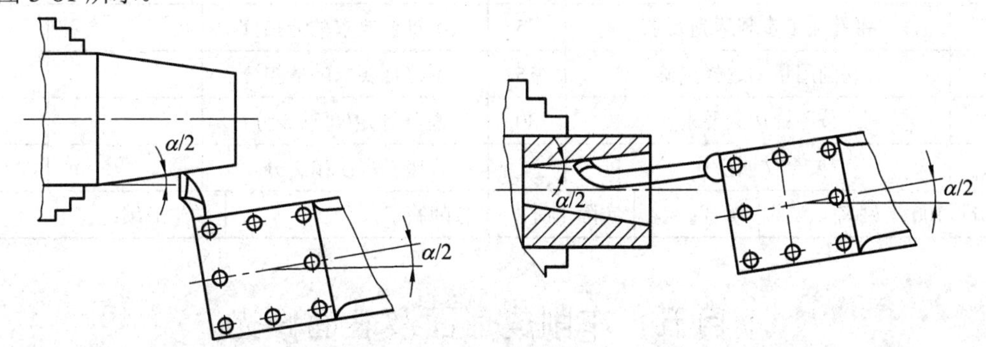

图 3-81　配套圆锥面的车削

任务实施

操作步骤：

(1) 用三爪自定心卡盘夹毛坯外圆长 30 mm，车端面及外圆 ϕ46 mm、长 60 mm。

(2) 钻通孔，孔的尺寸是 ϕ25 mm。车孔 ϕ28 mm、长 5 mm，倒角 1 × 45°。

(3) 调头夹住外圆 ϕ46 mm、长 30 mm，车端面，保证总长 100 mm。车外圆 ϕ46 mm、

长 40 mm，与已车外圆接刀。

(4) 小滑板顺时针转动 1°29′15″，粗、精车莫氏 4 号锥孔至图样要求。孔口倒角 1×45°。用圆锥套规涂色检查接触面，面积大于等于总面积的 70%。

(5) 工件装夹在预制好的两顶心轴上，用尾座偏移法或转动小滑板角度法粗、精车莫氏 5 号外圆锥至尺寸要求。

(6) 倒角。

★ 容易产生的问题和注意事项

(1) 车刀必须对准工件中心。

(2) 粗车时，背吃刀量不要过大，应先逐步找正工件锥度。

(3) 用圆锥套规涂色检查时，必须注意孔内清洁，转动量应在半圈之内。

(4) 取出圆锥套规时，要注意安全，不要敲击，以防工件移位。

(5) 要以圆锥套规上的界限线来控制锥孔尺寸。

评分标准

转动小滑板角度车圆锥孔的评分标准如表 3-13 所示。

表 3-13　转动小滑板角度车圆锥孔的评分标准

序号	任务与技术要求	配分	评 分 标 准	实测记录	得分
1	工件放置或夹持正确	5	不符合要求酌情扣分		
2	车刀装夹正确	5	不符合要求酌情扣分		
3	计算小滑板的旋转角度正确	15	不符合要求酌情扣分		
4	用圆锥套规测量姿势正确，数据准确	15	不符合要求酌情扣分		
5	锥孔加工步骤达到要求	15	不符合要求酌情扣分		
6	切削用量的选择正确	15	不符合要求酌情扣分		
7	按图样达到要求	30	总体评定(每项 5 分)		
8	安全文明操作		违者每次扣 2 分		
总分：100	姓名：	学号：	实际工时：	教师签字：	学生成绩：

项目五　车削成形面及表面修光

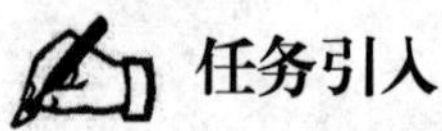

任务引入

1. 实习教学要求

(1) 了解成形面的加工方法。

(2) 理解成形面的测量和检查方法。

(3) 掌握圆球面的加工步骤和方法。

(4) 掌握简单的表面修光方法。

2．车单球手柄(见图 3-82)加工

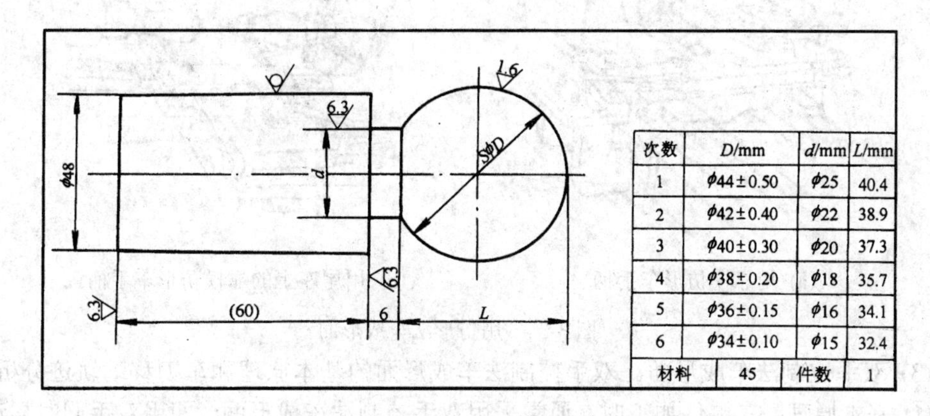

次数	D/mm	d/mm	L/mm
1	φ44±0.50	φ25	40.4
2	φ42±0.40	φ22	38.9
3	φ40±0.30	φ20	37.3
4	φ38±0.20	φ18	35.7
5	φ36±0.15	φ16	34.1
6	φ34±0.10	φ15	32.4
材料	45	件数	1

图 3-82　车单球手柄

相关知识

在机器中，有些零件表面的轴向剖面呈曲线形，如手柄、圆球等，具有这些特征的表面叫成形面。

1．成形面零件的加工方法

成形面零件的加工方法如下：

(1) 用成形刀车成形面。刀具切削部分的形状刃磨得和工件加工部分的形状相似，这样的刀具叫做成形刀，又称样板刀。样板刀可按加工要求做成各种样式，如图 3-83 所示。成形面的精度，主要靠刀具保证，所以车削精度要求不高的成形面时，车刀切削刃可用手工刃磨；而车削精度要求较高的成形面时，车刀切削刃应在工具磨床上刃磨。

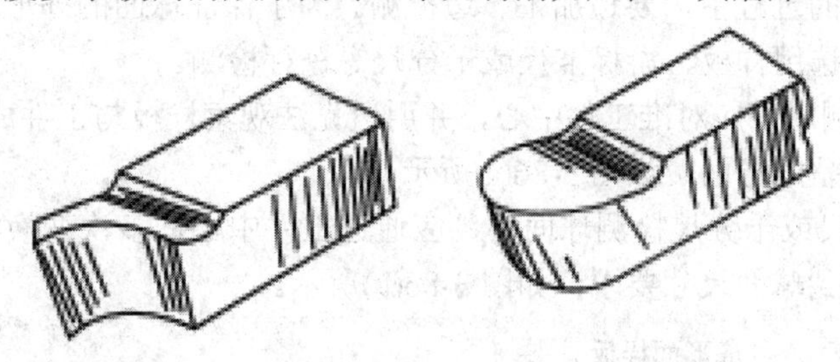

图 3-83　车圆弧的样板刀

(2) 用仿形法车成形面。利用仿形装置控制车刀的进给运动来车削成形面的方法叫仿形法。仿形法加工质量好，适用于大批量生产，在车床上用仿形法车成形面的方法很多。图 3-84(a)所示是用靠模仿形车手柄车削的，其车削原理基本上和仿形法车圆锥体的方法相似，只需事先做一个与工件形状相同的曲面，仿形即可。图 3-84(b)所示是用尾座上的靠模仿形车手柄车削的，它是在刀台上装一特制刀架，在它上面同时装有车刀和靠模杆。车削时，操纵横向进给使靠模杆沿靠模表面移动，车刀即在工件上车出与靠模形状相同的成形面。

(a) 用靠模仿形车手柄

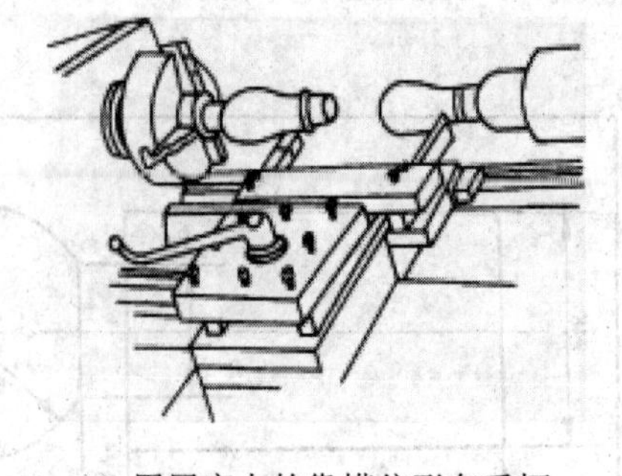

(b) 用尾座上的靠模仿形车手柄

图 3-84　用仿形法车成形面

(3) 双手控制法车成形面。双手控制法车成形面的基本原理和车刀移动轨迹分析如下：

① 基本原理：在单件加工时，通常采用双手控制法车成形面，即用双手同时摇动小滑板手柄和中滑板手柄，并通过双手协调的动作，使刀尖的运动轨迹与零件表面素线(曲线)重合，以达到车成形面的目的。当然，也可采用摇动床鞍手柄和中滑板手柄的协调动作来进行加工。双手控制法车成形面的特点是灵活方便，不需要其他辅助工具，但需要较高的技术水平。

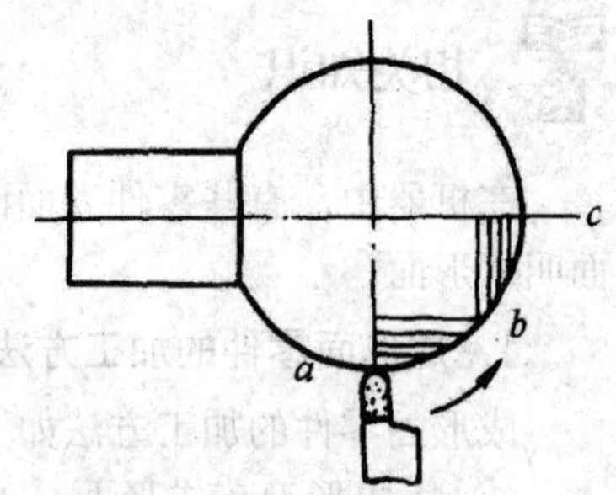

图 3-85　车刀移动轨迹分析

② 车刀移动轨迹分析：车削成形面时，车刀刀尖在各位置上的横向、纵向进给的速度是不相同的，如图 3-85 所示。车球面时，当车刀从 *a* 点出发，经过 *b* 点至 *c* 点，纵向进给的速度是快、中、慢，横向进给的速度是慢、中、快，即纵向进给是减速度，横向进给是加速度。

2．成形面的检测

在车削成形面的过程中，要边加工、边检测。为了保证球面的外形和尺寸正确，可根据不同的精度要求选用样板、游标卡尺或千分尺等进行检测。

(1) 用样板检测时，应对准工件中心，并用透光法观察样板与工件成形面之间的间隙，再通过间隙大小修整成形面，如图 3-86(a)所示。

(2) 用游标卡尺或千分尺检测球面时，应通过工件中心，多次变换测量方向，并对球面加以修正，以达到球面尺寸要求，如图 3-86(b)所示。

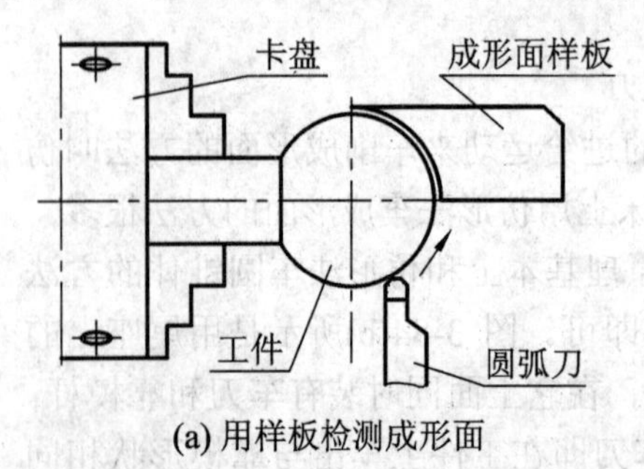

(a) 用样板检测成形面

(b) 用游标卡尺或千分尺检测球面角度

图 3-86　检测成形面的方法

3. 成形面的修整

由于手动进给车削，工件表面往往会留下高低不平的痕迹，因此必须用锉刀、纱布进行表面修整、抛光。

任务实施

操作步骤：

(1) 根据公式：$L=1/2[D+(D^2-d^2)^{1/2}]$，计算出球部长度 L 值(如果图样给出，可不计算)。

(2) 夹住工件外圆，车端面及外圆至 $\phi 45$ mm、长 47 mm。

(3) 车槽 $\phi 25$ mm、长 6 mm，并保持长 L 的值大于 41.4 mm。

(4) 用圆头车刀粗、精车球面至尺寸要求。

(5) 以后重复各次加工方法。

评分标准

车成形面及表面修光的评分标准如表 3-14 所示。

表 3-14 车成形面及表面修光的评分标准

序号	任务与技术要求	配分	评 分 标 准	实测记录	得分
1	工件放置或夹持正确	5	不符合要求酌情扣分		
2	成形车刀选择、装夹正确	5	不符合要求酌情扣分		
3	加工操作正确、表面修光	15	不符合要求酌情扣分		
4	测量姿势正确，数据准确	15	不符合要求酌情扣分		
5	圆球面的加工步骤和方法正确	15	不符合要求酌情扣分		
6	切削用量的选择正确	15	不符合要求酌情扣分		
7	按图样达到要求并表面修光	30	总体评定(每项 5 分)		
8	安全文明操作		违者每次扣 2 分		
总分：100	姓名： 学号：	实际工时：	教师签字：	学生成绩：	

项目六 车削套类零件(车削通孔)

任务引入

1. 实习教学要求

(1) 掌握钻孔的方法和切削用量的选择方法。

(2) 掌握内孔车刀的正确装夹和粗、精车切削用量的选择。

(3) 掌握内孔的加工和测量方法。

2．钻、镗孔练习

钻、镗孔用的工件如图 3-87 所示。

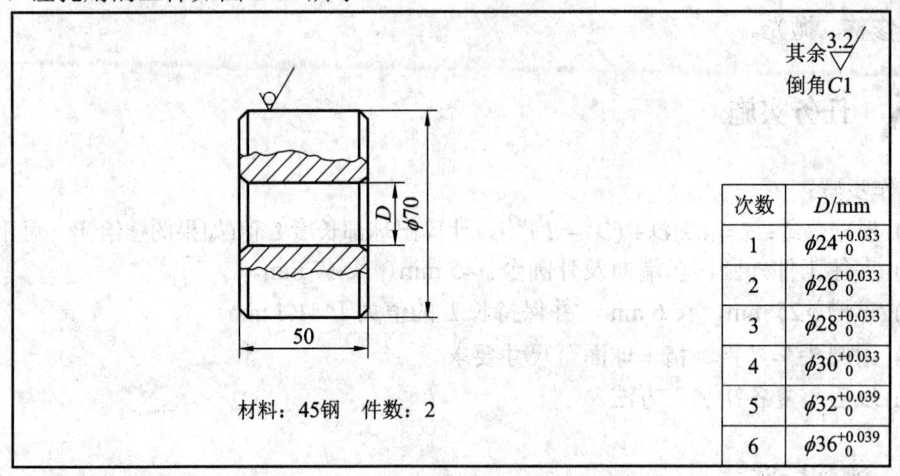

次数	D/mm
1	$\phi24^{+0.033}_{0}$
2	$\phi26^{+0.033}_{0}$
3	$\phi28^{+0.033}_{0}$
4	$\phi30^{+0.033}_{0}$
5	$\phi32^{+0.039}_{0}$
6	$\phi36^{+0.039}_{0}$

图 3-87　钻、镗孔用的工件示意图

相关知识

很多机器零件，如齿轮、轴套、带轮等，不仅有外圆柱面，而且有内圆柱面。一般情况下，通常采用先钻孔、扩孔，再车孔和铰孔的方法来加工内圆柱面。

1．钻孔

(1) 麻花钻的选用。

对于精度要求不高的内孔，可以用麻花钻直接钻出；对于精度要求较高的孔，钻孔后还要再经过车削或扩孔、铰孔才能完成。在选用麻花钻时，应根据下一道工序的要求留出加工余量；选择麻花钻的长度，一般应使钻头螺旋部分稍长于孔深。钻头过长则刚性差，钻头过短则排屑困难。

(2) 麻花钻的装夹。

直柄麻花钻用钻夹头装夹，再将钻夹头的锥柄插入尾座套筒锥孔内；锥柄麻花钻可直接使用或用莫氏过渡锥套插入尾座套筒锥孔内使用。

(3) 钻孔时切削用量的选择。

① 背吃刀量(a_p)。钻孔时的背吃刀量是钻头直径的 1/2。

② 切削速度(v_C)。用高速钢麻花钻钻钢料时，一般选 $v_C = 15$～30 m/min；钻铸铁时，一般选 $v_C = 10$～25 m/min。

③ 进给量(f)。用直径为 12～25 mm 的麻花钻钻钢料时，选 $f = 0.15$～0.35 mm/r；钻铸件时，进给量略大些，一般选 $f = 0.15$～0.4 mm/r。扩孔的进给量可比钻孔时大些。

(4) 钻孔方法。

钻孔方法如下：

① 钻孔前，先将工件端面车平，中心处不许留有凸台，以利于钻头正确定心。

② 找正尾座，使钻头中心对准工件旋转中心，否则可能会使孔径钻大、钻偏，甚至折断钻头。

③ 起钻时，进给量要小，待钻头头部进入工件后，再正常钻削。

④ 用细长麻花钻钻孔时，为了防止钻头晃动，可在刀架上夹一挡铁(见图 3-88)，以支顶钻头头部，帮助钻头定心。即先用钻头尖部少量钻进工件端面，然后缓慢摇动中滑板，移动挡铁逐渐接近钻头前端，以使钻头的中心稳定在工件旋转中心的位置上，但挡铁不能将钻头支顶过工件旋转中心，否则容易折断钻头；当钻头已正确定心时，挡铁即可退出。

⑤ 用小麻花钻钻孔时，一般先用中心钻钻出浅孔用以定心，再用钻头钻孔。钻孔时，转速应选得高一些，并且要及时排屑。

⑥ 当钻头横刃钻出工件后，应减慢进给速度，以免因轴向阻力减小而卡死钻头。

⑦ 钻不通孔时孔深尺寸的控制方法。先使钻头尖部接触工件端面，再固定尾座，用钢尺量出尾座套筒长度，而所需钻进长度就应该控制在所测长度加上孔深尺寸(见图 3-89)。

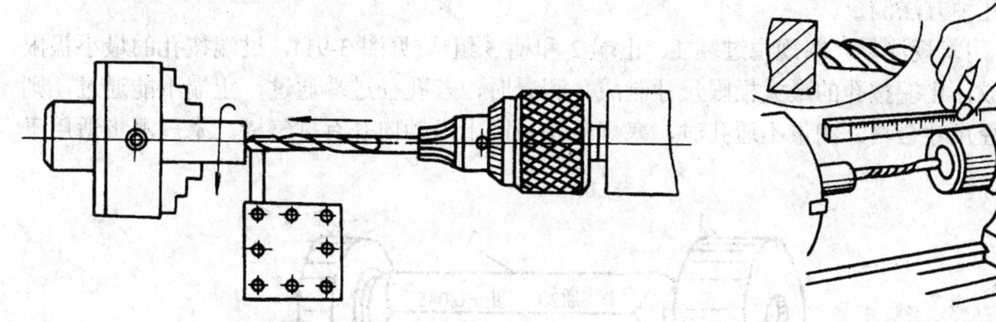

图 3-88　防止钻头晃动，用挡铁支顶

图 3-89　钻不通孔时孔深尺寸的控制

2．车削通孔

(1) 通孔车刀的安装。

通孔车刀安装得正确与否，直接影响到车削情况以及孔的精度，所以在安装时一定要注意：

① 刀尖应与工件中心等高或略高，如图 3-90(c)所示。如果装得低于工件中心，由于切削抗力的作用，容易将刀柄压低而产生扎刀现象，且可能造成孔径车大。

② 为了防止产生振动，刀柄应伸出尽可能短些，一般比被加工孔长 5～10 mm 即可。

③ 刀柄基本平行于工件轴线，否则车到一定深度时，刀柄可能会与孔壁相碰。

④ 观察车刀后面是否影响孔径加工，如果影响加工，应磨出双重后角。

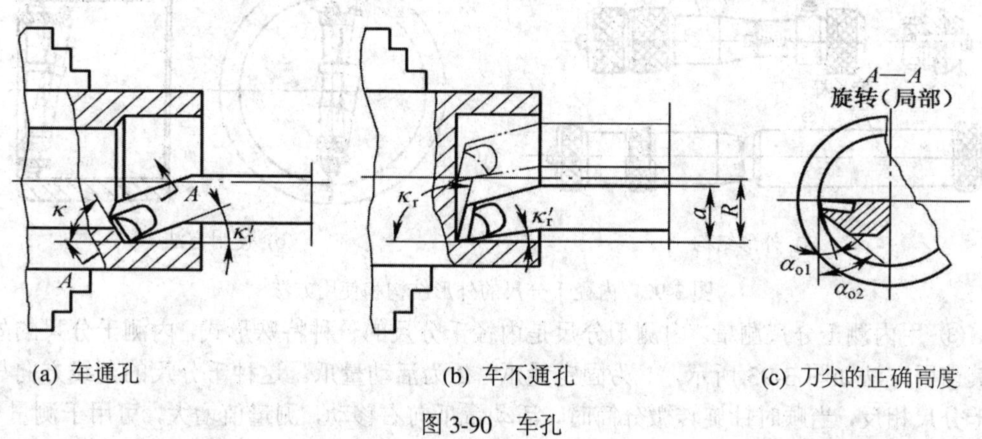

(a) 车通孔　　(b) 车不通孔　　(c) 刀尖的正确高度

图 3-90　车孔

(2) 车孔方法。

直孔车削基本上与车外圆相同，只是进刀和退刀方向相反。镗孔分为镗通孔和镗孔(不通孔)，如图 3-90 所示。图 3-90(a)为车通孔，图 3-90(b)为车不通孔。每次粗车和精车内孔时都要进行试切削和测量，其试切削方法与外圆试切削时相同，即根据径向余量的一半横向进给，当车刀纵向切削至 2 mm 左右时，纵向退出车刀(横向不动)，然后停车测量。精车时，试车次数不要太多，以防工件产生冷硬层(尤其慢速精车)。

粗镗和精镗内孔时，也要进行试切和试测，其方法与车外圆相同。注意通孔镗刀的主偏角为 45°～75°，不通孔镗刀的主偏角大于 90°。

(3) 孔径尺寸的测量。测量孔径尺寸时，应根据工件的尺寸、数量及精度要求，采用相应的量具进行。对于精度要求较低的，可用游标卡尺测量；对于精度要求较高的，可采用以下几种方法测量。

① 用塞规测量。塞规由过端 1、止端 2 和柄 3 组成(见图 3-91)。过端按孔的最小极限尺寸制成，止端按孔的最大极限尺寸制成。测量时，若孔径过端通过，止端不能通过，则说明孔径尺寸合格。测量不通孔时，塞规应在外圆上沿轴向开有排气槽。塞规测量适用于批量生产。

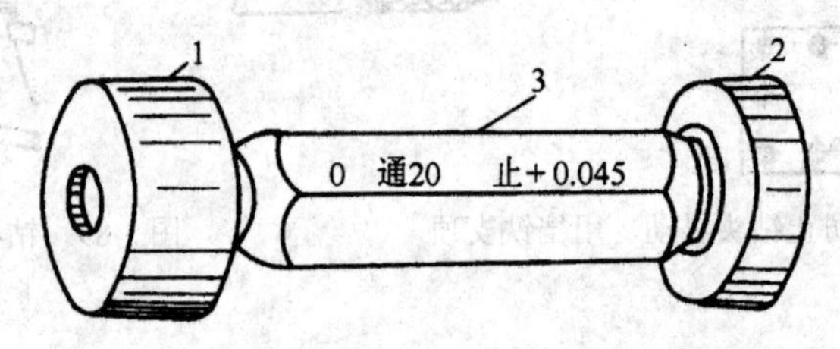

1—过端；2—止端；3—柄

图 3-91 塞规

② 用内径千分尺测量。内径千分尺的外形结构和使用方法如图 3-92 所示。内径千分尺由测微头和各种尺寸的接长杆组成，其测量范围为 50～5000 mm，分度值为 0.01 mm。每根接长杆都注有公称尺寸和编号，可按需要选用。内径千分尺的读数方法和外径千分尺相同，但由于内径千分尺无测力装置，因此测量误差较大。

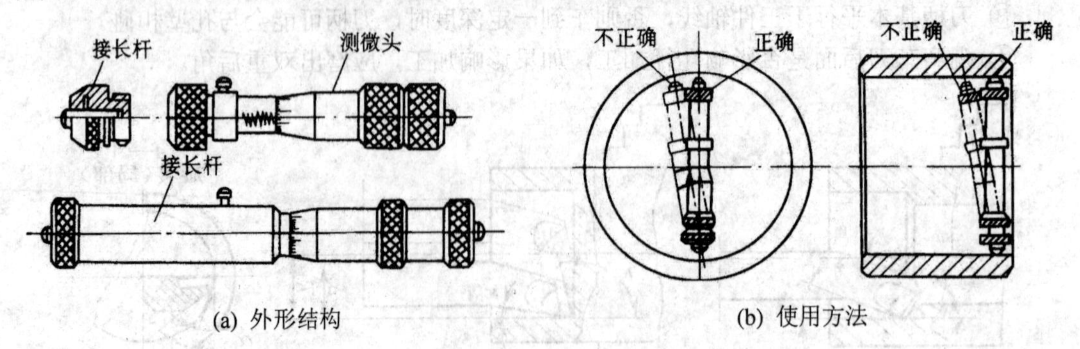

(a) 外形结构　　(b) 使用方法

图 3-92 内径千分尺的外形结构和使用方法

③ 用内测千分尺测量。内测千分尺是内径千分尺的一种特殊形式，内测千分尺的外形及其使用方法如图 3-93 所示，1 为固定量爪，2 为活动量爪。这种千分尺的刻线方向与外径千分尺相反，当顺时针旋转微分筒时，活动量爪向右移动，测量值增大，可用于测量 5～

30 mm 的孔径。内测千分尺的使用方法与使用游标卡尺的内量爪测量内径尺寸方法相同，分度值为 0.01 mm。由于结构设计方面的原因，其测量精度低于其他类型的千分尺。

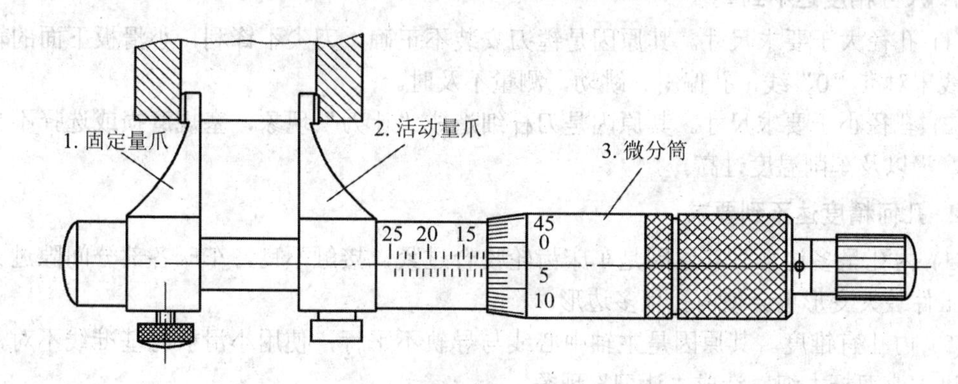

图 3-93　内测千分尺的外形及其使用方法

④ 用内径百分表测量。内径百分表(见图 3-94)，是将百分表装夹在测架 1 上，通过摆动块 7、杆 3，将测量值 1∶1 传递给百分表的。触头 6 又称活动测量头，测量头 5 可根据孔径大小更换。为了能使触头自动位于被测孔的直径位置，在其旁装有定心器 4，测量力由弹簧 2 产生。使用内径百分表测量是比较测量法。测量前，应根据被测孔径的基本尺寸，用千分尺或其他量具将其调整好(表针应对准零位)。测量时，必须摆动内径百分表(见图 3-95)，所得的最小尺寸是孔的实际尺寸。测量孔的圆柱度时，只要在孔的全长上取前、中、后几点，比较其测量值，而其最大值与最小值之差的一半即为孔全长上圆柱度的误差。测量孔的圆柱度，可在孔径圆周上变换方向测量。

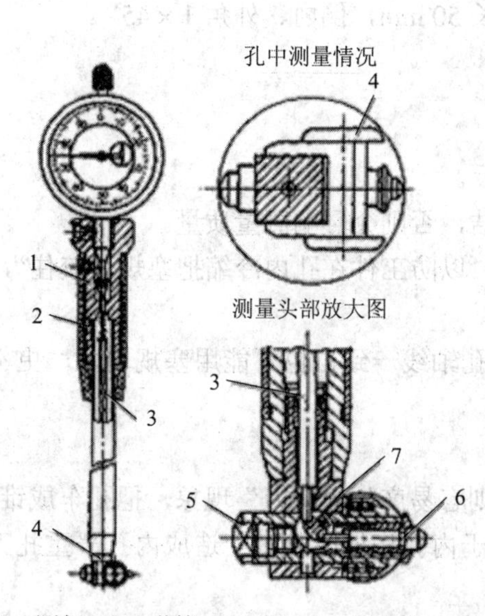

1—测架；2—弹簧；3—杆；4—定心器；
5—测量头；6—触头；7—摆动块

图 3-94　内径百分表

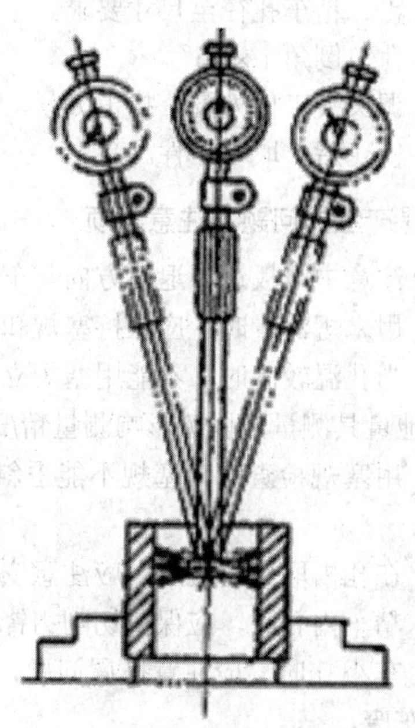

图 3-95　内径百分表的测量方法

★ 车内孔时的质量分析

1. 尺寸精度达不到要求

(1) 孔径大于要求尺寸。其原因是镗刀安装不正确，刀尖不锋利，小滑板下面的转盘基准线未对准“0”线，孔偏斜、跳动，测量不及时。

(2) 孔径小于要求尺寸。其原因是刀杆细造成“让刀”现象，塞规磨损或选择不当，绞刀磨损以及车削温度过高。

2. 几何精度达不到要求

(1) 内孔呈多边形。其原因是车床齿轮咬合过紧，接触不良，车床各部分间隙过大。薄壁工件装夹变形也会使内孔呈多边形。

(2) 内孔有锥度。其原因是主轴中心线与导轨不平行，使用小滑板时基准线不对，切削量过大或刀杆太细，造成“让刀”现象。

(3) 表面粗糙度达不到要求。其原因是刀刃不锋利，角度不正确，切削用量选择不当，冷却液不充分。

任务实施

操作步骤：

(1) 夹持工件ϕ70 mm 外圆，找正。

(2) 车端面(车平即可)，倒角 1 × 45°。

(3) 钻尺寸为ϕ22 mm 的通孔。

(4) 粗、精车孔径至尺寸要求。

(5) 孔口倒角 1 × 45°。

(6) 调头夹工件外圆，找正夹紧，车至总长 50 mm，倒内、外角 1 × 45°。

(7) 检查后，取下工件。

★ 容易产生的问题和注意事项

(1) 注意中滑板进、退刀方向与车外圆相反。

(2) 用塞规测量时，应保持塞规和孔壁清洁，否则会影响测量质量。

(3) 当孔温较高时，不能用塞规立即测量，以防工件在孔内冷缩把塞规“咬住”，也不能用其他量具测量，以免影响测量精度。

(4) 用塞规检查时，塞规不能歪斜，应与孔轴线一致，也不能用塞规硬塞，更不能用力敲击。

(5) 在孔内取出塞规时，应注意安全。

(6) 精车内孔时，应保持切削刃锋利，否则容易产生“让刀”现象，把孔车成锥形。

(7) 车小孔时，应注意排屑问题，否则由于内孔切屑阻塞，会造成内孔严重扎刀，而把内孔车废。

评分标准

车削套类零件的评分标准如表 3-15 所示。

表 3-15　车削套类零件评分标准

序号	任务与技术要求	配分	评 分 标 准	实测记录	得分
1	工件放置或夹持正确	5	不符合要求酌情扣分		
2	内孔车刀装夹正确	5	不符合要求酌情扣分		
3	加工操作正确、自然	15	不符合要求酌情扣分		
4	测量姿势正确，数据准确	15	不符合要求酌情扣分		
5	钻孔步骤达到要求	15	不符合要求酌情扣分		
6	切削用量的选择正确	15	不符合要求酌情扣分		
7	按图样达到要求	30	总体评定(每项 5 分)		
8	安全文明操作		违者每次扣 2 分		
总分：100	姓名：	学号：	实际工时：	教师签字：	学生成绩：

项目七　滚花的加工(网纹)

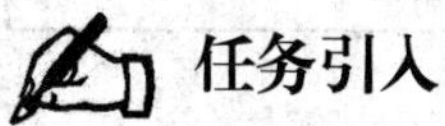

任务引入

1．实习教学要求

(1) 了解滚花刀的种类。

(2) 掌握滚花刀在工件上滚花的方法。

(3) 了解滚花时乱纹的原因及防止方法。

2．滚花练习

工件如图 3-96 所示。

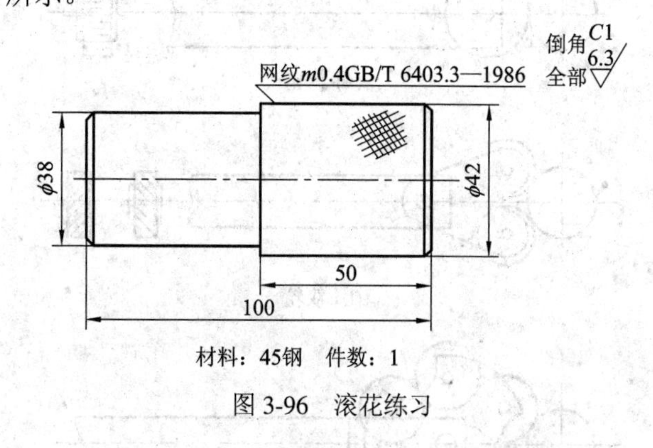

图 3-96　滚花练习

相关知识

某些工具和机床零件的把手部位，为了增加摩擦力和使零件表面美观，往往在零件表面上滚出各种不同的花纹。例如车床的刻度盘，千分尺的微分筒以及铰杠、扳手等上的花纹。这些花纹一般是在车床上用滚花刀滚压而成的，这种方法称之为滚花。

1．花纹的种类

滚花的花纹一般有直花纹(见图 3-96(a))和网花纹(见图 3-96(b))两种。花纹有粗细之分，并用模数 m 表示，其形状和各部位尺寸如图 3-97 和表 3-16 所示。

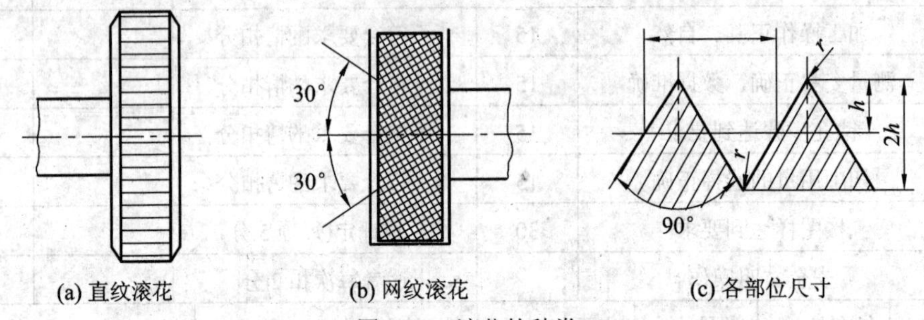

图 3-97 滚花的种类

表 3-16 滚花的各部分尺寸(GB/F 6403.3—1986)(单位： mm)

模数 m	h	r	节距 p	模数 m	h	r	节距 p
0.2	0.132	0.06	0.628	0.4	0.264	0.12	1.257
0.3	0.198	0.09	0.942	0.5	0.326	0.16	1.571

注：表中 $h = 0.785m - 0.414r$，滚花前工件表面粗糙度为 $Ra12.5$ μm。

滚花的规定标记示例：

模数 $m = 0.2$，直纹滚花，其规定标记：直纹 $m = 0.2$；

模数 $m = 0.3$，网纹滚花，其规定标记：网纹 $m = 0.3$。

2．滚花刀的种类

滚花刀一般有单轮如图 3-98(a)所示、双轮如图 3-98(b)所示和六轮如图 3-98(c)所示。

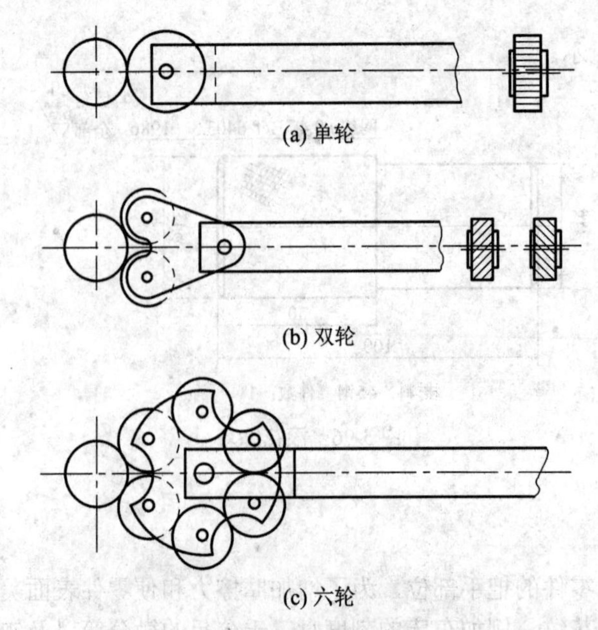

图 3-98 滚花刀

3．滚花方法

(1) 滚花刀的安装方法。

① 滚花刀装夹在车床的刀架上，并使滚花刀的装刀中心与工件回转中心等高。

② 滚压有色金属或滚压表面要求较高的工件时，滚花刀的滚轮表面与工件表面平行安装如图 3-99(a)所示。

③ 滚压碳素钢或滚花表面要求一般的工件，滚花刀的滚轮表面相对于工件表面向左倾斜 3°～5°，安装如图 3-99(b)所示，这样便于切入且不易产生乱纹。

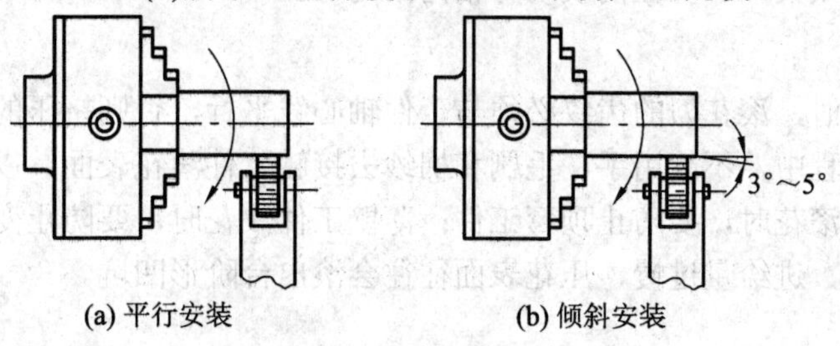

(a) 平行安装　　(b) 倾斜安装

图 3-99 滚花刀的安装

(2) 滚花方法。

① 滚花前，应根据工件材料的性质和滚花节距 p 的大小，将工件滚花表面车小，大小为(0.8～1.6)m (m 为模数)。

② 开始滚压时，必须使用较大的压力进刀，使工件刻出较深的花纹，否则易产生乱纹。

③ 为了减小开始滚压的径向压力，可以使滚轮表面约 1/2～1/3 的宽度与工件接触，如图 3-100 所示，这样滚花刀就容易压入工件表面。停机检查花纹符合要求后，即可纵向机动进刀，如此反复滚压 1～3 次，直至花纹凸出为止。

④ 滚花时，切削速度应选低一些，一般为 0.083～0.167 m/s；纵向进给量大一些，一般为 0.3～0.6 mm/r。

⑤ 滚压时，还需浇注切削油以润滑滚轮，并经常清除滚压产生的切屑。

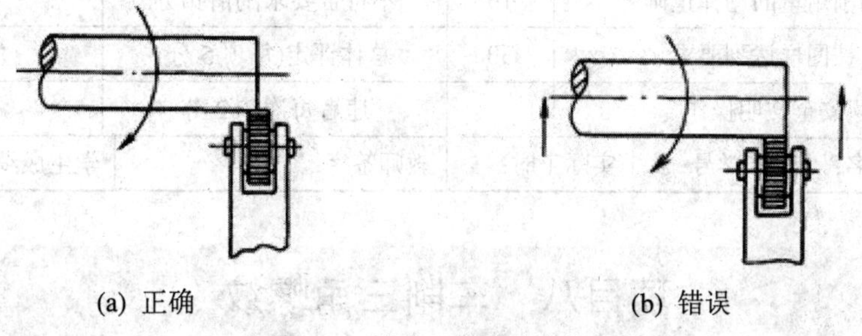

(a) 正确　　(b) 错误

图 3-100 滚花刀的横向进给位置

任务实施

操作步骤：

(1) 夹住毛坯外圆，车端面及 ϕ38 mm 外圆，长 50 mm，倒角 1×45°。

(2) 调头夹住 ϕ38 mm 外圆，长 30 mm，车端面保证总长；车 ϕ42 mm 外圆长至尺寸要求。

(3) 滚花达到图样要求。

★ 容易产生的问题和注意事项

1. 滚花时产生乱纹的原因

(1) 滚花开始时，滚花刀与工件接触面太大，使单位面积压力变小，易形成微浅花纹或出现乱纹。

(2) 滚花刀转动不灵活，或滚刀槽中有细屑阻塞，有碍滚花刀压入工件。

(3) 转速过高，滚花刀与工件容易产生滑动。

(4) 滚轮间隙太大，产生径向跳动与轴向窜动等。

2. 注意事项

(1) 滚直花纹时，滚花刀的齿纹必须与工件轴心线平行，否则挤压的花纹不直。

(2) 在滚花过程中，不能用手、毛刷和棉纱去接触工件滚花表面，以防伤人。

(3) 细长工件滚花时，要防止顶弯工件；薄壁工件滚花时，要防止变形。

(4) 压力过大，进给量过慢，压花表面往往会滚出台阶形凹坑。

评分标准

工件滚花的评分标准如表 3-17 所示。

表 3-17 工件滚花的评分标准

序号	任务与技术要求	配分	评 分 标 准	实测记录	得分
1	工件放置或夹持正确	5	不符合要求酌情扣分		
2	滚花刀选择、装夹正确	5	不符合要求酌情扣分		
3	加工操作正确、自然	15	不符合要求酌情扣分		
4	不乱纹	15	不符合要求酌情扣分		
5	滚花步骤达到要求	15	不符合要求酌情扣分		
6	切削用量的选择正确	15	不符合要求酌情扣分		
7	按图样达到要求	30	总体评定(每项 5 分)		
8	安全文明操作		违者每次扣 2 分		
总分：100	姓名： 学号：	实际工时：	教师签字：	学生成绩：	

项目八 车削三角螺纹

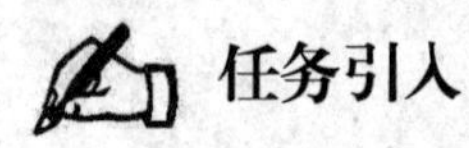

任务引入

1. 实习教学要求

(1) 能根据工件螺距，查所用车床进给箱的铭牌表并调整手柄位置。

(2) 能根据螺纹样板正确装夹刀具，并掌握中途对刀的方法。

(3) 掌握车削三角螺纹的步骤和方法。

(4) 掌握三角螺纹的测量和检查方法。

(5) 能合理选择切削用量。

2．车有退刀槽的三角螺纹

车有退刀槽的三角螺纹，如图 3-101 所示。

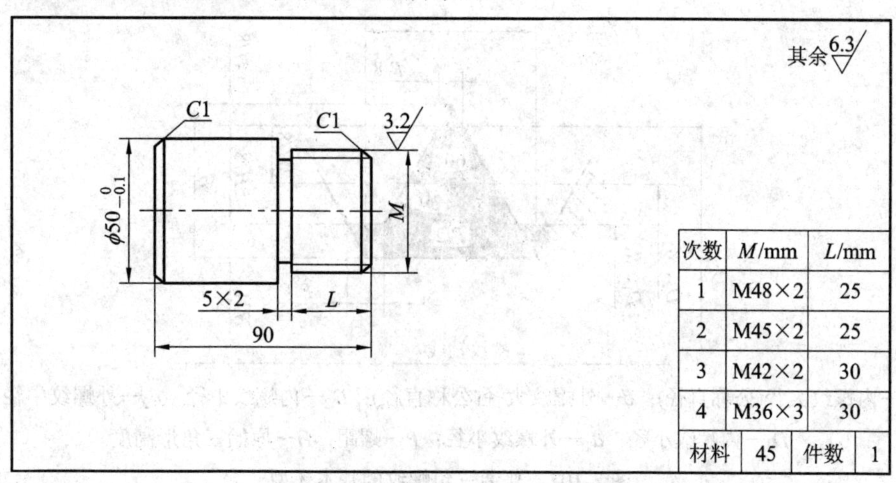

图 3-101　车有退刀槽的三角螺纹

相关知识

在机器制造业中，三角螺纹应用很广泛，常用于连接、紧固；在工具和仪器中，还往往用于调节、测量。加工三角螺纹的基本要求是，螺纹轴向剖面牙型角必须正确，两侧面表面粗糙度值要小；中径尺寸符合精度要求；螺纹与工件轴线保持同轴。普通三角螺纹的尺寸计算如表 3-18 所示。

表 3-18　普通三角螺纹的尺寸计算

名　称		代　号	计 算 公 式
外螺纹	牙型角	a	60°
	原始三角形高度	H	$H = 0.866P$
	牙型高度	h	$h = \frac{5}{8}H = \frac{5}{8} \times 0.866P = 0.5413P$
	大径	d	$d = D =$ 公称直径
	中径	d_2	$d_2 = d - 2 \times \frac{3}{8}H = d - 0.6495P$
	小径	d_1	$d_1 = d - 2h = d - 1.0825P$
内螺纹	中径	D_2	$D_2 = d_2$
	小径	D_1	$D_1 = d_1$
	大径	D	$D = d =$ 公称直径
螺纹升角		φ	$\tan\varphi = \frac{nP}{\pi d_2}$

1．螺纹车刀的装夹

(1) 三角螺纹车刀的几何角度。

① 普通三角螺纹牙型角为60°，英制螺纹牙型角为55°。普通三角螺纹的基本牙型如图3-102所示。

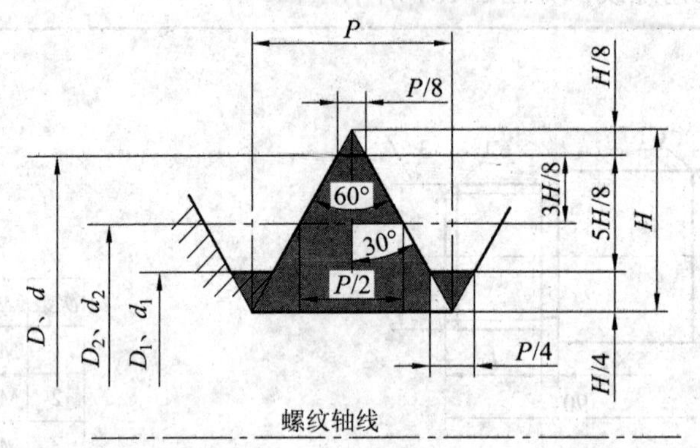

D—内螺纹大径(公称直径)；d—外螺纹大径(公称直径)；D_2—内螺纹中径；d_2—外螺纹中径；

D_1—内螺纹小径；d_1—外螺纹小径；P—螺距；H—原始三角形高度

图3-102　普通三角螺纹的基本牙型

决定螺纹的基本要素有三个：

螺距 P：螺纹轴向剖面内螺纹两侧面的夹角。

牙型角 α：它是沿轴线方向上相邻两牙间对应点的距离。

螺纹中径 $D_2(d_2)$：它是平螺纹理论高度 H 的一个假想圆柱体的直径。在中径处的螺纹牙厚和槽宽相等。只有内、外螺纹中径都一致时，两者才能很好地配合。

② 工作前角一般为0°～5°。因为螺纹车刀的径向前角对牙型角有很大影响，所以精车或车精度要求高的螺纹时，刀尖角应等于牙型角。当螺纹车刀径向前角大于0°时，刀尖角必须修正。

③ 车刀两侧的工作后角一般为3°～5°。因受螺纹升角的影响，进刀方向一侧的刃磨后角应等于工作后角加上螺纹升角，另一侧的刃磨后角应等于工作后角减去螺纹升角。三角螺纹升角一般比较小，影响也较小。

(2) 装夹车刀时，刀尖位置应对准工件中心。

(3) 车刀刀尖角的对称中心线必须与工件轴线严格保持垂直。装刀时，可用样板来对车刀进行校正，如图3-103(a)所示。如果把车刀装歪，就会使牙型歪斜，如图3-103(b)所示。

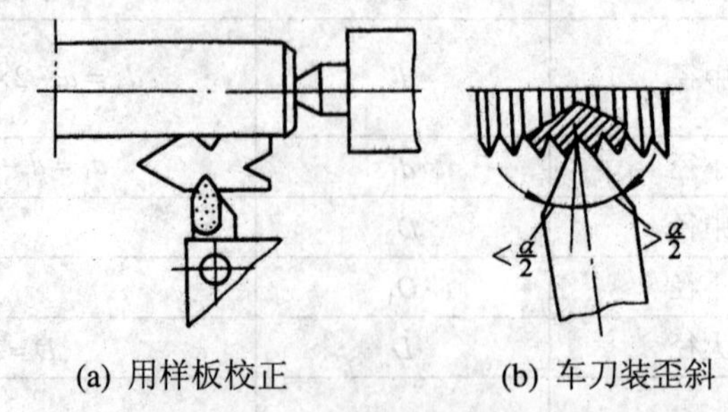

(a) 用样板校正　　(b) 车刀装歪斜

图3-103　外螺纹车刀的安装

(4) 刀头伸出不要过长，一般为20～25 mm(即约为刀柄厚度的1.5倍)。

2．车三角螺纹时车床的调整

(1) 车削常用螺距时，可根据所车螺距或行程，在进给箱的铭牌上找到相应的手柄位置参数，并把手柄拨到所需要位置。

(2) 使用某些老式机床加工一些螺纹时，若需要重新调整交换齿轮箱中的交换齿轮，可按照交换齿轮铭牌表进行调整。

(3) 调整中、小滑板镶条的松紧时，如调整太紧，则摇动滑板费力，操作不灵活；如太松，则车螺纹时容易产生扎刀现象。

(4) 检查开合螺母与丝杠是否啮合到位，以防车削时产生乱牙。

(5) 小滑板调整至导轨外侧平齐，以防车螺纹时小滑板与卡盘相撞。

3．车削三角螺纹的方法

(1) 切削用量的选择。

车削三角螺纹时，切削速度应根据工件的材质、螺距大小及粗、精加工等因素来决定。低速车削时，粗车切削速度为 $v_C = 10\sim15$ m/min；精车切削速度为 $v_C < 6$ m/min。高速切削时，切削速度 $v_C = 50\sim70$ m/min。

(2) 车螺纹的方法和步骤。

车螺纹的方法与步骤如下：

① 确定车螺纹切削深度的起始位置，将中滑板刻度调到零位，开动车刀，使刀尖轻微接触工件表面，然后迅速将中滑板刻度调至零位，以便于进刀计数，如图 3-104(a)所示。

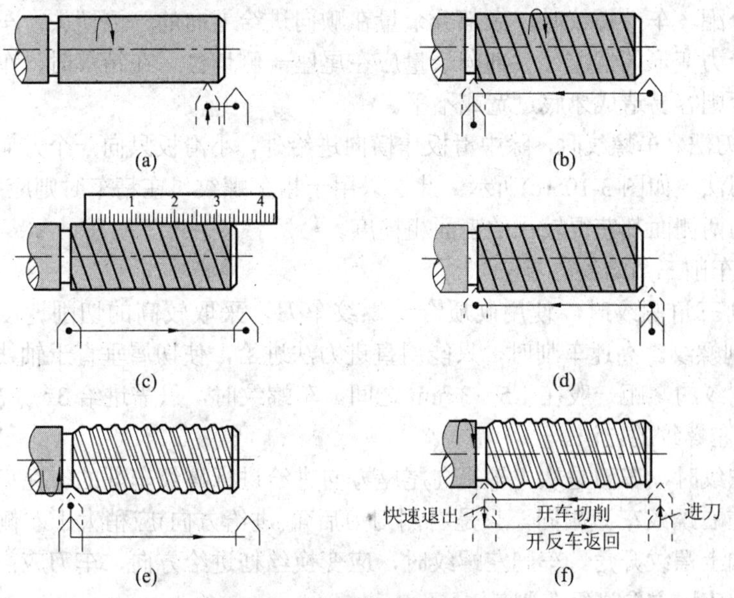

图 3-104　螺纹切削的方法与步骤

② 试切第一条螺旋线并检查螺距。将床鞍摇至离工件端面 8～10 牙处，横向进刀。开动车刀，合上开合螺母，在工件表面车出一条螺旋线，至螺纹终止线处退出车刀；反向开动车刀，把车刀退到工件右端；停车，用钢直尺检查螺距是否正确，如图 3-104(b)、(c)所示。

③ 用刻度盘调整背吃刀量，开动车刀切削，如图 3-104(d)所示。螺纹的总背吃刀量 a_p 与螺距的关系按经验公式 $a_p \approx 0.65P$ 计算，次背吃刀量约为 0.1 mm 左右。

④ 车刀将至终点时，应做好退刀停车准备。退出的步骤为先快速退出车刀，然后反向开动车刀退出刀架，如图 3-104(e)所示。

⑤ 再次横向进刀，继续切削至车出正确的牙型，如图 3-104(f)所示。

(3) 低速车削三角螺纹的方法。

① 直进刀法。车螺纹时，只用中滑板作横向进给，螺纹车刀刀尖及左右两侧都参加切削工作，如图 3-105(d)所示。在几次行程后，把螺纹车到所需要的尺寸和表面粗糙度值的方法叫直进刀法，如图 3-105(a)所示。这种方法适于加工螺距小于 2 mm 的钢件和脆性材料的螺纹车削。

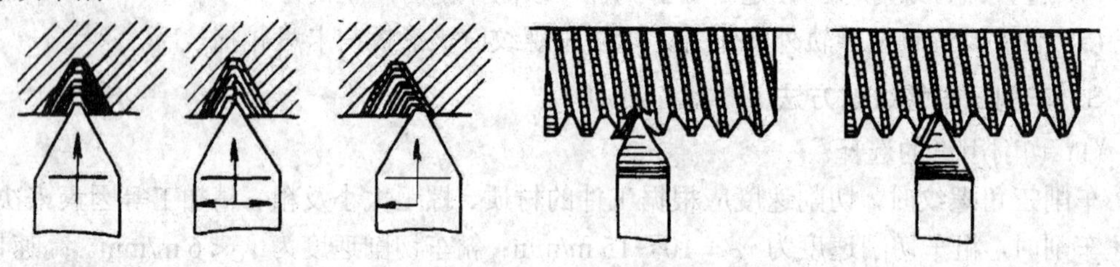

(a) 直进刀法 (b) 左右切削法 (c) 斜进刀法 (d) 双面切削 (e) 单面切削

图 3-105 低速车削三角螺纹的进刀方法

② 左右切削法。车螺纹时，除中滑板横向进给外，同时用小滑板将车刀向左或向右作纵向微量移动进行单面车削，如图 3-105(e)所示。经过几次行程后，把螺纹车至图样要求的方法叫左右切削法，如图 3-105(b)所示。采用左右切削法车削螺纹时，牙型两侧的切削余量要合理分配。车外螺纹时，大部分余量在顺向进给方向的一侧切去；车内螺纹时，为了改善刀柄受力变形的情况，大部分余量应在尾座一侧切去。在精车时，车刀左右进给量一定要小，否则容易造成牙底过宽或不平。

③ 斜进刀法。车螺纹时，除中滑板作横向进给外，小滑板只向一个方向作微量进给的方法叫斜进刀法，如图 3-105(c)所示。此法只用于粗车螺纹，在精车时则应用左右切削法，才能使螺纹的两侧面都获得较小的表面粗糙度。

(4) 高速车削三角螺纹的方法。

高速车削三角螺纹时，使用硬质合金螺纹车刀，采取较高的切削速度(一般取 50～70 m/min)切削螺纹。高速车削时，只能用直进刀法进给，使切屑垂直于轴线方向排出。高速车削三角螺纹的螺距一般在 1.5～3 mm 之间。车螺纹时，只需进给 3～5 次就可以完成。

(5) 车削左螺纹的方法。

加工左螺纹时，车刀是从主轴箱向尾座方向进给进行螺纹车削的。在刃磨左螺纹车刀时，其角度与右螺纹车刀相同，只是右侧刀刃后角(进给方向)应稍大于左侧切削刃后角，大螺距还应加上螺纹升角。车削左螺纹时，应变换丝杠进给方向，车刀应由退刀槽处进行横向进给，向床尾方向进行车削。

4．防止乱牙的方法

车螺纹时，都要经过几次进给才能完成。在第二次按下开合螺母进给时，刀尖偏离前一次进给车出的螺旋槽叫乱牙。

(1) 常用的预防乱牙的方法是开倒顺车。即在第一次行程结束时，不提起开合螺母，把刀沿径向退出后，再将主轴反转，使车刀沿纵向退回到第一刀开始处，然后用中滑板进行进给，继而开顺车走第二刀。这样来回，一直到把螺纹车好为止。

(2) 在车削过程中，如需要磨刀或换刀，必须重新把刀对好，以防产生乱牙。中途对刀的方法是：装正车刀角度，刀尖对正工件中心；在车刀不切入工件时，按下开合螺母，开车使车刀移动到工件表面处，停车(卡盘不准有反转现象)；摇动中、小滑板，使车刀尖与螺旋槽部分基本吻合，然后再开机观察刀尖是否在螺旋槽内，直至对准后再开始车削。

5．螺纹的测量

(1) 单项测量。

① 螺距的测量。螺距常用钢直尺、游标卡尺和螺距规进行测量。

② 大、小径的测量。当外螺纹的大径和内螺纹的小径公差都比较大时，一般用游标卡尺和千分尺测量。

③ 中径的测量。中径用螺纹千分尺测量。螺纹千分尺的刻线原理和读数方法与千分尺相同。测量时，把与螺纹牙型角相同的上、下两个测量头正好卡在螺纹的牙侧上进行测量，所得到的数据就是螺纹中径的实际尺寸(见图 3-106)。

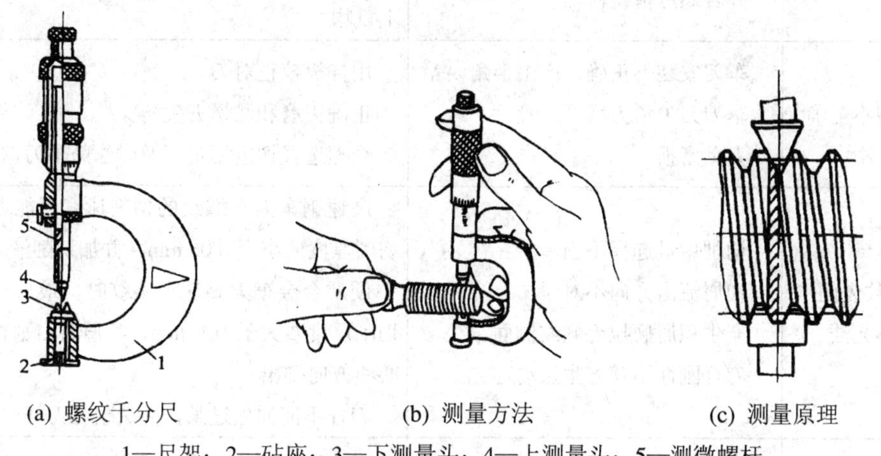

(a) 螺纹千分尺　　(b) 测量方法　　(c) 测量原理

1—尺架；2—砧座；3—下测量头；4—上测量头；5—测微螺杆

图 3-106　三角形螺纹中径的测量

(2) 综合测量。

综合测量是用螺纹量规对螺纹各主要参数进行综合性的测量。螺纹量规，包括螺纹塞规(见图 3-107(a))和螺纹环规(见图 3-107(b))，它们都分通规和止规。用螺纹环规对三角形外螺纹进行检查时，如果通规能旋入而止规不能旋入，则说明螺纹精度合格。在测量时，如发现通规未旋入，应对螺纹的直径、牙型、螺距和表面粗糙度进行检查，不可强拧量规旋入。有退止槽的螺纹，检查时环规应通过退刀槽和台阶端面靠平。

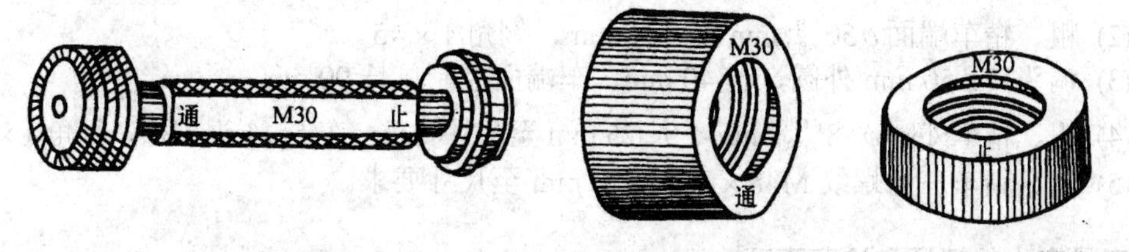

(a) 螺纹塞规　　(b) 螺纹环规

图 3-107　螺纹量规

车削螺纹的质量分析：

车削螺纹时产生废品的原因及预防方法如表 3-19 所示。

表 3-19　车削螺纹时产生废品的原因及预防方法

废品种类	产 生 原 因	预 防 方 法
尺寸不正确	车外螺纹前的直径不对 车内螺纹前的孔径不对 车刀刀尖磨损 螺纹车刀切入深度过大或过小	根据计算尺寸车削外圆与内孔 经常检查车刀并及时修磨 车削时，严格掌握螺纹切入深度
螺纹不正确	挂轮在计算或搭配时错误 进给箱手柄位置放错 车床丝杠和主轴窜动 开合螺母塞铁松动	车削螺纹时，先车出很浅的螺旋线，检查螺距是否正确 调整好车床主轴和丝杠的轴向窜动量 调整好开合螺母塞铁，必要时在手柄上挂上重物
牙型不正确	车刀安装不正确，产生半角误差 车刀刀尖角刃磨不正确 刀具磨损	用样板校正对刀 正确刃磨和测量刀尖角 合理选择切削用量，及时修磨车刀
螺纹表面不光洁	切削用量选择不当 切屑流出方向不对 产生积屑瘤拉毛螺纹侧面 刀杆刚性不够产生振动	高速钢车刀车螺纹的切削速度不能太大，切削厚度应小于 0.06 mm，并加切削液 硬质合金车刀高速车螺纹时，最后一刀的切削厚度要大于 0.1 mm，切屑要沿垂直于轴心线方向排出 刀杆不能伸出过长，并选粗壮刀杆
扎刀和顶弯工件	车刀径向前角太大 工件刚性差，切削用量选择太大	减小车刀径向前角，调整中滑板丝杆螺母间间隙 合理选择切削用量，增加工件装夹刚性

任务实施

操作步骤：

(1) 夹毛坯外圆长 25 mm 左右，车端面。

(2) 粗、精车端面 $\phi 50_{-0.1}^{\ 0}$ mm、长 60 mm，倒角 1×45°。

(3) 调头夹 $\phi 50$ mm 外圆，长 40 mm，车端面控制总长 90 mm。

(4) 粗、精车外圆 $\phi 48_{-0.318}^{-0.038}$ mm、长 25 mm 至尺寸要求，车 5×2 退刀槽，倒角 1×45°。

(5) 粗、精车三角螺纹 M48×2、长 25 mm 至尺寸要求。

★ 容易产生的问题和注意事项

螺纹车削容易产生的问题有：

(1) 初学车削螺纹，应采用低速车削方式，并作好空行程练习。

(2) 使用提按开合螺母车削螺纹时，开合螺母按下时应与丝杠啮合到位。如感到未啮合好，应立即提起开合螺母，重新进行。

(3) 车铸铁螺纹时，径向进刀不要太大，否则会使螺纹牙尖车裂。在车最后几刀时，需要采取微量进刀，以车光螺纹侧面。

(4) 车无退刀槽的螺纹时，螺纹收尾应在 1/2 圈左右。要达到此要求，应先退刀后提开合螺母，且每次退刀位置应大致相同，否则会撞掉刀尖。

(5) 车刀安装应对准工件旋转中心，并用样板把刀对正。中途换刀或磨刀应重新把刀对好，以防乱牙。

(6) 车螺纹进刀时，必须注意中滑板手柄刻度盘。不要多摇一圈，否则会发生危险或损坏刀具、工件。

(7) 用倒、顺车车削螺纹时，换向不能太快，否则机床会受瞬时冲击，容易损坏机件。在卡盘与主轴连接处，必须安装保险装置，以防卡盘反转时从主轴上脱落。

(8) 当工件旋转时，不准用手摸或用棉纱去擦螺纹，以防伤手。

(9) 检查或调整交换齿轮时，必须切断电源停车后进行调整，调整后要装好防护罩。

螺纹车削的注意事项有：

(1) 注意和消除滑板的“空行程”。

(2) 避免“乱扣”。当第一条螺旋线车好以后，第二次进刀后车削，刀尖不在原来的螺旋线(螺旋桩)中，而是偏左或偏右，甚至车在牙顶中间，将螺纹车乱的这个现象就叫做“乱扣”。预防乱扣的方法是采用倒顺(正反)车法车削。在用左右切削法车削螺纹时，小滑板移动距离不要过大，若车削途中刀具损坏需重新换刀或者无意提起开合螺母时，应注意及时对刀。

(3) 对刀。对刀前，先要安装好螺纹车刀，然后按下开合螺母，开顺车(注意应该是空走刀)停车，移动中、小滑板使刀尖准确落入原来的螺旋槽中(不能移动大滑板)，同时根据所在螺旋槽中的位置重新做中滑板进刀的记号，再将车刀退出，开倒车，将车退至螺纹头部，再进刀，如此反复。对刀时，一定要注意是顺车对刀。

(4) 借刀。借刀就是螺纹车削一定深度后，将小滑板向前或向后移动一点距离，再进行车削。借刀时，同样要注意小滑板移动距离不能过大，以免将牙槽车宽造成“乱扣”现象。

(5) 使用两顶尖装夹方法车螺纹时，工件卸下后再重新车削时，应该先对刀，以免“乱扣”。

(6) 车削过程中关于安全的注意事项有：

① 车螺纹前，先检查好所有手柄是否处于车螺纹位置，防止盲目开车。

② 车螺纹时，要思想集中，动作迅速，反应灵敏。

③ 用高速钢车刀车螺纹时，车头转速不能太快，以免刀具磨损。

④ 要防止车刀或者是刀架、滑板与卡盘、床尾相撞。

⑤ 旋转螺母时，应将车刀退离工件，防止车刀将手划破，不要开车旋紧或者退出螺母。

评分标准

车削三角螺纹的评分标准如表 3-20 所示。

表 3-20 车削三角螺纹的评分标准

序号	任务与技术要求	配分	评 分 标 准	实测记录	得分
1	会查所用车床进给箱的铭牌表	5	不符合要求酌情扣分		
2	螺纹样板装夹刀具及中途对刀正确	5	不符合要求酌情扣分		
3	调整手柄位置正确	15	不符合要求酌情扣分		
4	用螺纹塞规和螺纹环规测量数据准确	15	不符合要求酌情扣分		
5	螺纹加工步骤达到要求	15	不符合要求酌情扣分		
6	切削用量(进给量)选择正确	15	不符合要求酌情扣分		
7	按图样达到要求	30	总体评定(每项 5 分)		
8	安全文明操作		违者每次扣 2 分		
总分：100	姓名： 学号：	实际工时：	教师签字：	学生成绩：	

项目九 车削梯形螺纹

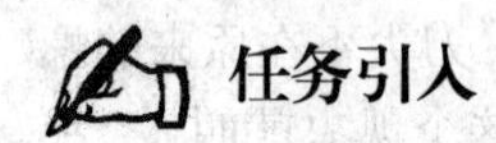

任务引入

1．实习教学要求

(1) 能根据工件螺距，查所用车床进给箱的铭牌表及调整手柄位置。

(2) 能根据螺纹样板正确装夹刀具，并掌握中途对刀的方法。

(3) 掌握车削梯形螺纹的步骤和方法。

(4) 掌握梯形螺纹的测量和检查方法。

(5) 能合理选择切削用量。

2．车梯形螺纹

按图 3-108 的尺寸要求车削梯形螺纹。

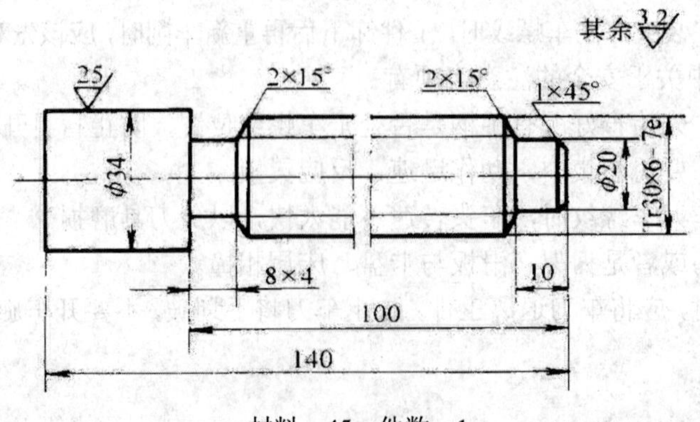

材料：45 件数：1

图 3-108 车梯形螺纹

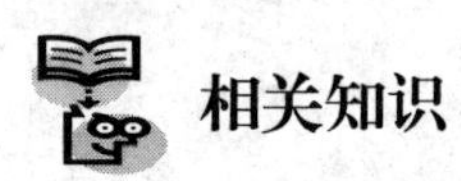

相关知识

梯形螺纹是应用很广泛的传动螺纹，例如车床上的长丝杆和中、小滑板的丝杆等都是梯形螺纹。梯形螺纹与三角螺纹比较，螺距大、牙型大、切削余量大、切削力大，而且精度要求高，加之工件长度较长，所以车削时比普通三角螺纹的加工难度大。加工梯形螺纹的基本要求是，螺纹轴向剖面牙型角必须正确，两侧面表面粗糙度值要小；中径尺寸应符合精度要求；螺纹与工件轴线保持同轴。

1. 基本知识

(1) 梯形螺纹各部分名称、代号及计算公式如表 3-21 所示。

表 3-21　梯形螺纹各部分名称、代号及计算公式

<table>
<tr><th colspan="2">名　称</th><th>代　号</th><th colspan="4">计算公式</th></tr>
<tr><td colspan="2">牙型角</td><td>α</td><td colspan="4">$\alpha=30^\circ$</td></tr>
<tr><td colspan="2">螺距</td><td>P</td><td colspan="4">由螺纹标准确定</td></tr>
<tr><td colspan="2" rowspan="2">牙顶间隙</td><td rowspan="2">a_c</td><td>P</td><td>1.5～5</td><td>6～12</td><td>14～44</td></tr>
<tr><td>a_c</td><td>0.25</td><td>0.5</td><td>1</td></tr>
<tr><td rowspan="4">外螺纹</td><td>大径</td><td>d</td><td colspan="4">公称直径</td></tr>
<tr><td>中径</td><td>d_2</td><td colspan="4">$d_2=d-0.5P$</td></tr>
<tr><td>小径</td><td>d_3</td><td colspan="4">$d_3=d-2h_3$</td></tr>
<tr><td>牙高</td><td>h_3</td><td colspan="4">$h_3=0.5P+a_c$</td></tr>
<tr><td rowspan="4">内螺纹</td><td>大径</td><td>D_4</td><td colspan="4">$D_4=d+2a_c$</td></tr>
<tr><td>中径</td><td>D_2</td><td colspan="4">$D_2=d_2$</td></tr>
<tr><td>小径</td><td>D_1</td><td colspan="4">$D_1=d-p$</td></tr>
<tr><td>牙高</td><td>H_4</td><td colspan="4">$H_4=h_3$</td></tr>
<tr><td colspan="2">牙顶宽</td><td>f，f'</td><td colspan="4">$f=f'=0.366P$</td></tr>
</table>

(2) 梯形螺纹车刀的刃磨要求。梯形螺纹车刀刃磨的主要参数是螺纹的牙型角和牙底槽宽度。梯形螺纹车刀的刃磨要求有：

① 刃磨两刃、两夹角时，应随时目测和样板校对。

② 磨有径向前角的两刃夹角时，应用特制厚样板进行修正。

③ 切削刃要光滑、平直、无裂口，两侧切削刃必须对称，刀体不歪斜。

④ 用油石研磨去掉各刀刃的毛刺。

(3) 梯形螺纹车刀的刃磨步骤。

① 粗磨刀刃两侧后面(刀尖角初步形成)。

② 粗、精磨前刀面或径向前角。

③ 精磨刀刃两侧后面时(走刀方向后角应大于背离走刀方向后角)，刀尖角应用样板修正。

④ 修正刀尖后角时，应注意刀尖横刃宽度应略小于槽底宽度。

⑤ 刃磨两侧后角时，要注意螺纹的左右旋向。

(4) 梯形螺纹车刀的几何角度。

① 米制梯形螺纹车刀牙型角为 30°，英制梯形螺纹车刀牙型角为 29°。

② 工作前角一般为 0°～15°。因为螺纹车刀的径向前角对牙型角有很大影响，所以精车或车精度要求高的螺纹时，径向前角应取得小些，约 0°～5°。

③ 车刀两侧的工作后角一般为 3°～5°。因受螺纹升角的影响，进刀方向一侧的刃磨后角应等于工作后角加上螺纹升角即(3°～5°) + ψ，另一侧的刃磨后角应等于工作后角减去螺纹升角即(3°～5°) − ψ。由于梯形螺纹升角比较大，其影响不可忽视，在刃磨车刀时必须考虑。

2. 梯形螺纹车刀的装夹

(1) 装夹车刀时，刀尖位置应对准工件中心。

(2) 车刀刀尖角的对称中心线必须与工件轴线严格保持垂直。装刀时，可用样板来对刀进行校正，如图 3-109 所示。如果把车刀装歪，就会使牙型歪斜，牙型半角不对称。

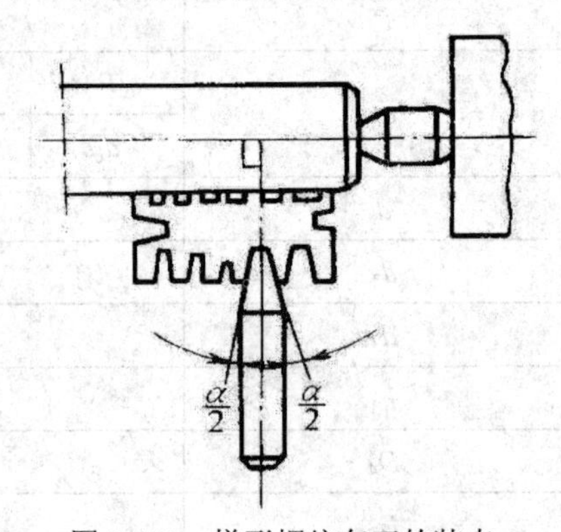

图 3-109　梯形螺纹车刀的装夹

(3) 刀头伸出不要过长，一般为 20～25 mm(即约为刀柄厚度的 1.5 倍)。

3. 车梯形螺纹时车床的调整

车梯形螺纹与前面所述车三角螺纹的车床调整方式相同。

(1) 车削常用螺距时，可根据所车螺距或行程，在进给箱的铭牌上找到相应的手柄位置参数，并把手柄拨到所需要位置。

(2) 使用某些老式机床加工一些螺纹时，若需要重新调整交换齿轮箱中的交换齿轮，可按照交换齿轮铭牌表进行调整。

(3) 调整中、小滑板镶条的松紧时，如调整太紧，则摇动滑板费力，操作不灵活；如太松，则车螺纹时容易产生扎刀现象。

(4) 检查开合螺母与丝杠是否啮合到位，以防车削时产生乱牙。

(5) 小滑板调整至导轨外侧平齐，以防车螺纹时小滑板与卡盘相撞。

3. 车削梯形螺纹的方法

(1) 切削用量的选择。

车削梯形螺纹时，切削速度应根据工件的材质、螺距大小及粗、精加工等因素来决定。一般低速车削时，粗车切削速度 $v_C = 10～15$ m/min；精车切削速度为 $v_C < 6$ m/min。高速切

削时，切削速度 $v_C = 50 \sim 70$ m/min。

(2) 工件的装夹。

① 一般采用一夹一顶或两顶尖装夹工件。粗车较大螺距时，一般用一夹一顶，同时使用工件的一个台阶靠住卡爪端面或用轴向定位块限制，以保证装夹牢靠，固定工件的轴向位置，防止因切削力过大，使工件轴向位移而车坏螺纹。

② 精车时，可以采用两顶尖装夹，以提高定位精度。

(3) 车削梯形螺纹比普通三角螺纹加工难度大。对于精度要求较高的梯形螺纹来说，应采用低速车削的方法，同时此法对初学者来说较易掌握。

(4) 低速车削梯形螺纹。

螺距小于 4 mm 或精度要求不高的工件，可用一把梯形螺纹车刀进行粗车和精车。粗车时，采用左右切削方法；精车时，采用直进刀法。螺距大于 4 mm 或精度要求较高的梯形螺纹工件，一般采用分刀车削法。低速车削梯形螺纹的步骤：

① 车及半精车螺纹大径至尺寸，并倒角至槽底与端面成 15°。

② 选用刀头宽度稍小于槽底宽度的切槽刀，采用直进刀法粗车螺纹，每边留 0.25～0.35 mm 的余量(见图 3-110(a))，其小径车至尺寸为止。

③ 用粗车刀采用斜进刀法或左右切削法车削螺纹，每边留 0.1～0.2 mm 的精车余量(见图 3-110(b)，(c))。

④ 用精车刀采用左右切削法，精车螺纹两侧面至图样要求(见图 3-110(d))。

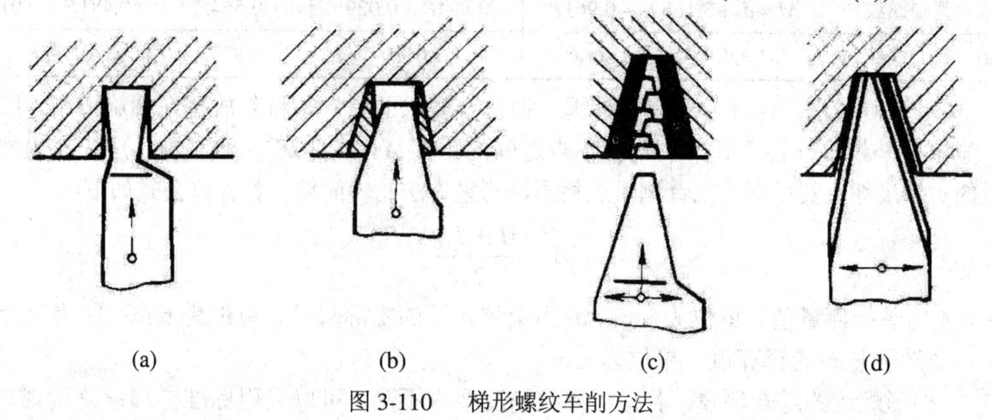

图 3-110　梯形螺纹车削方法

4. 梯形螺纹的测量

(1) 大径测量。测量梯形螺纹外径时，一般可用游标卡尺、千分尺等量具测量。

(2) 小径尺寸的控制。一般由中滑板刻度盘控制牙型高度，间接保证小径尺寸。

(3) 中径尺寸的控制。

① 三针测量法。它是一种比较精密的测量方法，适用于测量精度要求较高的三角螺纹、梯形螺纹和蜗杆的中径尺寸。测量时，把三根直径相等并在一定尺寸范围内的量针放在螺纹相对两面的螺旋槽中，再用公法线千分尺量出两面量针顶点之间的距离 M(见图 3-111)，然后根据 M 值换算出螺纹中径的实际尺寸。公法线千分尺的读数值 M 及量针直径的简化公式见表 3-22。表 3-22 中的 m_x 为轴向模数。量针直径的最大值、最佳值和最小值可在表 3-22 中查找计算出来。选用量针时，应尽量接近最佳值，以便获得较高的测量精度。

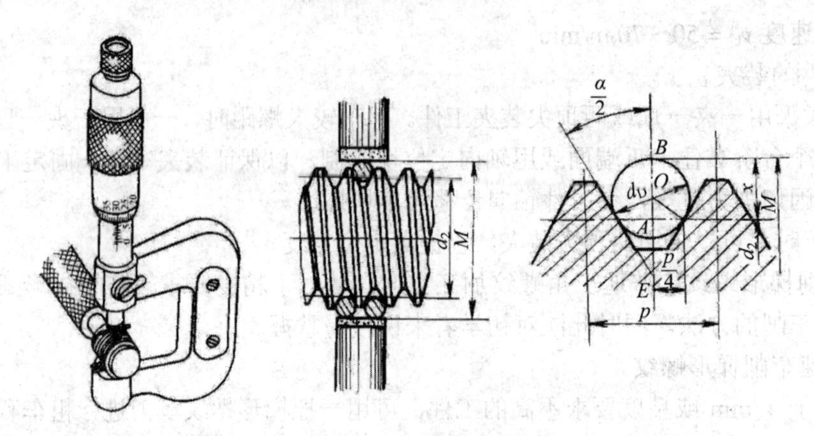

图 3-111　三针测量螺纹中径

表 3-22　M 值及量针直径的简化公式

螺纹牙型角	M 计算公式	量针直径 d_D		
		最大值	最佳值	最小值
29°（英制蜗杆）	$M=d_2+4.994d_D-1.933P$		$0.516P$	
30°（梯形螺纹）	$M=d_2+4.864d_D-1.866P$	$0.656P$	$0.518P$	$0.486P$
40°（蜗杆）	$M=d_1+3.924d_D-4.316m_x$	$2.446m_x$	$1.675m_x$	$1.61m_x$
55°（英制螺纹）	$M=d_2+3.166d_D-0.961P$	$0.894P-0.029$	$0.564P$	$0.481P-0.016$
60°（普通螺纹）	$M=d_2+3d_D-0.866P$	$1.01P$	$0.577P$	$0.505P$

② 单针测量法。这种方法只需使用一根符合要求的量针，将其放置在螺旋槽中，用千分尺量出以外螺纹顶径为基准到量针顶点之间的距离 A。在距离 A 测量前，应先量出螺纹顶径的实际尺寸，其原理与三针测量法相同，测量方法比较简单。其计算公式如下：

$$A=\frac{M+d_0}{2}$$

式中，A 为单针测量值，单位为 mm；d_0 为螺纹顶径的实际尺寸，单位为 mm；M 为三针测量时，量针测量距的计算值，单位为 mm。

③ 梯形螺纹的综合测量。若梯形螺纹精度要求不高，可以采用标准梯形螺纹量规，对所加工的内、外梯形螺纹进行综合检查。在综合检查之前，可先进行单项检查，如测量螺纹顶径、螺距、牙型角和内螺纹小径等。

任务实施

车削前，先查表得：螺纹大径 $d=\phi 30_{-0.375}^{\ 0}$ mm，中径 $d_2=\phi 27_{-0.473}^{-0.118}$ mm，小径 $d_3=\phi 23_{-0.537}^{\ 0}$ mm。

操作步骤：

(1) 夹毛坯外圆长 50 mm 左右，找正并夹紧，车端面，粗、精车 $\phi 34_{-0.1}^{\ 0}$ mm。

(2) 调头夹 ϕ34 mm 外圆，长 120 mm，找正并夹紧，车端面，钻中心孔。

(3) 用后顶尖支撑，车 ϕ20 mm、长 10 mm 外径至尺寸要求。

(4) 车梯形螺纹大径至尺寸 $\phi 30_{-0.1}^{0}$ mm。

(5) 切退刀槽 8 × 4，按图样要求倒角 2 × 45° 及 1 × 45°。

(6) 粗车、半精车 Tr30 × 6-7e 螺旋槽。

(7) 精车螺纹外径至 $\phi 30_{-0.375}^{0}$ mm。

(8) 精车螺纹至尺寸。

(9) 检查。

★ 容易产生的问题和注意事项

(1) 不准在开车时用棉纱揩擦工件，以免发生安全事故。

(2) 使用提按开合螺母车削螺纹时，开合螺母按下时应与丝杠啮合。如感到未啮合好，应立即提起开合螺母，重新进行。

(3) 车螺纹时，应选择较小的切削用量，减少工件变形，同时要充分使用切削液。

(4) 一夹一顶装夹工件时，尾座套筒不能伸出太短，防止车刀返回时床鞍与尾座相碰。

(5) 车刀安装应对准工件旋转中心，并用样板把刀对正。中途换刀或磨刀应重新进行对刀，以防乱牙。

(6) 车螺纹横向进刀时，必须注意中滑板手柄刻度盘不要多摇一圈，否则会发生危险或损坏刀具、工件。每次进刀可用粉笔在刻度盘上做标记。

评分标准

车削梯形螺纹的评分标准如表 3-23 所示。

表 3-23　车削梯形螺纹的评分标准

序号	任务与技术要求	配分	评 分 标 准	实测记录	得分
1	会查所用车床进给箱的铭牌表	5	不符合要求酌情扣分		
2	螺纹样板装夹刀具及中途对刀正确	5	不符合要求酌情扣分		
3	调整手柄位置正确	15	不符合要求酌情扣分		
4	用三针测量法测量梯形螺纹数据准确	15	不符合要求酌情扣分		
5	螺纹加工步骤达到要求	15	不符合要求酌情扣分		
6	切削用量(进给量)选择正确	15	不符合要求酌情扣分		
7	按图样达到要求	30	总体评定(每项 5 分)		
8	安全文明操作		违者每次扣 2 分		
总分：100　姓名：　学号：	实际工时：		教师签字：	学生成绩：	

项目十　复合加工(车削螺纹轴零件)

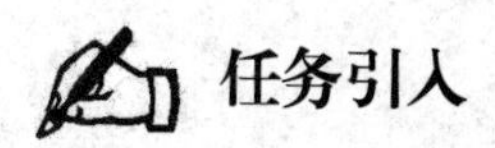

任务引入

实习教学要求：

(1) 通过复合加工的练习，进一步巩固提高车内外圆、台阶、锥体、三角螺纹的操作技能。

(2) 巩固各种车刀刃磨的技能。

(3) 巩固使用量具的技能。

(4) 独立地选择较合理的切削用量。

任务实施

螺纹轴(见图 3-112)的加工步骤。

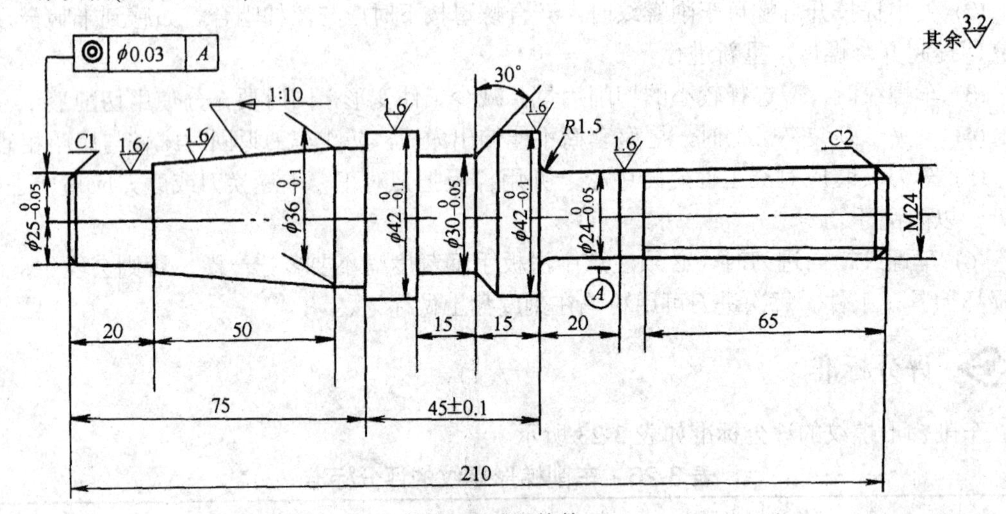

材料：45 钢 件数：1

图 3-112 螺纹轴

(1) 三爪自定心卡盘夹毛坯外径，伸出 50 mm，车端面，车平即可，钻 B2.5 的中心孔。

(2) 卡盘夹毛坯外径 5 mm 左右，另一端用活顶尖支顶，车外径至 ϕ43 mm、长 200 mm。

(3) 调头夹 ϕ43 mm 外圆，车端面至总长尺寸 210 mm，钻中心孔，并车剩余毛坯外径至 ϕ43 mm。

(4) 两顶装夹，粗车 ϕ36 mm、长 75 mm，ϕ25 mm、长 20 mm 外圆，外径留精车余量。

(5) 调头(两顶装夹)粗车，尺寸要求为 ϕ24 mm、长 90 mm(参考尺寸)，保证外圆 ϕ42 mm 的长度为 45 mm ± 0.1 mm 及台阶根部圆弧为 R1.5 mm。

(6) 粗车槽 ϕ30 mm、长 15 mm，留精车余量。

(7) 调头(两顶装夹)精车，尺寸要求为 $\phi 42_{-0.1}^{0}$ mm，$\phi 36_{-0.1}^{0}$ mm、长 75 mm 及 $\phi 25_{-0.05}^{0}$ mm、长 20 mm。

(8) 粗、精车外圆锥面，长 50 mm。

(9) 精车槽 $\phi 30_{-0.05}^{0}$ mm、长 15 mm 及 30° 角。

(10) 调头(两顶尖装夹)精车 $\phi 24_{-0.05}^{0}$ mm。

(11) 车 M24 螺纹外径至 $\phi 24_{-0.2}^{-0.1}$ mm、长 65 mm 及倒角 2 × 45°。

(12) 粗、精车 M24 螺纹，长 65 mm 至尺寸要求。

(13) 检查。

★ **容易产生的问题和注意事项**

(1) 注意仔细分析图纸，找出图纸的设计基准和尺寸标准基准。

(2) 确定好加工基准，尽量使加工基准和图纸设计基准重合。

评分标准

螺纹轴加工的评分标准如表 3-24 所示。

表 3-24　螺纹轴加工的评分标准

序号	任务与技术要求	配分	评 分 标 准	实测记录	得分
1	工件放置或夹持正确	5	不符合要求酌情扣分		
2	刀具选择、装夹正确	5	不符合要求酌情扣分		
3	加工操作正确	15	不符合要求酌情扣分		
4	测量姿势正确，数据准确	15	不符合要求酌情扣分		
5	各种车刀刃磨方法正确、角度合理	15	不符合要求酌情扣分		
6	切削用量的选择正确	15	不符合要求酌情扣分		
7	按图样达到要求	30	总体评定(每项 5 分)		
8	安全文明操作		违者每次扣 2 分		
总分：100	姓名： 学号：	实际工时：	教师签字：	学生成绩	

复习思考题

1. 车削加工时，工件和刀具需作哪些运动？车削要素的名称、符号和单位是什么？解释 CA6140 的含义。

2. 卧式车床有哪些主要组成部分？各有何功用？

3. 刀架为什么要做成多层结构？转盘的作用是什么？

4. 尾座顶尖的纵、横两个方向的位置应如何调整？用两顶尖装夹车削外圆面时，产生锥度误差的原因是什么？

5. 外圆车刀五个主要标注角度是如何定义的？各有何作用？

6. 安装车刀时，有哪些要求？

7. 试切的目的是什么？结合实际操作说明试切的步骤。

8. 车外圆面常用的哪些车刀？车削长轴外圆面为什么常用 90° 偏刀？

9. 车床上加工圆锥面的方法有哪些？各有哪些特点？各适于何种生产类型？

10. 车螺纹时，产生乱扣的原因是什么？如何防止乱扣？

11. 车螺纹时，要控制哪些直径？影响螺纹配合松紧的主要尺寸是什么？

12. 为什么车削时一般先要车端面？为什么钻孔前也要先车端面？

13. 何种工件适合两顶尖安装？工件上的中心孔有何作用？如何加工中心孔？

14. 顶尖安装时，能否车削工件的端面？能否切断工件？

15. 图 3-113 为接头零件，材料 45 钢，加工数量 5 件。请制定其加工工艺过程，并按工艺过程的步骤把零件加工出来。

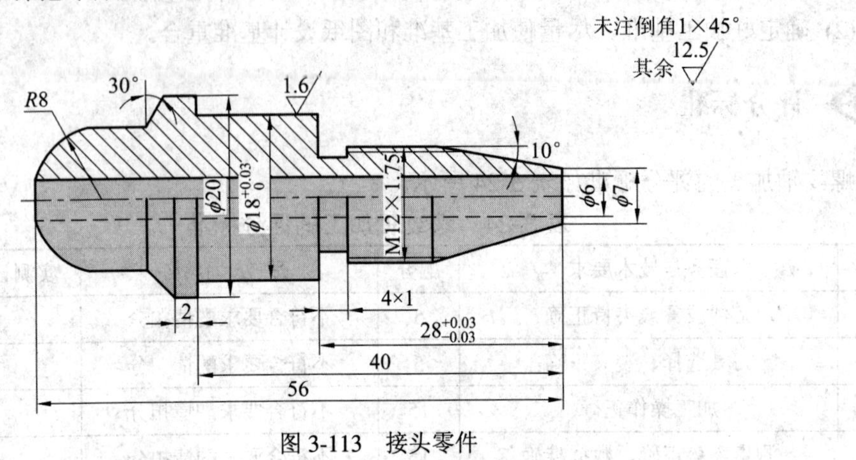

图 3-113　接头零件

模块四　铣 削 加 工

一、实训目的和要求

(1) 通过铣削加工基本操作，使学生了解铣削加工在机械加工中的重要性，了解零件加工工艺过程及机械加工基本知识。

(2) 了解铣削加工的工艺特点、加工范围及铣工安全操作规程。

(3) 了解普通铣床组成部分及其作用，掌握其主要调整方法并能较熟悉地调整普通铣床。

(4) 了解铣刀的结构、分类，铣刀的主要作用，刀具材料及性能要求。

(5) 具有一定的铣床操作基本技能，能制定一般零件的铣工工艺。

(6) 掌握铣平面、斜面、沟槽、成形面等的基本操作技能，能合理选择刀具，并能按照图纸的基本要求，独立地完成简单零件的铣削加工。

二、安全操作规程

1. 文明生产

(1) 文明生产的重要性。

文明生产是工厂管理中一项十分重要的内容。它直接影响产品质量的好坏，影响设备和工具、夹具、量具的使用寿命，影响操作工人技能的发挥。作为技工学校的学生，从开始学习基本操作技能时，就应重视培养文明生产的良好习惯，以适应企业的需要。

(2) 文明生产的内容。

① 工作前，认真查看机床有无异常，在规定部位加注润滑油和冷却液。

② 开始加工前，先安装好刀具，再装夹好工件。装夹必须牢固可靠，严禁用启动机床的动力装夹刀杆、拉杆。

③ 机床在运行中，操作人员不得擅离岗位或委托他人看管，不准闲谈、打闹和开玩笑。

④ 发生事故时，应立即切断电源，保护现场，参加事故分析，承担事故应负的责任。

⑤ 收拾好所用的工具、夹具、量具，将它们摆放于工具箱中，并将工件交检。

⑥ 工作结束，应认真清扫机床、加油，并将工作台移向立柱附近，将切屑倒入规定地点。

2. 安全生产

(1) 安全生产的重要性。

安全生产的操作规程是每一个操作者都必须遵守的规则，是保证操作者及他人人身安全和设备安全的准则。如果违反这一准则，就可能造成人身的伤害及设备的损坏，给个人和国家造成损失。

(2) 安全生产的操作规程的内容。

① 工作前，必须穿好工作服(军训服)，女生必须戴好工作帽，发辫不得外露。在执行飞刀操作时，必须戴防护眼镜。

② 主轴变速时必须停车。变速时，先打开变速操作手柄，再选择转速，最后以适当的快慢速度将操作手柄复位。复位时，若速度过快，则开关难操作；若太慢，则易达启动状态，易损坏啮合中的齿轮。

③ 开始铣削加工前，刀具必须离开工件，并应查看铣刀旋转方向与工件相对位置是顺铣还是逆铣。通常不采用顺铣，而采用逆铣。若有必要采用顺铣，则应事先调整工作台的丝杆螺母间隙到合适程度，方可铣削加工，否则将引起“扎刀”或“打刀”现象。

④ 加工时，若采用自动进给，则必须注意行程的极限位置，严密注意铣刀与工件夹具间的相对位置，以防发生过铣、撞铣夹具而损坏刀具和夹具。

⑤ 加工过程中，严禁将多余的工件、夹具、刀具、量具等摆在工作台上，以防碰撞、跌落，发生人身、设备事故。

⑥ 两人或多人共同操作一台机床时，必须严格分工，分段操作，严禁同时操作一台机床。

⑦ 中途停车测量工件时，不得用手强行刹住惯性转动着的铣刀主轴。

⑧ 铣后的工件取出后，应及时去毛刺，防止拉伤手指或划伤堆放的其他工件。

项目一　铣削加工简介

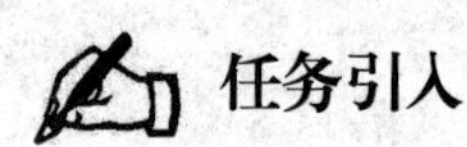

任务引入

实习教学要求：

(1) 了解铣床的基本工作内容。

(2) 了解生产实习课的特点。

(3) 了解铣削用量及其合理的选择。

(4) 了解铣削方式。

相关知识

1．铣床的基本工作内容

在铣床上，用铣刀加工工件的工艺过程叫做铣削加工，简称铣工。铣削是金属切削加工中常用的方法之一。铣削时，铣刀作旋转的主运动，工件作缓慢直线的进给运动。

(1) 铣削的特点。

① 铣刀是一种多齿刀具。铣削时，铣刀的每个刀齿不像车刀和钻头那样连续地进行切削，而是间歇地进行切削；刀具的散热和冷却条件好，铣刀的耐用度高，切削速度可以提高。

② 铣削时，经常是多齿进行切削的，可采用较大的切削用量。与刨削相比，铣削有较高的生产效率，在成批及大量生产中，铣削几乎已全部代替了刨削。

③ 由于铣刀刀齿的不断切入、切出，铣削力也不断地发生变化，故而铣削容易产生振动。

(2) 铣削的应用。

铣床的加工范围很广，可以加工平面、斜面、垂直面、各种沟槽和成形面(如齿形)，如图 4-1 所示，还可以进行分度工作。

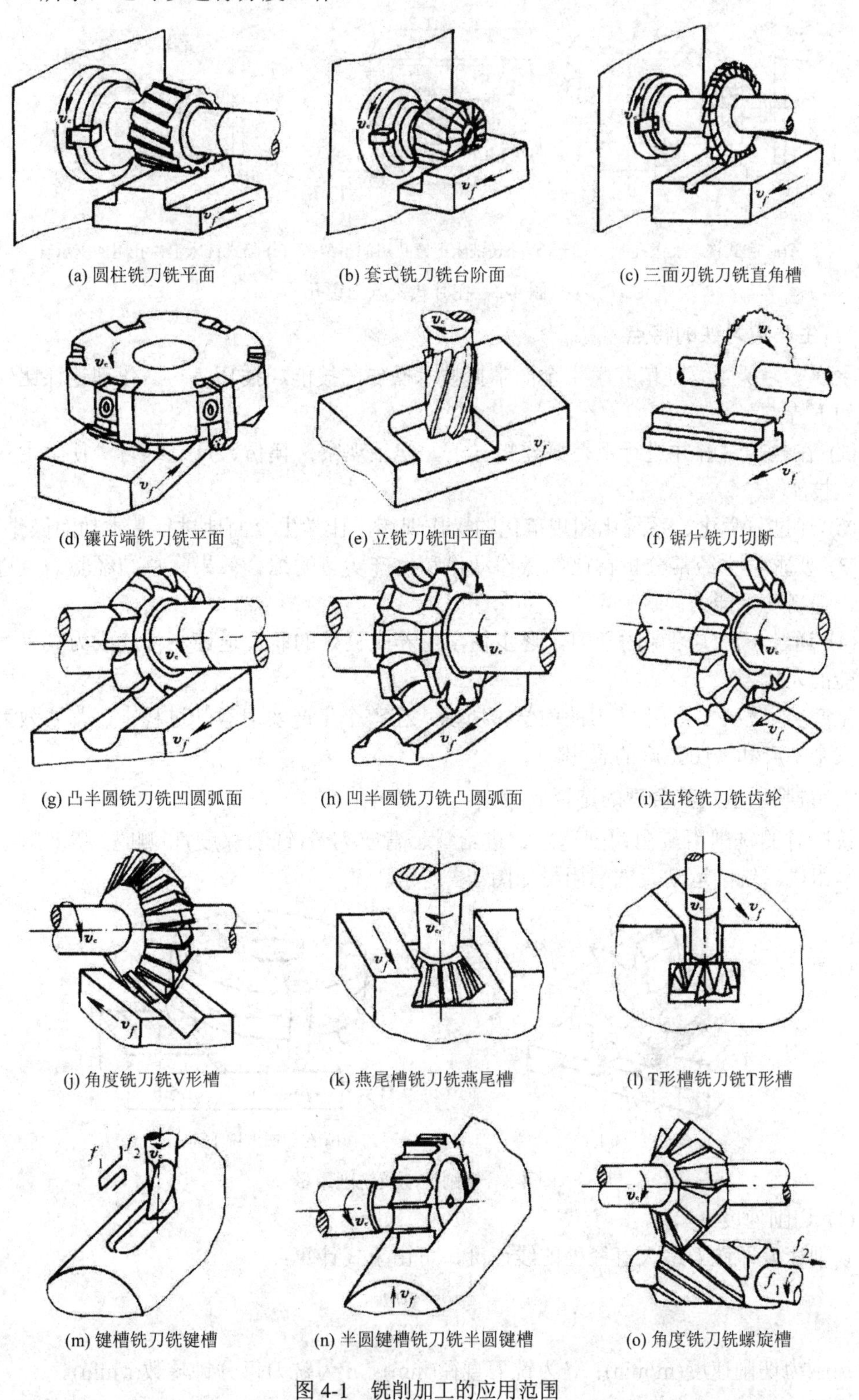

(a) 圆柱铣刀铣平面　(b) 套式铣刀铣台阶面　(c) 三面刃铣刀铣直角槽

(d) 镶齿端铣刀铣平面　(e) 立铣刀铣凹平面　(f) 锯片铣刀切断

(g) 凸半圆铣刀铣凹圆弧面　(h) 凹半圆铣刀铣凸圆弧面　(i) 齿轮铣刀铣齿轮

(j) 角度铣刀铣V形槽　(k) 燕尾槽铣刀铣燕尾槽　(l) T形槽铣刀铣T形槽

(m) 键槽铣刀铣键槽　(n) 半圆键槽铣刀铣半圆键槽　(o) 角度铣刀铣螺旋槽

图 4-1　铣削加工的应用范围

有时孔的钻、镗加工也可以在铣床上进行，如图 4-2 所示。铣床的加工精度一般为 IT9～IT8，表面粗糙度一般为 Ra6.3～1.6 μm。

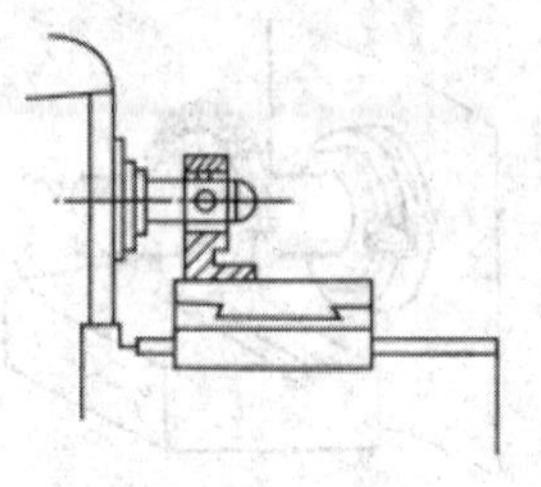

(a) 卧式铣床上镗孔

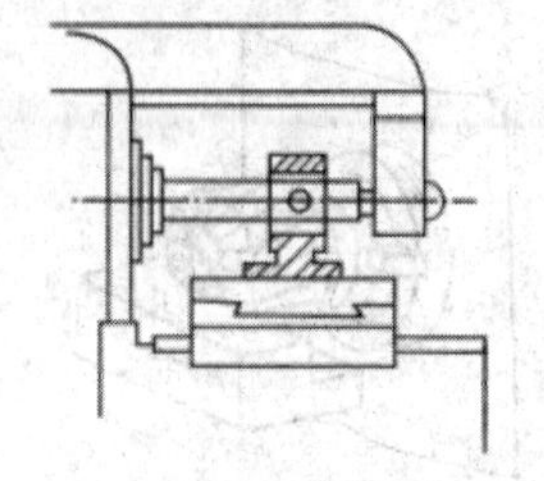

(b) 卧式铣床上镗孔用的吊架

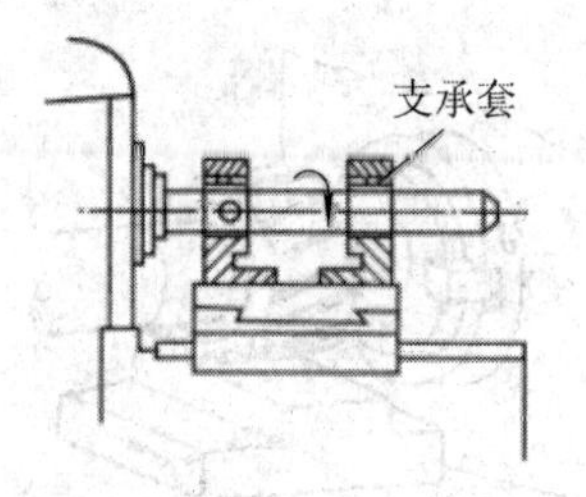

(c) 卧式铣床上镗孔用的支承套

图 4-2　在卧式铣床上镗孔

2. 生产实习课的特点

生产实习课主要是培养学生全面掌握技术操作的技能、技巧。与文化理论课比较，它具有如下特点：

(1) 在教师讲解并进行示范操作指导下，学生观察、模仿、反复练习，使学生获得基本操作技能。

(2) 通过科学化、系统化和规范化的操作训练，让学生全面地进行基本功的操作练习。

(3) 要求学生经常分析自己的操作动作和生产实习的综合效果，总结经验，改进操作方法，提高动手能力。

(4) 通过生产实习课的学习，逐步使学生养成良好的职业道德，使其成为具有一定操作技能的人才。

生产实习教学是动手能力的教学，所以，在整个生产实习教学过程中，都要教育学生树立安全生产和文明生产的思想。

3. 铣削用量及其合理的选择

铣削时的铣削用量由切削速度、进给量、背吃刀量(铣削深度)和侧吃刀量(铣削宽度)四要素组成。铣削运动及铣削用量如图 4-3 所示。

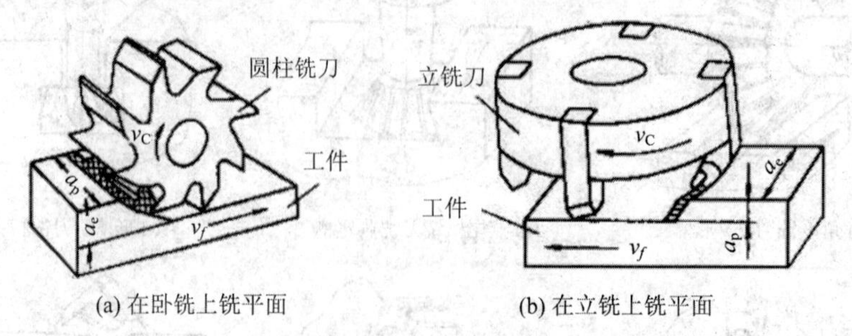

(a) 在卧铣上铣平面　　(b) 在立铣上铣平面

图 4-3　铣削运动及铣削用量

(1) 切削速度 v_C。

切削速度即铣刀最大直径处的线速度，可由下式计算：

$$v_C = \frac{\pi dn}{1000}$$

式中：v_C 为切削速度(m/min)；d 为铣刀直径(mm)；n 为铣刀每分钟转数(r/min)。

(2) 进给量 f。

铣削时，工件在进给运动方向上相对刀具的移动量，即为铣削时的进给量。由于铣刀为多刃刀具，计算时按单位时间不同，有以下三种度量方法。

① 每齿进给量 f_Z，是指铣刀每转过一个刀齿时，工件对铣刀的进给量(即铣刀每转过一个刀齿，工件沿进给方向移动的距离)，其单位为 mm/z。

② 每转进给量 f，是指铣刀每一转，工件对铣刀的进给量(即铣刀每转，工件沿进给方向移动的距离)，其单位为 mm/r。

③ 每分钟进给量 v_f，又称进给速度，它是指工件对铣刀每分钟的进给量(即每分钟工件沿进给方向移动的距离)，其单位为 mm/min。上述三者的关系为，

$$v_f = fn = f_Z Zn$$

式中：Z 为铣刀齿数；n 为铣刀每分钟转数(r/min)。

(3) 背吃刀量(又称铣削深度)a_p。

铣削深度为平行于铣刀轴线方向测量的切削层尺寸(切削层是指工件上正被刀刃切削着的那层金属)，单位为 mm。因周铣与端铣时相对于工件的方位不同，故铣削深度的标示也有所不同。

(4) 侧吃刀量(又称铣削宽度)a_e。

铣削宽度是垂直于铣刀轴线方向测量的切削层尺寸，单位为 mm。

铣削用量选择的原则：通常，粗加工时，为了保证必要的刀具耐用度，应优先采用较大的侧吃刀量或背吃刀量，其次是加大进给量，最后才是根据刀具耐用度的要求，选择适宜的切削速度，这样选择是因为切削速度对刀具耐用度影响最大，进给量次之，侧吃刀量或背吃刀量影响最小；精加工时，为了减小工艺系统的弹性变形，必须采用较小的进给量，同时为了抑制积屑瘤的产生，对于硬质合金铣刀应采用较高的切削速度，对高速钢铣刀应采用较低的切削速度。如果铣削过程中不产生积屑瘤，也应采用较大的切削速度。

4．铣削方式

(1) 周铣和端铣。

用刀齿分布在圆周表面的铣刀进行铣削的方式叫做周铣(见图 4-1(a))；用刀齿分布在圆柱端面上的铣刀而进行铣削的方式叫做端铣(见图 4-1(d))。与周铣相比，端铣铣平面时较为有利，原因有：

① 端铣刀的副切削刃对已加工表面有修光作用，能使表面粗糙度降低，周铣的工件表面则有波纹状残留面积。

② 同时参加切削的端铣刀齿数较多，切削力的变化程度较小，因此工作时振动较周铣小。

③ 端铣刀的主切削刃刚接触工件时，切屑厚度不等于零，刀刃不易磨损。

④ 端铣刀的刀杆伸出较短，刚性好，刀杆不易变形，可用较大的切削用量。

由此可见，端铣法的加工质量较好，生产率较高。所以铣削平面时，大多采用端铣。但是，周铣对加工各种形面的适应性较广，而有些形面(如成形面等)则不能用端铣。

(2) 逆铣和顺铣。

周铣有逆铣法和顺铣法之分，如图 4-4 所示。逆铣时，铣刀的旋转方向与工件的进给方向相反；顺铣时，铣刀的旋转方向与工件的进给方向相同。逆铣时，切屑的厚度从零开始渐增。实际上，铣刀的刀刃开始接触工件后，将在表面滑行一段距离后才真正切入金属。这就使得刀刃容易磨损，并增加加工表面的粗糙度。逆铣时，铣刀对工件有上抬的切削分力，影响工件安装在工作台上的稳固性。

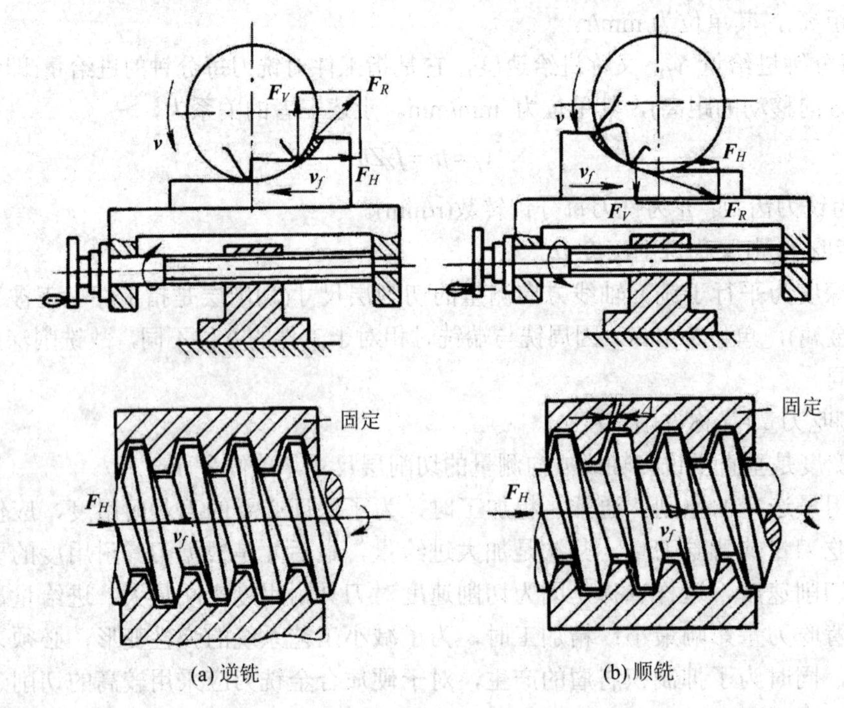

图 4-4　逆铣和顺铣

顺铣则没有上述缺点。但是，顺铣时，工件的进给会受工作台传动丝杠与螺母之间间隙的影响。因为铣削的水平分力与工件的进给方向相同，铣削力忽大忽小，就会使工作台窜动和进给量不均匀，甚至引起打刀或损坏机床。因此，在纵向进给丝杠处有消除间隙的装置时，才能采用顺铣。但一般铣床上是没有消除丝杠螺母间隙的装置的，故只能采用逆铣法。另外，对铸锻件表面的粗加工，顺铣因刀齿首先接触黑皮，将加剧刀具的磨损，此时也是以逆铣为妥。

★ **容易产生的问题和注意事项**

(1) 按基本操作训练次序逐个练习，熟悉铣削加工的特点与应用。

(2) 每个操作练习合格后再进行下一项练习。

(3) 注意铣削用量及其合理的选择。

(4) 注意加工各种形面的铣削方式。

评分标准

铣削用量的合理的选择的评分标准如表 4-1 所示。

表 4-1 铣削用量的合理的选择的评分标准

序号	任务与技术要求	配分	评 分 标 准	实测记录	得分
1	工量具放置位置正确、排列整齐	20	不符合要求酌情扣分		
2	操作姿势正确	20	不符合要求酌情扣分		
3	铣床的基本工作内容	20	不符合要求酌情扣分		
4	铣削用量及其合理的选择	20	不符合要求酌情扣分		
5	铣削方式的了解	20	不符合要求酌情扣分		
6	安全文明操作		违者每次扣 2 分		
总分：100	姓名：	学号：	实际工时：	教师签字：	学生成绩：

项目二 铣床操作练习

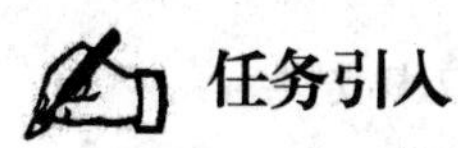

任务引入

(1) 了解铣床主要部件的名称及作用。
(2) 了解铣刀及其分类。
(3) 了解铣床附件的名称及作用。

相关知识

不同型号、不同厂家生产的铣床的各部分不尽相同，常用的有卧式铣床、立式铣床、龙门铣床和数控铣床及铣镗加工中心等。一般在工厂中，卧式铣床和立式铣床应用最广。其中，万能卧式升降台式铣床，简称万能卧式铣床，应用最多。

1. 万能卧式铣床

万能卧式升降台式铣床，简称万能卧式铣床，如图 4-5 所示，它是铣床中应用最广的一种。其主轴是水平的，与工作台面平行。下面以实习中所使用的 X6132 铣床为例，介绍万能卧式铣床的型号以及组成部分和作用。

(1) 万能卧式铣床的型号。

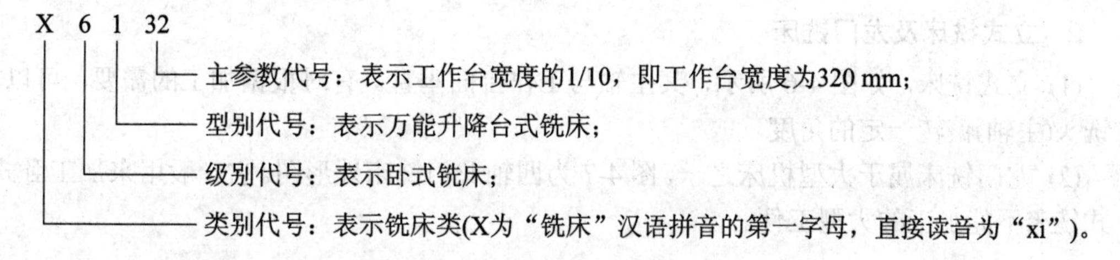

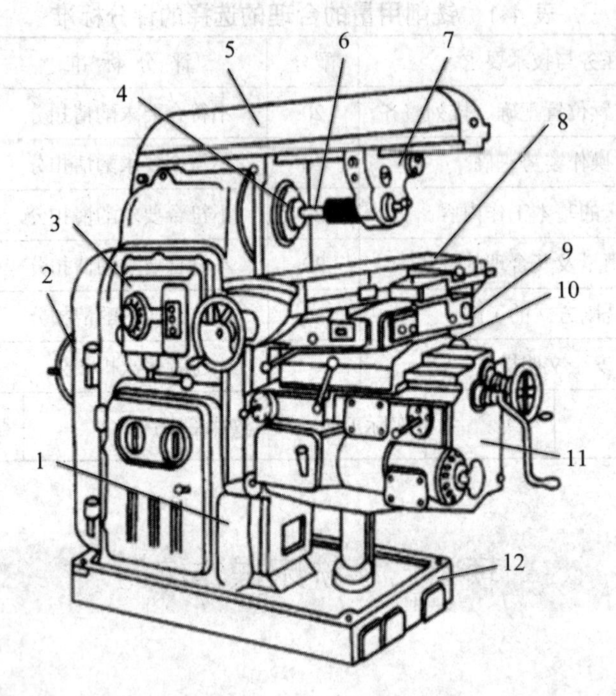

1—床身；2—电动机；3—变速机构；4—主轴；5—横梁；6—刀杆；7—刀杆支架；
8—纵向工作台；9—转台；10—横向工作台；11—升降台；12—底座

图 4-5　X6132 万能卧式铣床

(2) X6132 万能卧式铣床的主要组成部分及作用。

① 床身：用来固定和支承铣床上所有的部件。电动机、主轴及变速机构等均安装在它的内部。

② 横梁：它的上面安装吊架，用来支承刀杆外伸的一端，以加强刀杆的刚性。横梁可沿床身的水平导轨移动，以调整其伸出的长度。

③ 主轴：主轴是空心轴，前端有 7∶24 的精密锥孔，其用途是安装铣刀刀杆并带动铣刀旋转。

④ 纵向工作台：在转台的导轨上作纵向移动，带动台面上的工件作纵向进给。

⑤ 横向工作台：位于升降台上面的水平导轨上，带动纵向工作台一起作横向进给。

⑥ 转台：作用是能将纵向工作台在水平面内扳转一定的角度，以便铣削螺旋槽。

⑦ 升降台：它可以使整个工作台沿床身的垂直导轨上下移动，以调整工作台面到铣刀的距离，并作垂直进给。带有转台的卧铣，由于其工作台除了能作纵向、横向和垂直方向移动外，尚能在水平面内左右扳转 45°，因此称为万能卧式铣床。

2．立式铣床及龙门铣床

(1) 立式铣床，如图 4-6 所示，其主轴与工作台面垂直。有时根据加工的需要，可以将立铣头(主轴)偏转一定的角度。

(2) 龙门铣床属于大型机床之一。图 4-7 为四轴龙门铣床外形图。它一般用来加工卧式、立式铣床不能加工的大型工件。

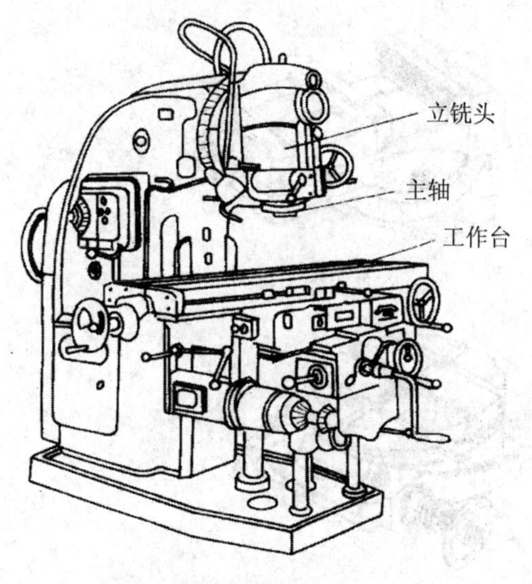

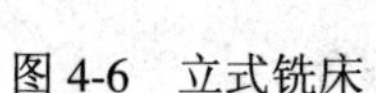
图 4-6　立式铣床

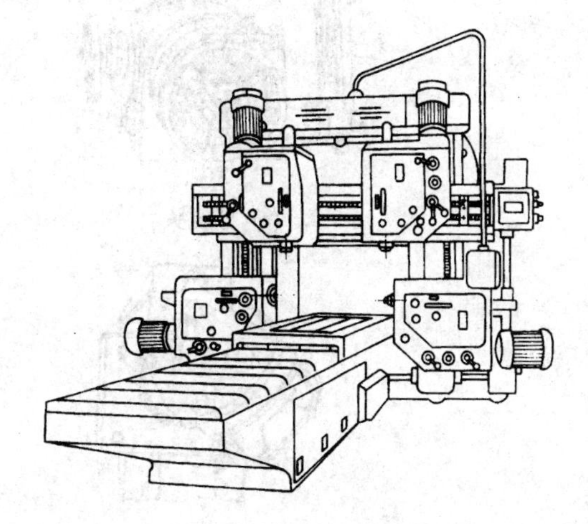
图 4-7　四轴龙门铣床外形图

3．铣刀

铣刀的分类方法很多。根据铣刀安装方法的不同，可分为两大类，即带孔铣刀和带柄铣刀。带孔铣刀多用在卧式铣床上，带柄铣刀多用在立式铣床上。带柄铣刀又分为直柄铣刀和锥柄铣刀。

(1) 常用的带孔铣刀的种类。

常用的带孔铣刀有以下四种：

① 圆柱铣刀：其刀齿分布在圆柱表面上，通常分为直齿(见图 4-3(a))和斜齿(见图 4-1(a)两种，主要用于铣削平面。由于斜齿圆柱铣刀的每个刀齿是逐渐切入和切离工件的，故工作较平稳，加工表面粗糙度数值小，但有轴向切削力产生。

② 圆盘铣刀：通常有三面刃铣刀、锯片铣刀等。图 4-1(c)为三面刃铣刀，主要用于加工不同宽度的直角沟槽及小平面、台阶面等。锯片铣刀(见图 4-1(f))用于铣窄槽和切断。

③ 角度铣刀：角度铣刀如图 4-1(j)、(o)所示，具有各种不同的角度，用于加工各种角度的沟槽及斜面等。

④ 成形铣刀：成形铣刀如图 4-1(g)、(h)、(i)所示，其切刃呈凸圆弧、凹圆弧、齿形等，用于加工与切刃形状对应的成形面。

(2) 常用的带柄铣刀的种类。

① 立铣刀：立铣刀如图 4-1(e)和图 4-3(b)所示，有直柄和锥柄两种，多用于加工沟槽、小平面、台阶面等。

② 键槽铣刀：键槽铣刀如图 4-1(m)所示，专门用于加工封闭式键槽。

③ T 形槽铣刀：T 形槽铣刀如图 4-1(l)所示，专门用于加工 T 形槽。

④ 镶齿端铣刀：镶齿端铣刀如图 4-1(d)所示，一般刀盘上装有硬质合金刀片，加工平面时可以进行高速铣削，以提高工作效率。

4．铣床的附件及其应用

铣床的主要附件有分度头、平口钳、万能铣头和回转工作台，如图 4-8 所示。

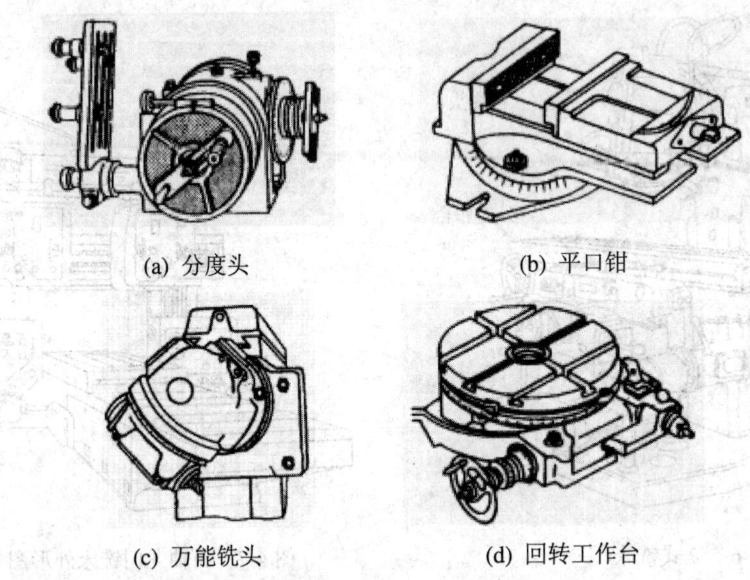

图 4-8　常用铣床的附件

(1) 分度头。

图 4-8(a)所示为分度头。在铣削加工中，常会遇到铣六方、齿轮、花键和刻线等工作。这时就需要利用分度头分度。因此，分度头是万能铣床上的重要附件。

① 分度头的作用。分度头的作用有以下三点：

一是能使工件绕自身的轴线周期性地转动一定的角度(即进行分度)；

二是利用分度头主轴上的卡盘夹持工件，使被加工工件的轴线相对于铣床工作台在向上 90° 和向下 10° 的范围内倾斜成需要的角度，以加工各种位置的沟槽、平面等(如铣圆锥齿轮)；

三是与工作台纵向进给运动相配合，通过配换挂轮能使工件连续转动，以加工螺旋沟槽、斜齿轮等。

万能分度头由于具有广泛的用途，在单件小批量生产中应用较多。

② 分度头的结构。

分度头的主轴是空心的，两端均为锥孔，前锥孔可装入顶尖(莫氏 4 号)，后锥孔可装入挂轮轴，以便在差动分度时挂轮，把主轴的运动传给侧轴带动分度盘旋转。主轴前端外部有螺纹，用来安装三爪卡盘，如图 4-9 所示。

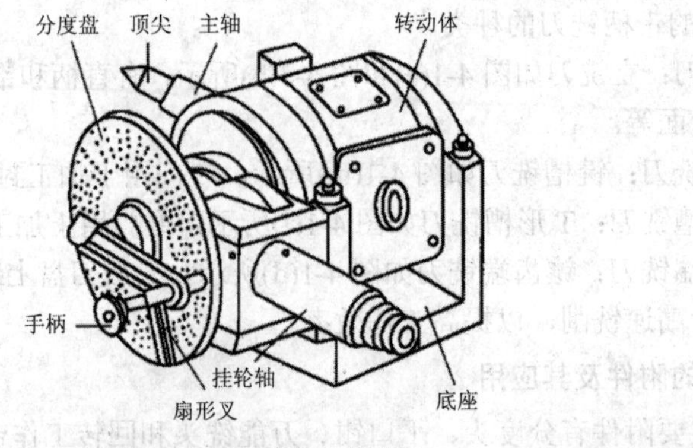

图 4-9　万能分度头外形

松开壳体上部的两个螺钉，主轴可以随回转体在壳体的环形导轨内转动，因此主轴除安装成水平外，还能扳成倾斜位置。当主轴调整到所需的位置后，应拧紧螺钉，主轴倾斜的角度可以从刻度上看出。

在壳体下面，固定有两个定位块，以便与铣床工作台面的T形槽相配合，用来保证主轴轴线准确地平行于工作台的纵向进给方向。

一个手柄用于紧固或松开主轴，即分度时松开主轴，分度后紧固主轴，以防在铣削时主轴松动。另一个手柄是控制蜗杆的手柄，它可以使蜗杆和蜗轮连接或分开(即分度头内部的传动切断或结合)。在切断传动时，可用手转动分度头的主轴，蜗轮与蜗杆之间的间隙可用螺母调整。

③ 分度方法。

分度头内部的传动系统如图 4-10(a)所示，可转动分度手柄，通过传动机构(传动比1∶1的一对齿轮和传动比1∶40的蜗轮蜗杆)，使分度头主轴带动工件转动一定角度。手柄转一圈，主轴带动工件转1/40圈。

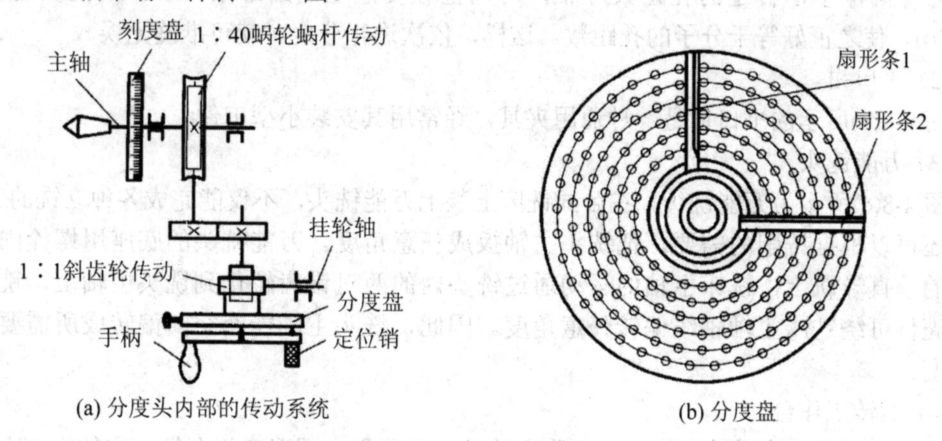

(a) 分度头内部的传动系统　　(b) 分度盘

图 4-10　分度头的传动

如果要将工件的圆周等分为Z等分，则每次分度工件应转过1/Z圈。设每次分度手柄的转数为n，则手柄转数n与工件等分数Z之间有如下关系：

$$1:40=\frac{1}{Z}:n$$

$$n=\frac{40}{Z}$$

分度头分度的方法有直接分度法、简单分度法、角度分度法和差动分度法等。这里仅介绍常用的简单分度法。

例　铣齿数为$Z=35$的齿轮，需要对齿轮毛坯的圆周作35等分。每一次分度时，手柄转数为

$$n=\frac{40}{Z}=\frac{40}{35}=1\frac{1}{7}\text{(圈)}$$

分度时，如果求出的手柄转数不是整数，可利用分度盘上的等分孔距来确定。分度盘如图 4-10(b)所示。分度头上一般备有两块分度盘。分度盘的两面各钻有不通的许多圈孔，

各圈孔数均不相等。然而，同一圈孔上的孔距是相等的。

分度头第一块分度盘正面各圈孔数依次为 24、25、28、30、34、37；反面各圈孔数依次为 38、39、41、42、43。

第二块分度盘正面各圈孔数依次为 46、47、49、51、53、54；反面各圈孔数依次为 57、58、59、62、66。

按上例计算结果，即每分一齿，手柄需转过$1\frac{1}{7}$圈，其中 1/7 圈需要通过分度盘(见图 4-10(b))来控制。用简单分度法需要先将分度盘固定，再将分度手柄上的定位销调整到孔数为 7 的倍数(如 28、42、49)的孔圈上，例如在孔数为 28 的孔圈上。此时，分度手柄转过 1 整圈后，再沿孔数为 28 的孔圈转过 4 个孔距，即

$$n=1\frac{1}{7}=1\frac{4}{28}$$

为了确保手柄转过的孔距数可靠，可调整分度盘上的扇形条 1、2 间的夹角(见图 4-10(b))，使之正好等于分子的孔距数。这样，依次进行分度时就可准确无误。

(2) 平口钳。

图 4-8(b)所示的平口钳是一种通用夹具，经常用其安装小型工件。

(3) 万能铣头。

图 4-8(c)所示为万能铣头。在卧式铣床上装上万能铣头，不仅能完成各种立铣的工作，而且还可以根据铣削的需要，把铣头主轴扳成任意角度。万能铣头的底座用螺栓固定在铣床的垂直导轨上，铣床主轴的运动通过铣头内的两对锥齿轮传到铣头主轴上，铣头主轴的壳体可绕铣床主轴轴线偏转任意角度。因此，铣头主轴能在空间偏转成所需要的任意角度。

(4) 回转工作台。

图 4-8(d)所示的回转工作台，又称为转盘、平分盘、圆形工作台等。它的内部有一套蜗轮蜗杆，摇动手轮，通过蜗杆轴，就能直接带动与转台相连接的蜗轮转动。转台周围有刻度，可以用来观察和确定转台位置。拧紧固定螺钉，转台就固定不动。转台中央有一孔，利用它可以方便地确定工件的回转中心。当底座上的槽和铣床工作台的 T 形槽对齐后，即可用螺栓把回转工作台固定在铣床工作台上。铣圆弧槽时，工件安装在回转工作台上，铣刀旋转，用手均匀缓慢地摇动回转工作台，使工件铣出圆弧槽。

★ 容易产生的问题和注意事项

(1) 压板的位置要安排得当，压点要靠近切削面，压力大小要适合。粗加工时，压紧力要大，以防止切削中工件移动；精加工时，压紧力要合适，注意防止工件发生变形。

(2) 工件如果放在垫铁上，要检查工件与垫铁是否贴紧。若没有贴紧，必须垫上铜皮或纸，直到贴紧为止。

(3) 压板必须压在垫铁处，以免工件因受压紧力而变形。

(4) 安装薄壁工件，在其空心位置处，可用活动支撑(千斤顶等)增加刚度。

(5) 工件压紧后，要用划针盘复查加工线是否仍然与工作台平行，避免工件在压紧过程中变形或走动。

评分标准

铣床操作练习评分标准如表 4-2 所示。

表 4-2　铣床操作练习评分标准

序号	任务与技术要求	配分	评分标准	实测记录	得分
1	铣床主要部件的名称及作用	20	酌情扣分		
2	铣床各部分传动系统	15	酌情扣分		
3	能根据需要，按铣床铭牌对各手柄位置进行调整	20	酌情扣分		
4	熟悉掌握纵横向工作台、升降台的操作	20	酌情扣分		
5	熟悉铣刀及其分类	15	酌情扣分		
6	熟悉铣床附件的名称及作用	10	酌情扣分		
7	安全文明操作		违者每次扣 2 分		
总分：100	姓名：	学号：	实际工时：	教师签字：	学生成绩：

项目三　铣削的基本操作

任务引入

实习教学要求：

(1) 铣刀的装夹。

(2) 工件的装夹。

(3) 了解铣削加工的特点及加工范围。

相关知识

了解铣削加工的特点，掌握铣削的基本操作，可参考相关的铣床说明书。

1．铣刀的安装

(1) 带孔铣刀的安装。

带孔铣刀中的圆柱铣刀、圆盘铣刀多用长刀杆安装，如图 4-11 所示。

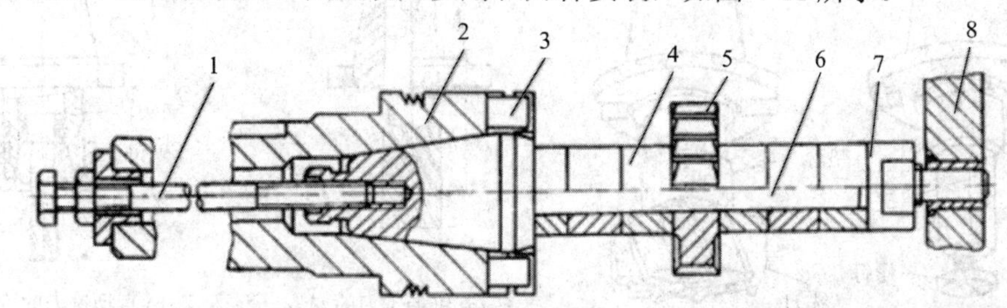

1—拉杆；2—铣床主轴；3—端面键；4—套筒；5—铣刀；6—刀杆；7—螺母；8—刀杆支架

图 4-11　圆盘铣刀的安装

长刀杆一端有 7∶24 的锥度，可与铣床主轴孔相配合，安装刀具的刀杆部分。根据刀孔的大小分，常用的铣刀有ϕ16 mm、ϕ22 mm、ϕ27 mm、ϕ32 mm 等不同规格。

用长刀杆安装带孔铣刀时，要注意：

① 铣刀应尽可能地靠近主轴或吊架，以保证铣刀有足够的刚性；套筒的端面与铣刀的端面要擦干净，以减小铣刀的端跳；拧紧刀杆的压紧螺母时，应先装上吊架，以防刀杆受力弯曲。

② 斜齿圆柱铣所产生的轴向切削刀应指向主轴轴承，主轴转向与斜齿圆柱铣刀旋向的选择如表 4-3 所示。

表 4-3　主轴转向与斜齿圆柱铣刀旋向的选择

情况	铣刀安装简图	螺旋线方向	主旋转方向	轴向力的方向	说明
1		左旋	逆时针方向旋转	向着主轴轴承	正确
2		左旋	顺时针方向旋转	离开主轴轴承	不正确

带孔铣刀中的端铣刀，多用于短刀杆安装，如图 4-12 所示。

(2) 带柄铣刀的安装。

① 锥柄铣刀的安装如图 4-13(a)所示。根据铣刀锥柄的大小，选择合适的变锥套，将各配合表面擦干净，然后在主轴上用拉杆把铣刀及变锥套一起拉紧。

② 直柄铣刀的安装如图 4-13(b)所示。这类铣刀多为小直径铣刀，一般不超过ϕ20 mm，多用弹簧夹头进行安装。铣刀的柱柄插入弹簧套的孔中，用螺母压弹簧套的端面，使弹簧套的外锥面受压而孔径缩小，即可将铣刀锁紧。弹簧套上有三个开口，故受力时能收缩。弹簧套有多种孔径，以适应各种尺寸的铣刀。

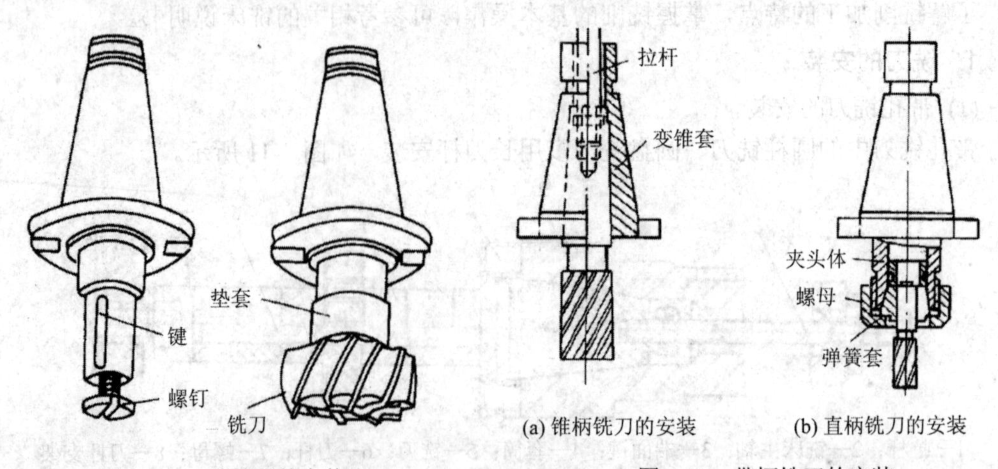

(a) 锥柄铣刀的安装　(b) 直柄铣刀的安装

图 4-12　端铣刀的安装　　图 4-13　带柄铣刀的安装

2. 工件的安装

铣床上常用的工件安装方法有以下三种。

(1) 平口钳安装工件。

在铣削加工时，常使用平口钳夹紧工件，如图 4-14 所示。平口钳具有结构简单，夹紧牢靠等特点，所以使用广泛。平口钳尺寸规格是以其钳口宽度来区分的。X62W 型铣床配用的平口钳为 160 mm。平口钳分为固定式和回转式两种。回转式平口钳可以绕底座旋转 360°，固定在水平面的任意位置上，因而扩大了其工作范围，是目前平口钳应用的主要类型。平口钳用两个 T 形螺钉固定在铣床上，底座上还有一个定位键。它与工作台中间的 T 形槽相配合，以提高平口钳安装时的定位精度。

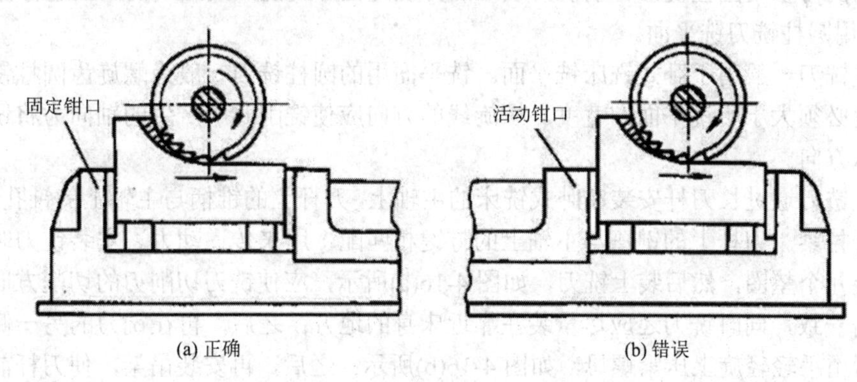

图 4-14　平口钳安装工件

(2) 用压板、螺钉和垫铁安装工件。

对于大型工件或平口钳难以安装的工件，可用压板、螺钉和垫铁将工件直接固定在工作台上，如图 4-15(a)所示。

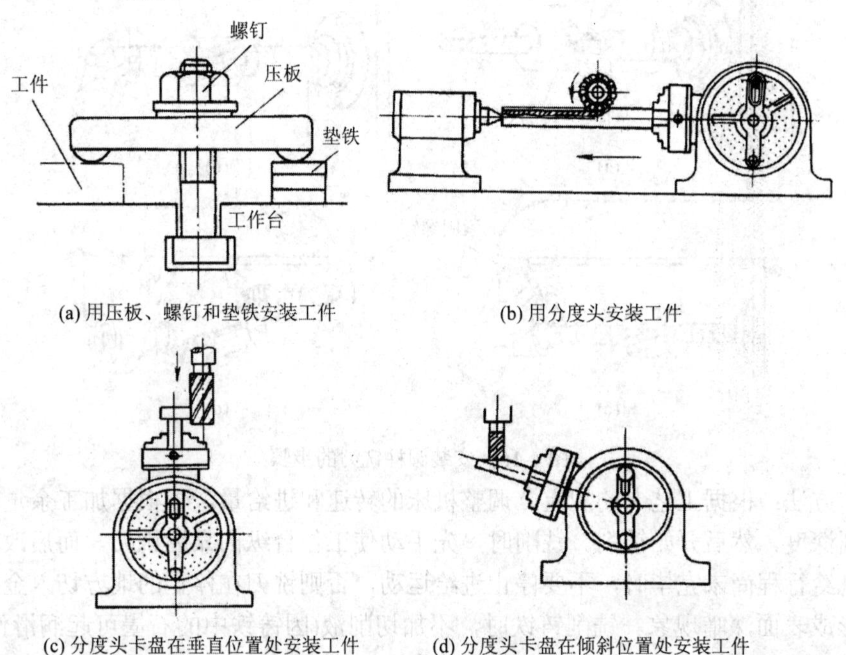

图 4-15　工件在铣床上常用的安装方法

(3) 用分度头安装工件。

分度头安装工件一般用在等分工作中。我们既可以用分度头卡盘(或顶尖)和尾架顶尖安装轴类工件，如图 4-15(b)所示，也可以只使用分度头卡盘安装工件。由于分度头的主轴可以在垂直平面内转动，因此可以利用分度头在水平、垂直及倾斜位置安装工件，如图 4-15(b)、(c)、(d)所示。

当零件的生产批量较大时，可采用专用夹具或组合夹具装夹工件。这样既能提高生产效率，又能保证产品质量。

3．铣平面

铣平面可以用圆柱铣刀、端铣刀或三面刃铣刀在卧式铣床或立式铣床上进行铣削。

(1) 用圆柱铣刀铣平面。

圆柱铣刀一般用于卧式铣床铣平面。铣平面用的圆柱铣刀一般为螺旋齿圆柱铣刀，铣刀的宽度必须大于所铣平面的宽度。螺旋线的方向应使铣削时所产生的轴向力将铣刀推向主轴轴承方向。

圆柱铣刀通过长刀杆安装在卧式铣床的主轴上，刀杆上的锥柄与主轴上的锥孔相匹配，并用拉杆拉紧。刀杆上的键槽与主轴上的方键相匹配，用来传递动力。安装铣刀时，先在刀杆上装几个垫圈，然后装上铣刀，如图 4-16(a)所示，应使铣刀切削刃的切削方向与主轴旋转方向一致，同时铣刀还应尽量装在靠近床身的地方；之后，再在铣刀的另一侧套上垫圈，然后用手轻轻旋上压紧螺母，如图 4-16(b)所示；之后，再安装吊架，使刀杆前端进入吊架轴承内，拧紧吊架的紧固螺钉，如图 4-16(c)所示；最后，初步拧紧刀杆螺母，开车观察铣刀是否装正，然后用力拧紧螺母，如图 4-16(d)所示。

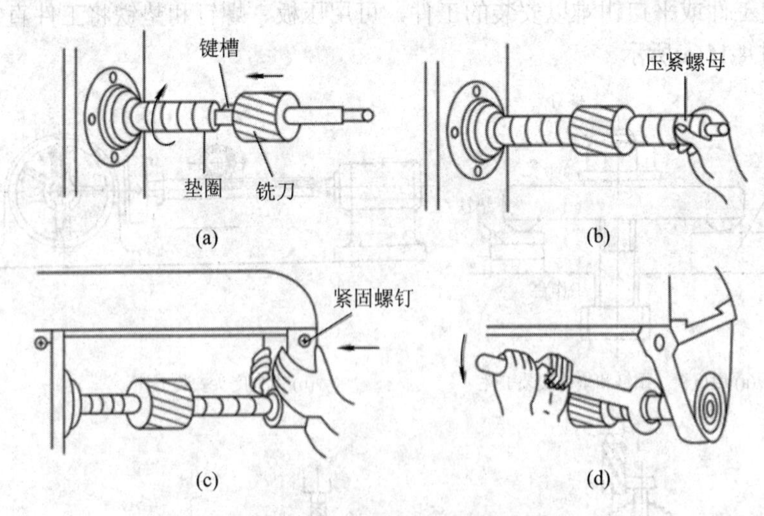

图 4-16　安装圆柱铣刀的步骤

操作方法：根据工艺卡的规定，调整机床的转速和进给量，再根据加工余量的多少来调整铣削深度，然后开始铣削。铣削时，先手动使工作台纵向靠近铣刀，而后改为自动进给。当进给行程尚未完毕时，不要停止进给运动，否则铣刀在停止的地方切入金属就会比较深，形成表面深啃现象。铣削铸铁时，不加切削液(因铸铁中的石墨可起润滑作用)；铣削钢料时，要用切削液，通常用含硫矿物油作为切削液。

用螺旋齿圆柱铣刀铣削时，同时参加切削的刀齿数较多，每个刀齿工作时都是沿螺旋线方向逐渐地切入和离开工作表面，切削比较平稳。在单件小批量生产中，常用圆柱铣刀在卧式铣床上铣平面。

(2) 用端铣刀铣平面。

用端铣刀铣平面如图 4-17 所示。端铣刀一般用于立式铣床上铣平面，有时也用于卧式铣床上铣侧面。端铣刀一般中间带有圆孔，其安装方法为：通常先将铣刀装在短刀轴上，再将刀轴装入机床的主轴上，并用拉杆螺丝拉紧。

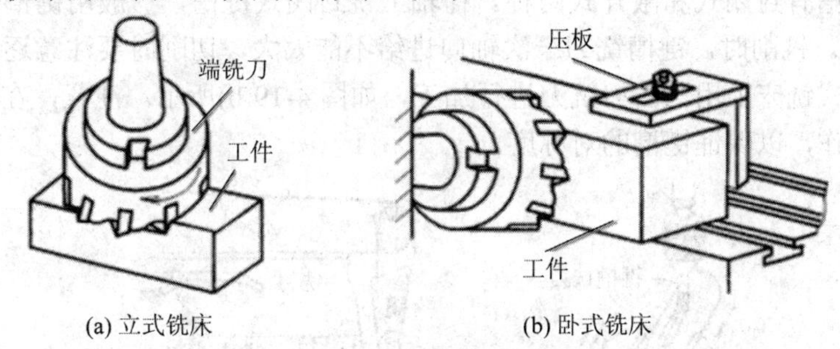

(a) 立式铣床　　(b) 卧式铣床

图 4-17　用端铣刀铣平面

用端铣刀铣平面与用圆柱铣刀铣平面相比，其特点是：

① 切削厚度变化较小，同时切削的刀齿较多，因此切削比较平稳。

② 端铣刀的主切削刃担负着主要的切削工作，而副切削刃又有修光作用，所以表面光整。

③ 端铣刀的刀齿易于镶装硬质合金刀片，可进行高速铣削，且其刀杆比圆柱铣刀的刀杆短些，刚性较好，能减少加工中的振动，有利于提高铣削用量。

因此，端铣刀铣平面既提高了生产效率，又提高了表面质量，所以在大批量生产中，端铣刀铣平面已成为加工平面的主要方式之一。

4．铣斜面

工件上具有斜面的结构很常见，铣斜面的方法也有很多，下面介绍常用的四种方法。

(1) 使用倾斜垫铁铣斜面，如图 4-18(a)所示。在零件设计基准的下面垫一块倾斜的垫铁，则铣出的平面就与设计基准面成倾斜位置。改变倾斜垫铁的角度，即可加工出不同角度的斜面。

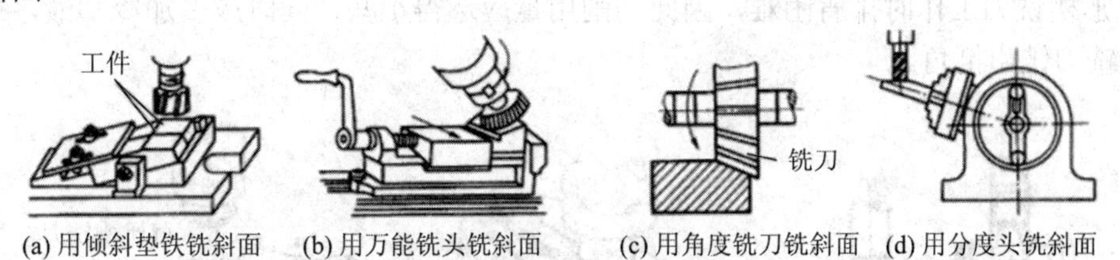

(a) 用倾斜垫铁铣斜面　(b) 用万能铣头铣斜面　(c) 用角度铣刀铣斜面　(d) 用分度头铣斜面

图 4-18　铣斜面的四种方法

(2) 用万能铣头铣斜面，如图 4-18(b)所示。由于万能铣头能方便地改变刀轴的空间位置，因此我们可以转动铣头以使刀具相对工作台倾斜一个角度来铣斜面。

(3) 用角度铣刀铣斜面，如图 4-18(c)所示。较小的斜面可用合适的角度铣刀加工。当加工零件批量较大时，则常采用专用夹具铣斜面。

(4) 用分度头铣斜面，如图 4-18(d)所示。在一些圆柱形和特殊形状的工件上加工斜面时，可利用分度头将工件转成所需位置而铣出斜面。

5．铣沟槽

在铣床上能加工的沟槽种类很多，如直角槽、角度槽、V 形槽、T 形槽、燕尾槽和键槽等。现仅介绍键槽、T 形槽和燕尾槽的加工。

(1) 铣键槽。

常见的键槽有封闭式和敞开式两种。在轴上铣封闭式键槽，一般用键槽铣刀加工，如图 4-19(a)所示。铣削时，键槽铣刀一次轴向进给不能太大，切削时要注意逐层切下。敞开式键槽多在卧式铣床上用三面刃铣刀进行加工，如图 4-19(b)所示。注意，在铣削键槽前，应做好对刀工作，以保证键槽的对称度。

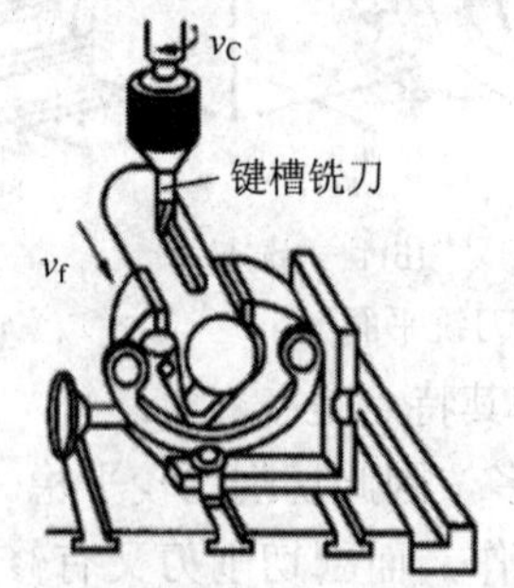

(a) 在立式铣床上铣封闭式键槽

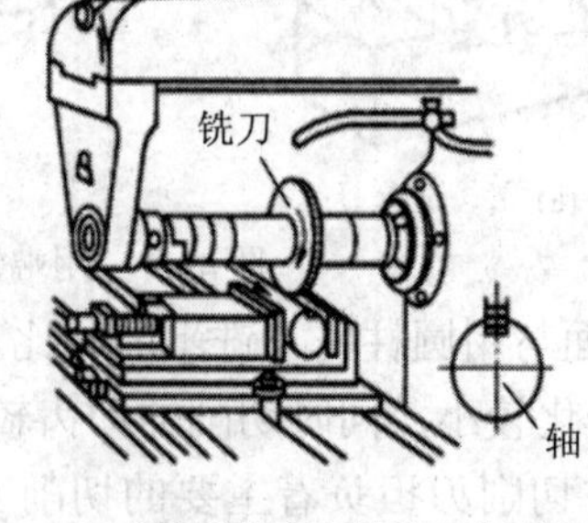

(b) 在卧式铣床上铣敞开式键槽

图 4-19　铣键槽

若用立铣刀加工，则由于立铣刀中央无切削刃，不能向下进刀，因此必须预先在槽的一端钻一个落刀孔，这样才能用立铣刀铣键槽。对于直径为 3～20 mm 的直柄立铣刀，可用弹簧夹头装夹，弹簧夹头可装入机床主轴孔中；对于直径为 10～50 mm 的锥柄立铣刀，可利用过渡套装入机床主轴孔中。

(2) 铣 T 形槽及燕尾槽。

铣 T 形槽及燕尾槽如图 4-20 所示。T 形槽应用很多，如铣床和刨床的工作台上用来安放紧固螺钉的槽就是 T 形槽。要加工 T 形槽及燕尾槽，必须首先用立铣刀或三面刃铣刀铣出直角槽，然后在立式铣床上用 T 形槽铣刀铣削 T 形槽，再用燕尾槽铣刀铣削燕尾槽。但由于 T 形槽铣刀工作时排屑困难，因此切削用量应选得小些，同时应多加冷却液，最后再用角度铣刀铣出倒角。

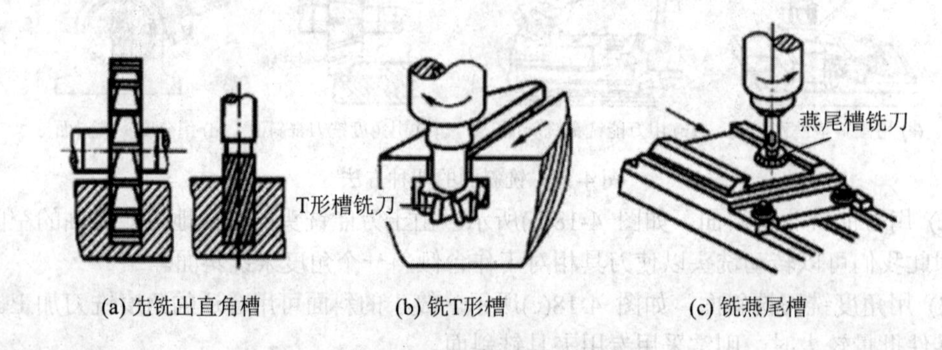

(a) 先铣出直角槽　(b) 铣T形槽　(c) 铣燕尾槽

图 4-20　铣 T 形槽及燕尾槽

6. 铣成形面

若零件的某一表面在截面上的轮廓线是由曲线和直线组成的，则这个面就是成形面。成形面一般在卧式铣床上用成形铣刀来加工，如图 4-21(a)所示。成形铣刀的形状要与成形面的形状相吻合。如果零件的外形轮廓是由不规则的直线和曲线组成，则这种零件就称为具有曲线外形表面的零件。这种零件一般在立式铣床上铣削，其加工方法有以下三种：一是按划线手动进给铣削；二是用圆形工作台铣削；三是用靠模铣削，如图 4-21(b)所示。

对于要求不高的曲线外形表面，可按工件上划出的线迹移动工作台进行加工，顺着线迹将打出的样冲铣掉一半。在成批及大量生产中，可以采用靠模夹具或专用的靠模铣床来对曲线外形面进行加工。

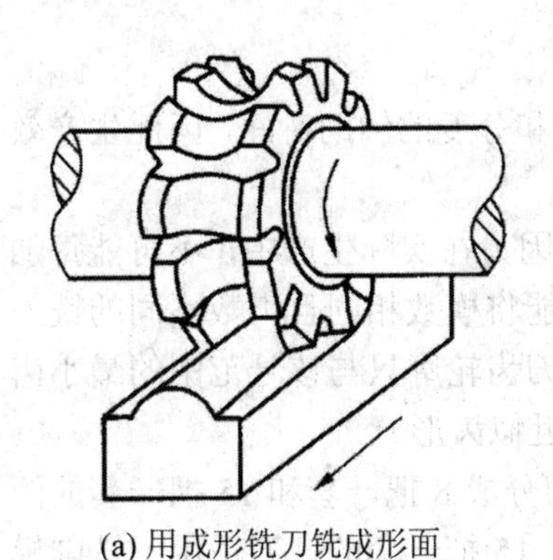

(a) 用成形铣刀铣成形面　　(b) 用靠模铣成形面

图 4-21　铣成形面

7. 铣齿形

齿轮齿形的加工原理可分为两大类：展成法(又称范成法)和成形法(又称型铣法)。展成法是利用齿轮刀具与被切齿轮的互相啮合运转来切出齿形的方法，如插齿和滚齿加工等；成形法是利用与被切齿轮齿槽形状相符的盘状铣刀或指状铣刀切出齿形的方法，如图 4-22 所示。在铣床上加工齿形的方法属于成形法。

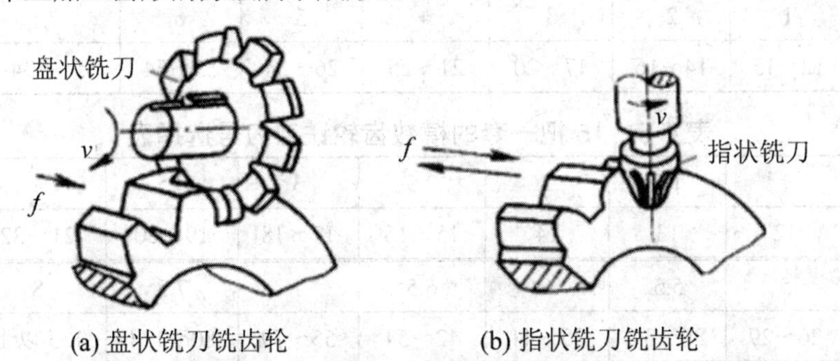

(a) 盘状铣刀铣齿轮　　(b) 指状铣刀铣齿轮

图 4-22　用盘状铣刀和指状铣刀加工齿轮

铣削时，常用分度头和尾架装夹工件，如图 4-23 所示；可用盘状铣刀在卧式铣床上铣齿(见图 4-22(a))，也可用指状铣刀在立式铣床上铣齿(见图 4-22(b))。

圆柱形齿轮和圆锥齿轮可在卧式铣床或立式铣床上加工。人字形齿轮可在立式铣床上加工。蜗轮则可以在卧式铣床上加工。

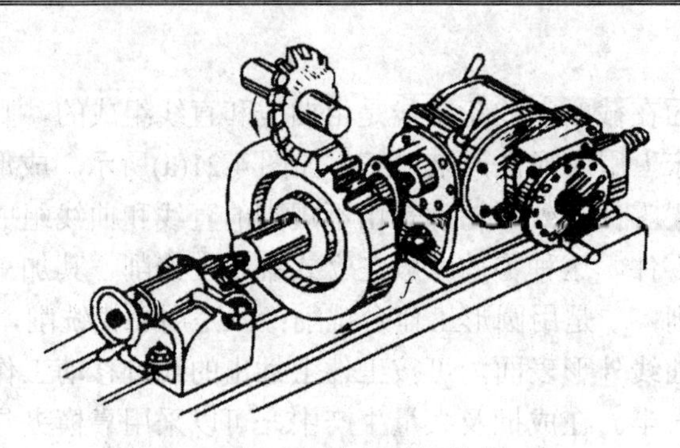

图 4-23　用分度头和尾架装夹工件

成形法加工的特点：

① 设备简单，只用普通铣床即可，刀具成本低；

② 由于铣刀每切一齿槽都要重复消耗一段切入、退刀和分度的辅助时间，因此生产效率较低；

③ 加工出的齿轮精度较低，只能达到 11～9 级。这是因为在实际生产中，不可能每加工一种模数、一种齿数的齿轮就制造一把成形铣刀，而只能将模数相同且齿数不同的铣刀编成号数，每号铣刀有它规定的铣齿范围，且每号铣刀的刀齿轮廓只与该号范围的最小齿数齿槽的理论轮廓相一致，而对其他齿数的齿轮只能获得近似齿形。

根据同一模数且齿数在一定的范围内的要求，可将铣刀分成 8 把一套和 15 把一套的两种规格。8 把一套的铣刀适用于铣削模数为 0.3～8 的齿轮；15 把一套的铣刀适用于铣削模数为 1～16 的齿轮，15 把一套的铣刀加工精度较高一些。铣刀号数小，加工的齿轮齿数少；反之，刀号大，能加工的齿数就多。8 把一套的模数齿轮铣刀刀号选择如表 4-4 所示，15 把一套的模数齿轮铣刀刀号选择如表 4-5 所示。

根据以上特点，成形法铣齿一般多用于修配或单件制造某些转速低、精度要求不高的齿轮。大批量生产的齿轮或精度要求较高的齿轮都在专门的齿轮加工机床上加工。

表 4-4　8 把一套的模数齿轮铣刀刀号选择表

铣刀号数	1	2	3	4	5	6	7	8
齿数范围	12～13	14～16	17～20	21～25	26～34	35～54	55～134	135 以上

表 4-5　15 把一套的模数齿轮铣刀刀号选择表

铣刀号数	1	1.5	2	2.5	3	3.5	4	4.5
齿数范围	12	13	14	15～16	17～18	19～20	21～22	23～25
铣刀号数	5	5.5	6	6.5	7	7.5	8	
齿数范围	26～29	30～34	35～41	42～54	55～79	80～134	135 以上	

齿轮铣刀的规格标示在其侧面，包括铣削模数、压力角、加工齿轮种类、铣刀号数、加工齿轮的齿数范围、制造日期和铣刀材料等。

★ 容易产生的问题和注意事项

(1) 变换转速时，应先停机后变速，否则容易打坏齿轮。

(2) 检查铣刀是否装夹正确，紧固螺钉是否拧紧。

(3) 切削时，应先开机后进刀；切削完毕时，应先退刀后停机。

(4) 要正确使用游标卡尺；测量时，应松紧适度，卡脚应与测量平面贴平。

(5) 从工件上取下游标卡尺时，应把紧固螺钉拧紧，以防游标移动，影响读数的正确性。

评分标准

铣削加工操作评分标准如表 4-6 所示。

表 4-6　铣削加工操作评分标准

序号	任务与技术要求	配分	评分标准	实测记录	得分
1	工件放置或夹持正确	20	不符合要求酌情扣分		
2	工量具放置位置正确，排列整齐	15	不符合要求酌情扣分		
3	铣刀的装夹正确	20	不符合要求酌情扣分		
4	铣削加工的特点及加工范围	20	不符合要求酌情扣分		
5	安全文明操作	15	违者每次扣 2 分		
总分：100	姓名：　学号：　实际工时：		教师签字：	学生成绩：	

复习思考题

1．X6132 型万能卧式铣床主要由哪几部分组成？各部分的主要作用是什么？

2．铣削的主运动和进给运动各是什么？

3．铣床的主要附件有哪几种？其主要作用是什么？

4．铣床能加工哪些表面？各用什么刀具？

5．铣床主要有哪几类？卧铣和立铣的主要区别是什么？

6．用来制造铣刀的材料主要是什么？

7．如何安装带柄铣刀和带孔铣刀？

8．逆铣和顺铣相比，其突出优点是什么？

9．在铣床上为什么要开车对刀？为什么必须停车变速？

10．分度头的转动体在水平轴线内可转动多少度？

11．在轴上铣封闭式和敞开式键槽可选用什么铣床和刀具？

12．铣床上工件的主要安装方法有哪几种？

模块五　刨削加工

一、实训目的和要求

刨削加工的实训目的和要求如下：

(1) 了解刨削加工的特点及加工范围。

(2) 了解刨床的性能及主要组成结构和用途，各种刨刀的特点及应用。

(3) 掌握刨床的基本操作要领和主要调整方式，刨刀与工件的装夹，主要形面的加工方法等。

(4) 独立操作完成平面和沟槽的加工。

二、安全操作规程

(1) 工作时，穿好工作服(领口紧、袖口紧、下摆紧)，戴好工作帽(长发压入帽内)，穿好防护鞋。

(2) 开车前，先检查机床、刀具、工件的装夹。

(3) 多人共用一台刨床时，只能一人操作，严禁两人同时操作。

(4) 工作台和滑枕不能调整到极限位置。

(5) 刨床启动后，滑枕前严禁站人，行程范围内严禁过人。

三、相关知识

在刨床上，利用做直线往复运动的刨刀加工工件的过程称为刨削。

1. 刨削加工概述

(1) 刨削加工的特点。

刨削加工的特点有：

① 生产率一般较低。刨削是不连续的切削过程，刀具切入、切出时切削力存在突变，这将引起冲击和振动，从而限制了刨削速度的提高。此外，单刃刨刀实际参加切削的长度有限，一个表面往往要经过多次行程才能加工出来，刨刀返回行程时不进行工作。由于以上原因，刨削生产率一般低于铣削。但对于狭长表面(如导轨面)的加工，以及在龙门刨床上进行的多刀、多件加工，其生产率可能高于铣削。

② 刨削加工通用性好、适应性强。刨床结构较车床、铣床等简单，调整和操作方便；刨刀形状简单，和车刀相似，制造、刃磨和安装都较方便；刨削时，一般不需要加切削液。

(2) 刨削运动与刨削用量。

在牛头刨床上进行刨削时，刨刀随滑枕的直线往复运动为主运动，工件随工作台的横向间歇移动为进给运动，如图 5-1 所示。

① 刨削速度。

刨刀刨削时往复运动的平均速度称为刨削速度，其值可按下式计算：

$$v_C = \frac{2Ln}{1000}\text{(min)}$$

式中：L 为刨刀的行程长度(mm)；n 为滑枕每分钟往复次数(往复次数/min)。

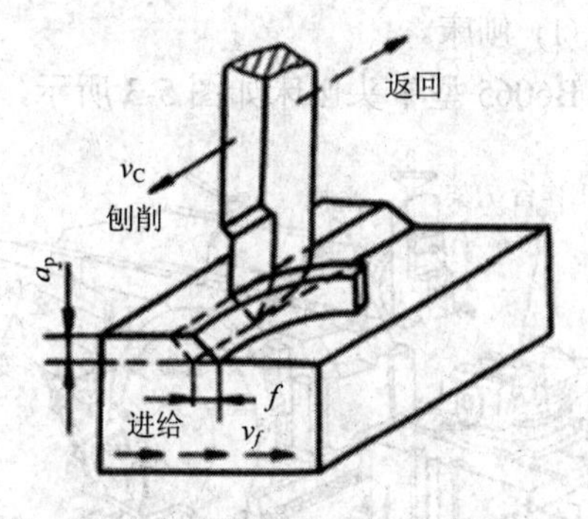

图 5-1　牛头刨床的刨削运动和刨削用量

② 进给量。

刨刀每往返一次，工件横向移动的垂直距离。对于 B6065 牛头刨床的进给量值，可按下式计算：

$$f = \frac{k}{3}\text{(mm)}$$

式中：k 为刨刀每往复一次，棘轮被拨过的齿数。

③ 背吃刀量(刨削深度 a_p)。

背吃刀量是待加工表面之间的垂直距离(mm)。

2．加工的范围

刨削加工的尺寸精度一般为 IT9～IT8，表面粗糙度 *R*a 值为 6.3～1.6 μm。用宽刀精刨时，*R*a 值可达 1.6 μm。此外，刨削加工还可保证一定的相互位置精度，如面对面的平行度和垂直度等。刨削在单件、小批生产和修配工作中得到广泛应用。刨削主要用于加工各种平面(平面、垂直面和斜面)、各种沟槽(直角沟槽、T 形槽、燕尾槽等)和成形面等，如图 5-2 所示。在实际生产中，刨削一般用于毛坯加工、单件小批生产、修配等。

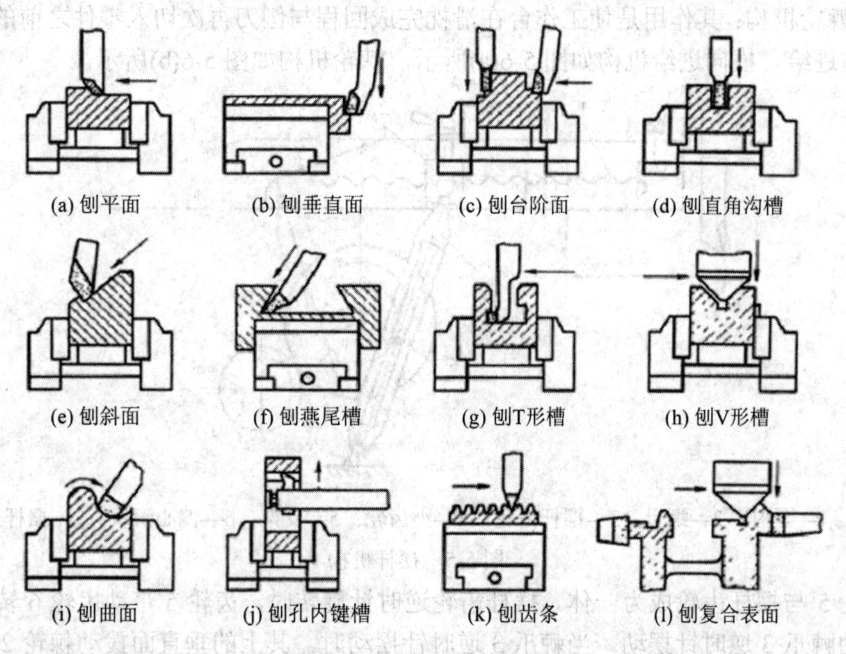

图 5-2　刨削加工的范围

3．牛头刨床及其基本操作

(1) 刨床。

B6065 型牛头刨床如图 5-3 所示，B2010A 型牛头刨床如图 5-4 所示。

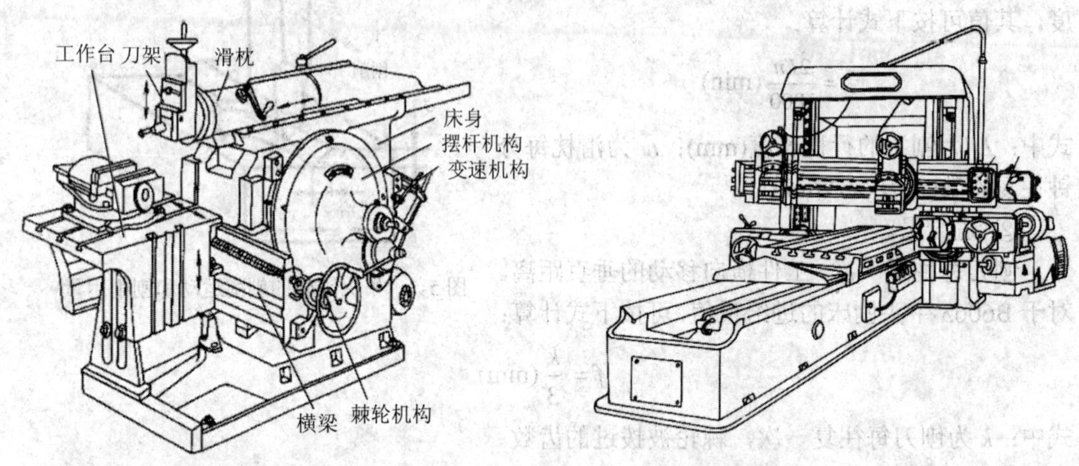

图 5-3　B6065 型牛头刨床　　　　图 5-4　B2010A 型牛头刨床

(2) 牛头刨床的传动系统。

B6065 型牛头刨床的传动系统主要包括摆杆机构和棘轮机构。

① 摆杆机构：其作用是将电动机传来的旋转运动变为滑枕的往复直线运动，结构如图 5-5 所示。摆杆 7 上端与滑枕内的螺母 2 相连，下端与支架 5 相连，摆杆齿轮 3 上的偏心滑块 6 与摆杆 7 上的导槽相连。当摆杆齿轮 3 由小齿轮 4 带动旋转时，偏心滑块 6 就在摆杆 7 的导槽内上下滑动，从而带动摆杆 7 绕支架 5 中心左右摆动，于是滑枕便作往复直线运动。摆杆齿轮转动一周，滑枕带动刨刀往复运动一次。

② 棘轮机构：其作用是使工作台在滑枕完成回程与刨刀再次切入零件之前的瞬间，作间歇横向进给。横向进给机构如图 5-6(a)所示，棘轮机构如图 5-6(b)所示。

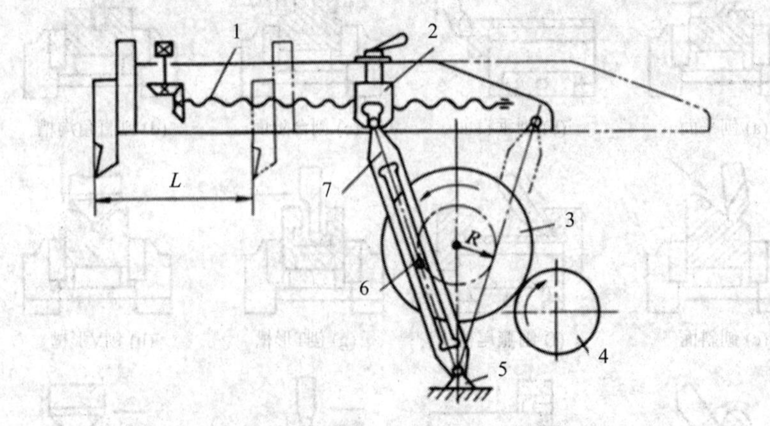

1—丝杠；2—螺母；3—摆杆齿轮；4—小齿轮；5—支架；6—偏心滑块；7—摆杆

图 5-5　摆杆机构

齿轮 5 与摆杆齿轮成为一体。摆杆齿轮逆时针旋转时，齿轮 5 带动齿轮 6 转动，使连杆 4 带动棘爪 3 逆时针摆动。当棘爪 3 逆时针摆动时，其上的垂直面拨动棘轮 2 转过若干齿，使横向丝杠 8 转过相应的角度，从而实现工作台的横向进给；而当棘轮顺时针摆动时，由于棘爪后面为一斜面，只能从棘轮齿顶滑过，不能拨动棘轮，所以工作台静止不动，这样就实现了工作台的横向间歇进给。

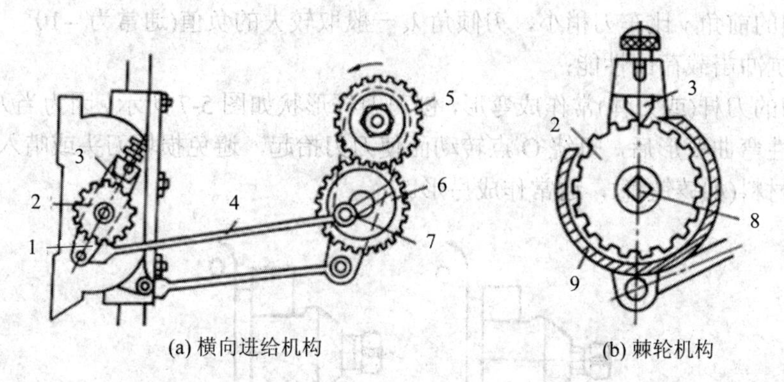

1—棘爪架；2—棘轮；3—棘爪；4—连杆；5、6—齿轮；7—偏心销；8—横向丝杠；9—棘轮罩

图 5-6　牛头刨床横向进给机构

(3) 牛头刨床的调整。

① 滑枕行程长度、起始位置和速度的调整。

刨削时，滑枕的行程长度一般应比零件刨削表面的长度长 30～40 mm。滑枕的行程长度通过改变摆杆齿轮上偏心滑块的偏心距离来调整。其偏心距越大，摆杆摆动的角度就越大，滑枕的行程长度也就越长；反之，则越短。

松开滑枕内的锁紧手柄，转动横向丝杠，即可改变滑枕行程的起始点，使滑枕移到所需要的位置。

调整滑枕速度必须在停车之后进行，否则将打坏齿轮。如图 5-3 所示，可以通过变速机构来改变变速齿轮的位置，使牛头刨床获得不同的转速。

② 工作台横向进给量的大小和方向的调整。

工作台的进给运动既要满足间歇运动的要求，又要与滑枕的工作行程协调一致，即在刨刀返回行程将结束时，工作台连同零件一起横向移动一个进给量。牛头刨床的进给运动是由棘轮机构实现的。

如图 5-6 所示，棘爪架空套在横向丝杠轴上，棘轮用键槽与丝杠轴相连。工作台的横向进给量的大小可通过改变棘轮罩的位置来调整，即改变棘爪每次拨过的棘轮的有效齿数来调整。棘爪拨过棘轮的齿数较多，则进给量大；反之则小。此外，工作台的横向进给量的大小还可通过改变偏心销 7 的偏心距来调整。偏心距小，棘爪架摆动的角度就小，棘爪拨过的棘轮齿数少，进给量就小；反之，进给量则大。

若将棘爪提起后转动 180°，则可使工作台反向进给。当把棘爪提起后转动 90° 时，棘轮便与棘爪脱离，此时可手动进给。

4．刨刀

(1) 刨刀的结构特点。

刨刀的几何形状与车刀相似。根据用途，刨刀可分为纵切刨刀、横切刨刀、切槽刨刀、切断刨刀和成形刨刀等。

刨刀的结构基本上与车刀类似，但刨刀工作时为断续切削，受冲击载荷的影响。这就要求刨刀具有较高的强度。刨刀与车刀相比有以下三点不同：

① 刨刀刀体的横截面积一般比车刀大 1.25～1.5 倍；

② 刨刀的前角 γ 比车刀稍小，刃倾角 λ_s 一般取较大的负值(通常为 $-10°\sim-20°$)，以提高切削刃抗冲击载荷的性能；

③ 刨刀的刀杆(或刀体)常作成弯形，刨刀刀杆形状如图 5-7 所示。因为当刀杆(或刀体)受力产生弹性弯曲变形后，可绕 O 点转动而使刀刃抬起，避免损坏刀头或啃入工件。尤其在加工较硬材料(如铸铁)时，通常作成弓形。

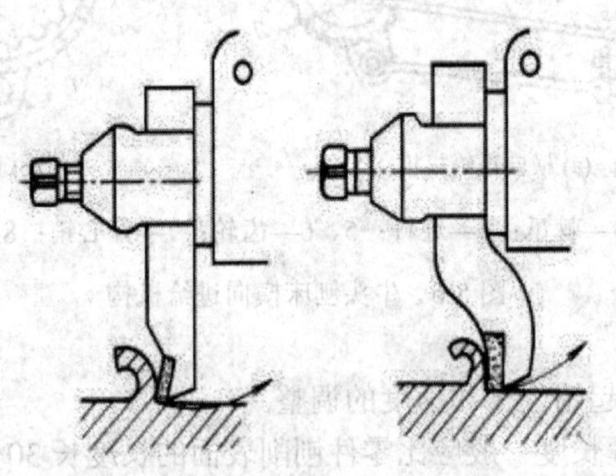

图 5-7 刨刀刀杆形状

(2) 刨刀的种类和应用。

刨削所用的工具是刨刀，常用的刨刀有平面刨刀、偏刀、角度刀及切刀等，如图 5-8 所示。刨刀的几何参数与车刀相似，但是它切入和切出工件时所受冲击很大，容易发生“崩刀”或“扎刀”现象。因而，刨刀刀杆截面较粗大，以增加刀杆刚性，防止刀杆折断，而且往往做成弯头的。因为弯头刨刀刀刃碰到工件上的硬点时，比较容易弯曲变形，而不会像直头刨刀那样使刀尖扎入工件，破坏工件表面和损坏刀具，如图 5-7(b)所示。

按用途和加工方式不同，刨刀类型及用途如图 5-8 所示。

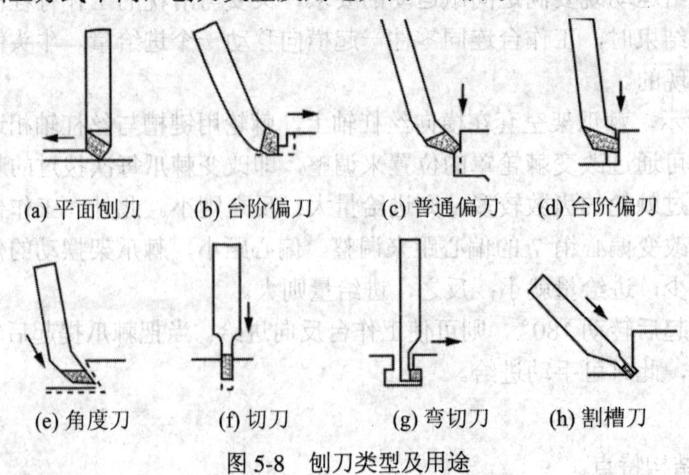

(a) 平面刨刀 (b) 台阶偏刀 (c) 普通偏刀 (d) 台阶偏刀

(e) 角度刀 (f) 切刀 (g) 弯切刀 (h) 割槽刀

图 5-8 刨刀类型及用途

5. 刨各种平面

(1) 刨平面。

刨平面的步骤如下：

① 准备工作。明确加工要求，检查毛坯尺寸及余量。

② 选择和装夹刨刀。粗刨时，使用弯头平面刨刀，精刨时，一般选用宽头平面刨刀。图 5-9(a)所示为弯头刨刀，图 5-9(b)所示为直头刨刀。安装刨刀时，刀头伸出长度(L)要适当，一般为刀杆厚度的 2 倍。刀架转盘要对准零线，如图 5-9(c)所示。

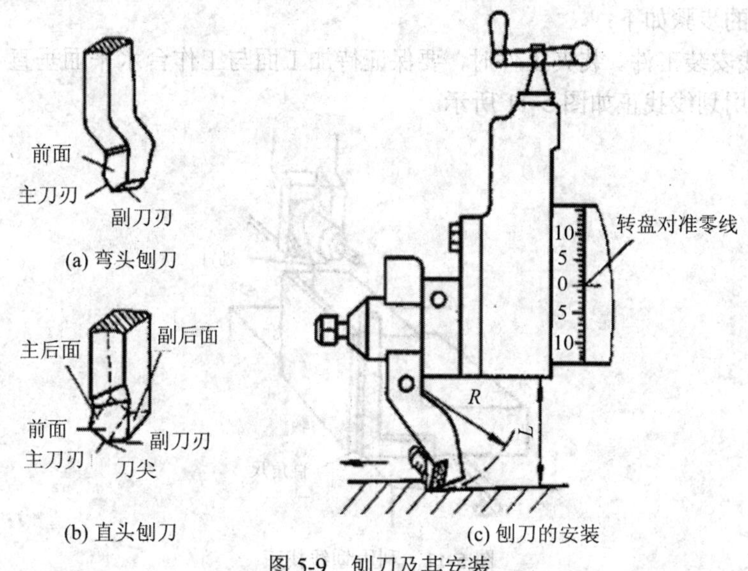

图 5-9　刨刀及其安装

③ 装夹工件一般应按照工件形状和尺寸选择装夹方法。小件用平口钳装夹，如图 5-10(a)所示；较大的工件可直接装夹在工作台上，如图 5-10(b)所示。初次加工，按划线找正后夹紧。

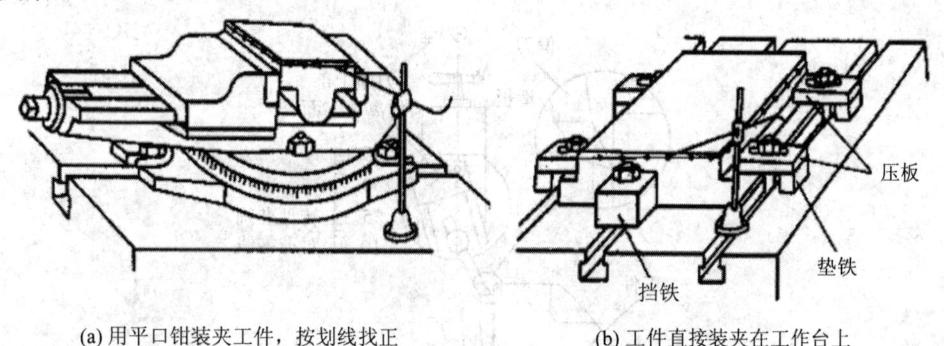

(a) 用平口钳装夹工件，按划线找正　　(b) 工件直接装夹在工作台上

图 5-10　装夹工件

④ 调整行程长度和行程位置。行程长度 = 切入量 + 刨削长度 + 切出量。切入量一般为 20～25 mm，切出量为 10～15 mm。

⑤ 选择刨削用量。在牛头刨床上刨平面，背吃刀量 $a_p = 0.5$～2 mm，进给量 $f \approx 0.1$～0.3 mm/r，刨削速度 $v_C \approx 12$～30 m/min。粗刨时，取较大的背吃刀量和进给量，取较低的刨削速度；精刨时，取较小的背吃刀量和进给量，取较高的刨削速度。

⑥ 对刀试切。调整变速手柄位置和横向进给量，移动工作台使工件一侧靠近刨刀，转动刀架手柄使刀尖接近工件。开动机床，手动进给，试切出 1～2 mm 宽后，停车测量尺寸。根据测量结果，调整背吃刀量，再自动进给，正式进行刨削。

⑦ 精刨平面。粗刨平面后，更换精刨刀，精刨平面。

⑧ 工件检测。精刨后，横向移动工作台，使工件离开刨刀。用游标卡尺测量工件尺寸，目测判定工件的表面粗糙度，用刀口尺检查平直度，合格后卸下工件。

(2) 刨垂直面。

刨垂直面的步骤如下：

① 按划线安装工件。装夹工件时，要保证待加工面与工作台水平面垂直，并与主运动方向平行。利用划线找正如图5-11所示。

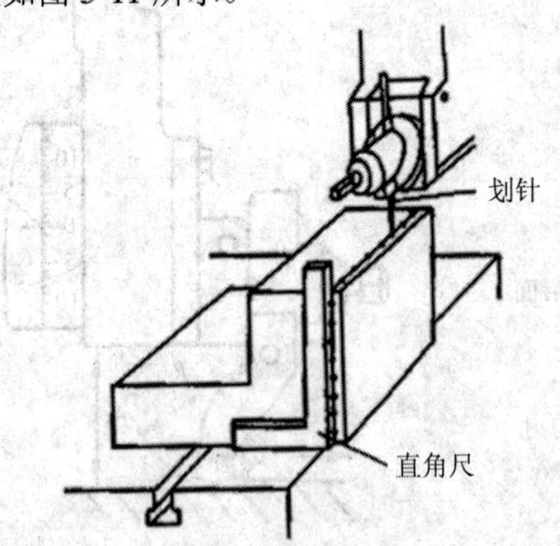

图5-11 利用划线找正

② 刨刀及其安装。用偏刀刨垂直面，装夹时，刨刀的伸出长度应大于刨削面的高度。

调整刀架转盘位置，使转盘准确对准零线，以保证刨刀能沿着垂直方向进给，如图5-12所示。

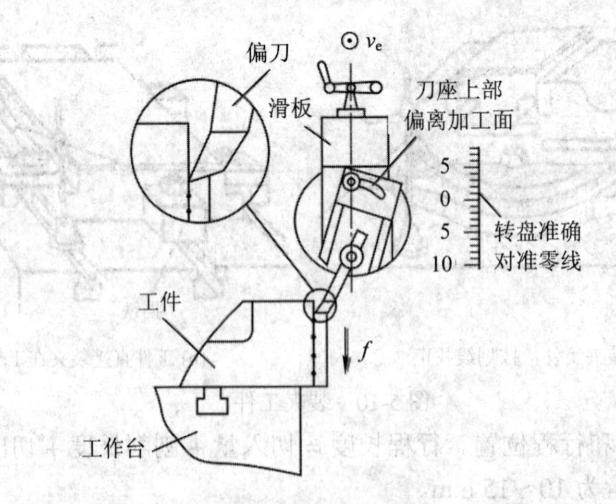

图5-12 刨垂直面

刀座上部要偏离加工面，一般偏离 10°～15°，这样使刨刀在返回时刀尖可离开加工表面，减少刀具磨损，避免擦伤加工表面。

③ 用手转动刀架手柄，使刨刀作垂直进给，借助工作台水平移动来调整背吃刀量。调整完毕后，应将工作台紧固，并将棘爪提起转90°，以免刨削时工作台移动。

此方法刨削效率低，加工精度也低，故主要适用于刨削长工件的两端面。

(3) 刨斜面。

刨斜面所用刀具及机床调整方法和刨垂直面相似。但在刨斜面前，刀架转盘必须扳转一定角度，使走刀方向与被加工表面平行。刀架倾斜的角度应等于工件待加工斜面与刨床纵向垂直面间的夹角。图 5-13 为刨 60° 斜面，其刀架转盘应对准 30° 刻线处。

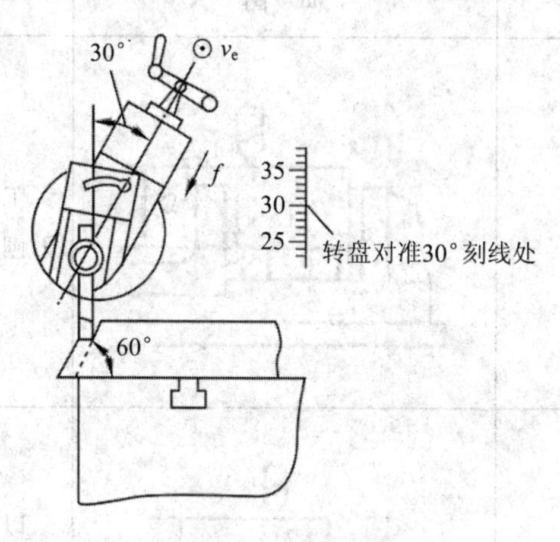

图 5-13　刨 60° 斜面

项目一　刨 削 平 面

任务引入

垫铁零件如图 5-14 所示，毛坯用 150 mm × 45 mm × 35 mm 的长方体锻件。要求加工 4 个狭长表面．且相对表面要平行，相邻表面要垂直。

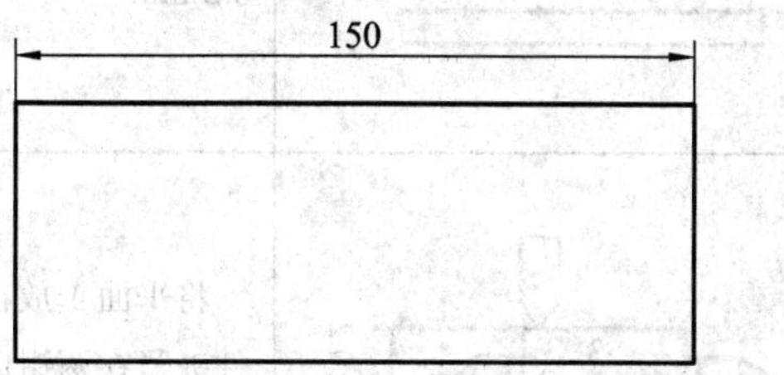

图 5-14　垫铁零件

任务实施

1．备件

准备 150 mm × 45 mm × 35 mm 的长方体锻件。

2．工具、量具

准备平口钳、圆棒、刨刀。

3. 刨削步骤

刨削操作步骤如表5-1所示。

表5-1 刨削操作步骤

操作步骤	简 图	说 明
(1) 刨平面1	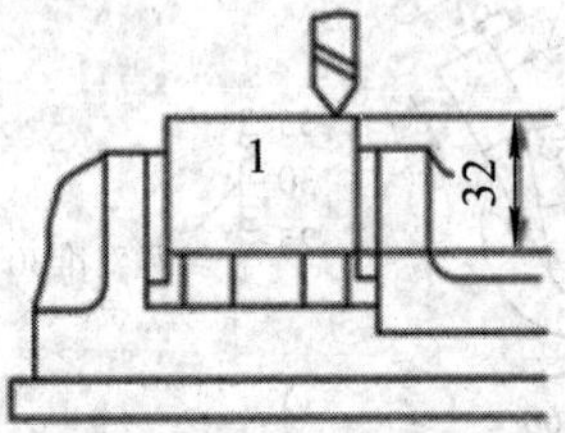	工件用平口钳装夹，用平面刨刀刨平面1至尺寸32 mm
(2) 刨平面2	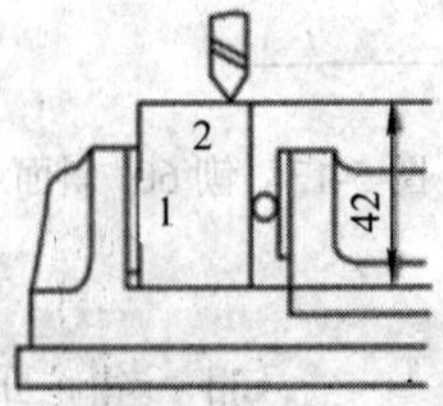	以平面1为基准，紧贴钳口安装。在工件与钳口间垫圆棒，夹紧后刨平面2至尺寸42 mm
(3) 刨平面3	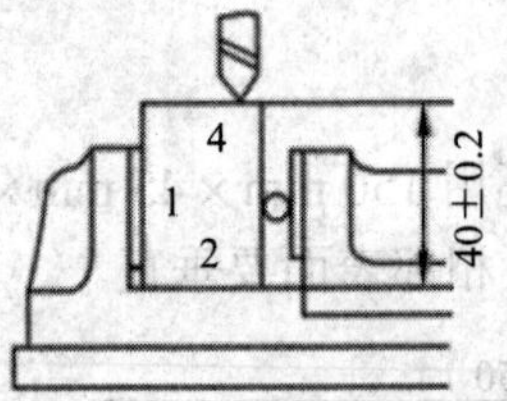	以平面1为基准，紧贴钳口安装。在工件与活动钳口间垫圆棒，夹紧后刨平面4至尺寸(40 ± 0.2)mm
(4) 刨平面4	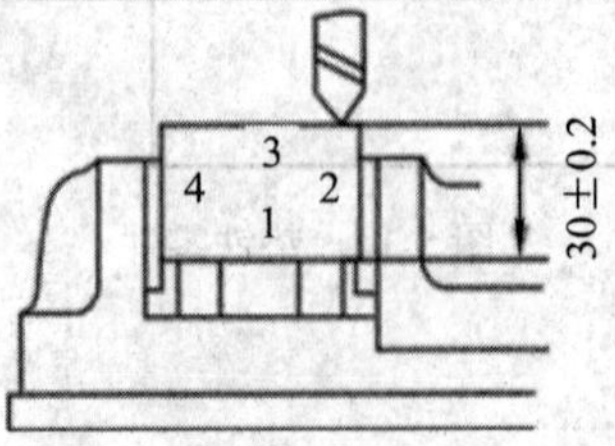	将平面1放在平行垫铁上，工件夹紧在两钳口之间，使平面1与垫铁紧贴，刨平面3至尺寸(30 ± 0.2)mm

评分标准

加工垫铁的考核标准如表5-2所示。

表 5-2 加工垫铁的考核标准

序号	考核项目	配分	评分标准	得分
1	刨平面 1	15	按操作规程给分	
2	刨平面 2	15	按操作规程给分	
3	刨平面 3	20	按操作规程给分	
4	刨平面 4	20	按操作规程给分	
5	安全文明生产	5	按操作规程给分	
6	工时定额 16 h	15	按操作规程给分	
总分		100		

项目二 刨削沟槽

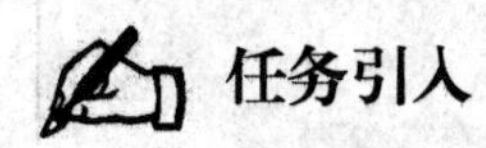

任务引入

V 形铁是钳工划线的工具，毛坯为灰铸铁，毛坯尺寸为：长 128 mm，宽 92 mm，高 68 mm。铸出 V 形槽，留 4 mm 的加工余量，如图 5-15 所示。

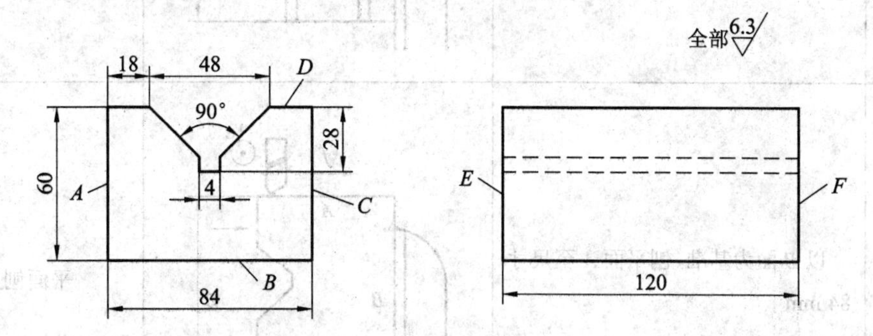

图 5-15 V 形铁加工

单件生产时，在牛头刨床上用平口钳装夹，用平面刨刀、偏刀、切刀进行刨削。

任务实施

1. 备件

长方铁尺寸为 128 mm × 92 mm × 68 mm，材质 Q235。

2. 工具、量具

测量用的量具是游标卡尺、90° 角尺和游标量角器，用的工具是左偏刀、右偏刀、切刀、平面刨刀。

3. 刨削步骤(见表 5-3)

第一步：刨出基准。

第二步：换左偏刀，用右边的角度刀来加工右边的斜面。

第三步：换右偏刀，用左边的角度刀来加工左边的斜面。

表 5-3　V 形铁加工步骤

序号	加工内容	简图	刀具
1	以 A 面为基准，刨平面 B 至尺寸 64 mm	f　v_C　B　C　A　D　64	平面刨刀
2	以已加工的 B 面为基准，紧靠固定钳口，刨平面 C 至尺寸 88 mm	f　v_C　C　B　D　A　88	平面刨刀
3	以 B 面为基准，刨平面 A 至尺寸 84 mm	f　v_C　A　B　D　C　84	平面刨刀
4	以 B 面为基准，紧靠虎钳导轨面上的平行垫铁，刨平面 D 至尺寸为 60 mm	v_C　D　C　A　B　60	平面刨刀

续表

序号	加 工 内 容	简　图	刀　具
5	将固定钳口方向调整至与刀具行程方向相垂直，将工件紧贴虎钳导轨面，刨端面 E 至尺寸 124 mm	v_C F E f 124	偏刀
6	用上述刨垂直面法刨端面 F 至尺寸 120 mm	v_C E F f 120	偏刀
7	划线后刨直槽，槽宽为 4 mm，槽底面至 D 面 28 mm	f v_C D 28 4	切刀
8	刨 V 形槽的右侧斜面	f v_C	左偏刀
9	刨 V 形槽的左侧斜面	f v_C	右偏刀

评分标准

V 形铁刨削的考核标准如表 5-4 所示。

表 5-4　V 形铁刨削的考核标准

序号	考 核 项 目	配分	评分标准	得分
1	以 *A* 面为基准，刨平面 *B* 至尺寸 64 mm	8	按操作规程给分	
2	以已加工的 *B* 面为基准，紧靠固定钳口，刨平面 *C* 至尺寸 88 mm	8	按操作规程给分	
3	以 *B* 面为基准，刨平面 *A* 至尺寸为 84 mm	8	按操作规程给分	
4	以 *B* 面为基准，紧靠虎钳导轨面上的平行垫铁，刨平面 *D* 至尺寸为 60 mm	8	按操作规程给分	
5	将固定钳口方向调整至与刀具行程方向相垂直，将工件紧贴虎钳导轨面，刨端面 *E* 至尺寸 124 mm	8	按操作规程给分	
6	用上述刨垂直面法刨端面 *F* 至尺寸为 120 mm	8	按操作规程给分	
7	划线后刨直槽，槽宽为 4 mm，槽底面至 *D* 面 28 mm	8	按操作规程给分	
8	刨 V 形槽的右侧斜面	8	按操作规程给分	
9	刨 V 形槽的左侧斜面	8	按操作规程给分	
10	安全文明生产	14	按操作规程给分	
11	工时定额 1 h	14	按操作规程给分	
总分		100		

复习思考题

1. 牛头刨床主要由哪几部分组成？各有何作用？
2. 牛头刨床刨削平面时的间歇进给运动是靠什么实现的？
3. 刨削加工中，刀具最容易损坏的原因是什么？
4. 刨削的加工范围有哪些？
5. 常见的刨刀有哪几种？试分析切削量大的刨刀为什么要做成弯头的？
6. 刀座的作用是什么？刨削垂直面和斜面时，如何调整刀架的各个部分？
7. 刨刀和车刀相比，其主要差别是什么？

模块六　磨 削 加 工

一、实训目的和要求

(1) 了解磨削加工生产实习课的任务。
(2) 了解磨工工种的加工内容。
(3) 了解磨削加工安全生产和文明生产的知识。
(4) 掌握外圆磨削、内圆磨削和平面磨削。

二、安全操作规程

1. 磨削加工生产实习课的任务

磨工是机械加工的主要工种之一，它用砂轮作为切削工具对工件进行磨削加工。磨削加工的范围很广，一般可按照加工对象将磨削加工分为外圆磨削、内圆磨削、平面磨削(见图 6-1(a)～图 6-1(c))及成形磨削(见图 6-1(d)～图 6-1(f))等。

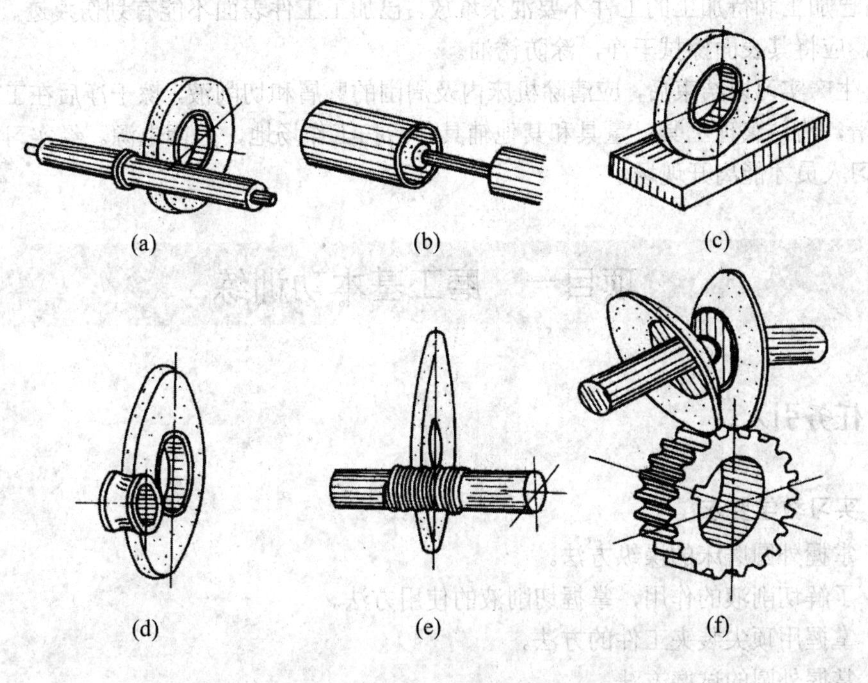

图 6-1　磨削加工的范围

2. 安全生产与文明生产

(1) 安全生产的操作规程。

磨工在操作时应遵守以下安全操作规程：

① 工作时，要穿工作服，女生要戴安全帽，不能戴手套，夏天不能穿凉鞋进车间。

② 合理选择砂轮，正确安装并且要紧固砂轮，同时也要装好砂轮防护罩。

③ 机床各传动部位必须装有防护罩壳。

④ 开机前，应检查磨床机械、液压和电气等传动系统是否正常，防护装置是否齐全。启动砂轮时，人不应正对砂轮站立。

⑤ 磨削前，砂轮应经过 2 min 的空运转试验，确定运转正常后，才能开始磨削。

⑥ 开机前，必须调整好行程挡铁的位置，并将其紧固，以免挡铁松动而使工作台超越限程，发生危险。

⑦ 准备磨削之前，必须细心地检查工件中心孔是否正确，工件装夹是否紧固稳妥。

⑧ 测量工件或调整机床都应在砂轮退刀位置和磨床头架停转以后进行。

⑨ 每日工作完毕后，工作台面应停留在床身的中间位置，并将所有的操纵手柄置于“停止”或“退出”位置。

⑩ 严禁两人同时操作一台机床，以免由于动作不协调而发生意外事故。

(2) 文明生产的操作规程。

文明生产要做到以下几点：

① 合理安排工作位置，保证机床周围场地整洁，机床周围不准堆放杂物。

② 工具箱内要保持整洁，各类工具应按照大小和用途有条不紊地放在固定位置上。

③ 爱护图样和工艺文件并保持其整洁完好，图样应挂在工具箱的图夹上。

④ 已加工和待加工的工件不要混杂堆放，已加工工件表面不能有划伤痕迹。工件加工完毕后，应将其表面擦拭干净，涂防锈油。

⑤ 生产实习课结束后，应清除机床内及周围的磨屑和切削液，擦干净后在工作台面上涂油润滑，清洁整理工具、量具和其他辅具，清扫工作场地，关闭电源。经实习老师同意后，实习人员才能离开现场。

项目一　磨工基本功训练

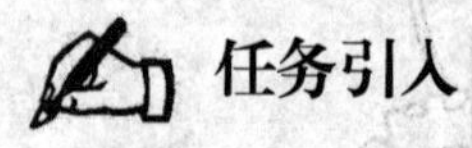

任务引入

1. 实习教学要求

(1) 掌握外圆磨床的操纵方法。

(2) 了解切削液的作用，掌握切削液的使用方法。

(3) 掌握用顶尖装夹工件的方法。

(4) 掌握外圆的试磨方法。

2．磨床操纵练习

试磨练习用的工件为光轴，如图 6-2 所示。

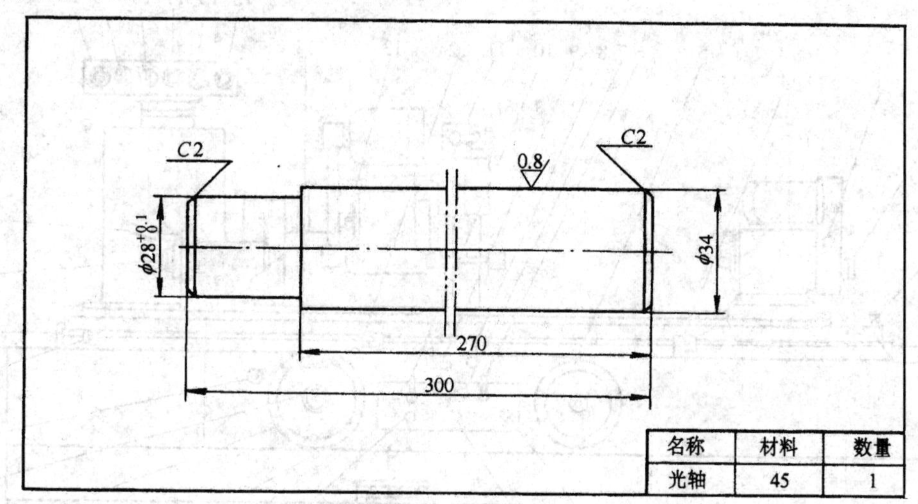

图 6-2　光轴

相关知识

1．外圆磨床主要部件的名称及操纵方法

M1432B 型万能外圆磨床如图 6-3 所示，主要由床身 1，工作台 2，头架 3，尾座 6，砂轮架 4，液压、机械传动操纵机构 7，电器操纵箱 5 组成。图 6-4 为 M1432B 型万能外圆磨床操纵图。

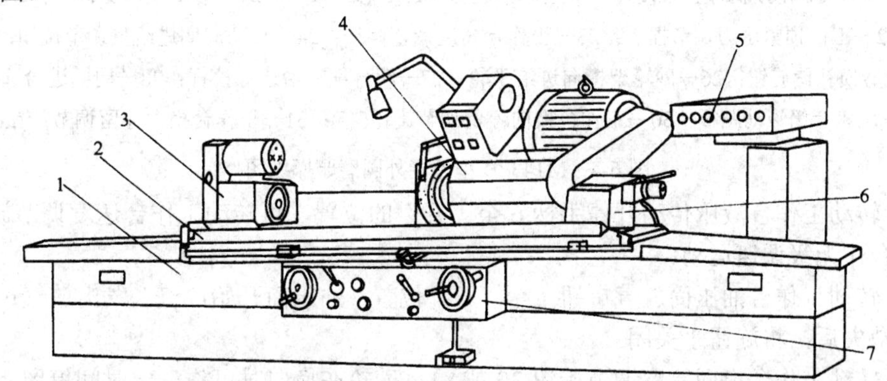

1—床身；2—工作台；3—头架；4—砂轮架；5—电器操纵箱；6—尾座；7—液压、机械传动操纵机构

图 6-3　M1432B 型万能外圆磨床

1) 工作台的操纵(以图 6-4 所示的 M1432B 型万能外圆磨床为例)

(1) 手动操纵。

转动工作台纵向移动手轮 5，工作台作纵向运动。手轮顺时针方向旋转，工作台向右移动。手轮每转一周，工作台移动 5.9 mm。

(2) 液动操纵。

① 按油泵启动按钮 15，使油泵运转。

② 调整工作台换向挡铁 4 和 12 的位置，控制工作台的纵向行程和运动位置。

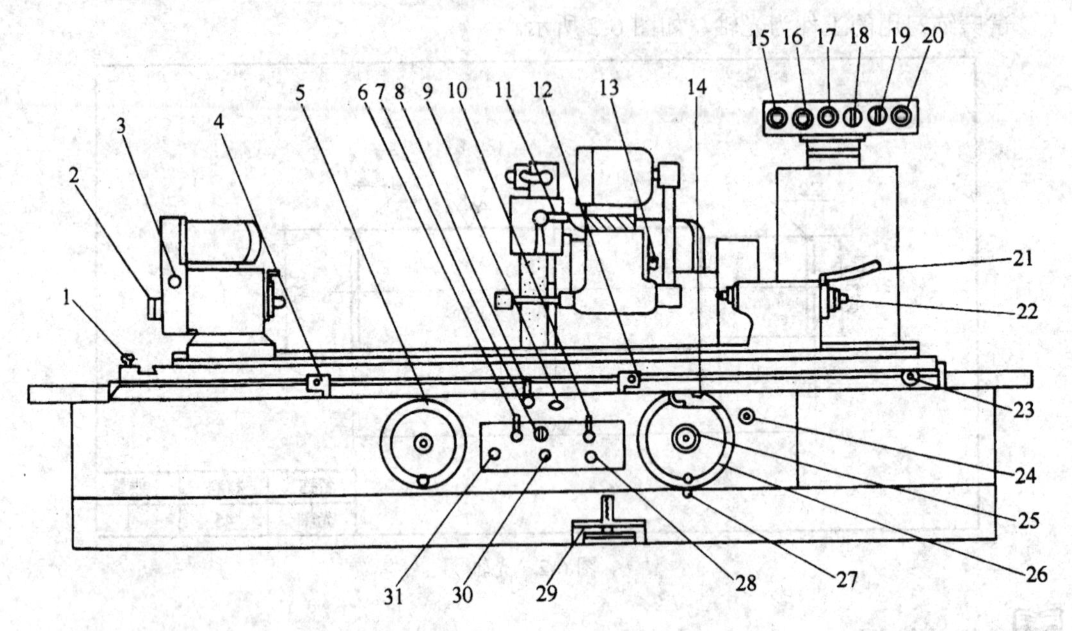

1—工作台油压筒放气旋钮；2—头架变速捏手；3—头架主轴变速调整捏手；4—工作台换向挡铁(左)；5—工作台纵向移动手轮；6—工作台液压传动开停手柄；7—工作台速度调节旋钮；8—工作台换向杠杆；9—头架点动按钮；10—砂轮架快速进退手柄；11—切削液开关手柄；12—工作台换向挡铁(右)；13—内圆磨具支架工作位置定位手柄；14—砂轮架横向进给手轮定位块；15—油泵启动按钮；16—砂轮电动机启动按钮；17—砂轮电动机停止按钮；18—切削液泵电动机开停选择旋钮；19—头架电动机停止、慢速、快速选择旋钮；20—总停按钮；21—移动尾座套筒手柄；22—工件顶紧压力调节捏手；23—工作台角度调整螺杆；24—自动周期进给量调节旋钮；25—砂轮磨损补偿旋钮；26—砂轮架横向进给手轮；27—粗、细进给选择拉杆；28—周期进给选择旋钮；29—尾座套筒液动踏板；30—工作台换向停留调节旋钮(右)；31—工作台换向停留调节旋钮(左)

图 6-4　M1432B 型万能外圆磨床操纵图

③ 转动工作台液压传动开停手柄 6 至“开”的位置，再转动工作台速度调节旋钮 7，使工作台作无级调速运动。

④ 转动工作台油压筒放气旋钮 1 至“开”位置，油压筒开始放气，发出放气声。当声音全部消失后，将旋钮 1 关闭。

⑤ 转动工作台换向停留调节旋钮 30 或 31，砂轮在换向时可作一定时间停留。

2) 砂轮架横向进给的操纵

(1) 砂轮架的手动进给操纵。

转动砂轮架横向进给手轮 26，使砂轮架作横向进给。手轮顺时针方向旋转，砂轮架向前进给；手轮逆时针方向旋转，砂轮架后退。

拉出粗、细进给选择拉杆 27，将砂轮架横向进给手轮 26 转为细进给，手轮转一圈，砂轮架移动 0.5 mm；推进粗、细进给选择拉杆 27，将砂轮架横向进给手轮 26 转为粗进给，手轮转一圈，砂轮架移动 2 mm。

拉出砂轮磨损补偿旋钮 25，转动刻度盘，可调整零位，使手轮挡铁与砂轮架横向进给手轮定位块 14 碰住。调整完毕，将旋钮推进。

(2) 砂轮架周期自动进给操纵。

转动周期进给选择旋钮 28 至单向(左或右)或双向进给位置，砂轮换向后，作自动横向进给。转动自动周期进给量调节旋钮 24，可控制周期进给量，进给量可在 0～0.02 mm 范围内选择。

(3) 砂轮架快速进退的操纵。

在油泵启动以后，逆时针方向转动砂轮架快速进退手柄 10 至工作位置，砂轮架快速行进；顺时针方向转动砂轮架快速进退手柄 10 至退出位置，砂轮架快速退出。行进或退出的距离为 50 mm。操纵该手柄的作用是便于装卸和测量工件。

3) 头架的操纵

在头架主轴变速调整捏手 3 上涂有三条表示不同转速的色带。操纵时，只要推进或拉出捏手，使所需要的转速的色带对准标准尺即可。头架电动机为双速电动机，通过头架电动机停止、慢速、快速选择旋钮 19 进行变速操作。机床头架有六挡旋转速度。

4) 尾座的操纵

(1) 手动操纵。

扳动移动尾座套筒手柄 21，可使尾座套筒作伸缩运动，适用于工件的装卸。旋转工件顶紧压力调节捏手 22，可调节尾座弹簧的压力。顺时针方向旋转时压力加大，逆时针旋转时压力减小。

(2) 液动操纵。

当工件体积较大或重量较重需要用双手托拿工件时，可脚踏尾座套筒液动踏板 29，使尾座套筒收缩，脚离开操纵板，套筒自动返回原处。操纵时，砂轮架快速进退手柄 10 应处在退出位置，否则脚踏操纵板不起作用。

5) 电器按钮的操纵

M1432B 型万能外圆磨床的电器按钮板装在一个单独的电器操纵箱上。按按钮 15 油泵启动，按按钮 16 砂轮电动机启动，按按钮 17 砂轮电动机停止工作。旋钮 18 为切削液泵电动机开停选择旋钮，当旋钮处在停止位置时，只有在头架转动时切削液泵才能工作；当旋钮转到开动位置时，头架停转，切削液泵也能工作，一般在修整砂轮时使用。转动头架电动机停止、慢速、快速选择旋钮 19，可作头架电动机停止旋转、慢速旋转、快速旋转三挡选择。按钮 20 为总停按钮，在工作结束或紧急情况下使用。

2．切削液的使用

磨削时，使用的切削液可分为水溶液、乳化液和油类三大类。乳化液有良好的冷却性能，同时又有较好的润滑和清洗作用，是目前最常用的切削液。

(1) 使用方法。

切削液的使用方法如下：

① 切削液应直接浇注在砂轮与工件接触的部位，如图 6-5 所示。

② 切削液的流量应充足，并均匀地喷射到整个砂轮宽度上。

(2) 注意事项。

使用切削液的注意事项如下：

① 切削液应保持一定的温度、压力和浓度。

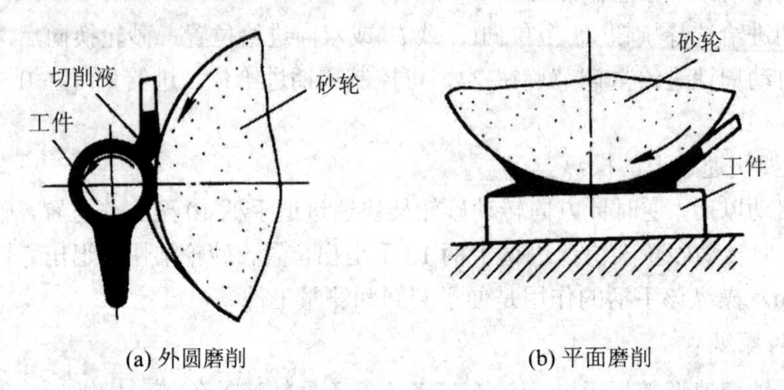

图 6-5　切削液的使用

② 切削液应保持清洁。若切削液中混杂磨屑、磨粒等，易使管道堵塞及工件表面划伤。切削液变质应及时更换。

3. 工件装夹与试磨

(1) 用两顶尖装夹工件的方法。

装夹步骤如下：

① 根据工件中心孔尺寸和形状选择合适顶尖，安装在头架和尾座的锥孔内。

② 根据工件的长度调整头架和尾座的距离并紧固。检查尾座顶尖的顶紧力，转动工件顶紧压力调节捏手，使工件的顶紧力松紧适度。

③ 用夹头夹紧工件的一端，必要时，可以垫上铜皮，以保护工件无夹持痕迹。

④ 用棉纱擦干净工件中心孔，并注入润滑油或润滑脂。

⑤ 左手托住工件，将工件有夹头一端的中心孔支承在头架顶尖上。

⑥ 用手扳动移动尾座套筒手柄或用脚踏操纵板，使套筒逐渐伸出，然后将顶尖慢慢引入到中心孔内，顶紧工件。

⑦ 调整拨杆的位置，使拨杆能带动夹头旋转。

⑧ 按头架点动按钮，检查工件旋转情况，运转正常后再进行磨削。

(2) 外圆的试磨。

外圆试磨的具体步骤如下：

① 检查机床各手轮、手柄和旋钮是否在停止或后退位置，然后接通电源。

② 按油泵启动按钮，使油泵运转。

③ 根据工件直径，选择头架转速。

④ 转动头架主轴间隙调整捏手，收紧主轴间隙。

⑤ 调整尾座位置，用两顶尖装夹工件。

⑥ 启动工作台液压传动开停手柄至“开”的位置，旋转放气旋钮，排除筒内的空气，调整工作台速度。再根据工件磨削所需行程，调整工作台挡铁位置，使砂轮在工件磨削行程范围内来回移动。

⑦ 转动砂轮架快速进退手柄至引进位置。转动头架电动机停止、慢速、快速选择旋钮至所需速度位置上，使头架拨杆带动工件旋转。

⑧ 按砂轮电动机启动按钮，使砂轮运转；移动工作台，使砂轮处于工件一端，选择粗进给量，转动砂轮架横向进给手轮，将砂轮引向工件。当砂轮离工件 1～2 mm 时，选择细进给量，缓慢转动砂轮架横向进给手轮，使砂轮接近工件。

⑨ 当砂轮磨到工件后，扳动砂轮架快速进退手柄，使砂轮架快速退出。拉出砂轮磨损补偿旋钮，转动刻度盘至零位，再推入旋钮，然后转动砂轮架横向进给手轮，后退 0.5～1 mm。

⑩ 移动工作台，使砂轮处于工件另一端，扳动砂轮架快速进退手柄，使砂轮架快速进入，转动砂轮架横向进给手柄，缓慢进给。当砂轮磨到工件后，根据两次磨削刻度值误差，转动工作台角度调整螺杆，使工作台角度作微量调整。

⑪ 经过多次对刀调整，使工件两端对刀刻度值基本相同。调整切削液开关手柄，控制切削液的流量，砂轮在工件全长范围内进行磨削。

⑫ 工件全部磨出，扳动砂轮架快速进退手柄，使砂轮架快速退出，卸下工件，试磨结束。

任务实施

1. 磨床操纵练习

(1) 手动操纵练习。

(2) 液压传动操纵练习。

(3) 电器按钮、旋钮操纵练习。

2. 练习在两顶尖上装夹工件

要求动作正确，操作熟练。

3. 练习外圆试磨

掌握对刀找正工件方法，要求操纵步骤正确，动作规范。

★ 容易产生的问题和注意事项

(1) 要求每台磨床都有齐全的防护设施。

(2) 操纵机床时，注意力要集中；工作台启动前，应调整好挡铁位置并予以紧固。

(3) 砂轮架快速进给时，要控制进给位置，防止砂轮与工件或尾座相撞。

(4) 用两顶尖装夹工件时，顶尖顶在工件中心孔内，防止顶尖顶在夹头与工件的夹缝里。

(5) 调整工作台角度位置，要注意螺杆旋转方向，并注意磨削安全。

(6) 试磨时，切削液流量要充足，以免烧伤工件。

评分标准

磨削操纵练习的评分标准如表 6-1 所示。

表 6-1　磨削操纵练习评分标准

序号	任务与技术要求	配分	评分标准	实测记录	得分
1	工件放置或夹持正确	5	不符合要求酌情扣分		
2	工量具放置位置正确、排列整齐	5	不符合要求酌情扣分		
3	手动操纵练习正确	15	不符合要求酌情扣分		
4	液压传动操纵练习正确	15	不符合要求酌情扣分		
5	电器按钮、旋钮操纵练习正确	15	总体评定		
6	在两顶尖上装夹工件动作正确，操作熟练	15	不符合要求酌情扣分		
7	对刀找正工件的操纵步骤正确，动作规范	30	不符合要求酌情扣分		
8	安全文明操作		违者每次扣 2 分		
总分：100	姓名：	学号：	实际工时：	教师签字：	学生成绩：

项目二　外 圆 磨 削

任务一　光 轴 磨 削

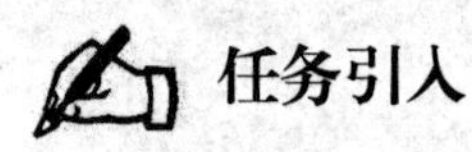

任务引入

1．实习教学要求

(1) 合理选择磨削用量，掌握粗磨、精磨磨削余量的选择原则。

(2) 掌握磨削外圆表面的基本方法。

(3) 掌握工件圆柱度找正的方法。

(4) 掌握光轴的磨削方法。

2．磨削练习

光轴磨削练习如图 6-6 所示。

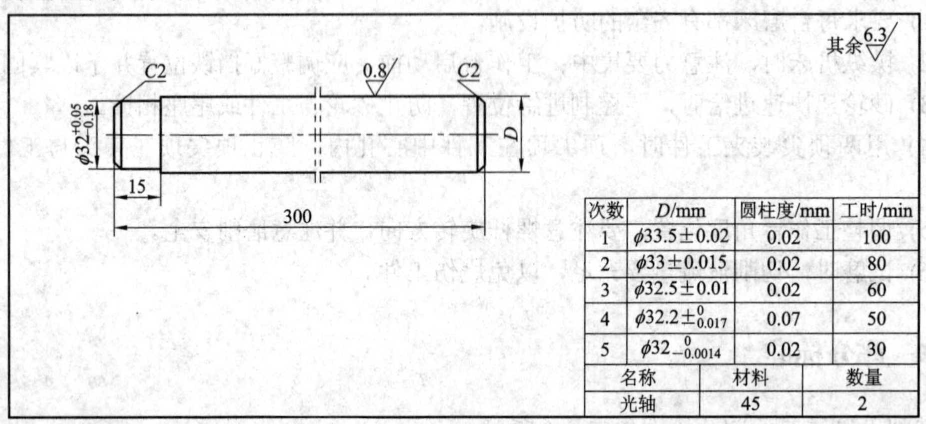

次数	D/mm	圆柱度/mm	工时/min
1	$\phi 33.5\pm 0.02$	0.02	100
2	$\phi 33\pm 0.015$	0.02	80
3	$\phi 32.5\pm 0.01$	0.02	60
4	$\phi 32.2\pm^{0}_{0.017}$	0.07	50
5	$\phi 32^{\ 0}_{-0.0014}$	0.02	30

名称	材料	数量
光轴	45	2

图 6-6　光轴磨削练习

相关知识

1．磨削用量的选择

磨削用量是指砂轮的圆周速度 v_0，工件的圆周速度 v_W，工件的纵向进给量 $f_{纵}$ 和磨削吃刀量 a_p(也称横向进给量)，如图 6-7 所示。磨削用量选择是否适当，对工件的加工精度、表面粗糙度和生产效率有着直接的影响。磨削用量的选择原则是：在保证加工质量的前提下，以获得最高生产效率和最低的生产成本。

(1) 砂轮圆周速度的选择。

砂轮圆周速度的选择，主要根据工件材料、磨削方式和砂轮特性来确定。其选择原则是：在砂轮强度，机床刚度、功率及冷却措施允许的条件下，尽可能提高砂轮的圆周速度。通常情况下，$v_0 = 30 \sim 35$ m/s。

(2) 工件圆周速度的选择。

工件圆周速度的选择，主要根据工件直径、横向进给量、工件材料等确定。其选择原则是：保证工件表面粗糙度符合要求的前提下，应使砂轮在单位时间内切除最多金属且砂轮磨耗最少。通常，工件圆周速度是按工件直径选取转速的。小直径的工件磨削时，转速高些；大直径的工件磨削时，转速应低些。以 M1432B 万能外圆磨床为例，工件转速可按表 6-2 来选择。

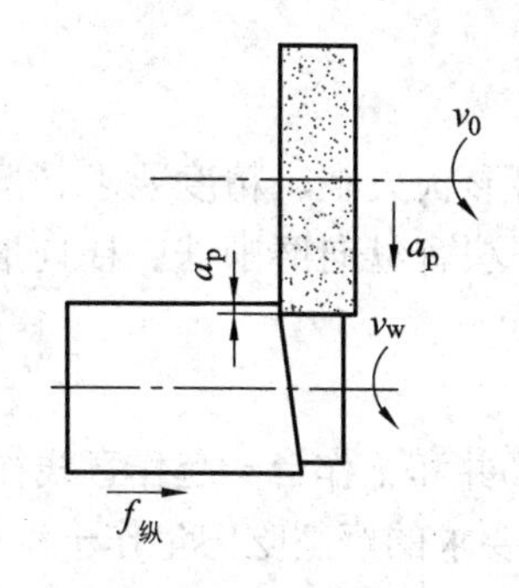

图 6-7　磨削用量

表 6-2　工件转速的选择

工件直径/mm	＞250	150～250	80～150	50～80	25～50	<25
工件转速/(r/min)	25	50	80	112	160	224

(3) 横向进给量的选择。

横向进给量的选择，主要是根据磨质、工件材料、砂轮特性来确定。在外圆磨削的情况下，粗磨时：$a_p = 0.02 \sim 0.05$ mm；精磨时：$a_p = 0.05 \sim 0.01$ mm。

精磨时，为了提高工件精度，减小表面粗糙度，最后在不进刀的情况下应再光磨几次，使磨削火花减小甚至消失。

(4) 纵向进给量的选择。

纵向进给量的选择，主要根据磨削方式、工件材料、磨削性质等确定。

通常，粗磨时：$f_{纵} = ((0.4 \sim 0.85)b$ (mm/工件每转)；精磨时：$f_{纵} = (0.15 \sim 0.30)b$ (mm/工件每转)。式中，b 为砂轮宽度(mm)。

2．粗、精磨削余量的确定

工件经粗加工、半精加工后，需在磨削工序中切除的金属层称磨削余量，其大小为磨削前与磨削后的尺寸之差。磨削余量可分为粗磨余量、精磨余量及研磨余量等。

(1) 磨削余量的确定。

合理确定磨削余量，对提高生产效率和保证加工质量有重要意义。对于形状复杂，技术要求高，工艺流程长而复杂，经热处理变形较大的工件，磨削余量应多些。例如：机床主轴、细长轴、薄片、薄壁的工件。

确定磨削余量的原则是：在保证不遗留上道工序加工痕迹和加工缺陷的前提下，磨削余量应愈少愈好。

(2) 工件粗磨和精磨。

机械加工中，对大批量生产或工序较复杂的工件，需要划分粗、精磨。划分粗、精磨的优点有以下几点：

① 能保证零件的加工精度和表面粗糙度。

② 有利于提高生产效率。

③ 可合理使用机床，保证机床精度的稳定。

④ 可减小砂轮的损耗，提高砂轮的使用寿命。

⑤ 可为其他工序作准备。精磨余量一般是全部余量的1/10左右，约0.05 mm，其他的磨削余量均在粗磨时切除。

3．外圆磨削的基本方法

外圆磨削一般是根据工件的形状大小、精度要求、磨削余量的多少和工件的刚性等来选择磨削方法。常用的磨削方法有纵向磨削法、横向磨削法、阶段磨削法和深度磨削法四种。

(1) 纵向磨削法。

磨削时，工件转动(圆周进给)并和工作台一起作直线往复运动(纵向进给)，当每一纵向行程或往复行程终了时，砂轮按要求的磨削吃刀量作一次横向进给，在多次往复行程中磨去全部磨削余量，这种磨削方法称为纵向磨削法如图6-8所示。其特点是：

① 由于横向进给量较小，磨削力小，磨削发热量少，工件加工精度高，表面粗糙度值较小。

② 由于纵向行程往复一次时间较长，横向进给量又小，故生产效率较低。在日常生产中，纵向磨削法应用得最广泛，更适合细长轴的磨削。

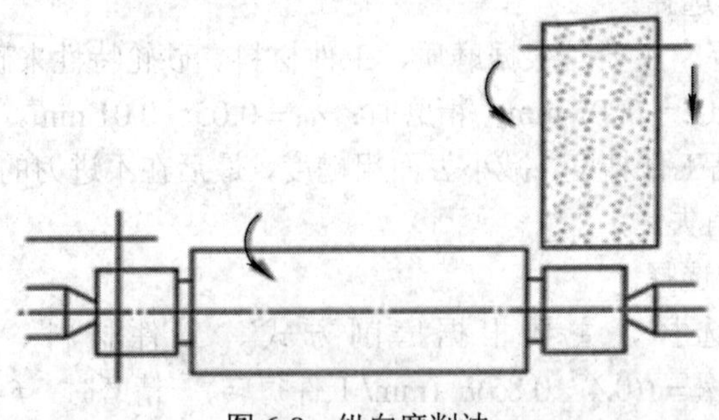

图6-8 纵向磨削法

(2) 横向磨削法。

磨削时，工件不作纵向往复运动，但砂轮作连续的横向进给，直到工件余量全部切除为止，这种磨削方法称为横向磨削法如图 6-9 所示。其特点是：

① 生产效率较高，适合于成批生产。

② 可根据成形工件几何形状，将砂轮外圆修整成成形面，直接磨出成形表面。

③ 砂轮与工件有较大的接触面积，磨削发热量大，容易使工件表面退火或烧伤。因此，切削液供给必须充分。

④ 砂轮连续横向进给，工件所受压力较大，容易变形，不适于磨削细长工件。

⑤ 采用横向磨削法，砂轮容易塞实和磨钝，故应经常修整砂轮。

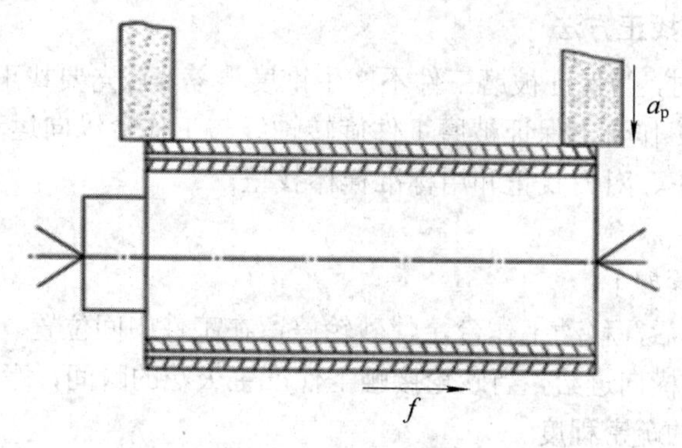

图 6-9　横向磨削法

(3) 阶段磨削法。

阶段磨削法是把工件分成若干小段，采用横向磨削法逐段进行粗磨，每段留 0.03～0.05 mm 的精磨余量，最后用纵向磨削法磨至图样要求。分段粗磨时，相邻两段间要有 1～5 mm 的重叠，以保证各段外圆衔接好，如图 6-10 所示。这种磨削方法适用于磨削余量多，刚性好的工件。

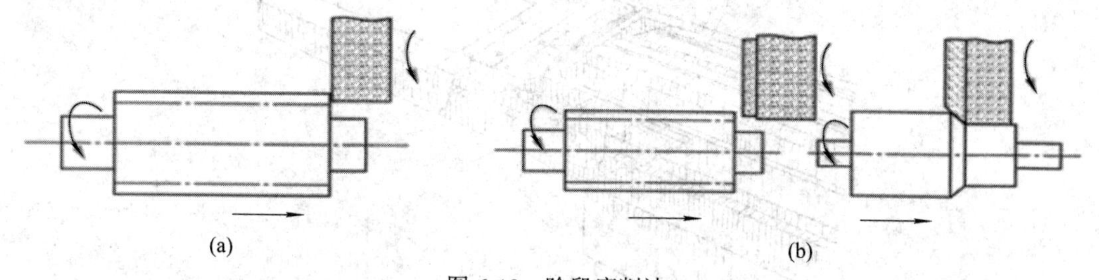

图 6-10　阶段磨削法

(4) 深度磨削法和阶梯磨削法。

采用较大的磨削吃刀量和较小的纵向进给量，在一次纵向进给中，磨去工件大部或全部的磨削余量，这种磨削方法叫深度磨削法，如图 6-11 所示。这种方法适用于磨削余量多，刚性好，精度要求较低的工件。

为了改善砂轮前侧受力状况，使砂轮磨损均匀，也可将砂轮修整成阶梯形或较小的斜度，如图 6-12 所示。阶梯砂轮左侧的一个或几个台阶起粗磨作用，最后一个台阶起精磨作用。阶梯砂轮的台阶数及磨削吃刀量由工件长度和磨削余量来确定。其原则是最后精磨台阶的长度应大于砂轮宽度的一半，以保证工件的加工质量。阶梯磨削法的特点是：

① 砂轮的负荷比较均匀，可提高砂轮的寿命(耐用度)，但会造成砂轮总寿命减少。

② 粗磨和精磨在一次行程中完成，缩短了进给次数，提高了生产效率。

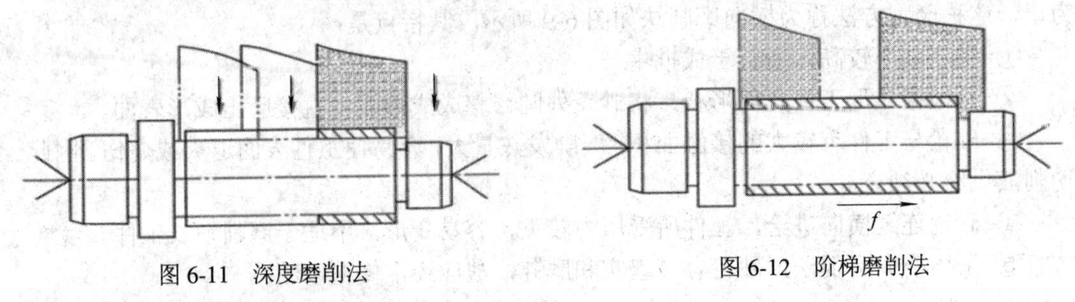

图 6-11　深度磨削法　　　　图 6-12　阶梯磨削法

4．工件圆柱度的找正方法

在外圆柱面磨削时，为保证被磨工件不产生锥度误差，首先要找正工作台的正确位置。在加工中，要调整上工作台，保证被磨工件旋转轴线与工作台纵向运动方向平行。常用的调整方法有目测法找正、对刀找正和用标准样棒找正。

(1) 目测法找正。

目测法找正的步骤如下：

① 工件安装好以后，移动工作台，使砂轮停留在工件中间位置。

② 砂轮架作缓慢横向进给，当砂轮接触工件产生火花的瞬间，停止横向进给，同时观察火花在砂轮宽度内的疏密程度。

③ 根据火花疏密的情况，确定调整的方向。如果砂轮右端(即近尾座端)火花大，应调整螺钉顺时针旋转，上工作台顺时针转动；反之，应逆时针旋转。

④ 调整时，砂轮退离工件，松开螺钉和压板，用扳手转动调整螺钉，使上工作台相对于下工作台进行转动如图 6-13 所示。调整好后，拧紧螺钉。

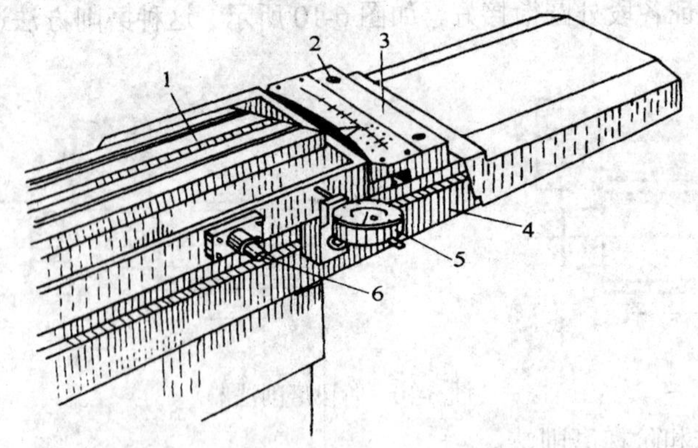

1—上工作台；2—螺钉；3—压板；4—下工作台；5—百分表；6—调整螺钉

图 6-13　上工作台调整装置

⑤ 转动工件，将已磨削的那段外圆摇离砂轮，磨削另一段外圆，继续观察，以相同的方法调整到火花在砂轮宽度内基本均匀为止。

⑥ 纵向移动工作台，使工件由中间向左右展开磨削。在磨削的同时，观察工件左右两端火花增减情况，继续进行调整，直至工件全长上火花基本均匀为止。

⑦ 当工件外圆基本上磨出时，可用千分尺测量工件的锥度。如靠近头架端尺寸大于尾

座端，则为顺锥，应顺时针旋转调整螺钉；反之，则为倒锥，应逆时针旋转调整螺钉。用此方法直至工件锥度找正为止。这种方法调整简单、速度快，应用较广。

(2) 对刀找正。

对刀找正的步骤如下：

① 用横向磨削法，在工件需要磨削的外圆两端各磨一刀，到外圆基本磨出为止。

② 根据磨出两端外圆时，横向进给手轮刻度盘的读数差值，以及工件两端直径的差值，判断工件产生锥度的情况，并进行调整。

③ 继续进行对刀试磨，逐步找正，直至误差基本消除。

④ 用纵向磨削法磨削，待工件基本磨圆后，用外径千分尺测量工件两端的直径大小，根据直径差再精细调整，使工件圆柱度符合要求。

这种方法常用于磨削长度较长的工件。

(3) 用标准样棒找正。

用标准样棒找正步骤如下：

① 选择一根与工件长度相同的标准样棒，安装在两顶尖之间。

② 将磁性表座固定在砂轮架上，百分表测量头与顶尖等高，并且接触标准样棒的上侧素线，如图 6-14 所示。

③ 摇动横向进给手轮，使百分表测量头压缩 0.2~0.3 mm。

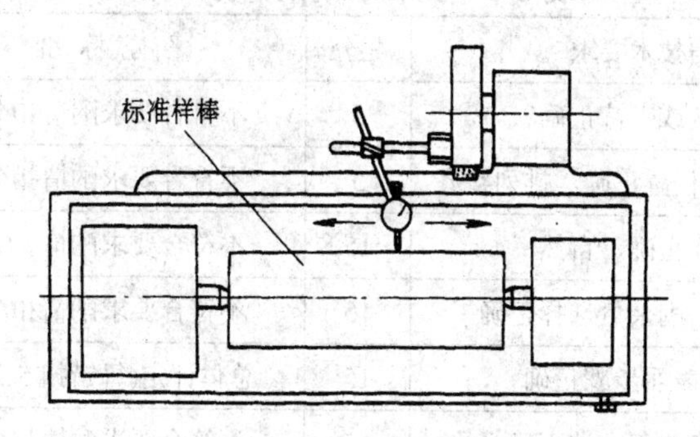

图 6-14　用标准样棒找正工作台

④ 工作台作缓慢的纵向移动，观察百分表在样棒全长上移动时的读数差，判断是顺锥还是倒锥。

⑤ 采用以上方法，反复调整上工作台的位置，直到百分表在样棒全长上的读数相同。

这种调整方法主要用于工件余量极少的工件和超精磨工件的加工。

5．光轴的磨削方法

操作步骤：

(1) 根据工件的长度，调整头架、尾座距离，工件在两顶尖间的松紧程度适当。

(2) 在光轴的一端(小台阶外圆处)装上大小合适的夹头。

(3) 擦干净工件的中心孔，并加注润滑油，再擦干净两顶尖，将工件安装在两顶尖之间。

(4) 调整拨杆位置，使拨杆能带动工件旋转。

(5) 调整工作台行程挡铁位置(按工件所需磨削长度调整)。

(6) 测量工件尺寸，计算磨削余量和检查圆柱度误差值。

(7) 对刀试磨，逐步找正工件圆柱度。

(8) 磨去余量，使尺寸符合图样要求。

任务实施

要求学生在光轴磨削练习中，合理选择磨削用量，掌握工作台的找正方法，学会使用纵向磨削法。

★ **容易产生的问题和注意事项**

(1) 调整工作台找正工件圆柱度时，调整螺钉的转动量不宜过大，应微量转动调整螺钉。反向转动调整螺钉时，应注意消除间隙。

(2) 调整工件圆柱度前，砂轮应退离工件远一些(大于 50 mm 快速进退量)，以防砂轮与工件相撞。

评分标准

光轴磨削的评分标准如表 6-3 所示。

表 6-3　光轴磨削的评分标准

序号	任务与技术要求	配分	评 分 标 准	实测记录	得分
1	工件放置或夹持正确	5	不符合要求酌情扣分		
2	工具、量具放置位置正确，排列整齐	5	不符合要求酌情扣分		
3	加工操作正确、自然	15	不符合要求酌情扣分		
4	粗、精磨的磨削余量选择正确	15	不符合要求酌情扣分		
5	磨削外圆表面步骤正确	15	总体评定(每错扣 5 分)		
6	工件圆柱度找正方法正确	15	不符合要求酌情扣分		
7	光轴的磨削符合图纸要求	30	不符合要求酌情扣分		
8	安全文明操作		违者每次扣 2 分		
总分：100	姓名：　学号：	实际工时：	教师签字：	学生成绩：	

任务二　台阶轴磨削

任务引入

1．实习教学要求

(1) 掌握台阶轴的磨削方法。

(2) 掌握台阶轴位置公差的测量方法。

2．磨削练习

台阶轴磨削练习要求如图 6-15 所示。

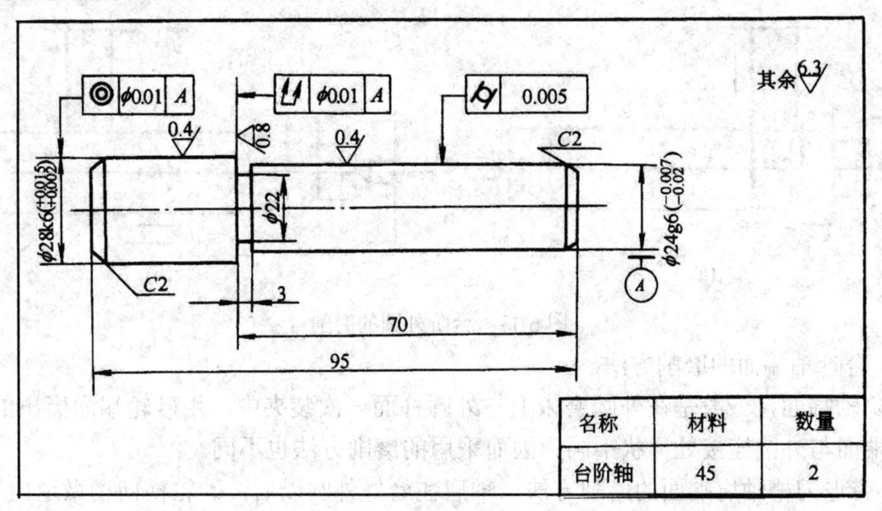

图 6-15　台阶轴磨削练习要求

任务实施

1．台阶轴的磨削方法

台阶轴磨削包括台阶外圆磨削和台阶轴端面磨削。台阶轴与无台阶轴比较，不但有尺寸精度、表面粗糙度及形位公差要求，而且还有位置公差的要求。在磨削时，必须掌握准确的磨削方法。

(1) 台阶外圆的磨削方法。

当磨削长度小于砂轮宽度时，可采用横向磨削法(见图 6-16)。为了解决磨粒切痕单一的缺陷，精磨时应使工件作短距离纵向运动。

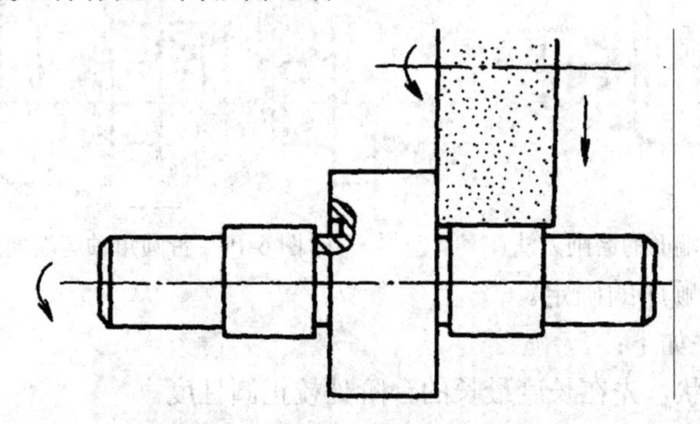

图 6-16　用横向磨削法磨台阶外圆

当磨削长度大于砂轮宽度时，通常用纵向磨削法，其加工步骤如下：

① 调整好挡铁，左端挡铁调整到使砂轮左端面在工件退刀槽内的位置。如没有退刀槽，则可手动在近工件端面旁用横向磨削法磨去大部分余量，留 0.05 mm 左右的精磨量(见图 6-17(a))，然后调整好挡铁。

② 用纵向磨削法磨外圆，留 0.05 mm 左右的精磨量(见图 6-17(b))。

③ 调整工作台左面挡铁，在工件全长上精磨至达到要求为止。

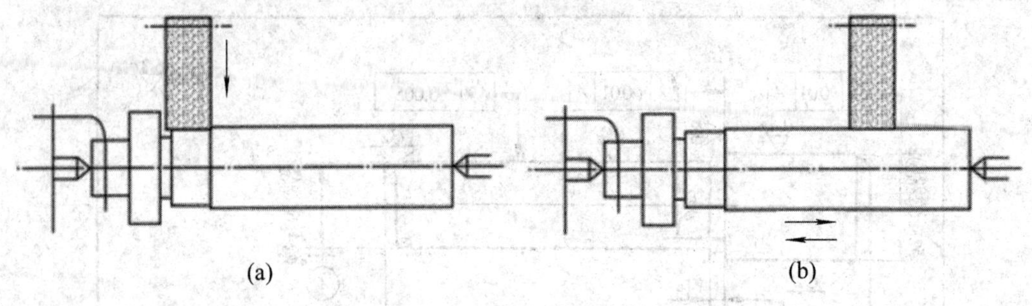

图 6-17 台阶外圆的磨削

(2) 台阶轴端面的磨削方法。

台阶轴端面，一般是在外圆磨床上与外圆柱面一次装夹中，用砂轮端面磨出的。由于台阶轴端面与外圆连接处形状不同，因而采用的磨削方法也不同。

① 带退刀槽轴肩端面的磨削方法。轴肩在磨好外圆以后，砂轮横向稍微退出 0.1 mm 左右，手摇工作台，使砂轮端面逐渐与工件端面接触，并作间断地纵向进给。待端面磨出后，在原位置处稍作停留再退出，以保证端面质量(见图 6-18)。

② 带圆角轴肩端面的磨削方法。轴肩在磨削时，应将砂轮尖角修成所要求的圆弧。磨削时，可先用横向磨削法粗磨外圆，留 0.03～0.05 mm 余量，将砂轮横向退出一段距离，再用手摇动工作台磨端面，磨去余量至图样要求，然后横向作缓慢进给，直至外圆磨到图样要求为止(见图 6-19)。

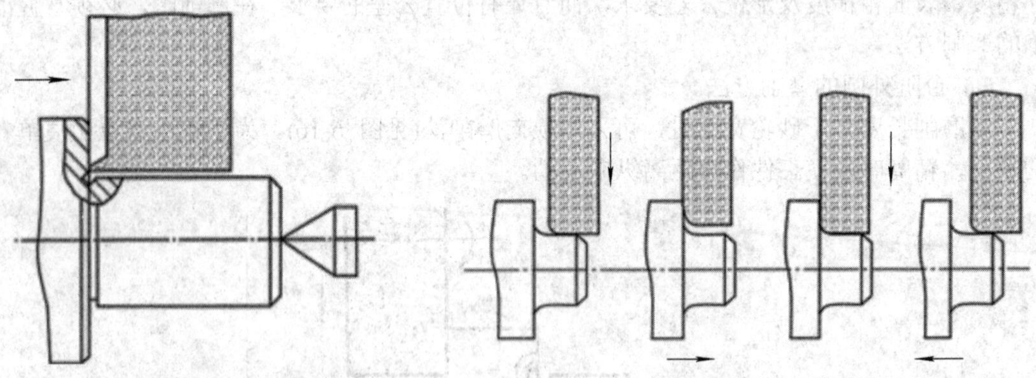

图 6-18 带退刀槽轴肩端面的磨削方法　　图 6-19 带圆角轴肩端面的磨削方法

(3) 台阶轴磨削顺序的确定。

台阶轴磨削顺序如下：

① 根据工件形状，先在长度最长的台阶处校正圆柱度。

② 根据工件直径，先磨直径大的外圆。这样有利于磨削安全。

③ 根据工件位置精度，先磨精度要求低的外圆，后磨精度要求高的外圆，以保证工件的精度要求。

2．台阶轴位置公差的测量方法

(1) 同轴度的标注方法。同轴度的标注方法如图 6-20(a)所示，表示被测量的圆柱面轴线与基面轴线同轴，在整个测量区域内直径方向的跳动量不得大于公差值 t。

(2) 端面全跳动的标注方法。端面全跳动在图样上标注的方法如图 6-20(b)所示，表示被测量的整个端面，相对于基面轴线的跳动量不得大于公差值 t。

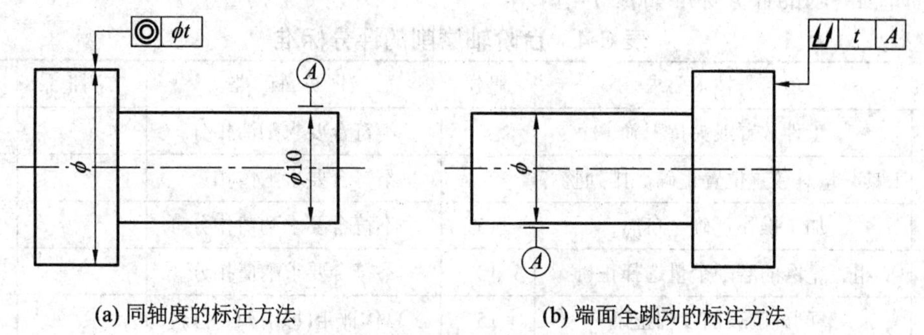

图 6-20　台阶轴位置公差的标注法

(3) 台阶轴位置公差的测量。台阶轴磨削一般是以两中心孔为定位基准，测量时基准不变，如图 6-21 所示。

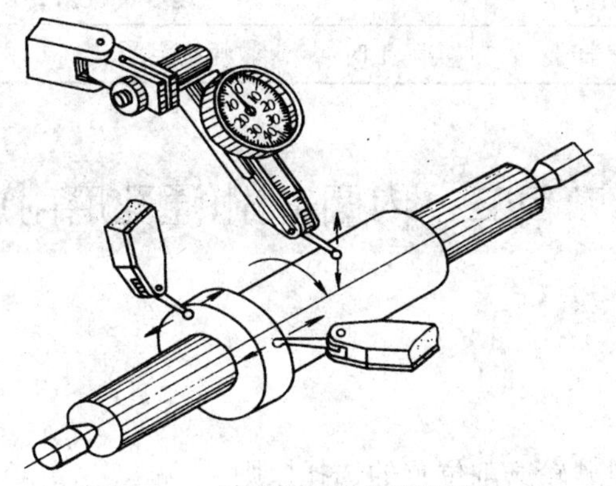

图 6-21 台阶轴位置公差的测量

★ **容易产生的问题和注意事项**

(1) 在检测台阶轴位置公差时，百分表的测量头应与被测表面垂直。测量时，百分表测量杆的压缩量不能过大，以减少测量误差。

(2) 磨削台阶轴各挡外圆时，应注意相邻外圆之间的直径差，避免摇错而产生碰撞。

(3) 在调整轴肩处行程挡铁位置时，应尽量用微调螺钉调节，以免工件撞击砂轮端面产生事故。

(4) 台阶外圆磨削时，横向进给应在近台阶旁换向时进行，以保持砂轮左端面尖角的锋利，使台阶外圆的根部尺寸准确。

(5) 台阶端面磨削时，砂轮必须在横向退出 0.5 mm 后进行，以免在磨削端面时，因工件和砂轮的接触面积大而产生振动，破坏外圆原有的精度。

(6) 端面接触砂轮时，应避免冲击或碰撞。同时砂轮端面应修成内凹型，以保证砂轮端面与工件端面的线接触。

(7) 对于位置公差要求高的台阶轴，端面磨削时要有足够的光磨时间。

(8) 磨削时切削液要保持充分。

评分标准

台阶轴磨削的评分标准如表 6-4 所示。

表 6-4　台阶轴磨削的评分标准

序号	项目与技术要求	配分	评 分 标 准	实测记录	得分
1	工件放置或夹持正确	5	不符合要求酌情扣分		
2	工具、量具放置位置正确，排列整齐	5	不符合要求酌情扣分		
3	加工操作正确、自然	15	不符合要求酌情扣分		
4	粗、精磨的磨削余量选择正确	15	不符合要求酌情扣分		
5	磨削外圆表面步骤正确	15	总体评定(每错扣 5 分)		
6	工件圆柱度找正方法正确	15	不符合要求酌情扣分		
7	台阶轴的磨削符合图纸要求	30	不符合要求酌情扣分		
8	安全文明操作		违者每次扣 2 分		
总分：100	姓名：	学号：	实际工时：	教师签字：	学生成绩：

项目三　内圆磨削(通孔磨削)

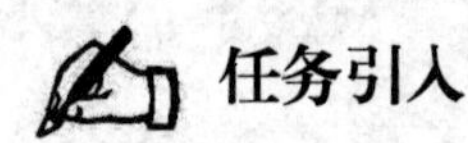

任务引入

1. 实习教学要求

(1) 掌握内圆磨削时砂轮磨削位置的选择原则。

(2) 掌握内圆磨削时磨削用量的选择原则。

(3) 掌握通孔的磨削方法。

2. 磨削练习

通孔磨削练习要求如图 6-22 所示。

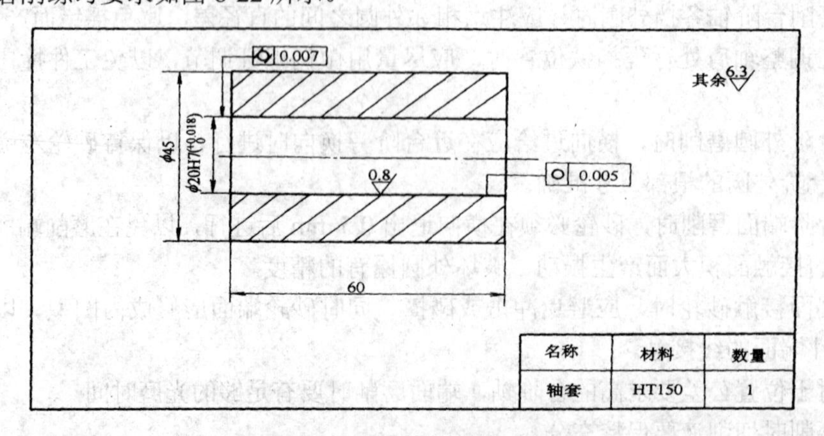

图 6-22　通孔磨削练习要求

相关知识

1．内圆磨削时砂轮磨削位置的选择

砂轮的磨削位置可分为以下两种情况：

(1) 砂轮靠孔的前壁(即在操作者这一侧)进行磨削(见图 6-23)。这种接触形式适宜在万能外圆磨床上磨削内圆时采用。前面接触时，砂轮的进给方向与磨外圆时进给方向一致，因此操作方便，并可使用自动进给进行磨削。

(2) 砂轮靠孔的后壁(即在操作者的对面)接触进行磨削(见图 6-24)。这种接触形式适宜在内圆磨床上采用。后面接触时，便于观察加工表面，但砂轮横向进给机构在进给方向上与万能外圆磨床相反。

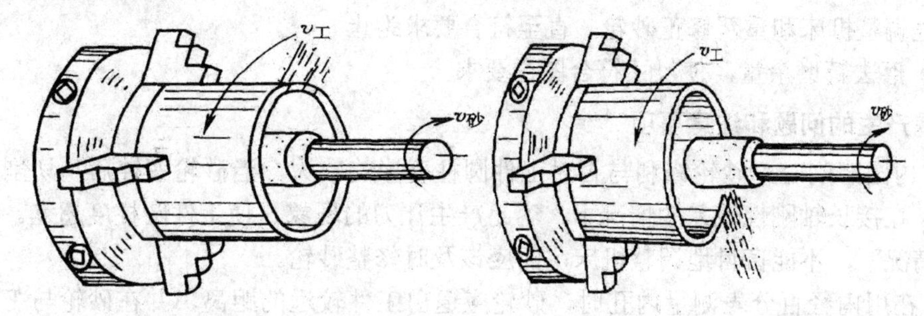

图 6-23 万能外圆磨床上砂轮磨削的位置　　图 6-24 内圆磨床上砂轮磨削的位置

2．磨削用量的选择

(1) 砂轮线速度 $v_砂$的选择。由于内圆磨具转速的限制和内圆砂轮直径较小等原因，内圆砂轮的线速度要比外圆砂轮的线速度低，一般为 20～30m/s。在实际工作中，应合理选择砂轮直径，尽可能提高砂轮的线速度。砂轮使用一段时间后，直径减小，线速度降低。这时，要及时更换砂轮，以保证砂轮的线速度符合磨削要求。

(2) 工件速度 $v_工$的选择。内圆磨削时，为了避免工件表面烧伤，工件线速度要比外圆磨削时高，但也不能过高，否则会影响工件的表面粗糙度。在实际工作中，应根据内孔的直径和加工精度来合理选择工件速度，头架转速一般选择在 15～25 m/min 之间。

(3) 工作台纵向进给速度 $v_纵$的选择。内圆磨削时，工作台纵向进给速度要比外圆磨削时稍大一些。因为内圆磨削冷却条件较差，加大纵向进给速度，可缩短砂轮与工件的接触时间，有利于散热，同时也可提高生产效率。纵向进给速度粗磨时一般选择为 1.5～2.5 m/min，精磨时选择为 0.5～1.5 m/min。

(4) 磨削背吃刀量 a_p 的选择。内圆磨削的磨削背吃刀量要比外圆磨削小，因砂轮接长轴比较细长，刚性差，如果磨削背吃刀量较大，容易使接长轴弹性变形，产生振动。磨削背吃刀量 a_p 粗磨时一般选择为 0.015～0.02 mm，精磨时选择 0.005～0.01 mm。

任务实施

通孔磨削的加工步骤如下：

(1) 在三爪自定心或四爪单动卡盘上装夹工件并进行找正。

(2) 根据工件孔径及长度，选择合适的砂轮及接长轴。

(3) 调整挡铁的距离，使内圆砂轮在工件两端伸出的长度在砂轮宽度的1/2～1/3之间。

(4) 粗修整砂轮。

(5) 在工件内孔两端对刀试磨，根据误差值调整机床工作台或主轴箱。

(6) 采用纵向磨削法磨削工件内孔。

(7) 用内径百分表测量孔的圆柱度，根据误差值调整机床。

(8) 继续磨削内孔，磨出后重新进行测量和调整机床。通过数次测量、调整与磨削，使工件圆柱度符合图样要求。

(9) 磨出粗磨余量，留精磨余量0.05 mm左右。

(10) 根据图样要求，精修砂轮。

(11) 精磨内孔，磨出后再精确测量内孔的圆柱度，检查表面粗糙度，如不符合要求，则精细地调整机床和重新修正砂轮，直至符合要求为止。

(12) 磨去精磨余量，使尺寸符合图样要求。

★ 容易产生的问题和注意事项

(1) 内圆磨削时，砂轮锋利与否对工件圆柱度影响较大。当砂轮变钝后，切削性能明显下降，在接长轴刚性较差的情况下，容易产生让刀的现象，使工件圆柱度超差。因此，在这种情况下，不能盲目地调整机床，而应该及时修整砂轮。

(2) 在用内径百分表测量内孔时，砂轮应退出工件较远的距离，并在砂轮与工件停止旋转后再进行测量，以免产生事故。

(3) 在用塞规测量内孔时，应先将工件充分冷却，然后擦去磨屑和切削液，否则工件孔壁容易被拉毛，塞规也容易被“咬死”。

(4) 用塞规塞孔时，要注意用力方向，不能倾斜，不能摇晃。塞不进时，不要硬塞，否则工件容易松动，影响加工精度。塞规退出内孔时，要注意用力不能太猛，以防止塞规或手撞到砂轮上。

评分标准

内圆磨削的评分标准如表6-5所示。

表6-5 内圆磨削的评分标准

序号	任务与技术要求	配分	评 分 标 准	实测记录	得分
1	工件放置或夹持正确	5	不符合要求酌情扣分		
2	工具、量具放置位置正确、排列整齐	5	不符合要求酌情扣分		
3	加工操作正确、自然	15	不符合要求酌情扣分		
4	粗、精磨的磨削余量选择正确	15	不符合要求酌情扣分		
5	磨削外圆表面步骤正确	15	总体评定(每错扣5分)		
6	工件圆柱度找正方法正确	15	不符合要求酌情扣分		
7	内圆磨削符合图纸要求	30	不符合要求酌情扣分		
8	安全文明操作		违者每次扣2分		
总分：100	姓名： 学号：	实际工时：	教师签字：	学生成绩：	

项目四 平 面 磨 削

任务一 平面磨床的操纵和调整

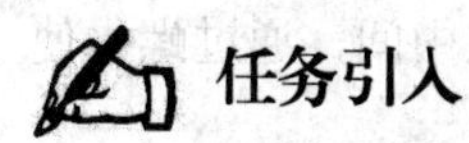

任务引入

1．实习教学要求

(1) 了解平面磨床各部件的名称和作用。

(2) 掌握平面磨床操纵和调整的方法。

2．操作练习

(1) 练习操纵机床，熟悉各手柄、旋钮、按钮的作用和操纵方法。

(2) 练习在电磁吸盘上装卸工件。

相关知识

M7120D 型平面磨床由床身 1、工作台 2、磨头 3、滑板 4、立柱 5、电器箱 6、电磁吸盘 7、电器按钮板 8 和液压操纵箱 9 等部件组成，如图 6-25 所示。

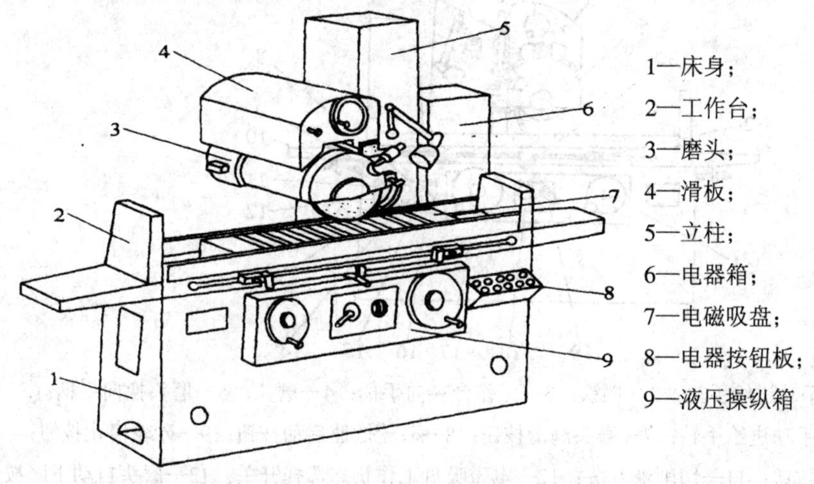

图 6-25 M7120D 型平面磨床

(1) 床身。床身 1 上面有 V 形导轨及平导轨，工作台 2 安装在导轨上。床身前侧的液压操纵箱上装有工作台手动机构、垂直进给机构、液压操纵板等，用以控制机床的机械与液压传动。电器按钮板上装有电器控制按钮。

(2) 工作台。工作台 2 上部有长方形台面，下部有凸出的导轨。工作台上部台面经过磨削，并有一条 T 形槽，用以固定工件和电磁吸盘。在台面四周装有防护罩，以防止切削液飞溅。

(3) 磨头。磨头 3 在壳体前部，装有两套滑动轴承和控制轴向窜动的两套球面止推轴承，主轴尾部装有电动机转子，电动机定子固定在壳体上。磨头 3 在水平燕尾导轨上有两种进给形式：一种是断续进给，即工作台换向一次，砂轮磨头横向作一次断续进给，进给量 1～12 mm；另一种是连续进给，磨头在水平燕尾导轨上往复连续移动，连续移动速度为 0.3～3 m/min，由进给选择旋钮控制。磨头除了可液压传动外，还可作手动进给。

(4) 滑板。滑板 4 有两组相互垂直的导轨，一组为垂直矩形导轨，用以沿立柱作垂直移动，另一组为水平燕尾导轨，用以作磨头横向移动。

(5) 立柱。立柱 5 为一箱形体，前部有两条矩形导轨，丝杠安装在中间，通过螺母使滑板沿矩形导轨作垂直移动。

(6) 电器箱。电器元件装到电器箱内，有利于维修和保养。

(7) 电磁吸盘。电磁吸盘 7 主要用于装夹工件。

(8) 电器按钮板。电器按钮板 8 安装有各种电器按钮，通过操作按钮来控制机床的各项进给运动。

(9) 液压操纵箱。液压操纵箱 9 控制机床的液压传动。

任务实施

1. 平面磨床的操纵和调整

图 6-26 为 M7120D 型平面磨床的操纵示意图。

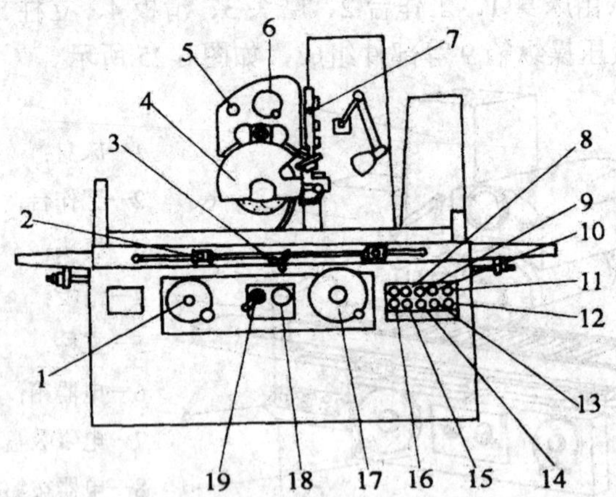

1—工作台手动进给手轮；2—挡铁；3—工作台换向手柄；4—磨头；5—磨头换向手柄；
6—磨头横向手动进给手轮；7—磨头润滑按钮；8—砂轮低速启动按钮；9—砂轮停止按钮；
10—砂轮高速启动按钮；11—切削液开关；12—电磁吸盘工作状态选择开关；13—磨头自动下降按钮；
14—磨头自动上升按钮；15—液压泵启动按钮；16—总停按钮；17—垂直进给手轮；
18—磨头液动进给旋钮；19—工作台启动调速手柄

图 6-26　M7120D 型平面磨床的操纵示意图

(1) 工作台的操纵和调整。

① 液压操纵步骤。

液压操纵步骤如下：

(a) 按动液压泵启动按钮，启动液压泵。

(b) 调整工作台行程挡铁 2 于两极限位置。

(c) 在液压泵工作数分钟后，扳动工作台启动调速手柄 19，朝顺时针方向转动，使工作台从慢到快进行运动。

(d) 扳动工作台换向手柄 3，使工作台往复换向 2～3 次，检查动作是否正常，然后使工作台自动换向运动。

② 手动操纵步骤。

(a) 扳动工作台启动调速手柄 19，朝逆时针方向转动。使工作台从快到慢直至停止运动。

(b) 摇动工作台手动进给手轮 1，工作台作纵向运动。手轮顺时针方向转动，工作台向右移动；手轮逆时针方向转动，工作台向左移动。

(2) 磨头的操纵和调整。

① 磨头的横向液动进给。

(a) 向左转动磨头液动进给旋钮 18，使磨头从慢到快做连续进给(见图 6-26)。调节磨头左侧槽内挡铁 1 的位置，使磨头在电磁吸盘台面的横向全程范围内往复移动(见图 6-27)。

(b) 向右转动磨头液动进给旋钮 18，使磨头在工作台纵向运动换向时，作横向断续进给，进给量可在 1～12 mm 范围内调节，如图 6-26 所示。磨头断续或连续进给需要换向时，可操纵换向手柄 3(见图 6-27)。手柄向外拉出，磨头向外进给；手柄向里推进，磨头向里进给。

② 磨头的横向手动进给。

当用砂轮端面进行横向进给磨削时，砂轮需要停止横向液动进给。操作时，应将磨头液动进给旋钮 18(见图 6-26)旋至中间停止位置，然后手摇磨头横向手动进给手轮 4(见图 6-27)，使磨头作横向进给。顺时针方向摇动手轮，磨头向外移动；逆时针方向摇动手轮，磨头向里移动。手轮每格进给量为 0.01 mm。

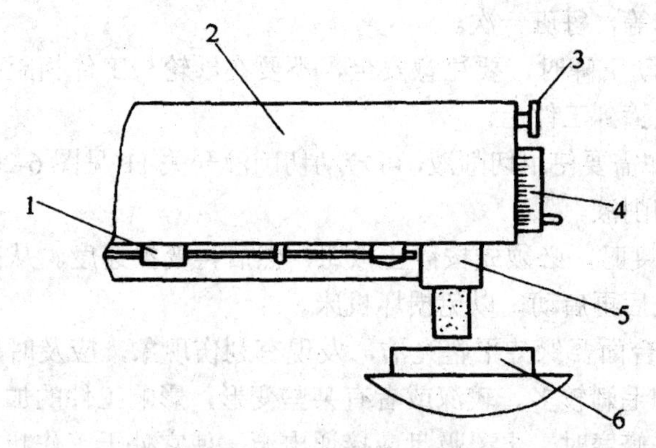

1—挡铁；2—滑板；3—换向手柄；4—磨头横向进给手轮；5—磨头；6—边缘吸盘

图 6-27　磨头的横向进给

③ 磨头的垂直自动升降。

磨头垂直自动升降是由电器控制的。在图 6-26 中，操纵时，先把垂直进给手轮 17 向外拉出，使操纵箱内的齿轮分开，然后按动磨头自动上升按钮 14，滑板沿导轨向上移动，带动磨头 4 垂直上升，而按动磨头自动下降按钮 13，滑板向下移动，磨头垂直下降，松开按钮 13，磨头就停止升降。磨头的自动升降用于磨削前的预调整，以减轻劳动强度，提高生产效率。

④ 磨头的垂直手动进给。

磨头的进给是通过摇动垂直进给手轮 17(见图 6-26)来完成的。操纵时，把垂直进给手轮 17 向里推紧，使操纵箱内齿轮咬合；摇动垂直进给手轮 17，磨头垂直上下移动。手轮顺时针方向摇动一圈，磨头就下降 1 mm。手轮每格进给量为 0.005 mm。

(3) 砂轮的启动。

为了保证砂轮主轴使用的安全，在启动砂轮前，必须先启动润滑泵，使砂轮主轴得到充分润滑。M7120D 型平面磨床油箱采用水银限位开关来延迟砂轮启动的时间，保证了砂轮启动时的安全。

操作时，在润滑泵启动约 3 min 后，水银开关被顶起，线路接通。先按动砂轮低速启动按钮 8，使砂轮作低速运转；运转正常后，再按动砂轮高速启动按钮 10，使砂轮作高速运转。磨削结束后，按动砂轮停止按钮 9，砂轮停止运转。润滑泵不启动砂轮是无法启动的。

2．工件在电磁吸盘上的装卸方法

工件在电磁吸盘上的装卸方法如下：

(1) 将工件基准面擦干净，修去表面毛刺，然后将基准面放到电磁吸盘上。

(2) 转动电磁吸盘工作状态选择开关 12 至“通磁”位置，使工件被吸住。

(3) 工件加工完毕，将电磁吸盘工作状态选择开关拨至“退磁”位置，退去工件的剩磁，然后取下工件。

★ 容易产生的问题和注意事项

(1) 磨头在作横向或垂直进给前，应先按动磨头润滑按钮 7(见图 6-26)，润滑立柱导轨、磨头导轨、滚动螺母等，每班一次。

(2) 磨头在作自动下降时，要注意安全，不要在砂轮与工件相距很近时才松开按钮，以免由于惯性使砂轮撞到工件上。

(3) 在磨削时，如需要使用切削液，可转动切削液开关 11(见图 6-26)，使切削液泵工作，然后调节喷嘴喷出切削液。

(4) 变换砂轮速度时，必须先按停止按钮，然后再变换速度。从高速变换到低速时，必须在砂轮速度降低后再启动，以免损坏机床。

(5) 电磁吸盘的台面要保持平整光洁，发现有划伤现象，应及时用磨石或金相砂纸修去。如果表面划痕和毛刺较多、较深或者有某些变形，影响工件的加工精度，可对电磁吸盘台面作一次修磨。修磨时，电磁吸盘应接通电源，使它处于工作状态。每次修磨量应尽可能小，磨出即可，以延长电磁吸盘的使用寿命。

评分标准

平面磨床操纵和调整的评分标准如表 6-6 所示。

表 6-6　平面磨床操纵和调整的评分标准

序号	任务与技术要求	配分	评 分 标 准	实测记录	得分
1	工件在电磁吸盘上的装卸方法正确	15	不符合要求酌情扣分		
2	磨头进给正确	15	不符合要求酌情扣分		
3	切削液使用方法正确	15	不符合要求酌情扣分		
4	变换砂轮速度正确	15	不符合要求酌情扣分		
5	电磁吸盘的台面平整光洁	10	不符合要求酌情扣分		
6	工作台的操纵符合要求	15	不符合要求酌情扣分		
7	工作台的调整符合要求	15	不符合要求酌情扣分		
8	安全文明操作		违者每次扣 2 分		
总分：100　姓名：	学号：	实际工时：	教师签字：	学生成绩：	

任务二　平行面磨削

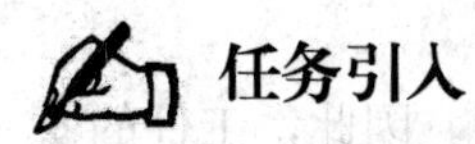

任务引入

1．实习教学要求

(1) 了解平行面磨削的磨削方法。

(2) 掌握基准面的选择原则。

(3) 掌握平行面工件的磨削方法。

(4) 了解平行面工件的精度检验方法。

2．磨削练习

平行面磨削的练习要求如图 6-28 所示。

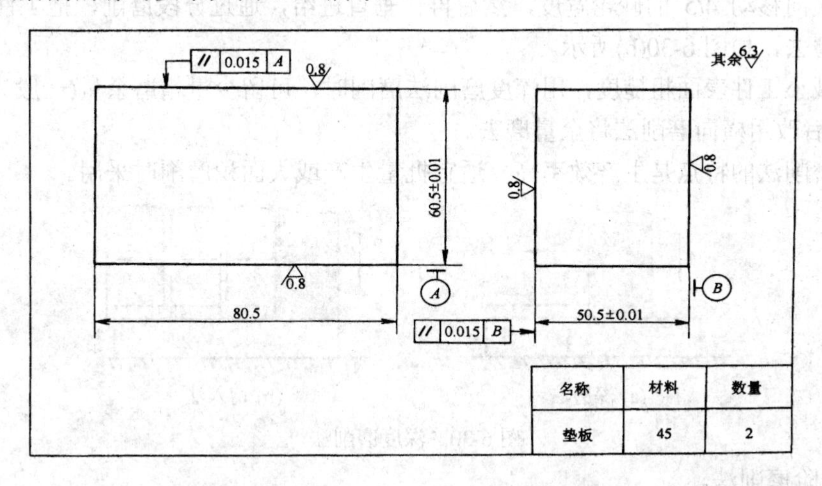

图 6-28　平行面磨削的练习要求

相关知识

1. 平面磨削的几种磨削方法

(1) 横向磨削法。

横向磨削法是平面磨削中最常用的一种磨削方法(见图 6-29)。当工件在电磁吸盘台面上装夹好后，工作台作纵向进给，滑板下降，磨头作垂直进给。当砂轮磨到工件后，磨头作横向断续进给，通过数次横向进给，磨去工件第一层余量，然后砂轮作第二次垂直进给，磨头换向继续作横向断续进给，磨去工件第二层余量。如此往复多次磨削，直至磨去全部余量。

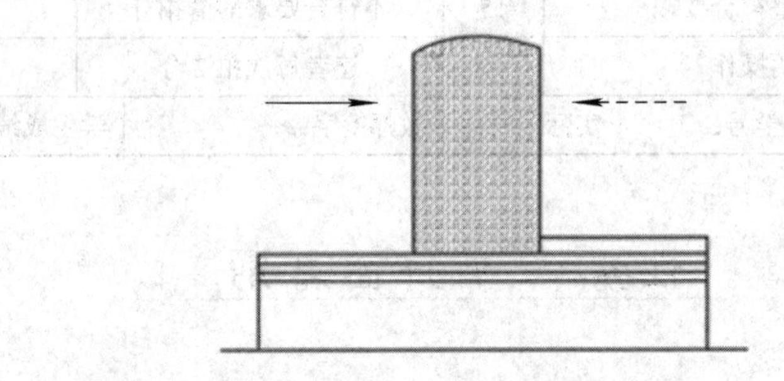

图 6-29 横向磨削法

横向磨削法的特点是砂轮与工件接触面积小，冷却和排屑条件较好。因此，工件的变形、磨削发热量均比较小，砂轮不易塞实，加工精度高。

(2) 深度磨削法。

深度磨削法有两种磨削方法(见图 6-30)。

① 深磨法。砂轮先在工件边缘作垂直进给，横向不进给。每当工作台纵向进给换向时，砂轮作垂直进给，通过数次进给，将工件的大部分或全部余量磨去，然后停止砂轮垂直进给。磨头作手动横向微量进给，直至把工件整个表面的余量全部磨去如图 6-30(a)所示。

② 切入法。磨削时，砂轮只作垂直进给，横向不进给，在磨去全部余量后，砂轮垂直退刀，并横向移动 4/5 的砂轮宽度，然后再作垂直进给，通过分段磨削，把工件整个表面余量全部磨去，如图 6-30(b)所示。

为了减小工件表面粗糙度，用深度磨削法磨削时，可留少量精磨余量(一般为 0.05 mm 左右)，然后改用横向磨削法将余量磨去。

深度磨削法的特点是生产效率高，适宜批量生产或大面积磨削时采用。

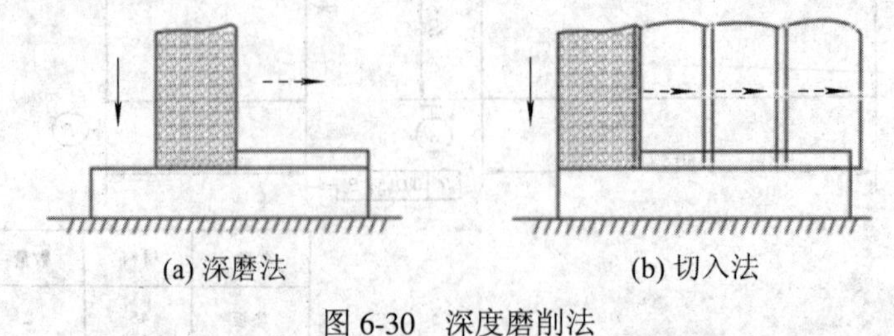

(a) 深磨法　　(b) 切入法

图 6-30 深度磨削法

(3) 台阶磨削法。

台阶磨削法是根据工件磨削余量，将砂轮修成台阶形，使其在一次垂直进给中磨去全部余量(见图 6-31)。台阶磨削法的特点是磨削效果较好，但砂轮修整较复杂，砂轮使用寿命较短，对机床和工件有较高的刚度要求。图 6-32 为工作台行程距离的调整。

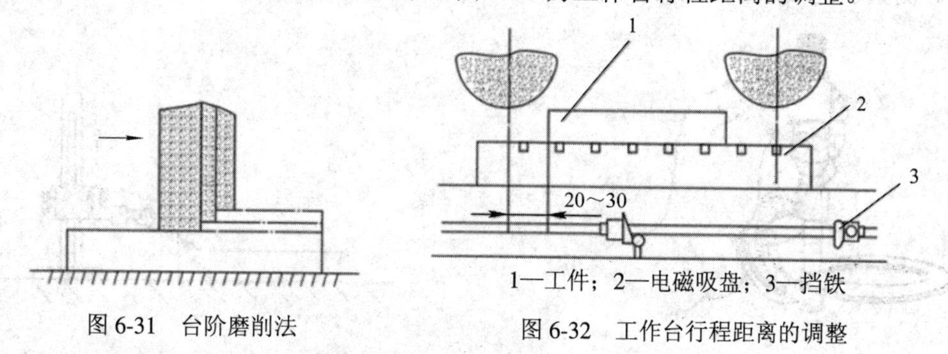

1—工件；2—电磁吸盘；3—挡铁

图 6-31　台阶磨削法

图 6-32　工作台行程距离的调整

2．平面磨削基准面的选择原则

平面磨削基准面的选择直接影响工件的加工精度，选择原则如下：

(1) 在一般情况下，应选择表面粗糙度值较小的面为基准面。

(2) 在磨大小不等的平行面时，应选择大面为基准，这样装夹稳固，并有利于以磨去较少余量达到平行度要求。

(3) 在平行面有形位公差要求时，应选择工件形位公差较小的面或者有利于达到形位公差要求的面为基准面。

(4) 根据工件的技术要求和前道工序的加工情况来选择基准面。

3．平行面工件的精度检验

(1) 平面度的检验方法。

① 透光法。用样板平尺测量平面度。一般选用刀口形直尺测量平面度(见图 6-33)。检验时，将直尺垂直放在被测平面上，刀口朝下，对着光源，观察刀口与平面之间缝隙的透光情况，以判断平面的平面度误差。

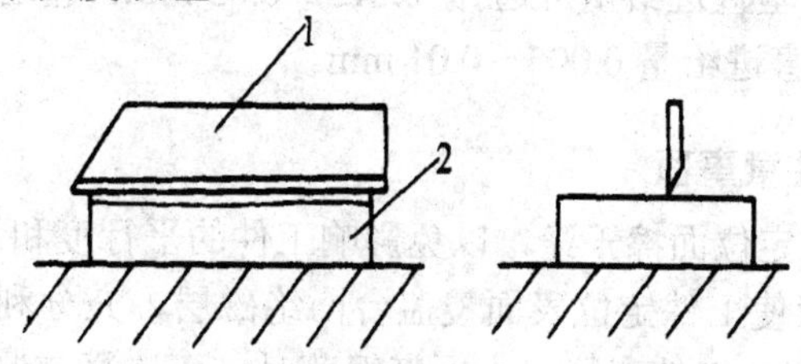

1—刀口形直尺；2—工件

图 6-33　用透光法检验平面度

② 着色法。在工件的平面上涂一层很薄的显示剂(红印油等)，将工件放到测量平板上，使涂显示剂的平面与平板接触，然后双手扶住工件，在平板上平稳的移动(呈“8”字形移动)。移动数次后，取下工件观察平面上摩擦痕迹的分布情况，以确定平面度误差。

(2) 平行度的检验方法。

① 用千分尺测量平行度。工件相隔一定距离的厚度，若干点厚度的最大差值即为工件的平行度误差(见图 6-34)。测量点越多，测量值越精确。

② 用杠杆式百分表在平板上测量工件的平行度如图 6-35 所示。将工件和杠杆式表架放在测量平板上，调整表杆，使杠杆表的表头接触工件平面(约压缩 0.1 mm)；然后移动表

架，使百分表的表头在工件平面上均匀地通过，则百分表的读数变动量就是工件的平行度误差。测量小型工件时，也可采用表架不动，工件移动的方法。

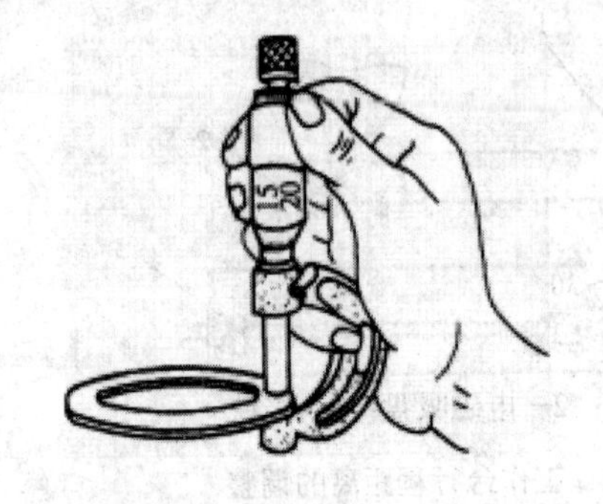

图 6-34　用千分尺测量平行度

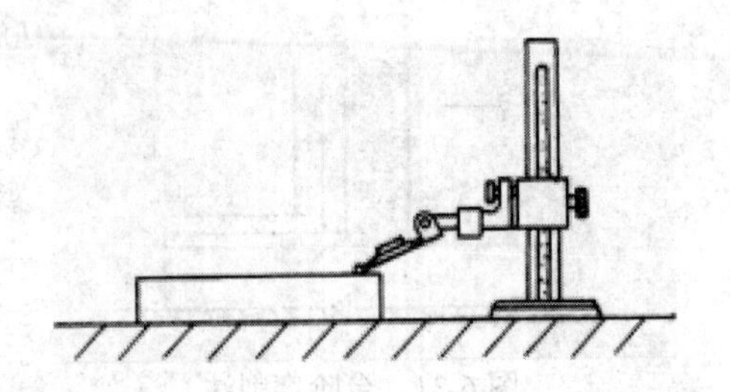

图 6-35　用杠杆式百分表在平板上测量工件的平行度

任务实施

(1) 用锉刀、磨石、砂纸等，除去工件基准面上的毛刺或热处理后的氧化层。

(2) 以工件基准面在电磁吸盘台面上定位。批量加工时，可先将毛坯尺寸粗略测量一下，按尺寸大小分类，并按顺序排列在台面上，然后通磁吸住工件。

(3) 启动液压泵，移动工作台挡铁，调整工作台行程距离，使砂轮超出工件表面 20 mm 左右(见图 6-32)。

(4) 降低磨头高度，使砂轮接近工件表面，然后启动砂轮，作垂直进给；先从工件尺寸较大处进刀，用横向磨削法磨出上平面或磨去磨削余量的一半。

(5) 以磨过的平面为基准面，磨削另一平面至图样要求。

磨削时，可根据技术要求，分粗、精磨进行加工。粗磨时，横向进给量可选择(0.1～0.4)*b*/双行程(*b* 为砂轮宽度)，垂直进给量可选择 0.015～0.03 mm；精磨时，横向进给量可选择(0.05～0.1)*b*/双行程，垂直进给量 0.005～0.01 mm。

★ 容易产生的问题和注意事项

(1) 工件装夹时，将定位面擦干净，以免影响工件的平行度和划伤工件表面。

(2) 工件装夹时，应使工件定位表面覆盖台面绝磁层，充分利用磁性吸力。小而薄的工件应安放在绝磁层中间。工件直径很小厚度很薄时，可选择或制作一块工艺挡板，挡板厚度略小于工件厚度，并在平面上钻若干比工件直径略大的孔(孔距应与绝磁层条距相等)，工件放在孔内进行磨削，比较安全。

(3) 用滑板体砂轮修整器修整砂轮时，砂轮应离开工件表面，不能在磨削状态下修整砂轮。在工作台上用滑板体砂轮修整器修整砂轮时，要注意修整器高度和工件高度的误差，在修整前和修整后均要及时调整磨头高度。工件装夹时，要留出砂轮修整器的安装位置，便于修整和装卸。

(4) 薄片工件磨削时，要注意弯曲变形，砂轮要保持锋利，切削液要充分，磨削背吃刀量要小，工作台纵向进给速度可调整得快一些。在磨削过程中，要多次翻转工件，并采用垫纸等方法来减小工件平面度误差。

(5) 在磨削平行面时，砂轮横向进给应选择断续进给，不宜选择连续进给。砂轮在工件边缘超出砂轮宽度的 1/2 距离时，应立即换向，不能在砂轮全部越出工件平面后换向，以避免产生塌角。

评分标准

平面磨削的评分标准如表 6-7 所示。

表 6-7　平面磨削的评分标准

序号	任务与技术要求	配分	评 分 标 准	实测记录	得分
1	工件装夹正确	15	不符合要求酌情扣分		
2	用滑板体砂轮修整器修整砂轮操作正确	15	不符合要求酌情扣分		
3	调整工作台行程距离合理	15	不符合要求酌情扣分		
4	用千分尺或杠杆式百分表测量姿势正确	15	不符合要求酌情扣分		
5	尺寸公差达到要求	10	总体评定(每面 5 分)		
6	测量平行度符合要求	15	不符合要求酌情扣分		
7	平面度的检验达到要求	15	不符合要求酌情扣分		
8	安全文明操作		违者每次扣 2 分		
总分：100	姓名：	学号：	实际工时：	教师签字：	学生成绩：

复习思考题

1．磨削加工的特点是什么？
2．万能外圆磨床由哪几部分组成，各有何作用？
3．磨削外圆时，工件和砂轮需做哪些运动？
4．磨削用量有哪些？在磨不同表面时，砂轮的转速是否应改变？为什么？
5．磨削时需要大量切削液的目的是什么？
6．常见的磨削方式有哪几种？
7．平面磨削常用的方法有哪几种，各有何特点，如何选用？
8．平面磨削时，工件常由什么固定？

模块七　焊　接

一、实训目的和要求

1. 实训目的

(1) 掌握焊接生产工艺过程、特点和应用。

(2) 了解弧焊机的种类、结构、性能及使用方法。

(3) 掌握电焊条的组成及作用，熟悉酸性焊条和碱性焊条的性能特点，熟悉结构钢焊条的牌号及含义。

(4) 掌握常用焊接接头形式和坡口形式，了解不同空间位置的焊接特点。

(5) 掌握手工电弧焊焊接工艺参数及对焊接质量的影响。

(6) 了解气焊设备的组成及作用，了解气焊火焰的种类和应用，熟悉焊丝和焊剂的作用。

(7) 了解其他常用焊接方法(埋弧自动焊、气体保护焊、电阻焊、钎焊等)的特点和应用。

(8) 了解熔化焊的常见缺陷及产生的原因。

2. 实训要求

能正确选择焊接电流，能调整火焰，能独立完成手弧焊、CO_2 气体保护焊、气焊的平焊操作。

二、焊接概述

1. 焊接的定义

焊接是指通过适当的物理化学过程，如加热、加压或二者并用等方法，使两个或两个以上分离的物体产生原子(分子)间的结合力而连接成一体的连接方法，是金属加工的一种重要工艺。焊接广泛应用于机械制造、造船业、石油化工、汽车制造、桥梁、锅炉、航空航天、原子能、电子电力、建筑等领域。

2. 焊接特点

焊接是一种永久性的、不可拆卸的连接，如图 7-1(b)所示，它与铆接(如图 7-1(a)所示)相比具有以下特点：

(1) 优点。成形方便、强度高、致密性好、适应性强、成本较低，且便于实现机械化、自动化生产。

(2) 缺点。由于焊接结构不可拆卸，不利于零部件的更换、修理，焊接过程中工件易发生变形。

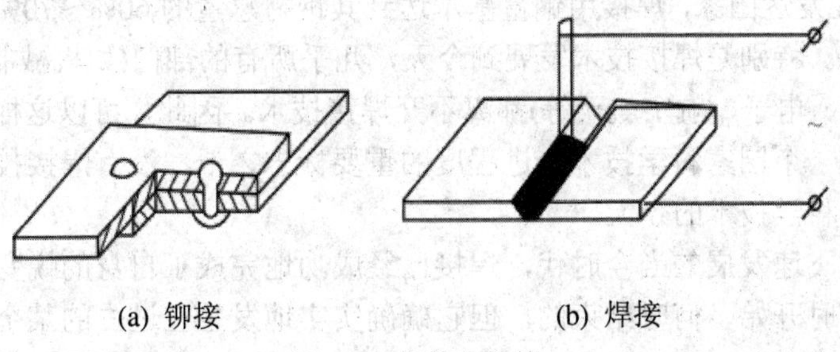

(a) 铆接　　　　(b) 焊接

图 7-1　焊接与铆接

3. 焊接方法分类及焊接的发展现状

(1) 焊接方法分类。

目前，在工业生产中应用的焊接方法已达百余种。根据他们的焊接过程和特点可将其分为熔焊、压焊、钎焊三大类，每大类又可按不同的方法分为若干小类，如图 7-2 所示。

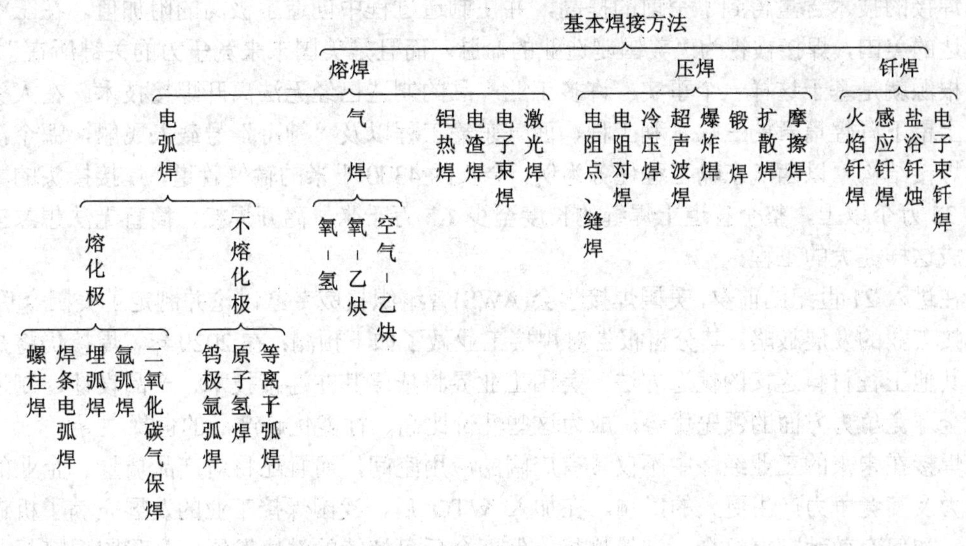

图 7-2　基本焊接方法

① 熔焊是通过将需要连接的两构件的接合面加热熔化成液体，然后冷却结晶连成一体的焊接方法。

② 压焊是在焊接过程中，对焊件施加一定的压力，同时采取加热或不加热的方式，完成零件连接的焊接方法。

③ 钎焊是利用熔点低于被焊金属的钎料，将零件和钎料加热到钎料熔化，利用钎料润湿母材，填充接头间隙并与母材相互溶解和扩散而实现连接的方法。

(2) 焊接的发展现状。

目前，在工业生产中广泛应用的焊接方法是 19 世纪末和 20 世纪初现代科学技术发展的产物。特别是冶金学、金属学以及电工学的发展，奠定了焊接工艺及设备的理论基础；而冶金工业、电力工业和电子工业的进步，则为焊接技术的长远发展提供了有利的物质和技术条件。电子束焊、激光焊等 20 余种基本方法和成百种派生方法的相继发明及应用，体现了焊接技术在现代工业中的重要地位。据不完全统计，目前全世界年产量 45%的钢和大量有色金属(工业发达国家，焊接用钢量基本达到其钢材总量的60%～70%)，都是通过焊接加工形成产品的。特别是焊接技术发展到今天，几乎所有的部门(如机械制造、石油化工、交通能源、冶金、电子、航空航天等)都离不开焊接技术。因此，可以这样说，焊接技术的发展水平是衡量一个国家科学技术先进程度的重要标志之一，没有焊接技术的发展，就不会有现代工业和科学技术的今天。

在科学技术飞速发展的当今时代，焊接已经成功地完成了自身的蜕变。很少有人注意到这个过程是何时开始、何时结束的。但它确确实实地发生在过去的某个时段。我们今天面对着这样一个事实：焊接已经从一种传统的热加工技艺发展到了集材料、冶金、结构、力学、电子等多门类学科为一体的工程工艺学科。而且，随着相关学科技术的发展和进步，不断有新的知识融合在焊接之中。在人类社会步入21世纪的今天，焊接已经进入了一个崭新的发展阶段。当今世界的许多最新科研成果、前沿技术和高新技术，诸如计算机、微电子、数字控制、信息处理、工业机器人、激光技术等，已经被广泛地应用于焊接领域，这使得焊接的技术含量得到了空前的提高，并在制造过程中创造了极高的附加值。在工业化最发达的美国，焊接被视为“美国制造业的命脉，而且是美国未来竞争力的关键所在”。其主要根源就是基于这样一个事实：许多工业产品的制造已经无法离开焊接技术。在人类发展史上留下辉煌篇章的三峡水利工程、西气东输工程以及“神舟”号载人飞船，哪个没有采用焊接结构？以西气东输工程任务为例，全长约4300千米的输气管道，焊接接头的数量竟达35万个以上，整个管道上焊缝的长度至少1.5万千米。离开焊接，简直无法想象应如何完成这样庞大的工程。

在进入21世纪的前夕，美国焊接学会(AWS)曾组织权威专家讨论并制定了美国今后20年焊接工业的发展战略。其分析报告对焊接工业做了如下预测：在2020年，焊接仍将是金属和其他工程材料连接的优选方法。美国工业界将依靠其在连接技术、产品设计、制造能力和全球竞争力方面的领先优势，成为这些性价比高、性能优越产品的世界主导。

焊接在未来的工业经济中不仅具有广阔的应用空间，而且还将对产品质量、企业的制造能力及其竞争力产生更大的影响。在加入WTO后，我国焊接工业的发展充满了机遇和挑战。如何有效地把握机会，迎接挑战，保证今后可持续的健康发展，是我国焊接行业面临的重要课题。

三、安全操作规程

1. 电焊实习安全技术

(1) 防止触电。工作前应检查电焊机是否接地，电缆、焊钳绝缘是否完好，操作时应穿绝缘胶鞋或站在绝缘底板上。

(2) 防止弧光伤害和烫伤。电弧发射出大量紫外线和红外线，对人体有害，操作时必须戴手套和面罩，系好套袜等防护用具，特别要防止弧光照射眼睛。刚焊完的工件需用手钳夹持，而敲渣时应注意焊渣飞出的方向，以防伤人。

(3) 保证设备安全。不得将焊钳放在工作台上，以免短路烧坏电焊机。当发现电焊机或线路发热烫手时，应立即停止工作。操作完毕后，检查电焊机及电路系统时，必须拉开电闸。

2. 焊接安全作业

(1) 焊接人员现场作业时必须佩戴特殊工种操作证。

(2) 上班前，应穿戴劳保用品，施工现场必须戴安全帽，高空作业必须戴安全带。

(3) 焊接前应清除焊接地点下方的易燃、易爆物；焊接时应注意风向，以免熔渣、火花随风飘落而引起火灾或烫伤、烧伤下面人员，必要时下面应采取遮挡措施。

(4) 非焊接人员不得从事焊接工作，不得乱动焊接机具。压力容器、压力管道、锅炉等重要设备的焊接工作必须由持有合格证的焊工承担。

(5) 电焊机外壳、工作台及焊接件均应接地良好，导线应用绝缘良好的橡皮软线。电焊机的电源线装拆应由电工进行。

3. 气焊实习安全技术

气焊、气割时，除了有关安全注意事项与电焊相同之外，还应注意以下四点：

(1) 氧气瓶不得撞击和高温烘晒，不得沾上油脂或其他易燃物品；

(2) 乙炔瓶和氧气瓶要隔开一定距离放置，并在其附近严禁烟火；

(3) 焊接前应检查焊炬、割炬的射吸能力，看看是否有漏气，焊嘴、割嘴是否有堵塞等；

(4) 若焊、割过程中遇到回火，应迅速关闭氧气阀，然后关闭乙炔阀，等待处理。

项目一　焊条电弧焊

电弧焊是利用电弧热源加热零件实现熔化焊接的方法。焊接过程中，电弧把电能转化成热能和机械能以加热零件，使焊丝或焊条熔化并过渡到焊缝熔池中，熔池冷却后形成一个完整的焊接接头。电弧焊应用广泛，可以用于焊接板厚从 0.1 mm 以下到数百毫米的金属结构件，在焊接领域中占有十分重要的地位。

一、焊接电弧

电弧是电弧焊的热源，电弧燃烧的稳定性对焊接质量具有重要影响。

1. 焊接电弧的概念及特点

焊接电弧是一种气体放电现象，如图 7-3 所示。当电源两端分别与被焊零件和焊枪相连时，在电场的作用下，电弧阴极产生电子发射，阳极吸收电子，电弧区的中性气体粒子在接收外界能量后电离成正离子和电子，正负带电粒子相向运动，形成两电极之间的气体空间导电过程，从而借助电弧将电能转换成热能、机械能和光能。

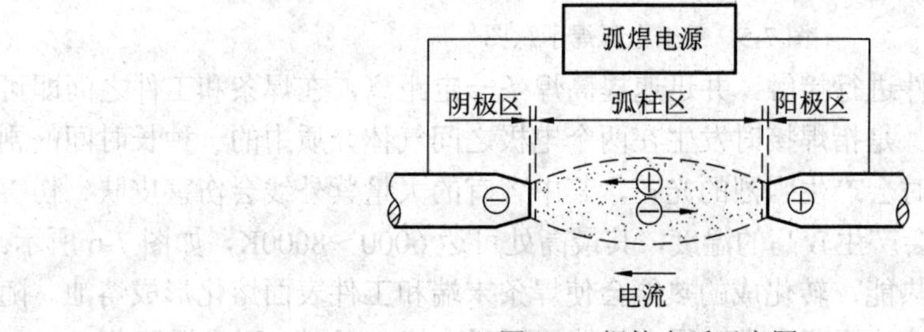

图 7-3　焊接电弧示意图

焊接电弧具有以下特点：

(1) 温度高，电弧弧柱温度范围为5000～30 000 K；

(2) 电弧电压低，范围为10～80 V；

(3) 电弧电流大，范围为10～1000 A；

(4) 弧光强度高。

2．电源极性

采用直流电流焊接时，弧焊电源正负输出端与零件和焊枪的连接方式称极性。当零件接电源输出正极，焊枪接电源输出负极时，称为直流正接或正极性；反之，零件、焊枪分别与电源负极、正极输出端相连时，则称为直流反接或反极性。交流焊接无电源极性问题，如图7-4所示。

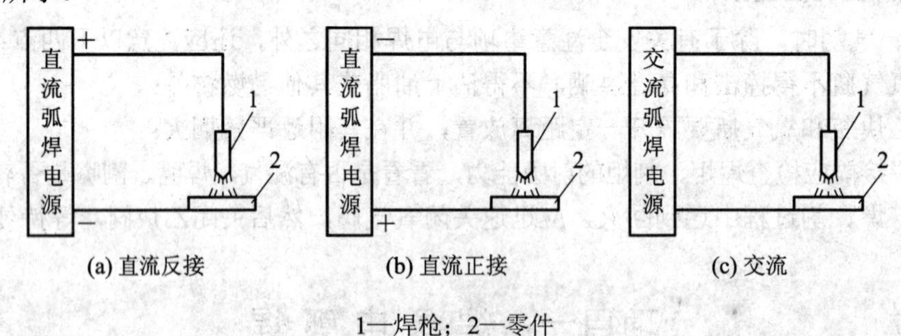

(a) 直流反接　(b) 直流正接　(c) 交流

1—焊枪；2—零件

图7-4　焊接电源极性示意图

二、焊条电弧焊

1．电弧焊焊接过程

焊接前，把工件和焊钳分别接在电焊机两极上，并用焊钳夹持焊条，如图7-5所示。

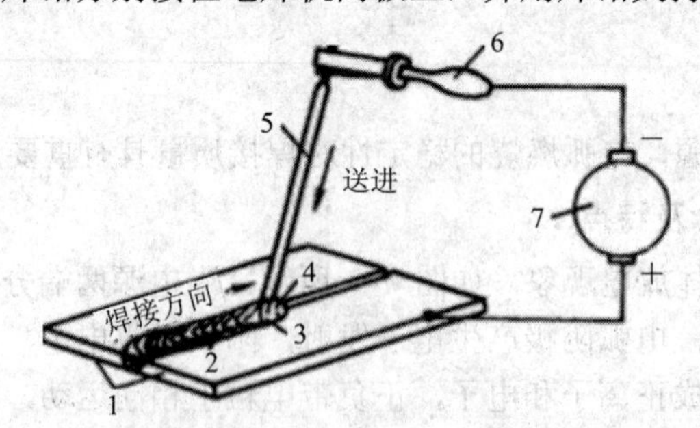

1—工件；2—焊缝；3—熔池；4—电弧；5—焊条；6—焊钳；7—电焊机

图7-5　手工电弧焊示意图

焊接时，让焊条和工件进行接触，并迅速提高焊条一定距离，在焊条和工件之间即可形成电弧。所谓焊接电弧，是指焊接时发生在两个电极之间气体介质中的一种长时间的剧烈放电现象。电弧在燃烧时会产生强烈的光芒，其中含有的大量紫外线会伤害皮肤、伤害眼睛。电弧在燃烧的时候会产生较高的温度，其最高处可达6000～8000K，如图7-6所示。电能以电弧的形式转化成热能，转化成的热能会使焊条末端和工件表面熔化形成熔池。随着焊接的不断进行，新的熔池不断产生，原有的熔池不断冷却、凝固，形成焊缝。

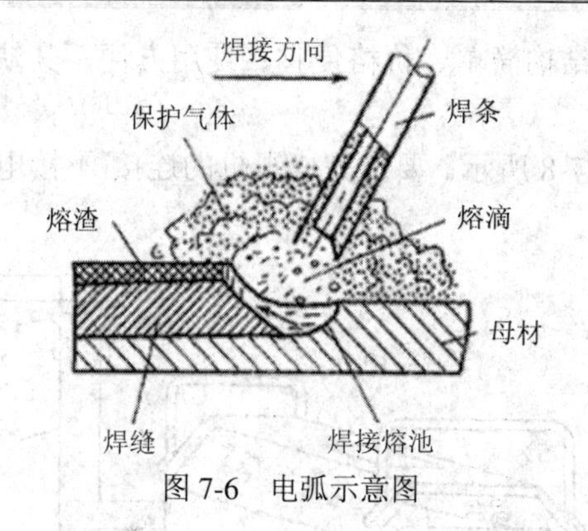

图 7-6　电弧示意图

2．电焊机

(1) 交流电焊机。

交流电焊机的供给电为交流电 220 V 或 380 V，焊接工作时其输出电压为 20～30 V，对操作人员来说比较安全，它实际上是符合焊接要求的降压变压器。图 7-7(a)所示为手工电弧焊机 BX3-500，其型号的各部分含义如下：B 表示交流，X 表示降特性，3 表示动圈，500 表示额定焊接电流为 500 A。其空载电压为 60～70 V。工作电压焊枪在 20～30 V 左右，随焊接时电弧长度变化而波动，电弧长度增加，工作电压升高。图 7-7(b)所示为电焊枪。交流电焊机参数表如表 7-1 所示。

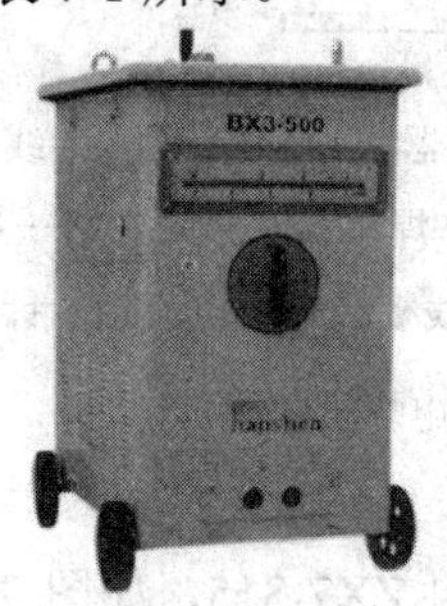

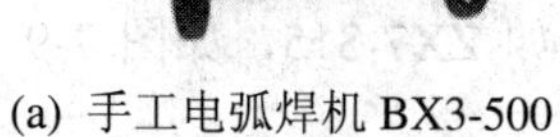

(a) 手工电弧焊机 BX3-500　　　(b) 电焊枪

图 7-7　手工电焊机与电焊枪

表 7-1　交流电焊机参数表

型　号	BX3-315	BX3-400	BX3-500	BX3-630
输入电源	单相 380 V　50/60 Hz			
额定输入功率/(kV・A)	50	50	50	50
输出电流/A	315	400	500	630
额定负载持续率/(%)	35	35	35	35
空载电压/V	70/76	70/76	70/75	70/75
电流调节范围/A	40～315	50～400	70～500	80～630
适用焊条直径/mm	2～6	2.5～6	2.5～6	2.5～6
外形尺寸长(mm) × 宽(mm) × 高(mm)	710 × 500 × 900	710 × 500 × 900	710 × 540 × 900	760 × 540 × 960
重量/kg	150	160	175	220

交流电焊机的优点是结构简单、价格便宜、使用方便，其缺点是焊接时焊接的电弧不够稳定。

手工直流电焊机如图 7-8 所示。要求完成焊机的连接(不接电源)，并进行开机、电流调节、关机等操作。

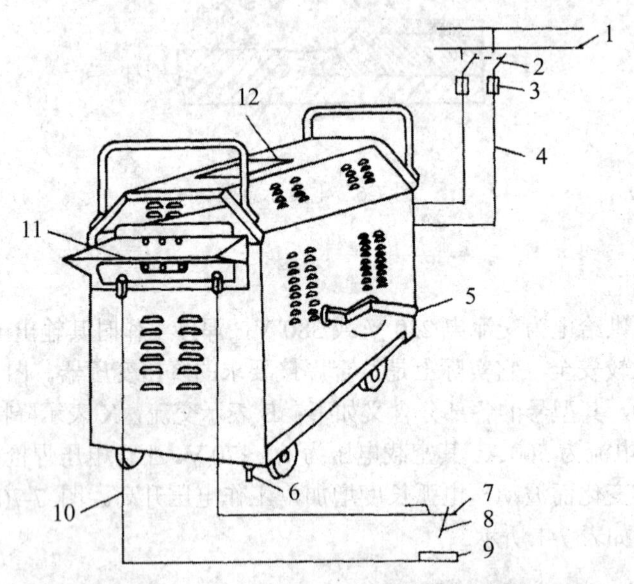

1—供电线路；2—刀开关；3—熔断器；4—电源输入导线；
5—焊机细调电流手把；6—接地线；7—焊钳；8—焊条；9—焊件；
10—输出电缆；11—粗调电流接线板；12—电流指示针

图 7-8　手工直流电焊机

(2) 直流电焊机。

目前，常用焊接整流器实现直流电焊机，例如 ZX7-315，如图 7-9 所示。ZX7-315 的含义如下：

Z 表示直流，X 表示降特性，7 表示逆变，315 表示额定焊接电流为 315 A。

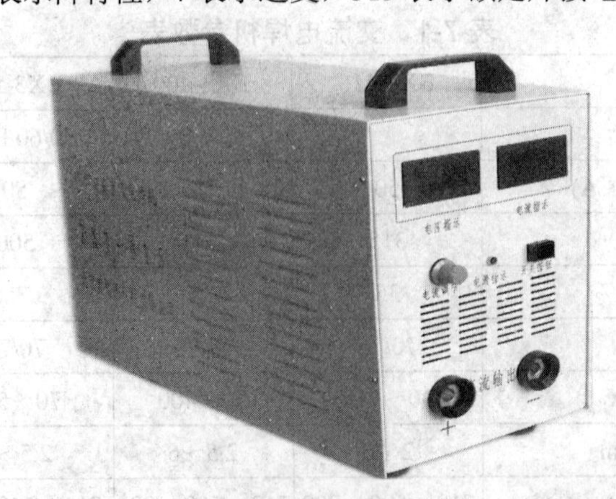

图 7-9　焊接整流器

直流电焊机有两种接法：正接与反接，如图 7-10 所示。

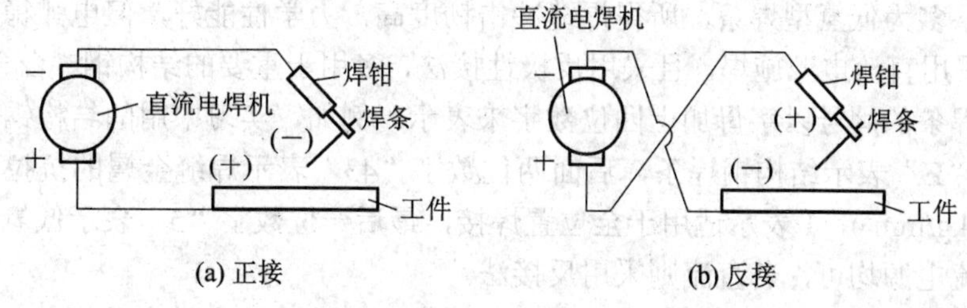

图 7-10 直流电焊机的两种接法

3. 电焊条

焊丝是焊接时起填充作用的金属丝。焊丝的化学成分直接影响焊接质量和焊缝的力学性能。不同金属焊接时，应采用相应的焊丝。

电焊丝按表面涂材分为：药皮焊条和镀层焊丝。涂有药皮的供手工电弧焊用的焊条由焊芯和药皮两部分组成，如图 7-11 所示。

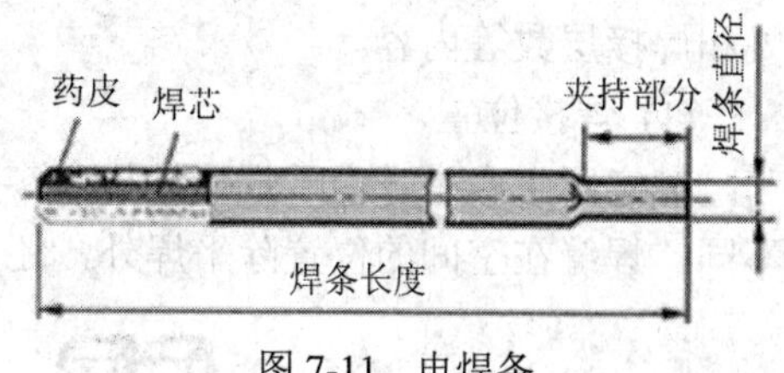

图 7-11 电焊条

焊芯是一根具有一定直径和长度的金属丝。焊接时，焊芯有两个功能：一是传导焊接电流，产生电弧；二是焊芯本身熔化作为填充金属，与熔化的母材融合形成焊缝。我国生产的焊条基本上以含碳、硫、磷较低的专用钢丝(如 H08A)作焊芯制成。

焊条规格用焊芯直径表示。根据焊条种类和规格，焊条长度有多种尺寸，如表 7-2 所示。

表 7-2 焊条规格

焊条直径 *d*/mm	焊条长度 *L*/mm		
2.0	250	300	—
2.5	250	300	—
3.2	350	400	450
4.0	350	400	450
5.0	400	450	700
5.8	400	450	700

焊条药皮又称为涂料，在焊接过程中起着极为重要的作用。首先，它可以起到积极保护作用，利用药皮熔化放出的气体和形成的熔渣，起机械隔离空气作用，防止有害气体侵入熔化金属；其次，它可以通过熔渣与熔化金属的冶金反应，去除有害杂质，添加有益的合金元素，起到冶金处理作用，使焊缝获得合乎要求的力学性能；最后，它还可以改善焊接工艺性能，使电弧稳定、飞溅小、焊缝成形好、易脱渣和熔敷效率高等。焊条药皮的组成主要有稳弧剂、造气剂、造渣剂、脱氧剂、合金剂、黏结剂和增塑剂等。其主要成分有矿物类、铁合金、有机物和化工产品。

焊条可分为结构钢焊条、耐热钢焊条、不锈钢焊条、铸铁焊条等。根据其药皮组成，它又分为酸性焊条和碱性焊条。酸性焊条电弧稳定，焊缝成形美观，焊条的工艺性能好，可用交流或直流电源施焊，但焊接接头的冲击韧度较低，可用于普通碳钢和低合金钢的焊接；碱性焊条多为低氢型焊条，所得焊缝冲击韧度高，力学性能好，但电弧稳定性比酸性焊条差，要采用直流电源施焊，且采用反极性接法，多用于重要的结构钢、合金钢的焊接。

结构钢焊条的牌号以字母加上四位数字来表示。例如，实习中用的结构钢焊条的牌号为 E4315：“E”表示结构钢焊条，后面两位数字“43”表示焊缝金属的抗拉强度不小于 420 MPa(43 kg/mm^2)，1 表示适用于全位置焊接，最后一位数字“5”表示低氢钠型药皮，用交流或直流电源均可，若直流则采用反接法。

低碳钢一般选用 E4315 焊条，中碳钢采用 E5015 等强度级别较高的焊条。

4．焊接工艺

选择合适的焊接工艺参数是获得优良焊缝的前提，并直接影响劳动生产率。焊条电弧焊工艺是根据焊接接头形式、零件材料、板材厚度、焊缝焊接位置等具体情况制定的，包括焊条牌号、焊条直径、电源种类和极性、焊接电流、焊接电压、焊接速度、焊接坡口形式和焊接层数等内容。

(1) 焊接位置。

在实际生产中，由于焊接结构和零件移动的限制，焊接工件不同，焊缝的空间位置就不同。焊缝在空间的位置除平焊外，还有立焊、横焊、仰焊，如图 7-12 所示。

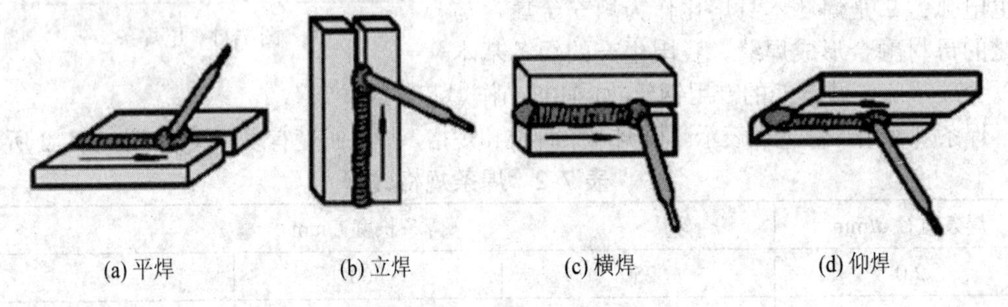

图 7-12　焊缝空间位置

平焊操作方便，焊缝成形条件好，容易获得优质焊缝且具有高的生产率，是最合适的位置；其他三种又称为空间位置焊，焊工操作较平焊困难，受熔池液态金属重力的影响，需要对焊接规范进行控制并采取一定的操作方法才能保证焊缝成形。其中，仰焊的焊接条件最差，立焊、横焊次之。

若再细分：比如一根直径很大的圆管，从最上面划第一条线，然后每 45 度划一条线，如图 7-13 所示。

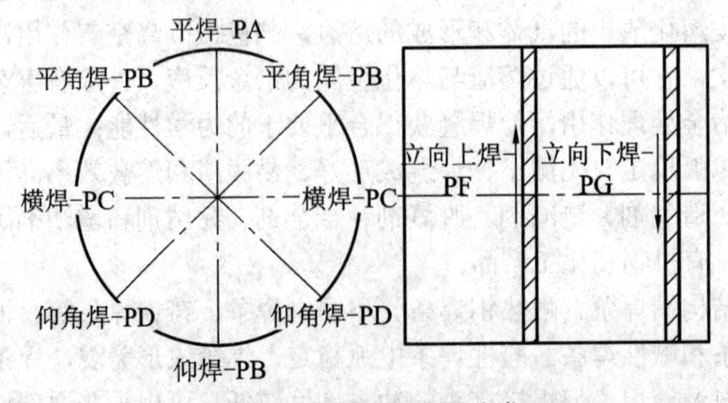

图 7-13　焊缝空间位置分类

(2) 焊接接头形式和焊接坡口形式。

焊接接头是指用焊接的方法连接的接头，它由焊缝、熔合区、热影响区及其邻近的母材组成。根据接头的构造形式不同，可将接头分为对接接头、T 形接头、搭接接头、角接接头、卷边接头等五种类型。前四类分别如图 7-14 所示，卷边接头用于薄板焊接。

熔焊接头焊前加工坡口，其目的在于使焊接更容易进行，电弧能沿板厚熔敷一定的深度，保证接头根部焊透，并获得成形良好的焊缝。焊接坡口形式有 I 形坡口、V 形坡口、U 形坡口、双 V 形坡口、J 形坡口等多种。常见焊条电弧焊接头形式和坡口形式如图 7-14 所示。对于厚度小于 6 mm 的焊件焊接，可以不开坡口或开 I 型坡口；对于中厚度板和大厚度板对接焊，为保证熔透，必须开坡口。V 形坡口便于加工，但零件焊后易发生变形；X 形坡口可以避免 V 形坡口的一些缺点，同时可减少填充材料；U 形及双 U 形坡口，其焊缝填充金属量更小，焊后变形也小，但坡口加工困难，一般用于重要焊接结构。

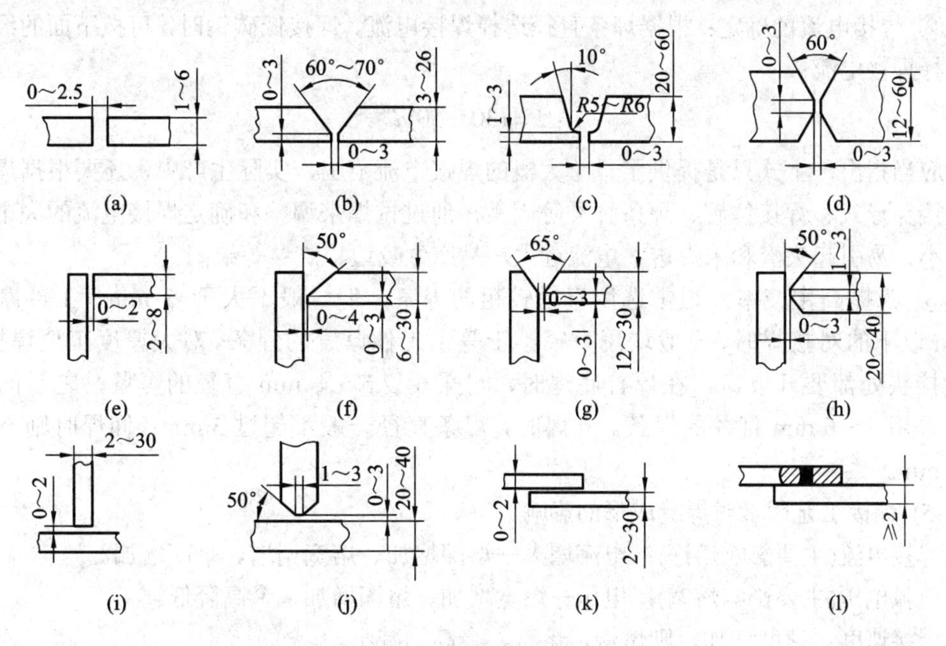

图 7-14 焊条电弧焊接头形式和坡口形式

(3) 手弧焊的常用工具。手弧焊常用的工具有：夹持焊条的焊钳；保护眼睛、皮肤，免于灼伤的电弧手套和防护面罩；清除焊缝表面的渣壳的清渣锤和钢丝刷等，如图 7-15 所示。

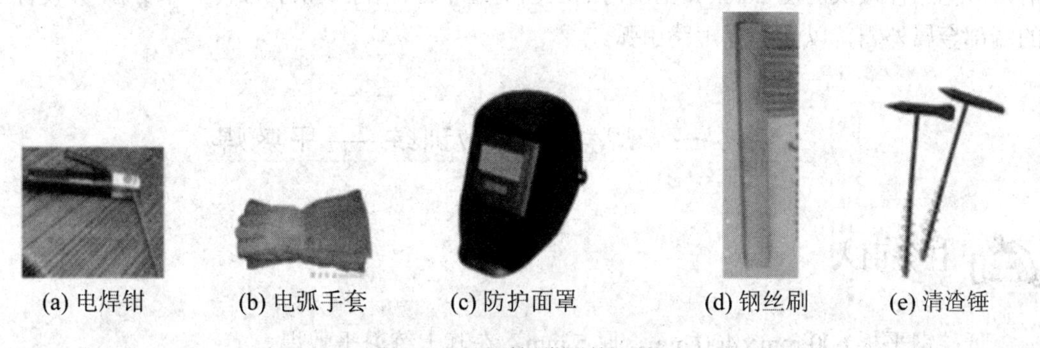

(a) 电焊钳 (b) 电弧手套 (c) 防护面罩 (d) 钢丝刷 (e) 清渣锤

图 7-15 手弧焊常用的工具

(4) 焊接的工艺参数。

手弧焊的焊接工艺参数主要包括：焊条直径、焊接电流、电弧电压、焊接速度等。焊接电压决定于电弧长度，它与焊接速度一样对焊缝成形有重要影响作用，一般由焊工根据具体情况灵活掌握。

① 焊条直径的选择：根据焊件的板厚国标标准规定的直径规格进行选择。工件厚时，可选择较粗的焊条，平焊低碳钢时，可按表 7-3 选取。

表 7-3 焊条直径选择

焊件厚度/mm	2	3	4～5	6～12	>12
焊条直径/mm	2	3.2	3.2～4	4～5	5-6
焊接电流/A	55～60	100～130	160～210	200～270	270～300

② 焊接电流的确定：根据焊条直径选择焊接电流。焊接低碳钢时，可按下面的经验公式选择焊接电流：

$$I=(30\sim50)d$$

应当指出，上式只是提供了一个大概的焊接电流范围，实际生产中，还要根据焊件厚度、接头形式、焊接位置、焊条种类等因素，通过试焊来调整和确定焊接电流的大小。电流过小，易引起夹渣和未焊透；电流过大，易产生咬边、烧穿等缺陷。

③ 为提高生产率，通常选用直径较粗的焊条，但一般不大于 6 mm。工件厚度在 4 mm 以下的对接焊时，一般均用直径小于等于工件厚度的焊条。对大厚度工件焊接时，一般接头处都要开坡口，在焊打底焊时，可采用 2.5～4 mm 直径的焊条，之后的各层均可采用 5～6 mm 直径的焊条。立焊时，焊条直径一般不超过 5 mm；仰焊时则不应超过 4 mm。

(5) 焊接工艺因素对焊缝成形的影响。

焊接电流(主要影响熔深)：电流增大→熔深增加、熔宽稍增、余高增加。

电弧电压(主要影响熔宽)：电压→熔宽增加、熔深增加、余高降低。

焊接速度：速度增加，则熔深、熔宽、余高均减小。

(6) 焊条电弧焊的基本操作技术。

焊条电弧焊是在面罩下观察和进行操作的。由于视野不清，工作条件较差，因此焊接前，应把工件接头两侧 20 mm 范围内的表面清理干净(消除铁锈、油污、水分)，并使焊芯的端部金属外露，以便进行短路引弧。

任务一　焊接基本功训练——平敷焊

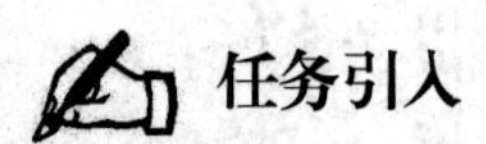

任务引入

低碳钢平板 600 mm×400 mm，厚 5 mm，在其上练习平敷焊。

相关知识

1．平敷焊的操作姿势

平敷焊时，一般采用蹲式操作，操作姿势如图 7-16 所示。蹲姿要自然，两脚夹角为 70°～85°，两脚距离约为 240～260 mm。持焊钳的胳膊半伸开，要悬空无依托地操作。

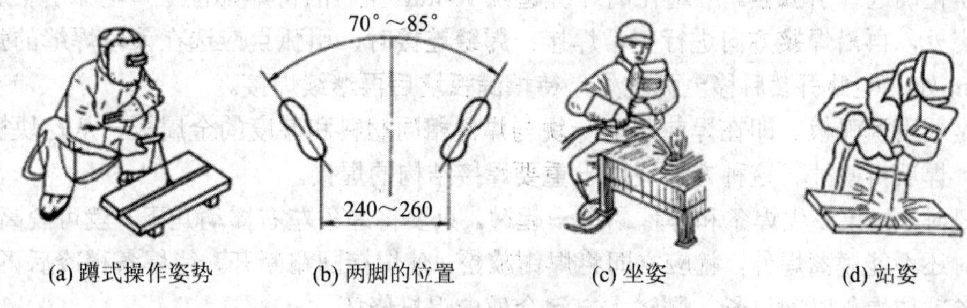

(a) 蹲式操作姿势　(b) 两脚的位置　(c) 坐姿　(d) 站姿

图 7-16　平敷焊操作姿势

2．焊条安装

焊钳与焊条的夹角如图 7-17 所示。

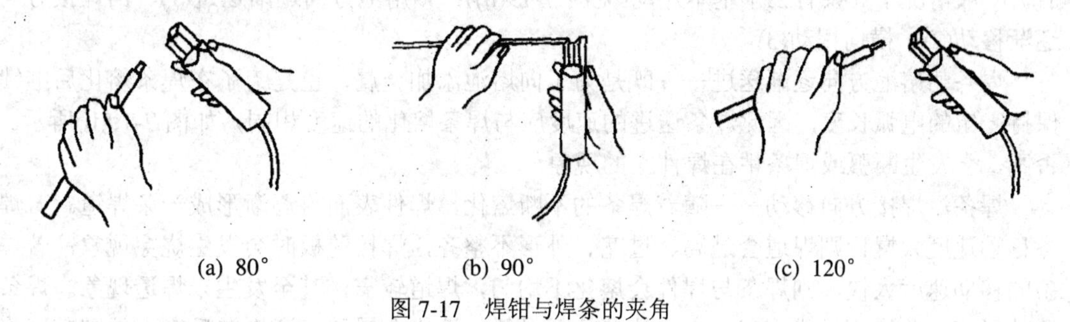

(a) 80°　(b) 90°　(c) 120°

图 7-17　焊钳与焊条的夹角

3．焊缝的起头

1) 引弧

引弧方法有敲击法和摩擦法两种，如图 7-18 所示。其中，摩擦法比较容易掌握，适宜于初学者引弧操作。

(1) 敲击法。将焊条末端对准焊件，然后手腕下弯，使焊条轻微碰一下焊件，再迅速将焊条提起 2～4 mm，引燃电弧后手腕放平，使电弧保持稳定燃烧。

这种引弧方法不会使焊件表面划伤，又不受焊件表面大小、焊件形状的限制，所以它是在生产中主要采用的引弧方法。但是，该方法的操作不易掌握，需提高熟练程度。

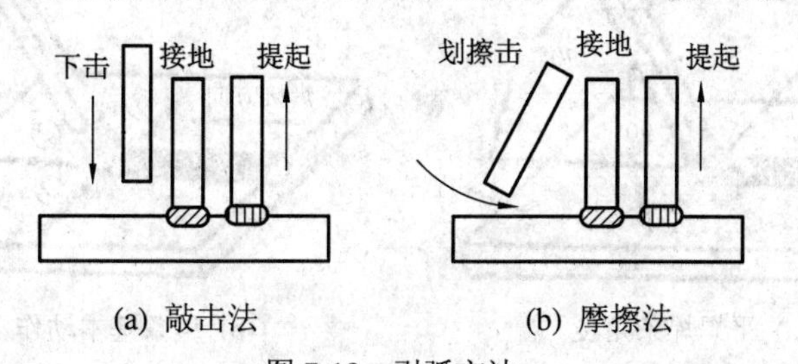

(a) 敲击法　(b) 摩擦法

图 7-18　引弧方法

(2) 摩擦法。先将焊条对准焊件，再将焊条像划火柴似的在焊件表面轻轻划擦，直至引燃电弧，然后迅速将焊条提起 2～4 mm，并使之稳定燃烧。

焊缝的起焊是指从引燃焊接电弧到正常焊接前的操作。由于开始焊接时焊件温度较低，引弧后不能迅速使这部分金属温度升高，因而在起焊部位往往容易造成气孔、未焊透、焊缝宽度不够以及焊缝较高等缺陷。为了避免这些缺陷，一般可采用以下两种方法：

一是正确选择引弧点。应选在离焊缝起点 10 mm 左右的待焊部位上，电弧引燃后移至焊缝起点处，再沿焊接方向进行正常焊接；焊缝连接时，引弧点应选在前段焊缝的弧坑前方 10 mm 处，电弧引燃后移至弧坑处，待填满弧坑后再继续焊接。

二是采用引弧板。即在焊前装配一块与焊件相同材料和厚度的金属板，从这块板上开始引弧，焊后再割掉。这种方法适用于重要焊接结构的焊接。

引弧时，如果发生焊条和焊件黏在一起时，只要将焊条左右摇动几下，就可脱离焊件。如果这时还不能脱离焊件，就应立即将焊钳放松，使焊接回路断开，待焊条稍冷后再拆下。如果焊条粘住焊件时间过长，则过大电流会使电焊机烧坏。

2) 运条

运条是焊接过程中最重要的环节，它直接影响焊缝的外表成形和内在质量。电弧引燃后，一般情况下焊条有三个基本运动(见图 7-19(b))：朝熔池方向逐渐送进(1)、沿焊接方向逐渐移动(2)、横向摆动(3)。

焊条朝熔池方向逐渐送进——既是为了向熔池添加金属，也是为了在焊条熔化后继续保持一定的电弧长度，因此焊条送进的速度应与焊条熔化的速度相同，如图 7-19(b)所示。否则，会发生断弧或焊条粘在焊件上的现象。

焊条沿焊接方向移动——随着焊条的不断熔化，焊件表面将逐渐形成一条焊道。若焊条移动速度太慢，则焊道会过高、过宽、外形不整齐，焊接薄板时会发生烧穿现象；若焊条的移动速度太快，则焊条与焊件会熔化不均匀，焊道较窄，甚至发生未焊透现象。焊条移动时应与前进方向成 70°～80° 的夹角，以便将熔化金属和熔渣推向后方，否则熔渣将流向电弧的前方，这会造成夹渣等缺陷，如图 7-19(a)所示。

焊条的横向摆动——为了对焊件输入足够的热量以便于排气、排渣，并获得一定宽度的焊缝或焊道。焊条摆动的范围应根据焊件的厚度、坡口形式、焊缝层次和焊条直径等来决定，如图 7-19(b)所示。

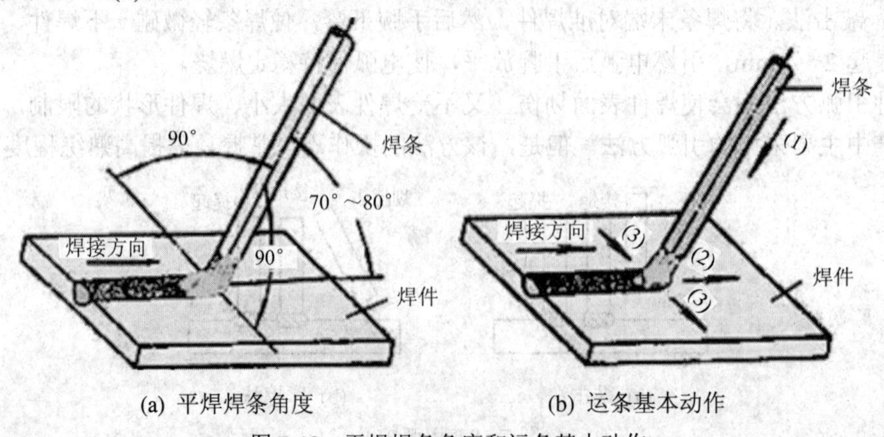

(a) 平焊焊条角度　　(b) 运条基本动作

图 7-19　平焊焊条角度和运条基本动作

常用的运条方法如图 7-20 所示。

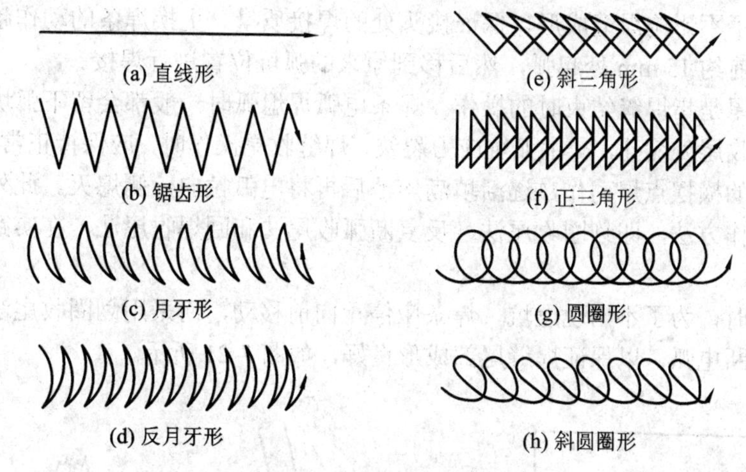

图 7-20 常用的运条方法

(1) 直线形运条法(见图 7-20(a))。采用这种运条方法焊接时，焊条不做横向摆动，而沿焊接方向做直线移动。它的特点是焊接速度快，焊缝窄，散热快。常用于 I 形坡口的对接平焊，薄板和接头间隙较大的多层焊的第一层焊或多层多道焊。

(2) 锯齿形运条法(见图 7-20(b))。采用这种运条方法焊接时，焊条末端做锯齿形连续摆动及向前移动，并在两边稍停片刻。摆动的目的是为了控制熔化金属的流动和得到必要的焊缝宽度，以获得较好的焊缝成形。这种运条方法在生产中应用较广，多用于厚钢板的焊接，平焊、仰焊、立焊的对接接头和立焊的角接接头。

(3) 月牙形运条法(见图 7-20(c)和(d))。采用这种运条方法焊接时，焊条的末端沿着焊接方向做月牙形左右摆动。摆动的速度要根据焊缝的位置、接头形式、焊缝宽度和焊接电流值来决定。同时，需在接头两边做片刻停留，这是为了使焊缝边缘有足够的熔深，防止咬边。这种运条方法的优点是金属熔化良好，有较长的保温时间，气体容易析出，熔渣也易于浮到焊缝表面上来，焊缝质量较高，但焊出来的焊缝余高较高。

(4) 三角形运条法(见图 7-20(e)和(f))。采用这种运条方法焊接时，焊条末端做连续的三角形运动，并不断向前移动。按照摆动形式的不同，该方法可分为斜三角形和正三角形两种。斜三角形运条法适用于焊接平焊和仰焊位置的 T 形接头焊缝和有坡口的横焊缝，其优点是能够借焊条的摆动来控制熔化金属，促使焊缝成形良好。

(5) 圆圈形运条法(见图 7-20(g)和(h))。采用这种运条方法焊接时，焊条末端连续做圆圈形或斜圆圈形运动，并不断向前移动。圆圈形运条法适用于焊接较厚焊件的平焊缝，其优点是熔池存在时间长，熔池金属温度高，有利于溶解在熔池中的氧、氮等气体的析出，便于熔渣上浮。

4．焊缝的收尾

焊缝的起头是指焊缝起焊时的操作，由于此时零件温度低、电弧稳定性差，焊缝容易出现气孔、未焊透等缺陷。为避免此现象，应该在引弧后将电弧稍微拉长，对零件起焊部位进行适当预热，并且多次往复运条，在达到所需要的熔深和熔宽后再调到正常的弧长进行焊接。

在完成一条长焊缝焊接时，往往要消耗多根焊条，这里就存在前后焊条更换时焊缝接头的问题。为了不影响焊缝成形，保证接头处的焊接质量，更换焊条的动作越快越好，并且在接头弧坑前约 15 mm 处起弧，然后移到原来的弧坑位置进行焊接。

焊缝的收尾是指焊缝结束时的操作。焊条电弧焊熄弧时一般都会留下弧坑，过深的弧坑会导致焊缝收尾处缩孔，产生弧坑应力裂纹。焊缝收尾操作时，应保持正常的熔池温度，做无直线运动的横摆点焊动作，逐渐填满熔池后再将电弧拉向一侧熄灭。此外，还有三种焊缝收尾的操作方法，即划圈收尾法、反复断弧收尾法和回焊收尾法，在实践中也常用这三种方法。

焊缝收尾时，为了不出现尾坑，焊条应停止向前移动，而采用划圈收尾法或反复断弧收尾法慢慢拉断电弧，以保证焊缝尾部成形良好，如图 7-21 所示。

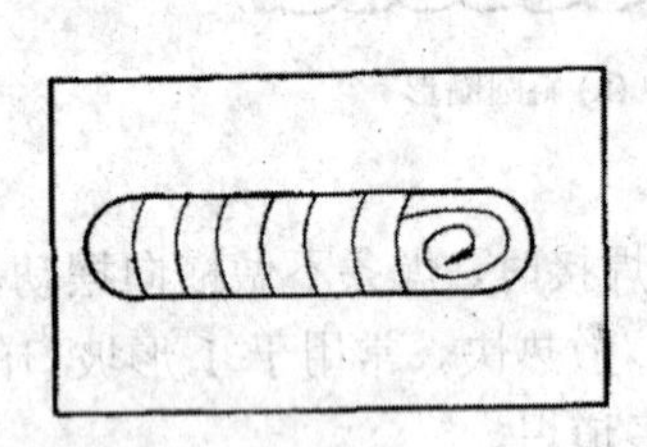

(a) 划圈收尾法

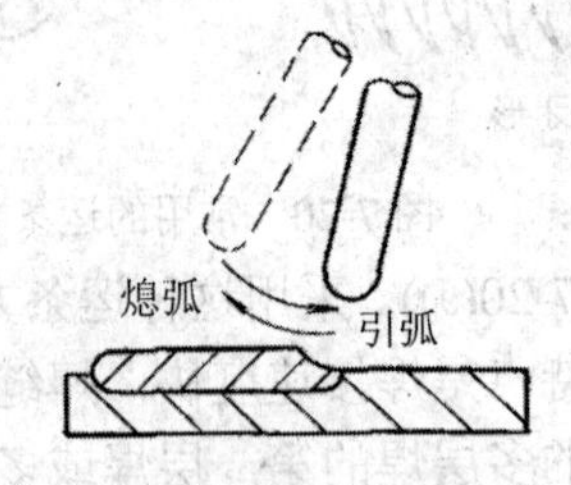

(b) 反复断弧收尾法

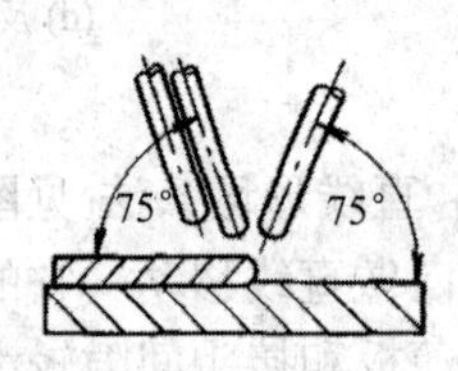

(c) 回焊收尾法

图 7-21 基本运条收尾方法

(1) 划圈收尾法。焊条移至焊道终点时，利用手腕的动作使焊条做圆圈运动，直到填满弧坑再拉断电弧。该方法适用于厚板焊接，用于薄板焊接时会有烧穿风险。

(2) 反复断弧收尾法。焊条移至焊道终点时，在弧坑处反复熄弧、引弧数次，直到填满弧坑为止。该方法适用于薄板及大电流焊接，但不适用于碱性焊条。

(3) 回焊收尾法。焊条移至焊道终点时，使焊条由后倾改为前倾。该方法适用于薄板碱性焊条焊接。

5. 焊前的点固

为了固定两焊件的相对位置，焊前要在工件两端进行定位焊(通常称为点固)。点固后要把焊渣清理干净。若焊件较长，则可每隔 200～300 mm 左右，点固一个焊点。

6. 焊缝的接头

后焊焊缝与先焊焊缝的连接处称为焊缝的接头。由于受焊条长度限制，焊缝前后两段的接头是不可避免的，但焊缝的接头应力求均匀，防止产生过高、脱节、宽窄不一致等缺陷。

(1) 中间接头(见图 7-22(a))。后焊的焊缝从先焊的焊缝尾部开始焊接。要求在弧坑前约 10 mm 附近引弧，电弧长度比正常焊接时略长些，然后回移到弧坑，压低电弧，稍作摆动，再向前正常焊接。这种接头方法是使用最多的一种，适用于单层焊及多层焊的表层接头。

(2) 相背接头(见图 7-22(b))。两焊缝的起头相接。要求先焊的焊缝的起头处略低些，后焊的焊缝必须在先焊的焊缝始端稍前处起弧，然后稍拉长电弧将电弧逐渐引向先焊的焊缝的始端，并覆盖先焊的焊缝的端头，待焊平后，再向焊接方向移动。

(3) 相向接头(见图 7-22(c))。两条焊缝的收尾相接。当后焊的焊缝焊到先焊的焊缝收弧处时，焊接速度应稍慢些，待填满先焊的焊缝的弧坑后，以较快的速度再略向前焊一段，然后熄弧。

(4) 分段退焊接头(见图 7-22(d))。先焊的焊缝的起头和后焊的焊缝的收尾相接。要求后焊的焊缝焊至靠近先焊的焊缝始端时，改变焊条角度，使焊条指向先焊的焊缝的始端，拉长电弧，待形成熔池后，再压低电弧，往回移动，最后返回原来熔池处收弧。

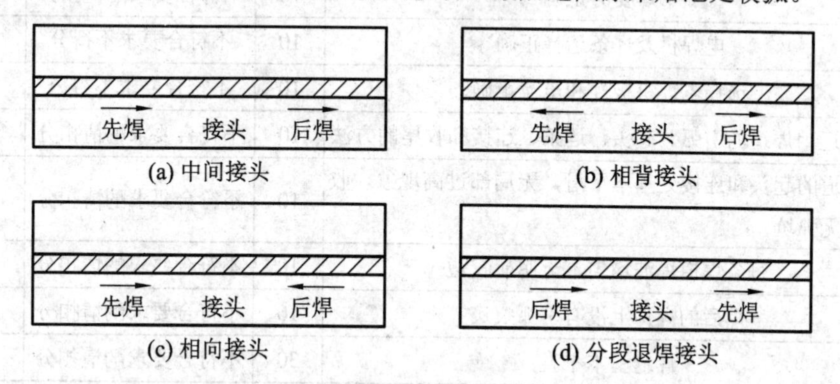

图 7-22 焊缝接头

任务实施

(1) 安全检查。穿戴防护衣帽鞋。

(2) 选焊条。按板厚选定焊条直径 3.2 mm。

(3) 送电、扳动开关，调节电流 160～170 A。

(4) 焊接操作。

① 引弧练习。先采用摩擦法引弧，再采用敲击法引弧。

② 运条焊接。焊条移动时应与前进方向成 70°～80° 的夹角，如图 7-23 所示。先采用圆圈形运条法焊接，这样就会使焊缝饱满，再采用直线形运条法焊接，最后采用划圈收尾法焊缝收尾。

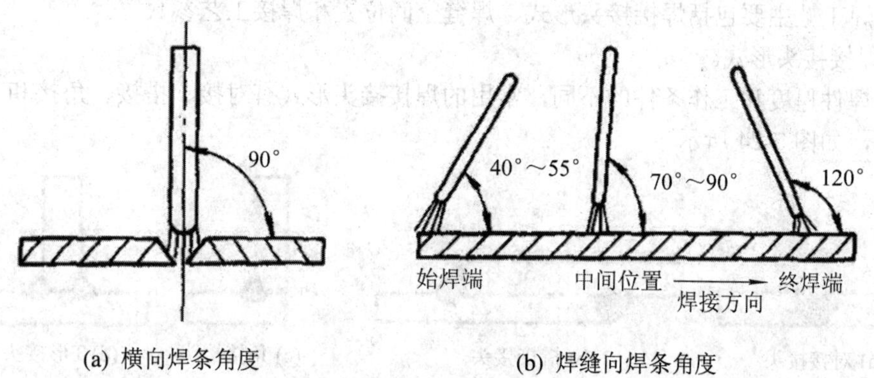

图 7-23 焊条角度

③ 检查焊缝。用钢锤敲击焊渣，用钢丝刷清除焊渣和飞溅物。

评分标准

平敷焊的评分标准如表 7-4 所示。

表 7-4　平敷焊的评分标准

序号	任务与技术要求	配分	评 分 标 准	实测记录	得分
1	平焊姿势正确	10	不符合要求酌情扣分		
2	电焊机及焊条选择正确	10	不符合要求不得分		
3	选择电焊机极性和电流正确	10	不符合要求不得分		
4	正确运用焊道的引弧、起头、运条、连接和收尾的方法	10	不符合要求酌情扣分		
5	焊道的起头和连接处基本平滑，无局部过高现象，收尾处无弧坑	10	不符合要求酌情扣分		
6	每条焊道焊波均匀，无明显咬边	10	不符合要求酌情扣分		
7	焊后的焊件上没有引弧痕迹	10	不符合要求酌情扣分		
8	焊缝基本平直	30	不符合要求酌情扣分		
9	安全文明操作		违者每次扣 2 分		

任务二　平对接焊——单面焊双面成形

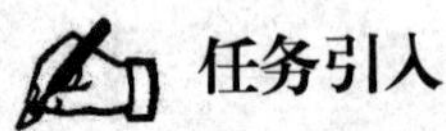

任务引入

低碳钢板板厚 8 mm，开 Y 形坡口，单面焊双面成形的平对接焊。

相关知识

1. 工艺参数

手弧焊工艺主要包括焊接接头形式、焊缝空间位置和焊接工艺参数等。

(1) 焊接接头形式。

根据焊件厚度和工作条件的不同，常用的焊接接头形式有对接、搭接、角接和 T 形接头等四种，如图 7-24 所示。

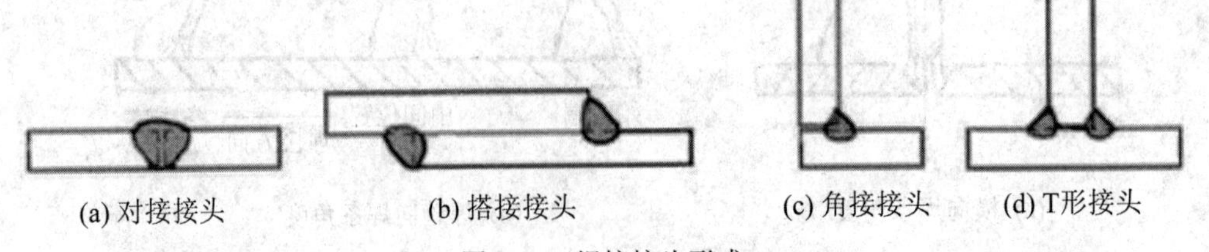

(a) 对接接头　(b) 搭接接头　(c) 角接接头　(d) T形接头

图 7-24　焊接接头形式

(2) 坡口形式。

对接接头是各种焊接结构中采用最多的一种接头形式，因对接接头受力较均匀，所以重要的受力焊缝尽量选用对接接头。为了使两工件焊透，要对工件加工坡口，根据焊接板厚的不同，对接接头的坡口形式如图 7-25 所示。

① I 形坡口(或称平接)：用于板厚为 1～6 mm 焊件的焊接，为了保证焊透工件，接头处要留有 0～2.5 mm 的间隙；

② Y 形坡口(或称 V 形)：用于板厚为 3～26 mm 焊件的焊接，该类坡口加工方便；

③ 双 Y 形坡口或称 X 形：用于板厚为 12～60 mm 焊件的焊接，由于焊缝两面对称，焊接应力和变形小；

④ U 形坡口：用于板厚为 20～60 mm 焊件的焊接，其特点是容易焊透、工件变形小。

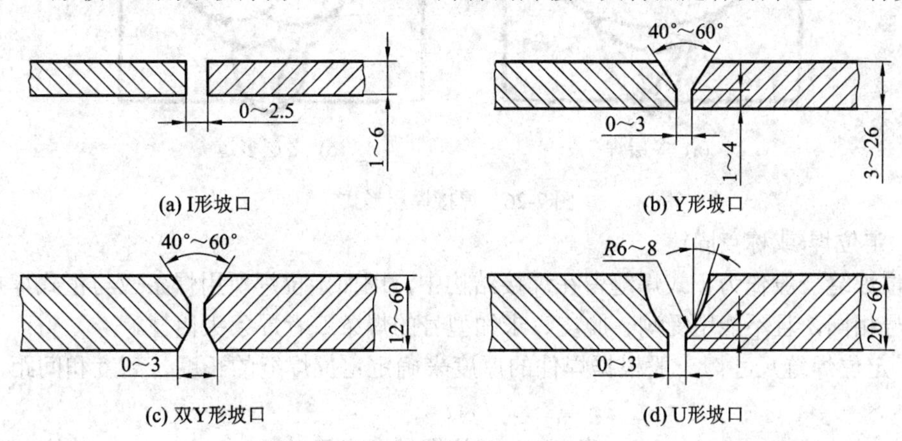

(a) I形坡口　(b) Y形坡口

(c) 双Y形坡口　(d) U形坡口

图 7-25　焊接件接头坡口形式

具体坡口形式与尺寸如表 7-5 所示。

表 7-5　具体坡口形式与尺寸

坡口名称	焊件厚度 δ/mm	坡口形式	焊缝形式	坡口尺寸/mm
I 形坡口	1～3			$b=0\sim1.5$
	3～6			$b=0\sim2.5$
Y 形坡口	3～26			$\alpha=40°\sim60°$ $b=0\sim3$ $p=1\sim4$
带钝边 U 形坡口	20～60			$\beta=1°\sim8°$ $b=1\sim3$ $p=1\sim3$ $R=6\sim8$
双 Y 形坡口	12～60			$\alpha=40°\sim60°$ $b=1\sim3$ $p=1\sim3$

(3) 焊层选择。

焊接层数的选择：$n = S / d$(S 为焊缝厚度；d 为焊条直径)，每层在 4～5 mm。实践经验表明，当每层厚度为焊条直径的 0.8～1.2 倍时，焊接质量最好，生产效率最高，并且容易操作。一般第一层选用细焊条、小电流。焊接焊层形式如图 7-26 所示。

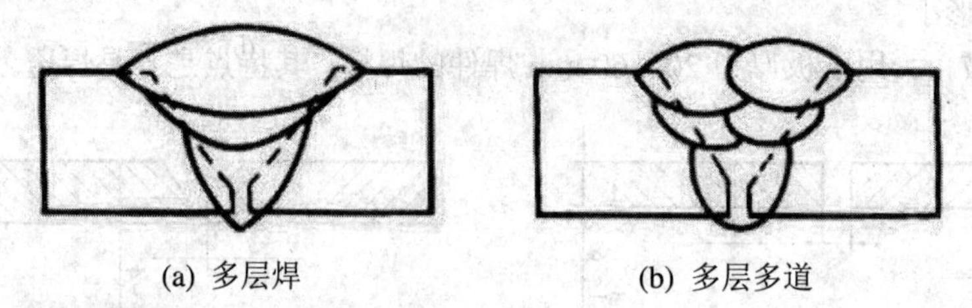

(a) 多层焊　　(b) 多层多道

图 7-26　焊接焊层形式

(4) 定位焊(或称点固)。

定位焊缝一般作为正式焊缝留在焊接结构中，因而定位焊所用焊条应与正式焊接所用焊条型号相同，且不能用受潮、脱皮、未知型号的焊条或者焊条头代替。

① 定位焊缝尺寸。一般根据焊件的厚度来确定定位焊缝的长度、高度和间距，如表 7-6 所示。

表 7-6　定位焊缝参考尺寸　　单位：mm

焊件厚度	定位焊缝高度	定位焊缝长度	定位焊缝间距
<4	<4	5～10	50～100
4～12	3～6	10～20	100～200
>12	>6	15～30	200～300

② 定位焊工艺要求。

(a) 定位焊缝短，冷却速度快，因而焊接电流应比正式焊缝电流大 10%～15%；

(b) 定位焊起弧和结尾处应圆滑过渡，焊道不能太高，必须保证熔合良好，以防产生未焊透、夹渣等缺陷；

(c) 如果定位焊缝开裂，则必须将裂纹处的焊缝铲除后重新定位焊。在定位焊后，如果出现接口不齐平，应进行校正，然后才能正式焊接；

(d) 尽量避免强制装配，以防在焊接过程中，焊件的定位焊缝或正式焊缝开裂。

(5) 不同接头焊条角度。

对于不同的接头，焊条角度也不一样，如图 7-27 所示。

2. 单面焊双面成形操作技术

单面焊双面成形是采用普通焊条，以特殊的操作方法，在坡口的正面进行焊接后，可以保证坡口正、反两面都能得到双面成形焊缝(该焊缝的正、反两面均应具有良好的内在质量与外观质量)的一种操作方法。

手弧单面焊双面成形的操作技术有间断灭弧焊法(又称断弧焊)和连弧焊法两种方法。若以 d 表示焊条直径，则 Y 形坡口接缝的装配尺寸如表 7-7 所示。

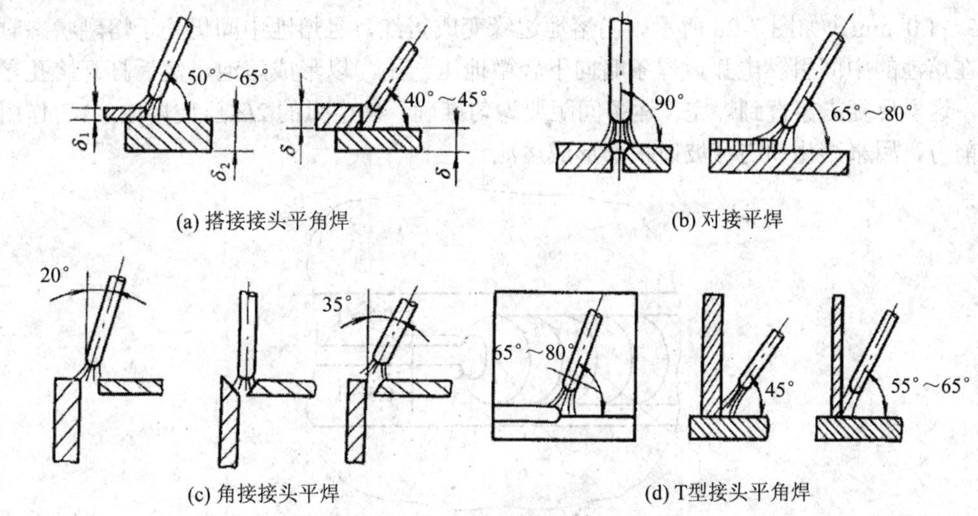

(a) 搭接接头平角焊　　(b) 对接平焊

(c) 角接接头平焊　　(d) T型接头平角焊

图 7-27　焊条角度

表 7-7　Y 形坡口接缝的装配尺寸

操作方法	药皮类型	坡口面角度	根部间隙/mm	钝边高度/mm
断弧焊	酸性	30°～35°	(1.0～1.3)d	(0.4～0.6)d
	碱性		(0.8～1.2)d	(0.4～0.6)d
连弧焊	碱性	30°～35°	(0.8～1.0)d	0.5～1

当采用ϕ3.2 mm 的焊条进行断弧焊时，若焊条为酸性，则钝边高度为 1.3～2.0 mm，根部间隙为 3.2～4.2 mm；若焊条为碱性，则钝边高度为 1.3～2.0 mm，根部间隙为 2.6～4.8 mm。当采用ϕ3.2 mm 的焊条进行连弧焊(焊条为碱性)时，钝边高度为 0.5～1.0 mm，根部间隙为 2.6～3.2 mm。

单面焊双面成形与双面焊相比，可省略翻转焊件及对背面焊缝进行清根等工序，尤其适用于那些无法进行双面焊的场合。

(1) 单面焊双面成形的工艺参数。

焊条工艺参数如表 7-8 所示。

表 7-8　焊条工艺参数

焊接层次	焊条直径/mm	焊接电流/A
打底层	3.2	110～120
填充层(1)	3.2	130～140
填充层(2)	4.0	170～185
盖面层	4.0	160～170

(2) 单面焊双面成形的操作要点。

① 打底焊。打底焊的焊接是单面焊双面成形的关键。打底焊主要有三个重要环节，即引弧、收弧、接头。焊条与焊接前进方向的角度为 40°～50°，选用断弧焊点击穿法。

(a) 引弧。在始焊端的定位焊处引弧，并略抬高电弧稍作预热。当焊至定位焊缝尾部时，将焊条向下压一下，听到“噗”的一声后，立即灭弧。此时，熔池前端应有熔孔，深入两侧 0.5～1.0 mm，如图 7-28 所示。当熔池边缘变成暗红，且熔池中间仍处于熔融状态时，立即在熔池的中间引燃电弧，焊条略向下轻微地压一压，以形成熔池，然后打开熔孔立即灭弧，这样反复击穿直到焊完。运条间距要均匀准确，使电弧的 2/3 压住熔池，1/3 作用在熔池前方，用来熔化和击穿坡口根部形成熔池。

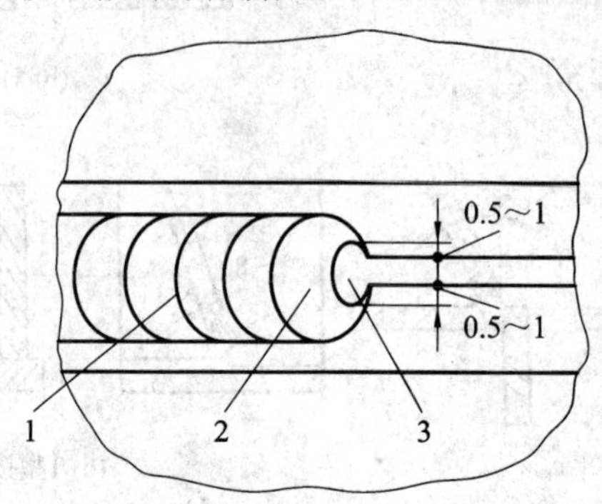

1—焊缝；2—熔池；3—熔孔

图 7-28　平板对接平焊时的熔孔

(b) 收弧。更换焊条前，应在熔池前方做一个熔孔，然后回焊 10 mm 左右，再灭弧；或向末尾熔池的根部送进 2～3 滴铁水，然后灭弧更换焊条，以使熔池缓慢冷却，避免接头出现冷缩孔。

(c) 接头。接头采用热接法。接头时换焊条的速度要快，在收弧熔池还没有完全冷却时，立即在熔池后 10～15 mm 处引弧。当电弧移至收弧熔池边缘时，将焊条向下压，听到击穿声后，稍作停顿，然后灭弧。接下来，再送进 2 滴铁水，以保证接头过渡平整，然后恢复原来的断弧焊法。

② 填充焊。填充焊前应对前一层焊缝仔细清渣，特别是死角处更要清理干净。填充焊的运条手法为月牙形或锯齿形，焊条与焊接前进方向的角度为 40°～50°。填充焊时应注意以下三点：

(a) 焊条摆动到两侧坡口处要稍作停留，以保证两侧有一定的熔深并使填充焊道略向下凹。

(b) 最后一层的焊缝高度应低于母材约 0.5～1.5 mm。要注意不能熔化坡口两侧的棱边，以便于盖面焊时掌握焊缝宽度。

(c) 填充焊接头方法如图 7-29 所示，这种方法不需要向下压电弧了。

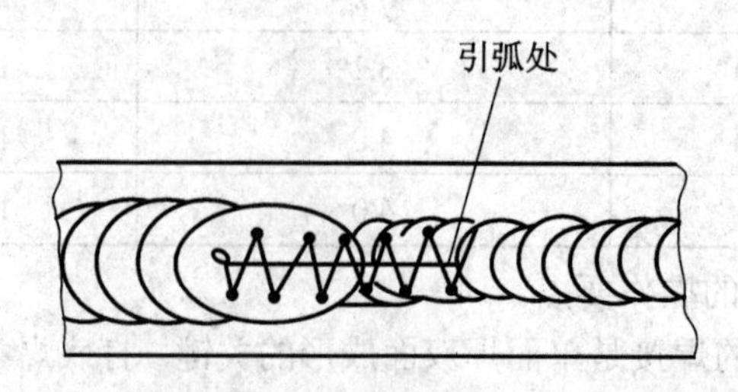

图 7-29　填充焊接头方法

③ 盖面焊。盖面层施焊的焊条角度、运条方法及接头方法与填充层相同。但盖面层施焊的焊条摆动的幅度要比填充层大。摆动时，要注意摆动幅度一致，运条速度均匀。同时，

应注意观察坡口两侧的熔化情况，施焊时在坡口两侧稍作停顿，以便使焊缝两侧熔合良好，避免产生咬边，以得到优良的盖面焊缝。应注意保证熔池边沿不得超过表面坡口棱边 2 mm，否则焊缝超宽。

任务实施

1．坡口加工

Y 形坡口可在牛头刨床上加工或气割，坡口尺寸如图 7-30(a)所示。

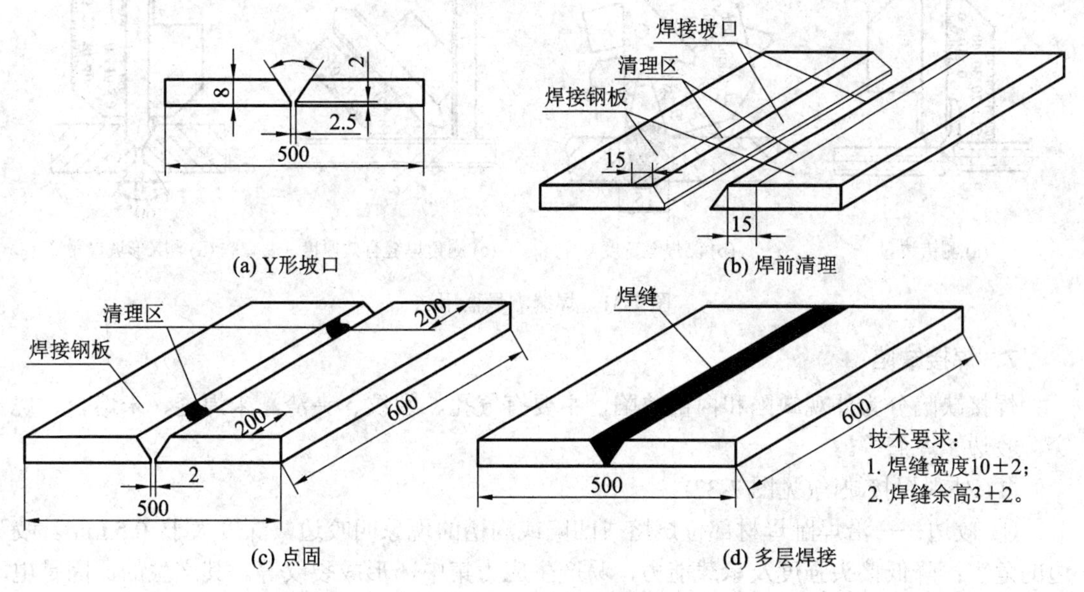

图 7-30 平板平对焊接

2．焊前清理

(1) 机械清理：采用钢丝刷、砂轮打磨、砂纸、机加工、喷丸，用于铁锈和氧化皮，用钢丝刷清理焊缝 20～30 mm 范围的铁锈和油污，如图 7-30(b)所示。

(2) 化学清理：采用汽油、丙酮等有机溶剂和化学试剂，用于油污、铁锈的清理。

3．焊接工艺选择

根据接头的要求，需采用多层焊(可分为二层完成)，首层主要是打底焊，使工件的背面形成焊缝，可选用直径较小的焊条，选用直径为 2.5 mm 的焊条为宜，电流在 70～80 A 的范围，用直线往复形或三角形运条；焊条应在坡口根部一侧位置引弧，钝边熔化后划向另一侧，待另一侧钝边熔化并形成一个整体熔池后再作 V 字形运动。

4．装配与点固

(1) 装配。装配方法如图 7-30(c)所示。

(2) 点固。先在待焊缝两端 30 mm 处点固 10～15 mm，再敲击除渣。

5．焊接(见图 7-30(d))

(1) 打底焊。选用直径 2.5 mm 焊条，从左向右，引弧、稳弧使熔池形成半圆形或椭圆形，防止未焊透、夹渣或产生焊瘤，焊后清渣并检查焊缝。

(2) 其余各层。首先清除焊渣，然后选用直径为 4.0 mm 的焊条继续分层焊接。

6．焊后清理与检查

(1) 除去工件表面的飞溅物、熔渣。

(2) 进行外观检查，对有缺陷的进行补焊。

首先目测检查，若发现问题则用焊接检测尺测量，焊缝测量器用法如图 7-31 所示。焊缝边缘不匀直，焊缝宽窄大于 3 mm。

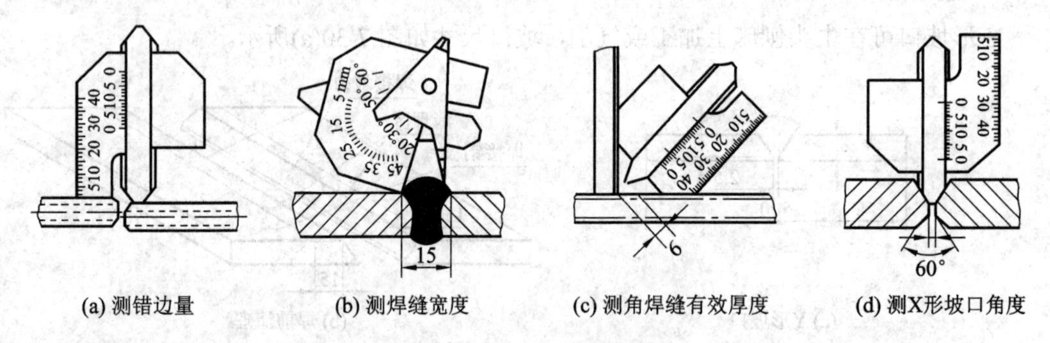

图 7-31　焊缝测量器用法

7．焊接缺陷

焊接缺陷分为外观缺陷和内部缺陷，主要有气孔、裂纹、夹渣、未焊透、未熔合、烧穿、咬边、焊瘤等。

(1) 外观焊接缺陷(见图 7-32)。

① 咬边——沿焊趾母材部位烧熔成凹陷或沟槽的现象叫咬边，深度大于 0.5 mm。咬边的危害：降低接头强度及承载能力，易产生应力集中，形成裂纹等。其产生的原因是电流大，焊速快，角焊缝、焊脚过大或电压过大。

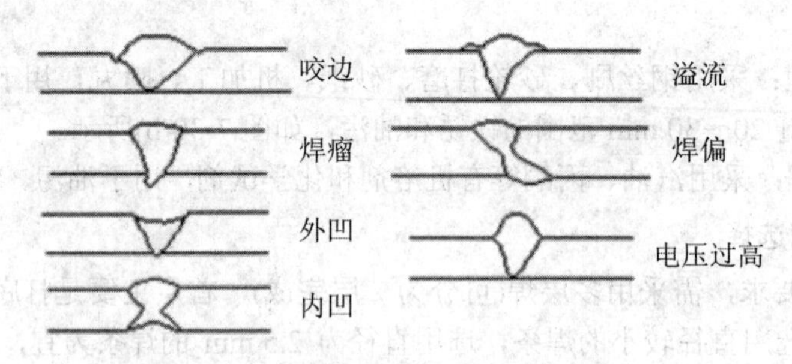

图 7-32　外观焊接缺陷

② 烧穿——熔焊时，熔化金属自焊缝背面流出形成穿孔的现象叫烧穿。烧穿的危害：减少焊缝有效截面积，降低接头承载能力等。其产生的原因是电流过大，焊接速度过小，坡口尺寸过大。

③ 焊瘤——熔焊时，熔化金属流淌到焊缝以外未熔合的母材上形成金属瘤的现象叫焊瘤。焊瘤的危害：影响焊缝美观，浪费材料，焊缝截面突变，易形成尖角，易产生应力集中等。其产生的原因是坡口尺寸小，电压过小，伸缩长度太大。

④ 凹坑——焊缝表面低于母材表面的部分叫凹坑。凹坑的危害：减少焊缝工作截面积，

降低接头承载能力等。其产生的原因是电流太大，坡口尺寸太大。

(2) 内部缺陷。

① 未熔合——熔焊时，焊道与焊道间或焊道与母材间未完全熔化结合的部分叫未熔合。未熔合的危害：易产生应力集中，影响接头连续性，降低接头强度等。其产生的原因是焊速快，电流大，上坡焊。

② 未焊透——熔焊时，接头根部未完全焊透的现象叫未焊透，最容易发生在短路过渡 CO_2 焊中。未焊透的危害：易造成应力集中，产生裂纹，影响接头的强度及疲劳强度等。其产生的原因是电流太小，电压太大，坡口尺寸不合适。

③ 气孔——焊缝内部有气孔，如图 7-33 所示。气孔的危害：减小焊缝截面积，降低接头致密性，减小接头承载能力和疲劳强度等。气孔产生的原因是焊件表面焊前清理不良，药皮受潮，焊接电流过小或焊接速度过快，使气体来不及逸出熔池。

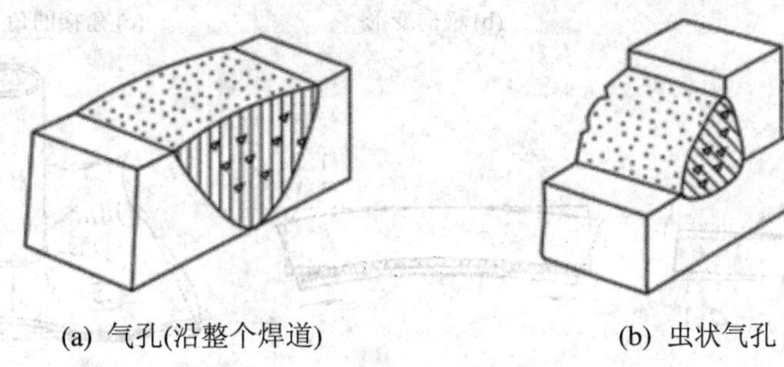

(a) 气孔(沿整个焊道)　　(b) 虫状气孔

图 7-33　气孔

④ 焊夹渣——焊缝中夹焊渣，如图 7-34 所示。焊夹渣危害：减少焊缝截面积，降低接头强度、冲击韧性等。其产生的原因是接头清理不良，接电流过小，运条不适或多层焊时前道焊缝的熔渣未清除干净等易产生夹渣。

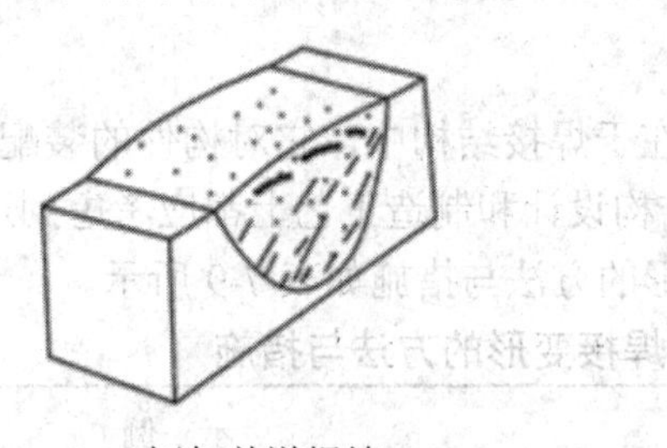

(a) 夹渣(单道焊缝)

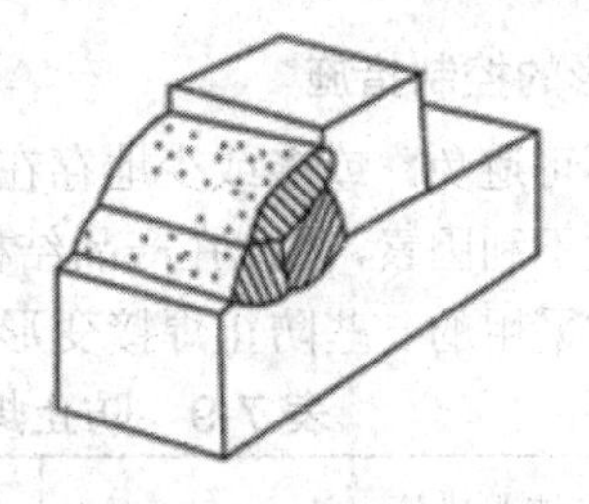

(b) 夹渣(多道焊缝)

图 7-34　夹渣

(3) 内部检查。

利用水压或气压试验，检查焊缝强度及致密性。

无损检测方法包括射线探伤(如图 7-35 所示)、超声波探伤、磁力探伤、渗透探伤等。

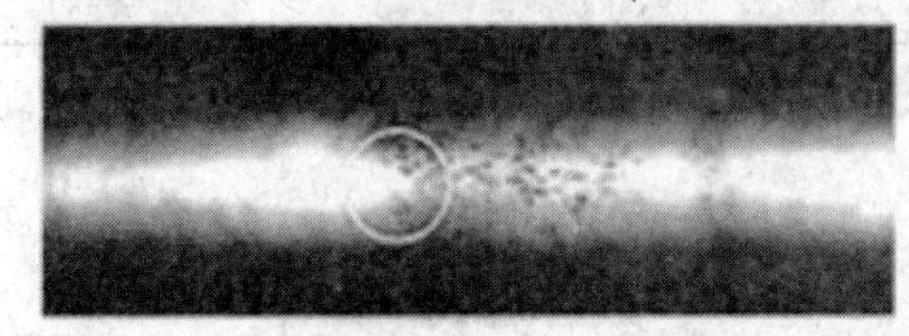

(a) 密集气孔

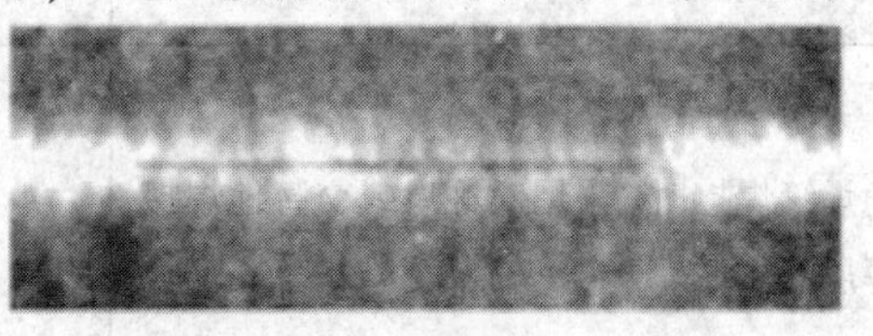

(b) 未焊透

图 7-35　X 射线检查照相底片

8．焊接变形

金属结构内部由于焊接时不均匀地加热和冷却而产生的内应力叫焊接应力。由于焊接应力造成的变形叫焊接变形。在焊接过程中，不均匀地加热和冷却后，焊缝就产生了不同程度的收缩和内应力(纵向和横向)，从而造成焊接结构的各种变形，如图 7-36 所示。

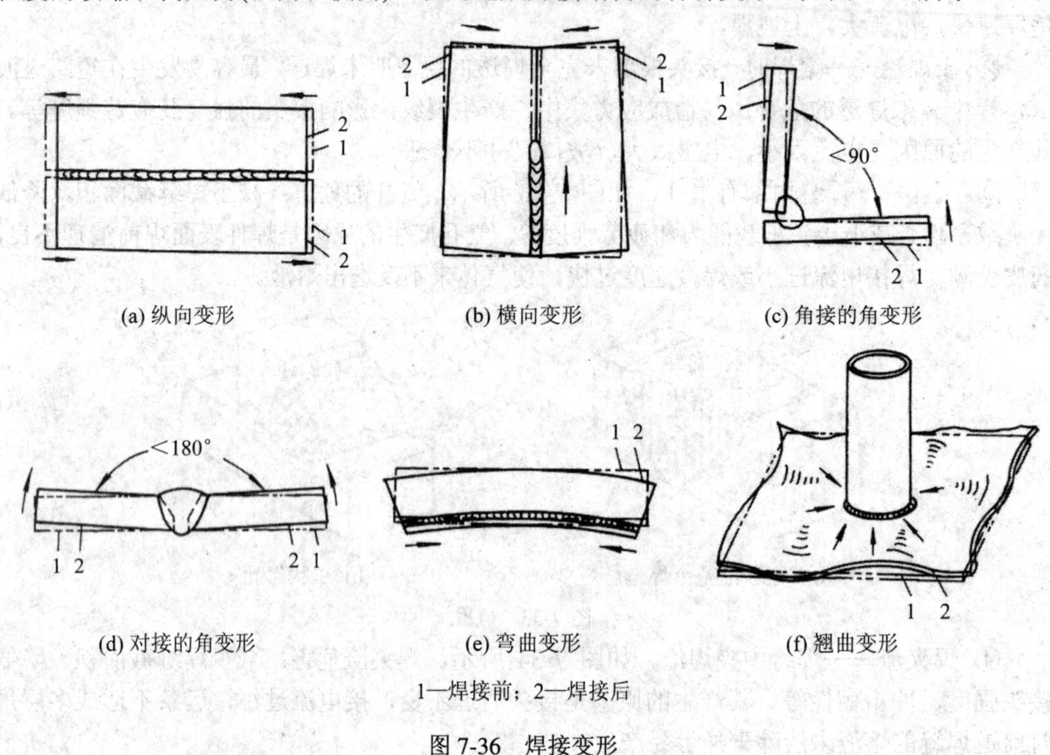

(a) 纵向变形　(b) 横向变形　(c) 角接的角变形

(d) 对接的角变形　(e) 弯曲变形　(f) 翘曲变形

1—焊接前；2—焊接后

图 7-36　焊接变形

9. 焊接变形的控制措施

焊接变形不可避免，或多或少地存在于焊接结构中，它对构件的装配、使用寿命及生产成本都将产生不利因素，因此在产品结构设计和制造工艺上都应考虑到焊接变形的危害。在生产中，通常采用的一些防止焊接变形的方法与措施如表 7-9 所示。

表 7-9　防止焊接变形的方法与措施

方法及措施	示　例
薄板焊接时，尽可能采用卷边焊接	
角焊缝焊接时，采用对称焊或交替地焊接各焊层的方法	

续表

方法及措施	示　例
在对接焊缝和角焊缝焊接时，采取预置一定角度的方法	
薄板焊接可采取夹紧方法	
焊接加强筋时，将加强筋材预先夹紧	
分段倒退焊法。适于长焊缝，可自中心向外焊接	4　3　2　1
对称排列的焊缝	
薄板焊缝采用断续焊	
选择合适的焊接顺序	
保持尽可能小的热输入	

评分标准

平对接焊的考核要求如下：

1. 焊缝外观质量

(1) 焊缝表面无焊瘤、气孔、夹渣等缺陷。

(2) 焊缝表面无咬边。

2. 焊缝外形尺寸

(1) 焊缝表面余高 1～3 mm。

(2) 焊缝表面余高差≤2 mm。

(3) 焊缝每侧增宽 2～3 mm。

(4) 焊缝宽度差≤2 mm。

(5) 焊缝直线度≤1.5 mm。

平对接焊的评分标准如表 7-10 所示。

表 7-10　平对接焊评分标准

序号	任务与技术要求	配分	评分标准	实测记录	得分
1	平焊姿势正确	10	不符合要求酌情扣分		
2	电焊机及焊条选择正确	10	不符合要求不得分		
3	选择电焊机极性和电流正确	10	不符合要求不得分		
4	正确运用焊道的引弧、起头、运条、连接和收尾的方法	10	不符合要求酌情扣分		
5	焊道的起头和连接处基本平滑，无局部过高现象，收尾处无弧坑	10	不符合要求酌情扣分		
6	每条焊道焊波均匀，无明显咬边	10	不符合要求酌情扣分		
7	焊后的焊件上没有引弧痕迹	10	不符合要求酌情扣分		
8	焊缝宽度达到要求 ±2 mm	5	超差不得分		
9	焊缝余高达到要求 ±(1～2) mm	5	超差不得分		
10	焊缝基本平直 ±2 mm	10	不符合要求酌情扣分		
11	焊缝表面清渣干净	10	不符合要求酌情扣分		

任务三　立　　焊

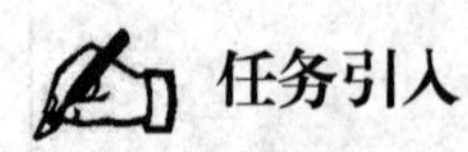

任务引入

立焊是指沿接头由上而下或由下而上焊接。焊缝倾角 90°(立向上)、270°(立向下)的焊接位置，称为立焊位置。在立焊位置进行的焊接，称为立焊。

相关知识

(1) 立焊时，熔池金属和熔滴因受重力作用具有下坠趋势而焊件分开，所以容易产生焊瘤。

(2) 立焊的操作规程是，使用的电流不要过大，略低于角焊电流，比平焊小 10%；选择焊条的大小要根据焊件的厚度而定。

(3) 立焊的特点：操作比平焊操作要困难些；在重力作用下，焊条熔化形成的熔滴及熔池中熔化金属要向下淌，这就使焊缝成形困难，焊缝成形不美观。

(4) 立焊操作姿势如图 7-37 所示。

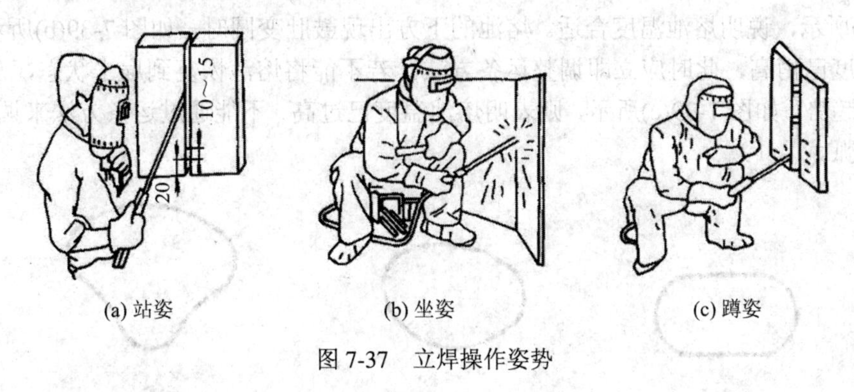

(a) 站姿　　(b) 坐姿　　(c) 蹲姿

图 7-37　立焊操作姿势

任务实施

1. 准备

开 Y 形坡口，焊前清理同平焊。

2. 焊接操作步骤

立焊时，液态金属在重力作用下易下坠而产生焊瘤，并且熔池金属和熔渣易分离而造成熔池部分脱离熔渣的保护，操作或运条角度不当容易产生气孔。因此，立焊时，要注意控制焊条角度和短弧焊接。

(1) 打底焊。打底焊的焊接要点与平焊位置基本一致。采用直径为 3.2 mm 的焊条，焊接电流为 90～100 A。焊条与板件下倾角度为 70°～80°，选用断弧焊—点击穿法。

(2) 填充焊。填充焊的运条方法为月牙形或横向锯齿形，采用直径为 3.2 mm 的焊条，焊接电流为 110～120 A。焊条与板件下倾角度为 70°～80°。

(3) 盖面层。盖面层施焊的焊条直径、焊接电流、焊条角度、运条方法及接头方法与填充层相同。

3. 焊接

(1) 定位焊→清渣→反变形→打底焊→填充焊→盖面焊→反转 180° 焊→清渣→检查。

(2) 长弧引弧预热，短弧焊接，形成熔池并打出熔孔，采用直线往复运条焊接，如图 7-38 所示。

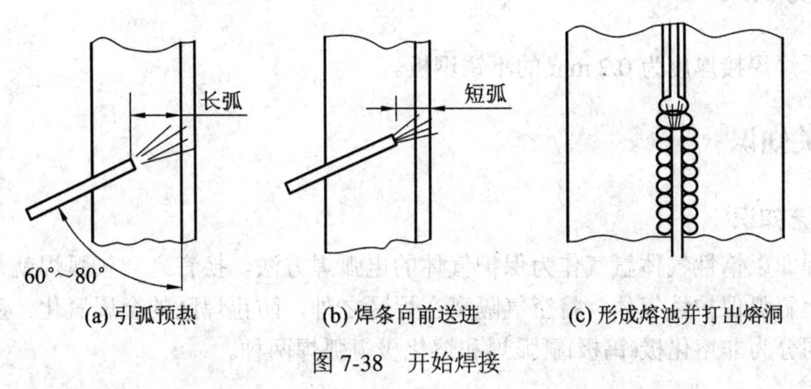

(a) 引弧预热　　(b) 焊条向前送进　　(c) 形成熔池并打出熔洞

图 7-38　开始焊接

(3) 焊接中，如果发现熔池温度高，要及时灭弧，防止产生焊瘤。

焊接时，要特别注意对熔池形状、温度、大小的控制。若发现熔池呈扁平椭圆形，如图 7-39(a)所示，说明熔池温度合适。熔池的下方出现鼓肚变圆时，如图 7-39(b)所示，则表明熔池温度已稍高，此时应立即调整运条方法。若不能将熔池恢复到扁平状态，反而鼓肚有扩大的趋势，如图 7-39(c)所示，则表明熔池温度已过高，不能通过运条方法来调整温度，应立即灭弧。

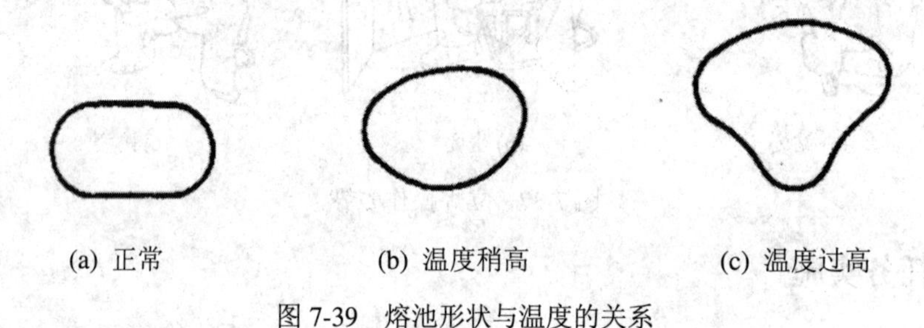

(a) 正常　　(b) 温度稍高　　(c) 温度过高

图 7-39　熔池形状与温度的关系

评分标准

总分 100 分：准备充分，选调正确 20 分，引弧一次成功 10 分，焊缝均匀饱满 50 分，焊缝尾部成形良好 10 分，清理干净 10 分。

项目二　气体保护电弧焊

气体保护电弧焊是利用保护性气体防止外界有害气体对焊接熔池进行侵害的特殊焊接方法，它主要分为氩(Ar)弧焊和 CO_2 气体保护焊。它不同于包有药皮的电焊条，它适于一些化学性质活泼的金属焊缝的焊接作业。

任务一　氩　弧　焊

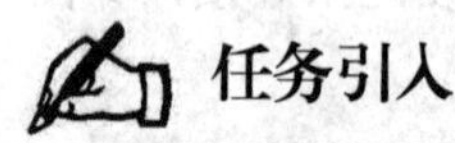

任务引入

用氩弧焊焊接厚度为 0.2 mm 的不锈钢板。

相关知识

1. 工艺知识

氩弧焊即以惰性气体氩气作为保护气体的电弧焊方法。换言之，氩弧焊就是在电弧焊的周围通上氩弧保护性气体，将空气隔离在焊区之外，防止焊区的金属氧化。氩弧焊按照电极的不同分为非熔化极(钨极)氩弧焊和熔化极氩弧焊两种。

(1) 钨极氩弧焊(简称 TIG 焊)。它是以钨棒作为电弧的一极的电弧焊方法。因为钨棒在电弧焊中是不熔化的，故钨极氩弧焊又称为不熔化极氩弧焊。焊接过程中，可以用从旁送丝的方式为焊缝填充金属，也可以不加填丝；可以手工焊，也可以自动焊；它可以使用直流、交流和脉冲电流进行焊接。

非熔化极(钨极)氩弧焊是电弧在非熔化极(通常是钨极)和工件之间燃烧，在焊接电弧周围流过一种不和金属起化学反应的惰性气体(常用氩气)，形成一个保护气罩，使钨极端头、电弧和熔池及已处于高温的金属不与空气接触，从而防止焊区的金属氧化和吸收有害气体，形成致密的焊接接头(其力学性能非常好)。钨极氩弧焊如图 7-40(a)所示。

由于被惰性气体隔离，焊接区的熔化金属不会受到空气的有害作用，所以钨极氩弧焊可用于焊接易氧化的有色金属，如铝、镁及其合金，也可用于不锈钢、铜合金以及其他难熔金属的焊接。因其电弧非常稳定，它还可以用于焊薄板及全位置焊缝。钨极氩弧焊在航空航天、原子能、石油化工、电站锅炉等行业应用较多。

钨极氩弧焊的缺陷是钨棒的电流负载能力有限，焊接电流和电流密度比熔化极氩弧焊的低，焊缝熔深浅，焊接速度低，厚板焊接要采用多道焊并加填充焊丝，生产效率也受到影响。

(2) 熔化极氩弧焊(又称 MIG 焊)。熔化极氩弧焊是焊丝通过送丝轮送进，导电嘴导电，在母材与焊丝之间产生电弧，使焊丝和母材熔化，并用惰性气体氩气保护电弧和熔融金属来进行焊接的。它和钨极氩弧焊的区别是：焊丝本身作为电极，使电流及电流密度大大提高，因而母材熔深大，焊丝熔敷速度快，并被不断熔化填入熔池，冷凝后形成焊缝，如图 7-40(b)所示。

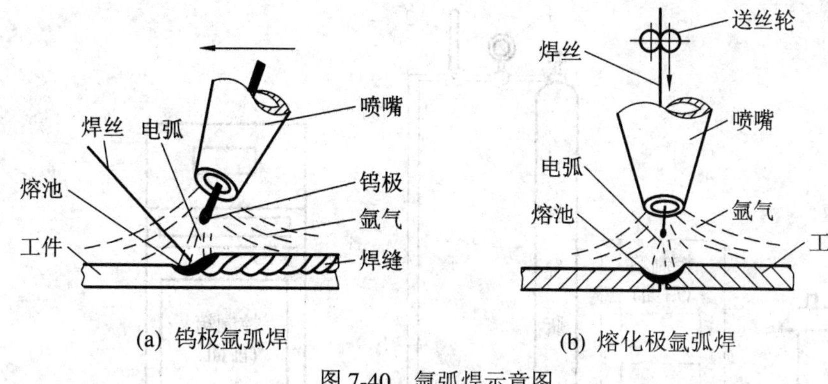

图 7-40　氩弧焊示意图

熔化极氩弧焊提高了生产效率，特别适用于中等、厚板铝及铝合金，铜及铜合金，不锈钢以及钛合金的焊接。脉冲熔化极氩焊可用于碳钢的全位置焊接。

2．焊接知识

(1) 焊接的特点。

焊接的特点有：

① 保护效果好，电弧稳定性很好；

② 飞溅少，焊缝成形美观；

③ 适用于各种位置的焊接；

④ 焊后不需要清渣，易于实现自动化；

⑤ 需要特殊的引弧措施，对工件清理要求高；

⑥ 生产效率低，氩气贵，氩弧焊设备复杂，成本高。

⑦ 氩弧焊因为热影响区域大，工件在修补后常常会造成变形、硬度降低、砂眼、局部退火、开裂、针孔、磨损、划伤、咬边及内应力损伤等缺点。

⑧ 与焊条电弧焊相比，氩弧焊对人身体的伤害程度要高一些，需加强防护。

(2) 施焊范围。

氩弧焊可用于焊接所有的金属和合金，但主要用于焊接不锈钢、高温合金，铝、镁、铜、钛等金属及其合金，以及难熔金属与异种金属。钨极氩弧焊仅适用于焊接厚度在 0.1～5.0 mm 以下的薄板，因为为了减少钨极烧损，焊接电流不宜过大。

(3) 保护气体。

最常用的惰性气体是氩气。它是一种无色无味的气体，在空气的含量为 0. 935%(按体积计算)。氩气是氧气厂分馏液态空气制取氧气时的副产品。

我国均采用瓶装氩气焊接，在室温时，其充装压力为 15 MPa，钢瓶涂灰色漆，并标有“氩气”字样。

(4) 钨极氩弧焊设备。

① 钨极氩弧焊设备的组成如图 7-41 所示。

直流正接钨极氩弧焊：钨极作为阴极，电子热发射，电极不易烧损，允许通过的电流大，但无法清除工件表面的氧化膜，不能焊接铝、镁等易氧化金属。

直流反接钨极氩弧焊：钨极作为阳极，电子冷发射，钨极易烧损，允许通过的电流小，可以清除工件表面的氧化膜，可用于焊接铝、镁等易氧化金属的薄板。

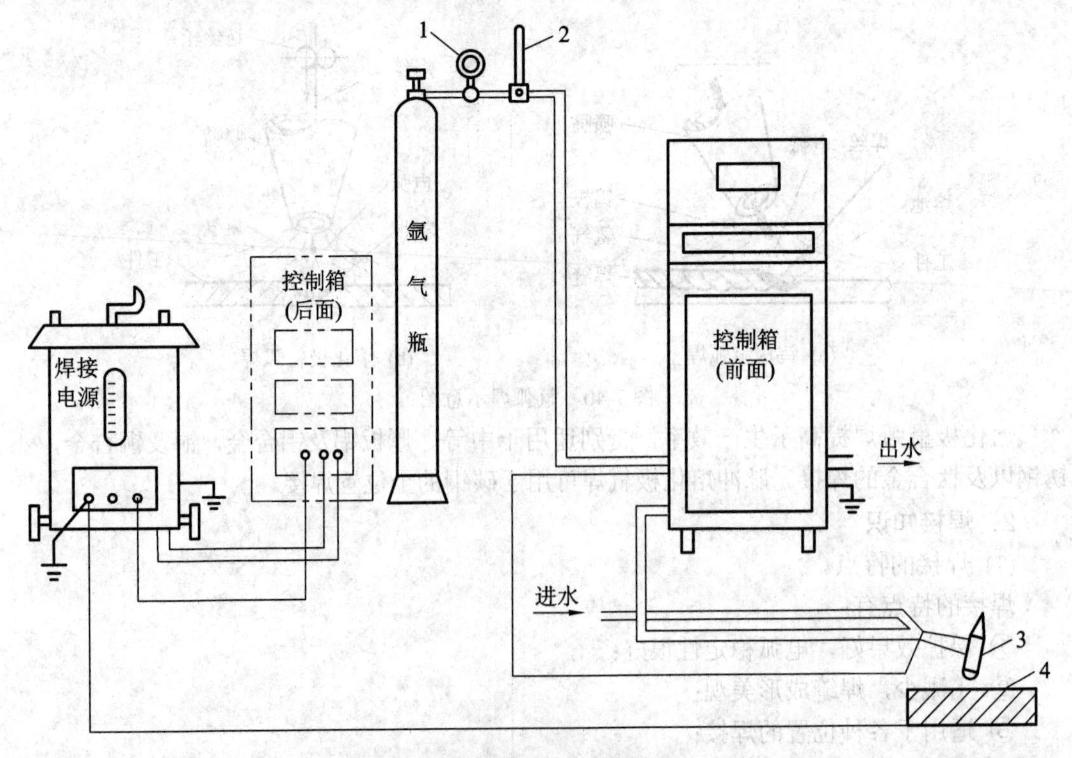

1—减压表；2—流量计；3—焊枪；4—工件

图 7-41 钨极氩弧焊设备的组成

② 设备焊枪形式如图 7-42 所示。

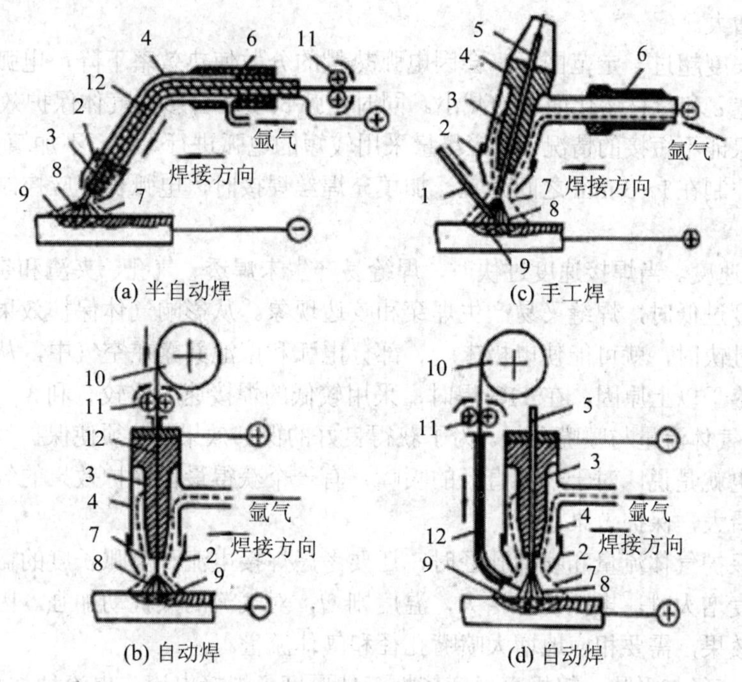

1—填充细棒；2—喷嘴；3—导电嘴；4—焊枪；5—钨极；6—焊枪手柄；
7—氩气流；8—焊接电弧；9—金属熔池；10—焊丝盘；11—送丝机构；12—焊丝

图 7-42　设备焊枪形式

(5) 接头形式。

氩弧焊的接头形式如图 7-43 所示。

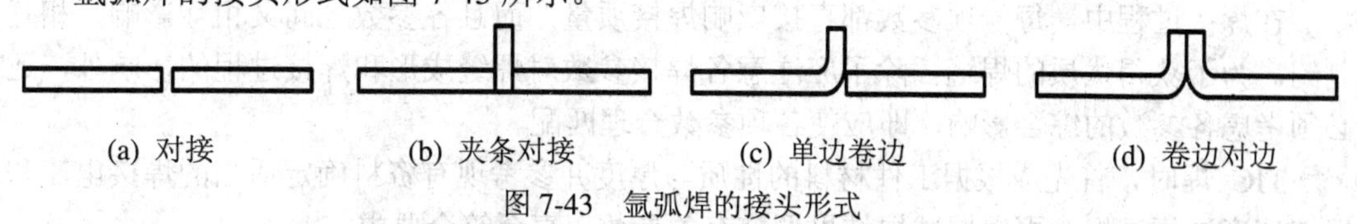

图 7-43　氩弧焊的接头形式

3．焊接工艺参数的影响及选择

TIG 焊的焊接工艺参数有：焊接电流、电弧电压(电弧长度)、焊接速度、保护气体流量与喷嘴孔径、钨极直径与形状等。合理的焊接工艺参数是获得优质焊接接头的重要保证。

(1) 工艺参数的影响。

TIG 焊时，可采用填充焊丝或不填充焊丝的方法形成焊缝。不填充焊丝法主要用于薄板焊接。例如，对于厚度在 3 mm 以下的不锈钢板，可采用不留间隙的卷边对接，焊接时不加填充焊丝，而且可实现单面焊双面成形。填充或不填充焊丝焊接时，焊缝成形是有差异的。

① 焊接电流。焊接电流是 TIG 焊的主要工艺参数。在其他条件不变的情况下，电弧能量与焊接电流成正比；焊接电流越大，可焊接的材料厚度越大。因此，焊接电流是根据工件的材料性质与厚度来确定的。当焊接电流太大时，易引起焊缝咬边、焊漏等缺陷；反之，当焊接电流太小时，易形成未焊透焊缝。

② 电弧电压(或电弧长度)。当电弧长度增加时，电弧电压也增加，焊缝熔宽 c 和加热面积都略有增大。

但电弧长度超过一定范围后，会因电弧热量的分散使热效率下降，电弧力对熔池的作用减小，熔宽 c 和母材熔化面积均减小。同时电弧长度还会影响气体保护效果。

一般在保证不短接的情况下，应尽量采用较短的电弧进行焊接。不加填充焊丝焊接时，电弧长度以控制在 1～3 mm 之间为宜，加填充焊丝焊接时，电弧长度应控制在约 3～6 mm 之间。

③ 焊接速度。当焊接速度过快时，焊缝易产生未焊透、气孔、夹渣和裂纹等缺陷。反之，焊接速度过低时，焊缝又易产生焊穿和咬边现象。从影响气体保护效果这方面来看，当焊接速度过快时，就可能使电极末端、部分电弧和熔池暴露在空气中，从而削弱气体的保护作用。鉴于以上原因，在 TIG 焊时，采用较低的焊接速度比较有利。

④ 保护气体流量与喷嘴孔径。为了获得良好的保护效果，必须使保护气体流量与喷嘴孔径匹配。也就是说，对于一定直径的喷嘴，有一个获得最佳保护效果的气体流量，此时保护区范围最大，保护效果最好。

在确定保护气体流量和喷嘴孔径时，还要考虑焊接电流和电弧长度的影响。当焊接电流或电弧长度增大时，电弧功率增大，温度剧增，对气流的热扰动加强。因此，为了保持良好的保护效果，需要相应地增大喷嘴孔径和气体流量。

⑤ 钨极直径与形状。钨极直径应依据工件厚度、焊接电流、电流种类和极性来选择。原则上应尽可能选择小的电极直径来承担所需要的焊接电流。

钨极的许用电流还与钨极的伸出长度及冷却程度有关。如果伸出长度较大或冷却条件不良，则许用电流将下降。一般钨极的伸出长度为 5～10 mm。

(2) 焊接工艺参数的选择。

在焊接过程中，每一项参数都直接影响焊接质量，而且各参数之间又相互影响，相互制约。为了获得优质的焊缝，除了应注意各焊接参数对焊缝成形和焊接过程的影响外，还必须考虑各参数的综合影响，即应使各项参数合理匹配。

TIG 焊时，首先应根据工件材料的性质与厚度并参考现有资料确定适当的焊接电流和焊接速度进行试焊，再根据试焊结果调整有关参数，直至符合要求。

(3) TIG 焊操作技术。

TIG 焊操作技术有以下几种：

① 引弧。引弧前应提前 5～10 秒送气。引弧的方法有两种：高频振荡引弧(或脉冲引弧)和接触引弧，最好是采用非接触引弧法。

采用非接触引弧法时，应先使钨极端头与工件之间保持较短距离，然后接通引弧器电路，在高频电流或高压脉冲电流的作用下引燃电弧。这种引弧方法可靠性高，且由于钨极不与工件接触，因而钨极不会因短路而烧损，同时还可以防止焊缝因电极材料落入熔池而形成夹钨等缺陷。

采用接触引弧法时，为了防止焊缝夹钨，可先在引弧板上引燃电弧，然后再将电弧移到焊缝起点处。

② 焊接。焊接时，为了得到良好的气体保护效果，在不妨碍视线的情况下，应尽量缩短喷嘴与工件的距离，采用短弧焊接。

焊枪与工件角度的选择也应以获得好的保护效果，便于填充焊丝为准。平焊、横焊或仰焊时，多采用左焊法。平焊时焊枪及填充焊丝与工件的相对位置示意图如图 7-44 所示。填充焊丝在熔池前均匀地向熔池送入，切记不可扰乱氩气气流。焊丝的端部应始终置于氩气保护区内，以免氧化。

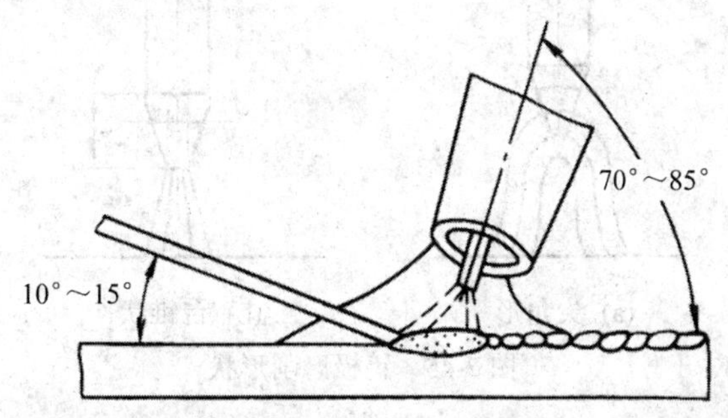

图 7-44　平焊时焊枪及填充焊丝与工件的相对位置示意图

③ 收弧。焊缝在收弧处要求不存在明显的下凹、气孔与裂纹等缺陷。为此，在收弧处应添加填充焊丝使弧坑填满，这对于焊接热裂纹倾向较大的材料尤为重要。此外，还可以采用电流衰减方法和逐步提高焊枪的移动速度或工件的转动速度的方法，以减少对熔池的热输入来防止裂纹。

熄弧后，不要立即抬起焊枪，要使焊枪在焊缝上停留 3～5 秒，待钨极和熔池冷却后，再抬起焊枪并停止供气，以防止焊缝和钨极受到氧化。至此，焊接过程结束，关断焊机，切断水、电、气路。

任务实施

1．焊前准备

(1) 清理。钨极氩弧焊对焊件和填充金属表面的污染相当敏感，因此焊前必须清除焊件表面的油脂、涂层、加工用的润滑剂及氧化膜等。

(2) 安全。焊接前，必须戴好头罩、面罩、手套，穿好工作服、工作鞋，以避免电弧光中的紫外线和红外线灼伤。

2．焊接工艺

焊接工艺参数如表 7-12 所示。

表 7-12　焊接工艺参数

焊丝直径 /mm	焊接电流 /A	电源种类	钨极直径 /mm	喷嘴直径 /mm	钨极的伸出长度 /mm	氩气流量 /(h/mm)	电弧长度 /mm
ϕ2	3～4	直流正接	1	4～6	3～5	3～4	0.8～1

(1) 单面焊双面成形。0.2 mm 厚不锈钢板不打坡口，采用单面焊双面成形。

(2) 调节电流。选择脉冲钨极氩弧焊机，将“氩弧焊/手工焊”转换开关置于“手工焊”位置，把“直流/脉冲”开关置于“直流”正极性接法位置。

(3) 调节氩气。焊前，应把氩气瓶开关打开，把氩气流量计上的氩气流量开关置于 3 L/min 流量位置上，引弧前 5～10 s 输送氩气排出设备中空气。

(4) 钨极磨削形状。钨极磨削形状一般有两种，如图 7-45 所示，薄板采用尖角形，厚板大电流采用台锥状。

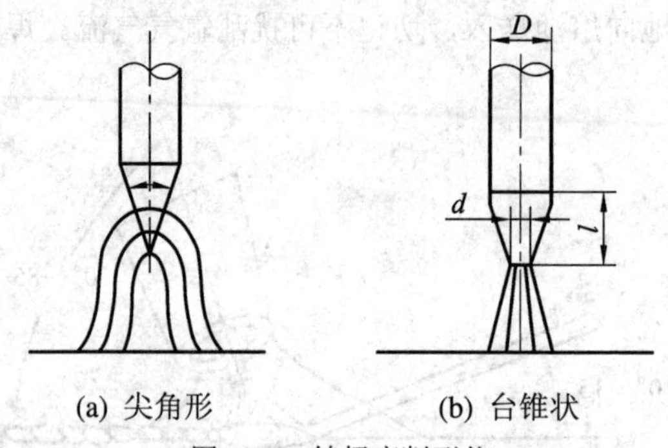

图 7-45　钨极磨削形状

3．焊接

按表 7-12 所示的工艺参数焊接，尽量采用短弧焊接，焊接步骤如图 7-46 所示。

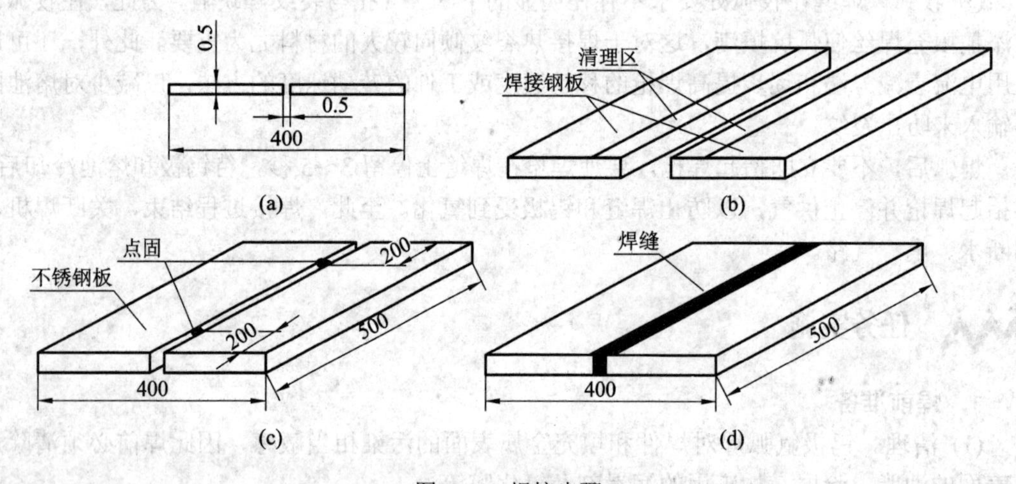

图 7-46　焊接步骤

需要注意的是，焊接完后应熄弧，但不要立即停止供气，应延后 3～5 s，保护焊缝防止氧化。

评分标准

总分 100 分：准备充分，选调正确 20 分，引弧一次成功 10 分，焊缝均匀饱满 50 分，焊缝尾部成形良好 10 分，清理干净 10 分。

任务二　CO_2 气体保护焊

任务引入

用 CO_2 气体保护焊焊接厚度为 5 mm 的低碳钢钢板。

相关知识

CO_2气体保护焊是以CO_2气体作为保护气体，依靠焊丝与焊件之间的电弧来熔化金属的气体保护焊的方法，简称CO_2焊。它是20世纪50年代初发展起来的一种先进的焊接技术，现已发展成为一种重要的焊接方法。CO_2气体保护焊设备示意图如图7-47所示。弧焊电源采用直流电源，电极的一端与零件相连，另一端通过导电嘴将电馈送给焊丝，这样焊丝端部与零件熔池之间就能建立电弧，焊丝在送丝电动机滚轮驱动下不断送进，零件和焊丝在电弧热作用下熔化而形成焊缝。

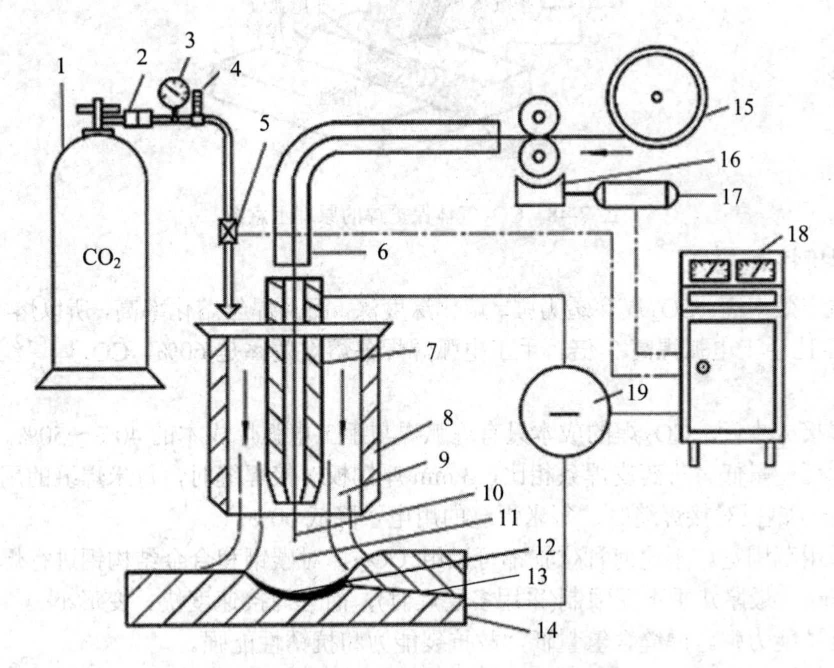

1—CO_2气瓶；2—干燥预热器；3—压力表；4—流量计；5—电磁气阀；6—软管；7—导电嘴；8—喷嘴；9—CO_2保护气体；10—焊丝；11—电弧；12—熔池；13—焊缝；14—零件；15—焊丝盘；16—送丝机构；17—送丝电动机；18—控制箱；19—直流电源

图7-47　CO_2气体保护焊设备示意图

CO_2气体保护焊工艺具有生产效率高、焊接成本低、适用范围广、低氢型焊接方法焊缝质量好等优点。其缺点是焊接过程中飞溅较大，焊缝成形不够美观。目前，人们正通过改善电源特性或采用药芯焊丝的方法来解决此问题。

CO_2气体保护焊设备可分为半自动焊和自动焊两种类型，其工艺适用范围广。粗丝($\phi \geqslant 2.4$ mm)大规模地用于焊接厚板，中、细丝可用于焊接中厚板、薄板及全位置焊缝。

CO_2气体保护焊主要用于焊接低碳钢及低合金高强钢，也可以用于焊接耐热钢和不锈钢，可进行自动焊及半自动焊。目前，CO_2气体保护焊广泛用于汽车、轨道客车制造、船舶制造、航空航天、石油化工等诸多领域。

CO_2气体保护焊利用CO_2气体使焊接区与周围空气隔离，防止空气中的氧、氮对焊接区的有害作用，从而获得优良的机械保护性能。CO_2气体保护焊的原理示意图如图7-48所示。

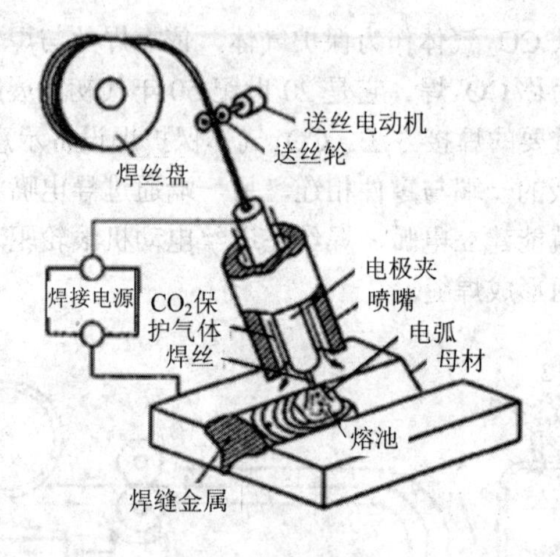

图7-48 CO_2气体保护焊的原理示意图

1．焊接特点

(1) 生产效率高。CO_2焊穿透力强、熔化深度深，而且焊丝熔化率高，所以熔敷速度快，生产效率可比手工电弧焊高3倍。手工电弧焊焊条熔敷效率是60%，CO_2焊焊丝熔敷效率是90%。

(2) 焊接成本低。CO_2焊的成本只有埋弧焊与手工电弧焊成本的40%～50%。

(3) 消耗能量低。与药皮焊条相比，3 mm厚钢板对接焊缝时，每米焊缝的用电量降低30%；25 mm钢板对接焊缝时，每米焊缝的用电量降低60%。

(4) 适用范围宽。不论何种位置都可以用CO_2焊对碳钢和合金结构钢进行焊接，薄板可焊到1 mm，最厚几乎不受限制(采用多层焊时)，而且焊接速度快、变形小。

(5) 抗锈能力强。焊缝含氢量低，故抗裂能力和抗锈性能强。

(6) 焊后不需要清渣，引弧操作便于监视和控制，有利于实现焊接过程的机械化和自动化。

(7) 飞溅率较大；焊缝表面成形较差；电弧气有很强的氧化性，不能焊接易氧化的金属材料；抗风能力差，设备较复杂；焊接弧光较强；不能焊接有色金属。

2．保护气体

CO_2保护气体，CO_2有固态、液态、气态三种状态。

3．CO_2焊设备

1) 组成

CO_2焊设备由焊接电源、送丝机构、焊枪、供气系统和控制系统等组成。

2) 焊枪

焊枪分为半自动焊枪、自动焊枪。按送丝方式分它可以分为推丝式焊枪、拉丝式焊枪和推拉丝式焊枪。弯管式半自动焊枪如图7-49所示。

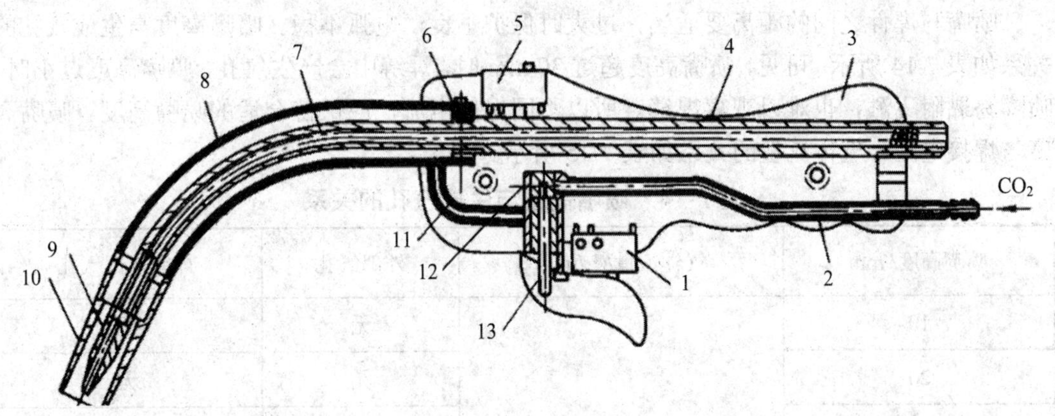

1、5—开关；2——进气管；3—手把；4—导电杆；6—绝缘套；7—导电管
8—外套；9—导电嘴；10—喷嘴；11—弯管；12—气阀；13—扳手

图 7-49　弯管式半自动焊枪

3) 焊丝

焊丝直径的选择可根据焊件厚度、焊接位置及生产效率要求来定，同时应兼顾熔滴过渡形式以及焊接过程的稳定性。通常，直径小于 1.6 mm 的焊丝称为细丝，直径大于 1.6 mm 的焊丝称为粗丝。焊丝直径的选择参见表 7-13。

表 7-13　焊丝直径的选择

焊丝直径/ mm	熔滴过渡形式	焊件厚度/ mm	焊接位置
0.5～0.8	短路过渡	0.4～3	全位置
	细颗粒过渡	2～4	平敷焊、横焊
1.0～1.2	短路过渡	2～8	全位置
	细颗粒过渡	2～12	平敷焊、横焊
1.6	短路过渡	3～12	立敷焊、横焊
	细颗粒过渡	>8	平敷焊、横焊
>1.6	细颗粒过渡	>10	平敷焊、横焊

为了防锈和提高导电性，焊丝表面要通过镀铜等防锈措施进行保护。焊丝主要选用 ϕ1.6 mm 以下焊丝，打底推荐使用 ϕ0.8 mm 的焊丝。

4．基本操作技术

焊枪操作的基本要领如下：

(1) 焊枪开关的操作。

按焊枪开关，开始送气、送丝和供电，然后引弧、焊接。

焊接结束时，关上焊枪开关，随后停丝、停电和停气。

(2) 喷嘴与焊件间的距离。

喷嘴与焊件之间的距离要适当，过大时保护不良，电弧不稳。喷嘴高度与生成气孔的关系如表7-14所示。可见，喷嘴高度超过30 mm时，焊缝中会产生气孔。喷嘴高度过小时，喷嘴易黏附飞溅，也难以观察焊缝。所以不同焊接电流，应保持合适的喷嘴高度。喷嘴高度与焊接电流、气体流量的关系如表7-15所示。

表7-14　喷嘴高度与生成气孔的关系

喷嘴高度/ mm	气体流量/(L/min)	外部气孔	焊缝内部气孔
10	20	无	无
20		无	无
30		微量	少量
40		少量	较多
50		较多	很多

表7-15　喷嘴高度与焊接电流、气体流量的关系

焊丝直径/ mm	焊接电流/A	喷嘴高度/ mm	气体流量/(L/min)
0.8	60 70	8～10	10
1.0	70 90 100	8～10 10～12 10～15	10
1.2	100 200 300	10～15 15 20～25	15～20 20 20
1.6	300 350 400	20 20 20～25	20 20 20～25

(3) 焊枪角度和指向位置。

手工CO_2焊时，常用左焊法。其特点是易观察焊接方向，在电弧力作用下熔化金属被吹向前方，使电弧不能直接作用到母材上，熔深较浅，焊道平坦且变宽，飞溅较大，但保护效果好。采用右焊法时，熔化金属被电弧吹向后方，因此电弧能直接作用到母材上，熔深较深，焊道变得窄而高，飞溅略小。焊枪角度如表7-16所示。

对于各种焊接接头，左焊法和右焊法的比较如表7-17所示。

表 7-16 焊 枪 角 度

	左焊法	右焊法
焊枪角度	10°～15° 焊接方向	10°～15° 焊接方向
焊缝断面形状		

表 7-17 各种焊接接头左焊法与右焊法的比较

接头形状	左焊法	右焊法
薄板焊接(板厚0.8～4.5 mm) b p	可得到稳定的背面成形； 焊缝低而宽； b 大时，焊枪作摆动，容易看到焊接线	易烧穿； 不易得到稳定的背面成形； 焊缝高而窄； b 大时，不易焊接
中厚板的背面成形焊接 b p	可以得到稳定的背面成形； b 大时焊枪作摆动，根部能焊好	易烧穿； 不易得到稳定的背面成形； b 大时马上烧穿
平角焊缝焊接 焊脚高度8 mm以下 90°	容易看到焊接线，能正确地瞄准焊缝； 周围易出现细小的飞溅	不易看到焊接线，但能看到余高； 余高易呈圆弧状； 飞溅较小； 根部熔深大
船形焊焊脚尺寸达10 mm以上 V形坡口对接焊	焊缝余高呈凹形； 因熔化金属向焊枪前流动，焊趾部易形成咬边； 根部熔深浅(易发生未焊透)； 摆动焊枪易生成咬边，焊脚高度大时难焊	余高平滑； 不易发生咬边； 根部熔深大； 焊缝宽度、余高容易控制
水平横向焊接 I形坡口 V形坡口 b	容易看清焊接线； 在 b 较大时，也能防止焊件烧穿； 焊缝整齐	电弧熔深大，易烧穿； 焊道成形不良，窄面高； 飞溅少； 焊缝的熔宽及余高不易控制，易产生焊瘤
高度焊接 (平敷焊、立焊和横焊等)	可利用焊枪角度来防止飞溅	容易产生咬边； 易产生沟状连续咬边； 焊缝窄面高

5．焊接工艺参数

(1) 短路过渡时，采用细焊丝、低电压和小电流。熔滴细小而过渡频率高，电弧非常稳定，飞溅小，焊缝成形美观。

(2) 细滴过渡 CO_2 焊的特点是电弧电压比较高，焊接电流比较大。此时，电弧是持续的，不会发生短路熄弧的现象。可根据焊丝直径选择不同的工艺参数，如表 7-18 所示。

表 7-18　焊接工艺参数

焊丝直径/mm	0.8	1.2	1.6
电弧电压/V	18	19	20
焊接电流/A	100～110	120～135	140～180

6．平焊焊接技术

从正面焊接，同时获得背面成形的焊道称为单面焊双面成形。它常用于焊接薄板及厚板的打底焊。

(1) 悬空焊接。无垫板的单面焊双面成形焊接时对焊工的技术水准要求较高，对坡口精度、装配质量和焊接工艺参数也提出了严格要求。坡口间隙对单面焊双面成形的影响很大。

(2) 加垫板的焊接。加垫板的单面焊双面成形比悬空焊接容易控制，而且对焊接工艺参数的要求也不是十分严格。垫板材料通常为纯铜板。

(3) 对接焊缝的焊接技术。薄板对接焊一般都采用短路过渡，中厚板大都采用细滴过渡。坡口形状可采用 I 形、Y 形、单边 V 形、U 形和 X 形等。通常，CO_2 焊时的钝边较大，而坡口角度较小，最小可达 45° 左右。

在坡口内焊接时，如果坡口角度较小，熔化金属容易流到电弧前面去，从而引起未焊透缺陷。所以在焊接根部焊道时，应该采用右焊法和直线式移动。当坡口角度较大时，应采用左焊法和小幅摆动焊接根部焊道。

任务实施

1．焊前准备

(1) 清理。根据焊接工件的材料性质的要求，清洗工件的表面，在要焊接的地方用铁刷刷掉铁锈、油漆或其他污物，而且要求焊接的地方必须干燥。

(2) 要焊接的工件之间必须匹配好，使二者间的焊缝吻合。对于薄板来说，可以一边焊，也可以两边都焊，这主要取决于所需强度的大小。对于中厚板来说，可采用堆焊慢慢将焊缝填平。

2．焊接工艺参数

(1) 合上电源的闸刀开关接通主电源，打开焊机开关接通电源，此时开关内的或装在面板上的指示灯会发亮；

(2) 调节电压由两个开关组成，左边一个开关的中间位置为空挡，主变压器不导通，左右分别为小挡和大挡。

(3) 用电位器可调节送丝速度为 2～15 m/min；

(4) 扣上焊枪上的扳机式开关，即可进行焊接，松开开关即停止焊接；

(5) 先在一块干净的板上进行试焊；

(6) 若焊接停留在工件表面不能形成正常的电弧，则可将电压开关调到较高的电压位数上；若焊接工件被焊穿，则表明焊接电流太大，应减小电压；

(7) 平焊一般多采用左焊法，立焊可采用下向焊。

3．焊接

平板平对焊接如图 7-50 所示。

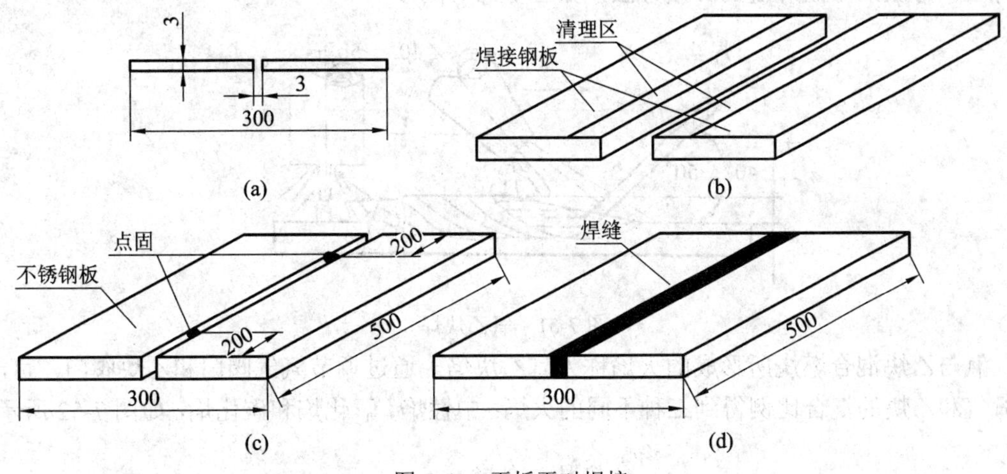

图 7-50 平板平对焊接

(1) 按上述工艺参数调整后通 CO_2 气体引弧。

(2) 引燃电弧后，通常采用左焊法。

(3) 焊接结束前，必须收弧。若收弧不当，容易产生弧坑，并且出现裂纹、气孔等缺陷。

评分标准

总分 100 分：准备充分，选调正确 20 分，引弧一次成功 10 分，焊缝均匀饱满 50 分，焊缝尾部成形良好 10 分，清理干净 10 分。

项目三 气 焊

一、气焊的概念及优缺点

所谓气焊，是指利用可燃气体和氧气的混合气体燃烧所产生的热能来加热工件、熔化焊丝进行焊接的一种熔化焊方法。

气焊的优点：① 结构简单，成本低；② 操作方便，具有很大的灵活性；③ 不用电。

气焊的缺点：① 温度较低，最高温度也只有 3300℃左右；② 火焰热量分散，工件变形较大；③ 生产效率较低，很难实现机械化、自动化生产。

气焊主要用于焊接 0.5～3.0 mm 的薄钢板，铜、铝等有色金属及其合金，铸铁件的补焊，特别适用于无电的野外作业场合。

二、气焊的基本知识

1．氧乙炔焊

气焊是利用气体火焰作热源来熔化母材和填充金属的一种焊接方法。最常用的是氧乙炔焊，即利用乙炔(可燃气体)和氧气(助燃气体)混合燃烧时所产生氧乙炔焰来加热熔化工件与焊丝，冷凝后形成焊缝的焊接方法，如图 7-51 所示。

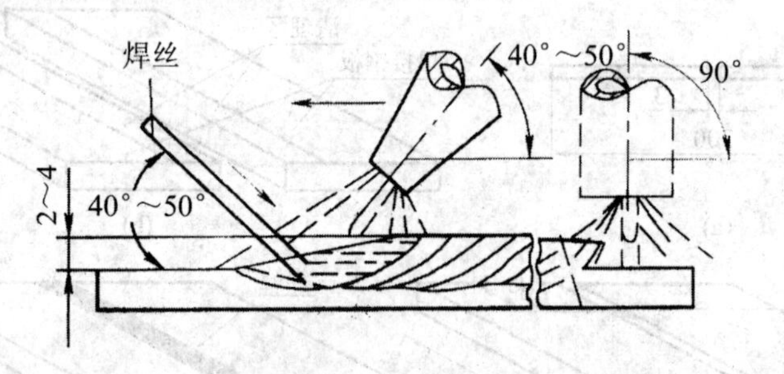

图 7-51　氧乙炔焊

氧与乙炔混合燃烧所形成的火焰称为氧乙炔焰。通过调节氧气阀门和乙炔阀门，可改变氧气和乙炔的混合比例得到三种不同的火焰：中性焰、氧化焰和碳化焰，如图 7-52 所示。

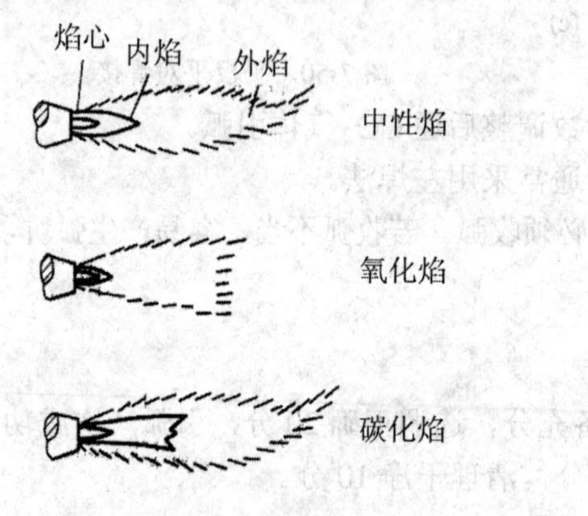

图 7-52　气焊火焰

① 中性焰。当氧气与乙炔的体积比为 1∶1.2 时，所产生的火焰称为中性焰，又称为正常焰。中性焰是焊接时常用的火焰，可用于焊接低碳钢、中碳钢、合金钢、紫铜、铝合金等材料。

② 氧化焰。当氧气和乙炔的体积比大于 1.2 时，则形成氧化焰。氧化焰中由于氧多，易使金属氧化，故用途不广，仅用于焊接黄铜，以防止锌的蒸发。

③ 碳化焰。当氧气和乙炔的体积比小于 1 时，则得到碳化焰。由于氧气较少，燃烧不完全，整个火焰比中性焰长，且温度也较低，碳化焰中的乙炔过剩，故它适用于焊接高碳钢、铸铁和硬质合金材料。用碳化焰焊接其他材料时，会使焊缝金属增碳，变得硬而脆。

2．气焊的设备与工具以及辅助器具

气焊所用的设备如图 7-53 所示。移动式气焊设备与明火的距离应大于或等于 10 m，与

氧气瓶距离应大于或等于 5 m，不能放在高压线下方，冬季需要防冻(用热水或蒸气解冻)，夏季需要防晒。

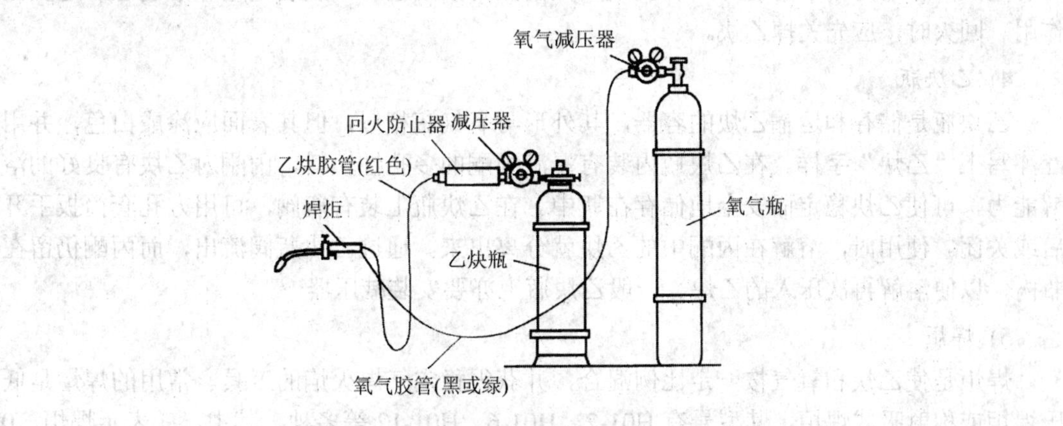

图 7-53　气焊设备

1) 氧气瓶

氧气瓶是贮存和运输高压氧气的容器，其容积为 40 L，贮氧的最大压力为 15 MPa。按规定，氧气瓶外表漆成天蓝色，并用黑漆标明“氧气”字样。氧气助燃作用很大，如果在高温下遇到油脂，就会自燃爆炸。所以应正确地使用和保管氧气瓶，具体方法为：放置氧气瓶必须平稳可靠，不应与其他气瓶混在一起；气焊工作地与其他火源要距氧气瓶 5 m 以上；禁止撞击氧气瓶；严禁沾染油脂等。

2) 减压器

减压器的作用是将高压氧气瓶中的高压氧气减压至焊炬所需的工作压力(约 0.1～0.3 MPa)焊接使用，同时减压器还有稳压作用，以保证火焰能稳定燃烧。减压器的构造和工作情况如图 7-54 所示。

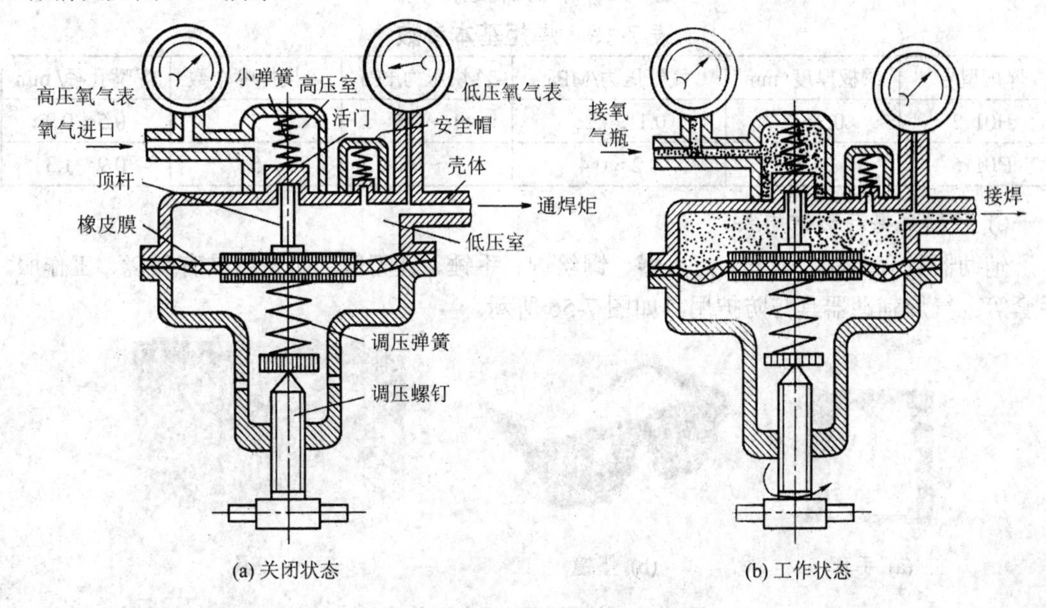

(a) 关闭状态　(b) 工作状态

图 7-54　减压器的构造和工作情况

3) 回火防止器

回火防止器是用于防止焊炬和割炬回火倒流时火焰进入乙炔引起爆炸的装置，起安全作用。回火时，应先关掉乙炔。

4) 乙炔瓶

乙炔瓶是储存和运输乙炔的容器，其外形与氧气瓶相似，但其表面应涂成白色，并用红漆写上“乙炔”字样。在乙炔瓶内装有浸满丙酮的多孔性填料，丙酮对乙炔有良好的溶解能力，可使乙炔稳定而安全地储存在瓶中。在乙炔瓶上装有瓶阀，可用方孔套筒扳手开启或关闭。使用时，溶解在丙酮中的乙炔就分离出来。通过乙炔瓶阀流出，而丙酮仍留在瓶内，以便溶解再次压入的乙炔。一般乙炔瓶上亦要安装减压器。

5) 焊炬

焊炬是使乙炔和氧气按一定比例混合，并获得稳定气焊火焰的工具。常用的焊炬是低压焊炬或称射吸式焊炬，其型号有 H01-2、H01-6、H01-12 等多种。其中，H 表示焊炬，0 表示手工，1 表示射吸式，2、6、12 等表示可焊接的最大厚度(mm)。

射吸式焊炬由乙炔接头、氧气接头、手柄、乙炔阀门、氧气阀门、混合管、焊嘴等组成，如图 7-55 所示。每把焊炬都配有 5 个不同规格的焊嘴(1、2、3、4、5，数字小则焊炬孔径小)，以适用不同厚度的工件的焊接。焊炬型号与钢板厚度等基本参数如表 7-19 所示。

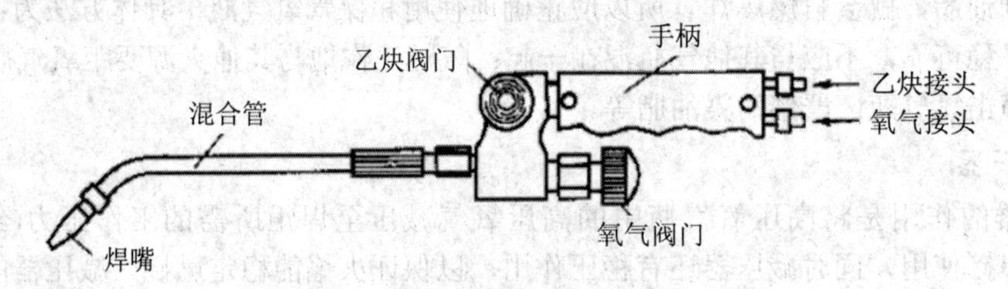

图 7-55　焊炬的构造和外观

表 7-19　焊炬基本参数

焊炬型号	钢板厚度/ mm	氧气压力/MPa	乙炔压力/kPa	可换焊嘴个数	焊嘴孔径/ mm
H01-2	0.2～2	0.1～0.25	1～100	5	0.5～0.9
H01-6	2～6	0.2～0.4	1～100	5	0.9～1.3

6) 辅助器具与防护用具

辅助器具有通针、胶管、点火器、钢丝刷、手锤、锉刀等，防护用具有墨镜、工作服、手套等。气焊辅助器具与防护用具如图 7-56 所示。

(a) 手套　　(b) 墨镜　　(c) 工具

图 7-56　气焊辅助器具与防护用具

3．焊丝与焊剂

(1) 焊丝。焊丝是气焊时起填充作用的金属丝。焊丝的化学成分将直接影响焊接质量和焊缝的力学性能。各种金属焊接时，应采用相应的焊丝。在焊接低碳钢时，常用的气焊丝的牌号有 H08 和 H08A 等。焊丝直径要根据焊件厚度来选择。焊丝使用前，应清除表面上的油脂和铁锈等。焊丝直径与焊件厚度的关系如表 7-20 所示。

表 7-20　焊丝直径与焊件厚度的关系

焊件厚度/ mm	1.0～2.0	2.0～3.0	3.0～6.0
焊丝直径/ mm	1.0～2.0	2.0～3.0	3.0～6.0

(2) 焊剂。焊剂的作用是除去焊缝表面的氧化物和保护熔池金属。

4．燃气

目前，生产中所用的燃气品种及它们的主要性质如表 7-21 所示。以前用量最多的是乙炔，近年来，由于丙烷价格便宜，使用安全，气源充足，其用量在不断增加。

表 7-21　燃气品种及它们的主要性质

燃气种类	相对分子质量	密度 /(kg/m^3) (标态下)	高热值 /(kg/m^3) (标态下)	低热值 /(kg/m^3) (标态下)	爆炸极限 /%	氧气/燃气 (体积比)	气化潜热 /(kJ/kg) (101325Pa，沸点温度)	最低着火温度 /℃	燃烧热量计温度/℃
乙炔	26.036	1.091	58.502	56.488	2.2～81	2.5	—	335	2620
丙烷	44.097	2.0102	101.266	93.240	2.1～9.5	5	422.9	450	2155
丙烯	42.081	1.9136	93.667	87.667	2.0～11.7	4.5	439.6	460	2224

5．气焊操作技术

气焊的基本操作有点火、调节火焰、焊接和熄火四个步骤。焊接操作时，应注意以下四点：

(1) 点火。点火时，先将氧气阀门略微打开，以吹掉气路中残留的杂物，然后打开乙炔阀门，点燃火焰。此时，火焰为碳化焰，若有“放炮”声或火焰点燃后立即熄灭，则应减少氧气或放掉不纯的乙炔。

(2) 调节火焰。火焰点燃后，逐渐打开氧气阀门，将碳化焰调节成中性焰。

(3) 焊接。气焊时，应右手握焊炬，左手执焊丝。焊接开始时，为了尽快加热、熔化焊件，焊炬倾角应大一些。待工件熔化形成熔池时，焊炬倾角应逐渐减小，同时将焊丝适量点入熔池内熔化。正常焊接时，焊炬倾角一般保持在 40°～50° 之间。

(4) 熄火。工件焊接完成以后，应先关闭乙炔阀门，再关氧气阀门，以防止发生回火并减小烟尘。

三、气割的基本知识

1．气割的概念

气割又称氧气切割，气割与气焊虽都用气体火焰，但目的完全相反。气焊是将分离的金属连成一体；气割则将整体的金属分开。因此在设备、操作方法等方面也就有所不同。

2. 气割原理

气割是利用可燃气体与氧气混合燃烧的火焰热能将工件切割处预热到一定温度后，喷出高速切割氧流，使金属剧烈氧化并放出热量，再利用切割氧流把熔化状态的金属氧化物吹掉，而实现切割的方法。金属的气割过程实质是铁在纯氧中的燃烧过程，而不是熔化过程。

气割的实质是使金属加热到燃点温度，在氧流中燃烧(剧烈氧化)，并利用氧流将燃烧形成的氧化物液体吹掉而割开的过程。气割过程示意图如图 7-57 所示。

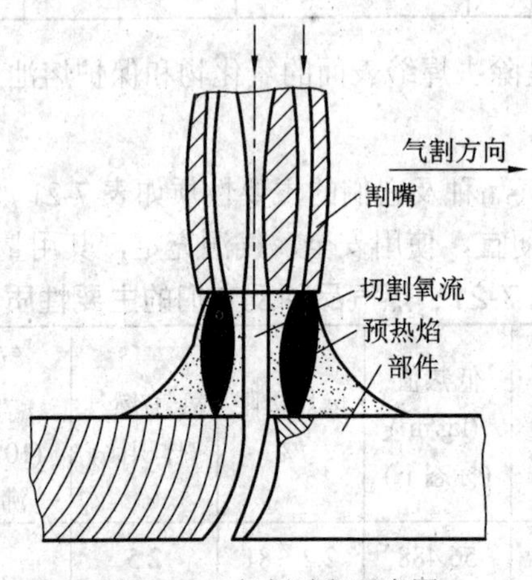

图 7-57 气割过程示意图

3. 气割金属的条件

(1) 金属在氧气中的燃烧温度(燃点)，应低于熔化温度。

(2) 金属氧化物的熔点应低于金属本身的熔点。

(3) 金属的导热性不能太高。

(4) 生成的氧化物应富有流动性。

4. 气割简介

材料的热切割，又称氧气切割或火焰切割。气割时，火焰在起割点将材料预热到燃点，然后喷射氧气流，使金属材料剧烈氧化燃烧，生成的氧化物熔渣被气流吹除，形成切口。气割用的氧纯度应大于99%；可燃气体一般用乙炔气，也可用石油气、天然气或煤气。用乙炔气的切割效率最高，质量较好，但成本较高。

气割的设备主要是割炬和气源。割炬是产生气体火焰，传递和调节切割热能的工具，其结构(见图 7-58)影响气割速度和质量。采用快速割嘴可提高气割速度，使切口平直，表面光洁。手工操作的气割割炬，用氧和可燃气体的气瓶或发生器作为气源。半自动和自动气割机还有割炬驱动机构或坐标驱动机构、仿形切割机构、光电跟踪或数字控制系统。大批量下料用的自动气割机可装有多个割炬和计算机控制系统。气割一般只用于低碳钢、低合金钢和钛及钛合金的切割。气割是各个工业部门常用的金属热切割方法。特别是手工气割，它使用灵活方便，是工厂零星下料、废品废料解体、安装和拆除工作中不可缺少的工艺方法。

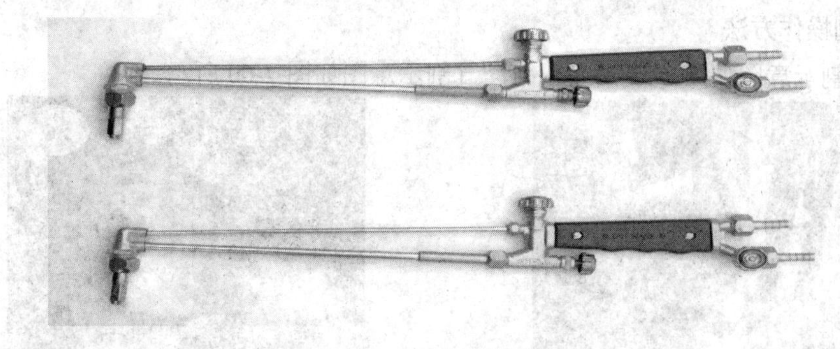

图 7-58 割炬结构

5. 气割要求

气割时应用的设备器具除割炬外均与气焊相同。气割过程是“预热—燃烧—吹渣”的过程，但并不是所有金属都能满足这个过程的要求，只有符合下列条件的金属才能进行气割。

(1) 金属在氧气中的燃烧点应低于其熔点；

(2) 气割时金属氧化物的熔点应低于金属的熔点；

(3) 金属在切割氧流中的燃烧应是放热反应；

(4) 金属的导热性不应太高；

(5) 金属中阻碍气割过程和提高钢的可淬性的杂质要少。

符合上述条件的金属有纯铁、低碳钢、中碳钢和低合金钢以及铁等。其他常用的金属材料，如：铸铁、不锈钢、铝和铜等，则必须采用特殊的气割方法(例如等离子弧切割等)。目前，气割工艺在工业生产中得到了广泛的应用。

6. 气割特点

气割的优点有：

(1) 气割钢铁的速度比刀片移动式机械切割工艺快；

(2) 对于机械切割法难于产生的切割形状和达到的切割厚度，气割可以很经济地实现；

(3) 设备费用比机械切割工具低；

(4) 设备是便携式的，可在现场使用；

(5) 气割过程中，可以在一个很小的半径范围内快速改变气割方向；

(6) 可通过移动气割器而不是移动金属块来现场快速切割大金属板；

(7) 气割过程可以手动或自动操作。

气割的缺点有：

(1) 尺寸公差要明显低于机械切割；

(2) 尽管也能切割像钛这样的易氧化金属，但该工艺在工业上基本限于切割钢铁和铸铁；

(3) 预热火焰及发出的红热熔渣对操作人员可能造成烧伤的危险；

(4) 燃料燃烧和金属氧化需要适当的烟气控制和排风设施；

(5) 气割高合金钢铁和铸铁需要对工艺流程进行改进；

(6) 气割高硬度钢铁可能需要割前预热，割后继续加热来控制割口边缘附近钢铁的机械性能；

(7) 气割不推荐用于大范围的远距离切割。

7．气割操作方法

手动气割示意图如图 7-59 所示，自动气割示意图如图 7-60 所示。

图 7-59　手动气割示意图

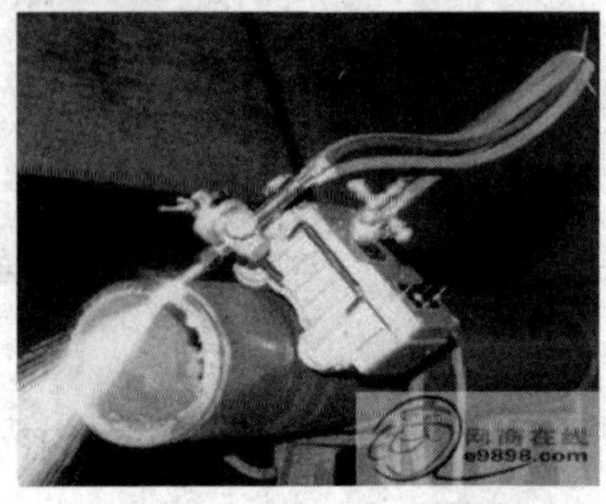

图 7-60　自动气割示意图

8．气割操作步骤

(1) 点火及调节预热火焰；

(2) 预热割件；

(3) 切割开始；

(4) 操作注意事项。

任务一　低碳钢板的平对接气焊

任务引入

前文已经对平敷焊、平对接焊进行了介绍，气焊同电弧焊稍有区别。气焊焊接低碳钢板板厚 3 mm，不开坡口，单面焊双面成形的平对接气焊。

相关知识

1．基本操作技术

气焊操作时，一般右手持焊炬，将拇指置于乙炔开关处，食指置于氧气开关处，以便随时调节气体流量，并用其他三指握住焊炬柄。左手拿焊丝气焊的基本操作有：点火、调节火焰、施焊和熄火等几个步骤。

(1) 点火时，先微开氧气阀门，然后打开乙炔阀门，用明火(可用电子枪或低压电火花等)点燃火焰。

(2) 点火时，可能会连续出现“放炮”声，其产生的原因是乙炔不纯，应放出不纯乙炔，重新点火；有时会出现不易点火的现象，这是由于氧气量过大，此时应重新微关氧气阀门。

(3) 焊接完毕需熄火时，应先关乙炔阀门，再关氧气阀门，以免发生回火。

2．焊接选择

1) 焊件准备

将焊件表面的氧化皮、铁锈、油污和脏物等用钢丝刷、砂布等进行清理，使焊件露出金属表面。

2) 焊缝起头

(1) 焊嘴倾角：焊嘴中线与工件所成的角度，如图 7-61 所示。

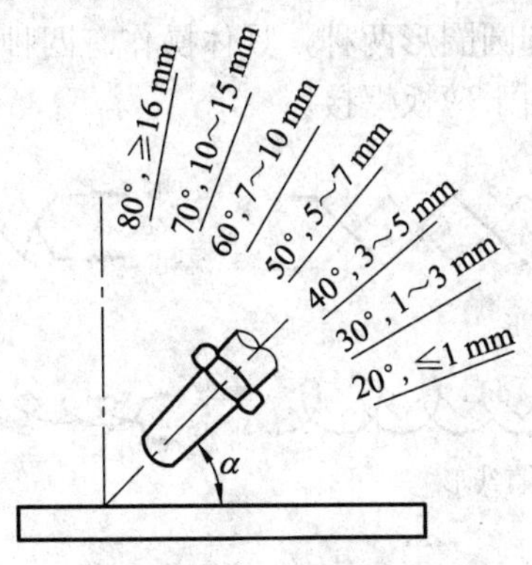

图 7-61　焊嘴倾角

(2) 焊接方向：气焊操作是右手握焊炬，左手拿焊丝，可以向右焊接(右焊法如图 7-62(a)所示)，也可向左焊接(左焊法如图 7-62(b)所示)。一般低碳钢用中性焰，左焊法即将焊炬自右向左焊接，使火焰指向待焊部分，填充的焊丝端头位于火焰的前下方。起焊时，由于刚开始加热，焊炬倾角应大些(50°～70°)。

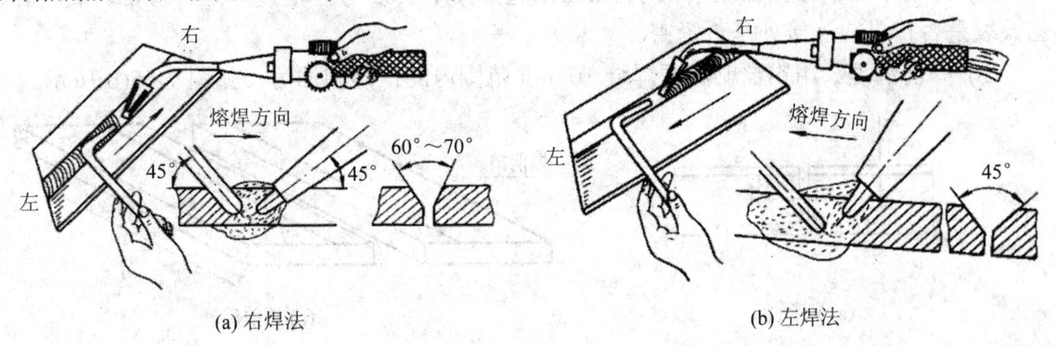

(a) 右焊法　　(b) 左焊法

图 7-62　焊接方向

3) 气焊操作过程

气焊操作过程：点火—调节火焰—点固—起头—中间焊接—收尾—熄灭火焰—焊接结束。焊嘴和焊丝的运动如图 7-63 所示。

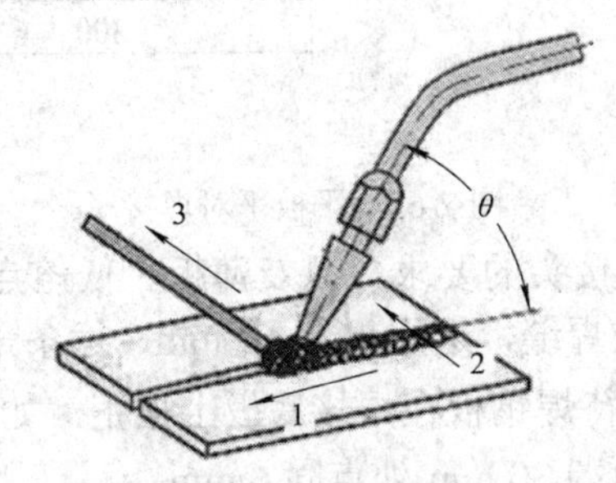

1—焊嘴、焊丝沿焊缝纵向移动；2—焊嘴沿焊缝横向移动；3—焊丝沿垂直焊缝方向跳动式送进

图 7-63　焊嘴和焊丝的运动

焊缝收尾：当焊到焊缝终点时，由于端部散热条件差，应减小焊炬与焊件的夹角(一般为 20°～30°)，同时要增加焊接速度，多加一些焊丝，以防熔池扩大，形成烧穿。

4) 运条

焊接运条为直线往复形和圆圈形两种，具体操作有四种方式，如图 7-64 所示。前三种适用于厚板焊接，后一种适用于薄板焊接。

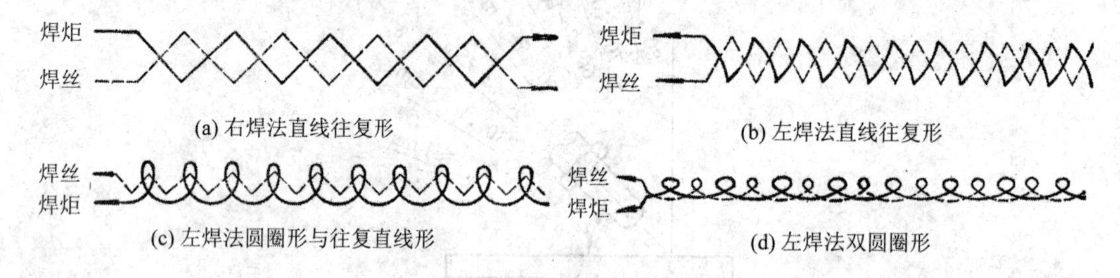

图 7-64　焊接运条方法

任务实施

(1) Y 形坡口不需要加工，如图 7-65(a)所示。

(2) 焊前准备。根据低碳钢板厚 3 mm，选择焊炬 H03 号，检查焊炬、管带、氧气表、乙炔表是否正常，连接处是否紧密。

(3) 焊前清理。用钢丝刷清理焊缝 10 mm 范围内的铁锈和油污，如图 7-65(b)所示。

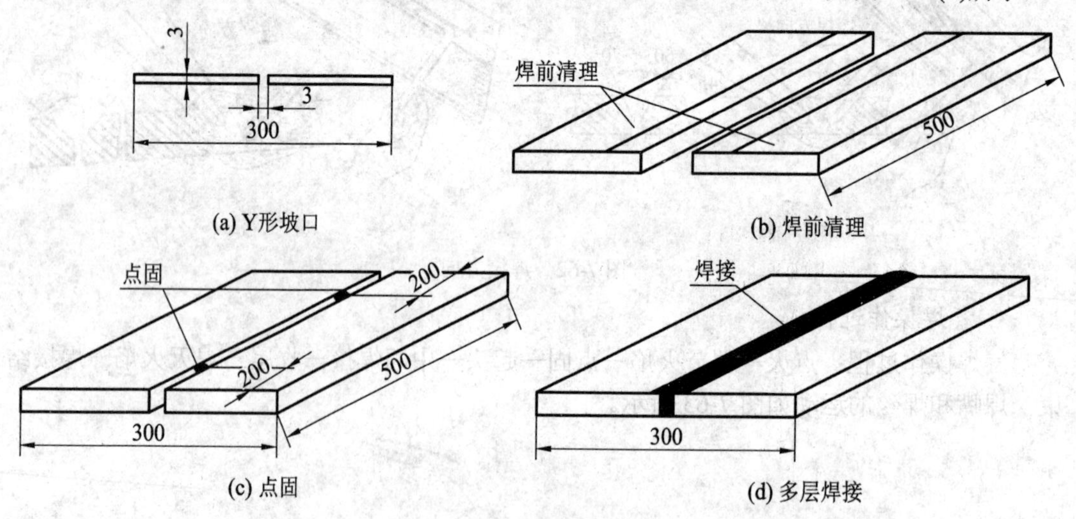

图 7-65　平板平对焊接

(4) 焊接工艺选择。根据接头的要求，以及薄板、低熔点材料的特性，用左焊法。采用单层焊，使工件的背面形成焊缝，选用焊丝 ϕ3 mm，运条采用直线往复形。

(5) 装配与点固。将两块待焊钢板在焊接底板上摆正，如图 7-65(c)所示。点火、调节火焰为中性焰，先在待焊缝两端 30 mm 处点固 6 mm。

(6) 焊接(见图 7-65(d))。选用直径为 3 mm 的焊条，从左向右平敷焊，应使焰心的末端与工件表面保持 2～6 mm 的距离，施焊时要兼顾焊件与焊丝的加热。

(7) 焊后清理与检查：① 除去工件表面飞溅物；② 进行外观检查，若有缺陷则要补焊。对于高碳钢，还要进行热处理，以消除引起焊接变形的内应力。

评分标准

总分 100 分：准备充分、选调正确 20 分，调节火焰正确 10 分，焊缝均匀饱满 40 分，焊缝直 10 分，焊缝尾部成形良好 10 分，清理干净 10 分。

任务二 低碳钢板的立对接气焊

任务引入

前面已经对低碳钢板的平对接气焊进行了介绍，现对低碳钢板的立对接气焊进行讲解。备件为低碳钢板板厚 3 mm，不开坡口，进行单面焊双面成形的立对接气焊。

相关知识

立对接焊应用比平对接焊小的火焰能率，严格控制熔池温度，防止液态金属下流；焊接时，焊嘴向上倾斜，与焊件的角度为 60°～80°。

任务实施

(1) 准备。根据低碳钢板厚 3 mm，选择焊炬 H03 号，检查焊炬、管带、氧气表、乙炔表是否正常，连接处是否紧密。

(2) 焊接。低碳钢板立对接气焊焊接示意图如图 7-66 所示。

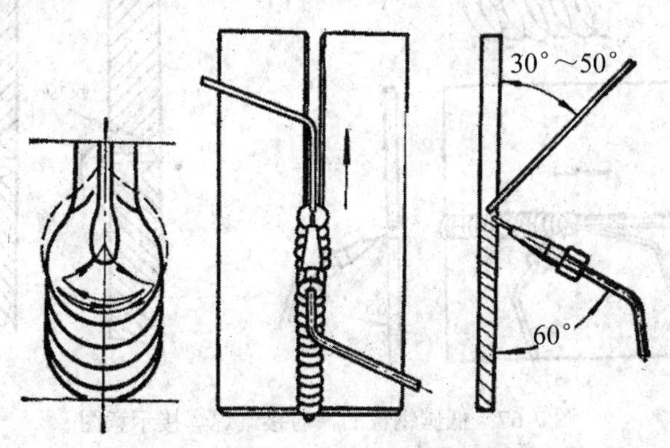

图 7-66 低碳钢板立对接气焊焊接示意图

评分标准

总分 100 分：准备充分、选调正确 20 分，调节火焰正确 10 分，焊缝均匀饱满 40 分，焊缝直 10 分，焊缝尾部成形良好 10 分，清理干净 10 分。

任务三　低碳钢板的横对接气焊

任务引入

低碳钢板(Q235 的尺寸为 300 mm × 150 mm × 4 mm)两块横对接气焊。

相关知识

横对接气焊是指焊接方向与地面呈平行位置的操作，焊缝倾角 0° 和 180°，焊缝转角 0° 和 180° 的对接位置。

(1) 横对接气焊的特点。熔池铁水因自重下坠，使焊道上低下高。若焊接火焰较大且运条不当，则上部易咬边，下部易高或产生焊瘤。

(2) 横对接气焊要用较小的火焰能率，焊嘴向上与焊件保持 70°～80° 夹角，一般采用左焊法。

任务实施

(1) 准备。根据低碳钢板厚 3 mm，选择焊炬 H03 号，检查焊炬、管带、氧气表、乙炔表是否正常，连接处是否紧密。然后，将两块板位置摆正定位。

(2) 焊接。采用左焊法，如图 7-67 所示。焊接时，应适当控制熔池温度，焊丝要始终浸在熔池中，并不断地把熔化金属向熔池上边推去，使焊丝来回作半圆形摆动，并在摆动中被加热熔化，防止熔化金属积在熔池下边而形成咬边及焊瘤等缺陷。

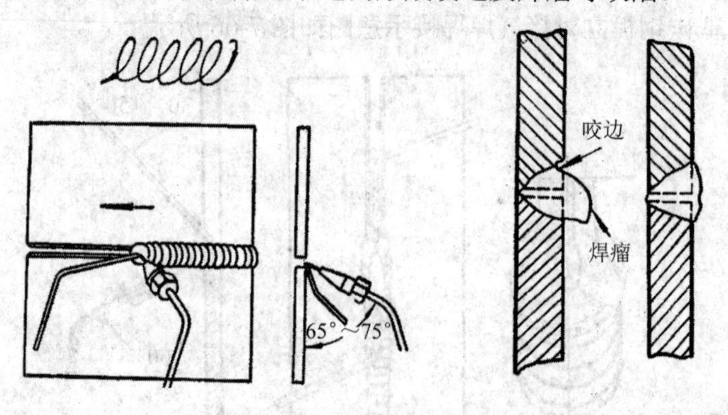

图 7-67　低碳钢板的横对接气焊焊接示意图

评分标准

总分 100 分：准备充分、选调正确 20 分，调节火焰正确 10 分，焊缝均匀饱满 30 分，焊缝直 10 分，焊缝尾部成形良好，无焊瘤 20 分，清理干净 10 分。

任务四　低碳钢水平转动管的对接气焊

任务引入

管子是焊接中经常遇到的焊件。管子焊接分为固定管焊接与可转动管焊接。管子可以转动，焊缝熔池始终可控制在方便位置施焊。

相关知识

管子坡口形式如表 7-22 所示。当管壁厚度小于 3 mm 时，可不开坡口。

表 7-22　管子坡口形式及尺寸

管壁厚度/mm	≤2.5	≤6	6～10	10～15
坡口形式	—	V 形	V 形	V 形
坡口角度/°	—	60～90	80～90	60～90
钝边/mm	—	0.5～1.5	1～2	2～3
间隙/mm	1～1.5	1～2	2～2.5	2～3

注：采用右焊法时坡口角度为 60°～70°。

任务实施

(1) 准备。根据低碳钢板厚 3 mm，选择焊炬 H03 号，检查焊炬、管带、氧气表、乙炔表是否正常，连接处是否紧密。然后，将两块板位置摆正定位。

(2) 焊接工艺。若管壁较薄(小于 2 mm)，则最好处于水平位置焊接。

对于管壁较厚和开有坡口的管子，不应处于水平位置焊接，可采用爬坡半立焊施焊。若采用左向爬坡焊法，则应始终控制在与管子水平中心线成 50°～70° 角的范围内进行焊接，这样可以使接头焊透，如图 7-68(a)所示。若采用右向爬坡焊法，则应始终控制在与管子水平中心线成 10°～30° 角的范围内进行焊接，如图 7-68(b)所示。

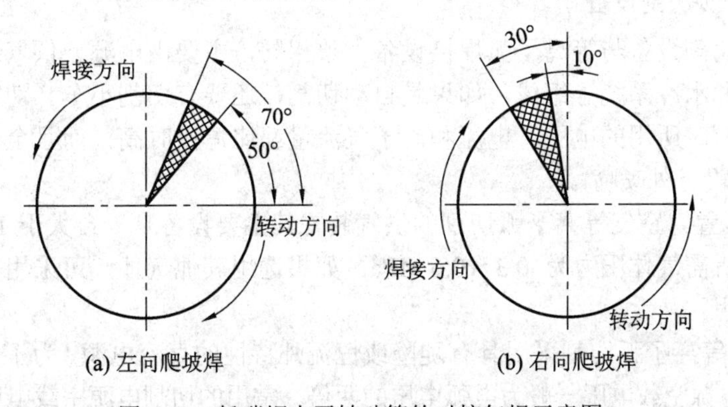

图 7-68　低碳钢水平转动管的对接气焊示意图

评分标准

总分 100 分：准备充分、选调正确 20 分，调节火焰正确 10 分，焊缝均匀饱满 40 分，焊缝直 10 分，焊缝尾部成形良好 10 分，清理干净 10 分。

项目四　等离子弧切割

一、等离子弧切割的优缺点

等离子弧切割是用等离子弧作为热源，借助高速热离子气体(如氮、氩，以及氩氮、氩氢等混合气体)熔化金属并将其吹除而形成割缝的。同样条件下，等离子弧的切割速度大于气割，且切割材料范围也比气割更广。

常见的有小电流等离子弧切割、大电流等离子弧切割和喷水等离子弧切割三种。

1. 等离子弧切割的优点

(1) 切割领域宽，可切割所有金属板材。

(2) 切割速度快，效率高，切割速度可达 10 m/min 以上。

(3) 切割精度比火焰切割高，水下切割无变形，精细等离子切割则精度更高。

2. 等离子弧切割的缺点

(1) 切割 20 mm 以上钢板比较困难，需要很大功率的等离子电源，成本较高。

(2) 切割厚板时，切割垂直度差，割口呈 V 形。

等离子弧在水下切割能消除切割时产生的噪声、粉尘、有害气体和弧光的污染，可有效地改善工作场合的环境。采用精细等离子弧切割已经可以使切割质量接近激光切割水平，目前随着大功率等离子弧切割技术的成熟，切割厚度已超过 150 mm。

二、等离子弧切割的基本知识

1. 等离子弧切割设备

等离子弧切割设备与等离子弧焊接设备大致相同，主要由电源、供气装置、割枪、控制系统、气路和水冷系统等组成。如果是自动切割，还要有切割小车。切割与焊接的主要不同之处是切割时所用的电压、电流和离子气流量都比焊接时高，而且全部是离子气，不需要保护气(因没有外喷嘴)。

(1) 供气装置。空气等离子弧切割的供气装置其主要设备是一台大于 1.5 kW 的空气压缩机，切割时所需气体压力为 0.3～0.6 MPa。如果选用其他气体，可采用瓶装气体经减压后供切割时使用。

(2) 电源。等离子弧切割采用具有陡降或恒流外特性的直流电源。为了获得满意的引弧及稳弧效果，电源空载电压一般为电弧电压的两倍。常用的切割电源空载电压为 35～400 V。

(3) 割枪。割枪的具体形式取决于割枪的电流等级，一般60 A以下的割枪多采用风冷结构，而60 A以上的割枪多采用水冷结构。割枪中的电极可采用纯钨、钍钨、钟钨棒，也可采用镶嵌式电极。电极材料优先选用铸钨。等离子弧切割具有切割厚度大、切割灵活、装夹工件简单及可以切割曲线等优点，可以广泛应用于所有的金属材料和非金属材料的切割。

电源采用陡降外特性电源，空载电压为150～400 V。如果没有专用电源，可用普通直流电源串联使用。但切割电流不能超出每台焊机的允许电流值。压缩喷嘴一般自制。

2．等离子弧切割的操作技术

良好的切割质量应该是切口面光洁、切割缝窄、切口上部呈直角、无熔化圆角、切口下部无毛刺(焊瘤)。

1) 一般操作技术

(1) 起始方法。切割前，应将割件表面清理干净，保证电源回路畅通。切割时，等端部切透后，再移动割枪正常切割。如果起始点在工件内部，则先熔透一个直径为8～16 mm的孔，再移动切割；也可不熔透，但应倾斜割枪，以利于排渣。

(2) 正常切割。正常切割时，应保持割枪后倾一定角度。同时，要保持切割操作的稳定、喷嘴到工件距离的稳定。

钨极与喷嘴的同心度及气体的纯净、洁净度也是影响切割的重要因素。如果钨极与喷嘴的同心度差，则易烧穿喷嘴或产生双弧现象。所谓双弧，就是除主电弧外，在喷嘴与工件之间也出现了电弧。气体质量不合格，对设备不利，并且会大大降低生产率。

2) 大厚度工件切割操作应注意的问题

(1) 应提高切割功率。可采用提高工作电压的办法来提高切割功率或更换更大口径的喷嘴，从而使得电极加粗、气流量增加、工作电压增加。如不更换，则应注意钨极承载电流的范围。若工作电压提高，则应相应地提高空载电压，这样会使电弧稳定。

(2) 调节气体流量和成分。增加气体流量，可提高等离子弧的长度、挺直度和冲击力。如果采用氩加氢或氮加氢代替纯氩或纯氮，则可提高等离子弧的温度和能量密度。

(3) 切割前预热割件。预热可以减小切割时的能量输入，从而使切割正常或使切割速度加快。

(4) 要有电流递增装置。大厚度工件切割时，电流较大，如果不分级递增，则有可能烧穿喷嘴或引起电弧中断。因此，在切割回路中，一般会串联一个分流电阻。

3．等离子弧的切割原理及工艺

1) 等离子弧的切割原理

等离子弧切割是一种常用的金属与非金属材料切割工艺方法。它是利用高速、高温和高动能的等离子流来加热、熔化被切割材料，并在内部或外部的高速气流、水流的冲刷下，形成切口的。

等离子弧切割的特点如下：

(1) 切割速度快，生产效率高。它是目前常用的切割方法中切割速度最快的。

(2) 切口质量好。等离子弧切割切口窄而平整，产生的热影响区和变形都比较小，所以切割边可直接用于装配焊接。

(3) 应用面广。由于等离子弧的温度高、能量集中，所以能切割大部分金属材料，如不锈钢、铸铁、铝、铜等。使用非转移型等离子弧，还能切割非金属材料，如石块、耐火砖、水泥块等。

2) 等离子弧的切割工艺

等离子弧的切割工艺参数较多，主要有切割电流、切割速度、电弧电压、工作气体与流量、喷嘴直径、电极内缩量、压缩喷嘴到工件的距离等。各种参数对切割过程的稳定性和切割质量均有不同程度的影响。切割时，必须依据切割材料种类、工件厚度和其他具体要求来选择，各参数之间密切相关。

(1) 切割电流。

切割电流是最重要的切割工艺参数，直接决定了切割的厚度和速度，即切割能力。切割电流对切割的影响如下：

① 切割电流增大，电弧能量增加，切割能力提高，切割速度随之增大。

② 切割电流增大，电弧直径增加，电弧变粗，使得切口变宽。

③ 切割电流过大，使得喷嘴热负荷增大，喷嘴过早地损伤，切割质量自然也下降，甚至会无法进行正常切割。所以切割前，要根据材料的厚度正确选用切割电流和相应的喷嘴。喷嘴过载(即超过喷嘴的工作电流)，将使喷嘴很快损坏。电流强度一般应为喷嘴的工作电流的95%。

切割电流和电弧电压直接影响切割的厚度和速度。当切割电流和电弧电压增加时，等离子弧的功率增大，可切割的厚度和切割速度增加，但不能过大。电流过大，会造成双弧和烧穿喷嘴；电弧电压过大，会造成等离子弧不稳。

(2) 切割速度。

在电弧功率一定的条件下，切割速度高，则生产效率高，切缝窄、HAZ(热影响区域)小，而且能够消除背面的黏渣；切割速度过高，则不能切割透；切割速度过小，则生产效率低，切缝宽，HAZ大，质量变差。

最佳切割速度范围可按照设备说明选定或通过试验来确定。由于材料的厚薄度、材质、熔点、热导率以及熔化后的表面张力等因素不同，因此切割速度应有相应的变化。

切割速度对切割的影响主要表现在以下四个方面：

① 切割速度适度地提高能改善切口质量，即使切口略有变窄，切口表面更平整，同时可减小变形。

② 若切割速度过快，则切割的线能量低于所需的量值，切缝中射流不能快速将熔化的切割熔体立即吹掉而形成较大的后拖量，伴随着切口挂渣，切口表面质量下降。

③ 当切割速度太低时，由于切割处是等离子弧的阳极，为了维持等离子弧自身的稳定，阳极斑点或阳极区必然要在离等离子弧最近的切缝附近找到传导电流的地方，同时会向射流的径向传递更多的热量，因此切口变宽，切口两侧熔融的材料在底缘聚集并凝固，形成不易清理的挂渣，而且切口上沿因加热熔化过多而形成圆角。

④ 当速度极低时，由于切口过宽，等离子弧甚至会熄灭。

由此可见，良好的切割质量与切割速度是分不开的。

切割速度应根据等离子弧功率、工件厚度和材质来确定。在切割功率相同的情况下，由于铝的熔点低，切割速度应快些；钢的熔点较高，切割速度应较慢；铜的导热性好，散热快，故切割速度应更慢些。

(3) 电弧电压。

一般认为电源正常输出电压即为切割电压。等离子弧切割机通常有较高的空载电压和工作电压，在使用电离能高的气体(如氮气、氢气或空气)时，稳定等离子弧所需的电压会更高。当电流一定时，电压的提高意味着电弧焓值的提高和切割能力的提高。如果在焓值提高的同时减小射流的直径并加大气体的流速，往往可以获得更快的切割速度和更好的切割质量。

(4) 工作气体与流量。

工作气体包括切割气体和辅助气体，有些设备还要求起弧气体。通常要根据切割材料的种类、厚度和切割方法来选择合适的工作气体。切割气体既要保证等离子弧射流的形成，又要保证去除切口中的熔融金属和氧化物。过大的气体流量会带走更多的等离子弧热量，使得射流的长度变短，导致切割能力下降和等离子弧不稳；过小的气体流量则易使等离子弧失去应有的挺直度而使切割的深度变浅，同时也容易产生挂渣。因此，气体流量一定要与切割电流和切割速度很好地配合。现在的等离子弧切割机大多靠气体压力来控制流量，因为当枪体孔径一定时，控制了气体压力也就控制了流量。切割一定板厚材料所使用的气体压力通常要按照设备厂商提供的数据选择。若有其他的特殊应用时，气体压力需要通过实际切割试验来确定。正确的工作气体气压(流量)对消耗件的使用寿命非常重要。如果气压太高，电极的寿命就会大大缩短；气压太低，喷嘴的寿命就会受到影响。等离子弧切割系统需要干燥和洁净的工作气体才能正常工作。脏污的气体通常是气体压缩系统的问题，它会缩短易损件的使用寿命，造成非正常损坏。

等离子弧切割不锈钢和铝要根据厚度选择气体的类型，具体可参考表 7-23。

表 7-23　等离子弧切割不锈钢和铝常用工艺参数的选择

材料厚度/ mm	适用气体种类	空载电压/V	正常工作电压/V	备　注
< 120	Ar	250～350	150～200	铝合金切面不光洁
< 150	Ar + (60%～80%)N_2	200～350	120～200	适合大厚度切割
< 200	Ar + (50%～85%)N_2	300～500	180～300	
< 200	Ar + 35%H_2	250～500	150～300	效果最好，但较贵

气体流量应根据压缩喷嘴及电流大小来确定，而压缩喷嘴孔径、电流又与被切割板的厚度有关。气流量大则熔渣多，气流量小则切不透。切割用的气流还要与引弧气流相配合，否则等离子弧不稳。

(5) 喷嘴直径。

压缩喷嘴直径一般根据工件材质、切割厚度和所用的气体来确定。切割不锈钢、合金钢、铝及铝合金等材料时，对于一般厚度可参考表 7-24。当工件厚度增加时，喷嘴直径要相应增加。切割喷嘴的孔道比 $L:d$ 为 1.5～1.8，其中 L 是压缩孔道的长度，d 为压缩喷嘴直径。

表 7-24 不同材料等离子弧切割工艺

材料	厚度 /mm	喷嘴直径 /mm	空载电压 /V	切割电流 /A	切割电压 /V	气体流量 /$m^3 \cdot h^{-1}$	切割速度 $m \cdot h^{-1}$
不锈钢	8	3	160	185	120	2.1～2.3	45～50
	20	3	160	220	120～125	1.9～2.2	32～40
	30	3	230	280	135～140	2.7	35～40
	45	3.5	240	340	145	2.5	20～25
铝及铝合金	12	2.8	215	250	125	4.4	784
	21	3.0	230	300	130	4.4	75～80
	34	3.2	240	350	140	4.4	35
	80	3.5	245	350	150	4.4	10
紫铜	5			310	70	1.42	94
	18	3.2	180	340	84	1.66	30
	38	3.2	252	304	106	1.57	11.3
低碳钢	50	10	252	300	110	1.23	10
	85	7	252	300	110	1.05	5
铸铁	5			300	70	1.45	60
	18			360	73	1.51	25
	35			370	100	1.5	8.4

(6) 电极内缩量。

电极内缩量是指电极端部到压缩喷嘴端面的距离，一般为 8～11 mm。

(7) 压缩喷嘴到工件的距离。

喷嘴高度是指喷嘴端面与切割表面的距离，它是弧长的一部分。由于等离子弧切割一般使用恒流或陡降外特征的电源，喷嘴高度增加后，电流变化很小，但会使弧长增加并导致电弧电压增大，从而使电弧功率提高，同时也会使暴露在环境中的弧长增长，弧柱损失的能量增多。在两个因素综合作用的情况下，前者的作用往往完全会被后者所抵消，且会使有效的切割能量减小，致使切割能力降低。通常表现是切割射流的吹力减弱，切口下部残留的熔渣增多，上部边缘过熔而出现圆角等。另外，从等离子射流的形态方面考虑，射流直径在离开枪口后是向外膨胀的，喷嘴高度的增加必然引起切口宽度增加。所以，选用尽量小的喷嘴高度对提高切割速度和切割质量都是有益的。但是，喷嘴高度过低，可能会引起双弧现象。采用陶瓷外喷嘴可以将喷嘴高度设为零，即喷口端面直接接触被切割表面，可以获得很好的效果。按照使用说明书的要求，采用合理的喷嘴高度，当穿孔时，应尽量采用正常切距的 2 倍距离或采用等离子弧所能传递的最大高度来切割，这样能延长易损件的使用寿命。

压缩喷嘴到工件的距离一般为 6～8 mm。切割功率及相关参数的选择可参考表 7-25。不锈钢、铝和铜的切割工艺参数可参考表 7-26～表 7-28。

表 7-25　切割功率及相关参数

材料	切割厚度/ mm	选用切割功率/kW	选用气体
铝	< 50	< 70	氮气
	< 100	< 80	氮气
	> 100	> 100	氮气
不锈钢	< 50	< 75	氮气
	< 100	< 100	氮气
	> 100	> 120	氮气
铜	< 20	< 30	氮气
	> 50	> 80	氮气

表 7-26　不锈钢的切割工艺参数

厚度 / mm	喷嘴直径 / mm	电弧电压/V	切割电流/A	切割速度 /m・h^{-1}	气体流量/m^3・h^{-1}		
					氮	氢	氩
12	2.4	110～140	150～160	100～130	2.4	—	—
16	2.8	130～140	200～210	85～95	2.4～3.0	—	—
20	2.8	130～140	200～210	70～80	3.0	—	—
25	3.0	130～140	240～250	45～55	3.0	—	—
30	3.2	140～150	270～280	30～35	3.0	—	—
40	3.5	140～150	320～340	25～30	3.0	—	—
60	4.5	140～150	370～380	13～15	3.0	—	—
70	4.5	140～150	390～400	10～12	2.4	—	0.6
80	5.5	145～150	400～420	8～9	2.4	—	0.6
100	5.5	150～160	500～600	9～12	—	2.0	3.0
125	5.5	150～170	500～600	7～10	—	2.0	3.6
150	6～7	160～180	600～800	4.5～8	—	2.0	4.0
200	7～9	180～200	700～1000	3～7.6	—	2.0	5.7

表 7-27　铝的切割工艺参数

厚度 / mm	喷嘴直径 / mm	电弧电压/V	切割电流/A	切割速度 /m・h^{-1}	气体流量/m^3・h^{-1}		
					氮	氢	氩
6	2.4	100～140	180～200	200～400	—	0.9	1.7
10	2.4～3.2	100～150	200～280	200～300	—	0.9	1.8
20	2.8～3.5	120～150	280～320	100～130	—	1.0	2.1
30	2.8～3.5	120～150	280～320	30～80	—	1.0	2.0
40	3.5～4.0	120～150	300～350	30～50	—	1.0	2.0

续表

厚度 /mm	喷嘴直径 /mm	电弧电压/V	切割电流/A	切割速度 /m·h^{-1}	气体流量/m^3·h^{-1}		
					氮	氢	氩
50	3.5～4.0	130～150	300～350	20～35	—	1.0	2.0
60	4～4.5	130～150	300～350	15～25	—	1.0	2.0
70	4～4.5	140～160	340～380	15～20	—	1.0	2.0
80	4.5～5.5	160～180	350～400	15～20	2.5	1.4	—
120	5～5.5	160～180	400～450	15～17	2.9	1.5	—
150	5.5～6	180～200	500～600	8～10	3	1.6	—

表 7-28　铜的切割工艺参数

厚度 /mm	喷嘴直径 /mm	电弧电压/V	切割电流/A	切割速度 /m·h^{-1}	气体流量/m^3·h^{-1}	
					氩	氢
10	2.8～3.5	120～140	200～300	60～100	1.6	0.5
20	3.5～4.0	120～140	300～350	20～30	2	0.8
30	3.5～4.0	120～140	300～350	12～14	2	0.8
40	4～4.5	120～140	320～380	8～14	2	1
50	4～4.5	130～150	350～400	6～8	2.5	1
80	4.5～5.5	150～160	400～450	5～7	2.5	1
100	5～5.5	150～160	450～500	4～6	2.	1
120	5～5.5	160～170	480～550	3～5	2.5	1
150	5.5～6.0	160～180	500～600	2～4	2.5	1

3) 等离子弧切割的应用

按照等离子工作气体的不同，可将等离子弧切割方法分为氧气等离子切割法、氮气等离子切割法、空气等离子切割法、氩气-氢气等离子切割法。不同的切割方法由于其使用的工作介质的物理、化学性质的差异，因而具有不同的应用场合。

(1) 氧气等离子切割法使用离解热高、携热性好、化学性质活泼的氧气作为工作气体，因而它具有切割速度快、工件变形小、电极消耗快等特点，一般只用于碳钢的切割。

(2) 氮气等离子切割法使用氮气作为工作气体，由于氮气的存在容易在切割面产生氮化层，因而表面质量较差，但氮气价格低，所以这种方法一般用于切割对表面质量要求不高且不直接用于焊材的不锈钢下料。

(3) 由于空气等离子切割法使用的介质为来源广泛的空气，兼有上述两种切割方法的共性，因此一般也用来切割表面质量要求较低的碳钢。近年来，我国大力发展小电流的空气等离子切割机，其使用范围正日益扩大，而且逆变式空气等离子弧切割机的开发为节约能源创造了条件。

(4) 氩气-氢气等离子切割法利用易电离的氩气和导热性能好的氢气作为工作气体，二者的结合能形成稳定且能量密度高的弧柱，形成切割能力强的等离子束。但由于它们的价格较为昂贵，所以一般用于对切口质量要求较高的不锈钢和铝的切割。

4) 等离子弧切割的分类

根据等离子体形成介质、割矩内部冷却方式和切割质量的不同，可将等离子弧切割方法分为传统等离子切割、双气体等离子切割、水保护等离子切割、水射流等离子切割、精细等离子切割。

(1) 传统等离子切割(见图 7-69)，通常使用同一种气体(空气或氮气)来冷却和产生等离子弧，大多数系统的额定电流都不到 100 A，可切割的材料厚度不到 16 mm，主要用于手持切割场合。

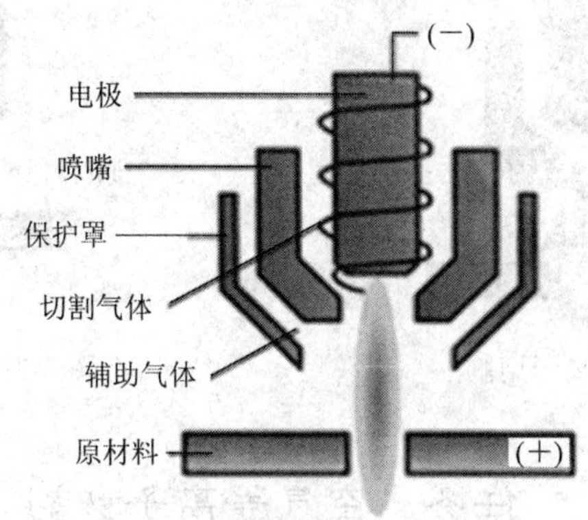

图 7-69 传统等离子切割

(2) 双气体等离子切割(见图 7-70)，使用两种气体：一种用于形成等离子，一种用作保护气体。保护气体用于使切割区与空气绝缘，从而形成更光洁的切割边缘。这也是最流行的一种切割工艺，因为可以针对给定的材料，使用多种不同的气体组合来实现最佳的切割质量。

(3) 水保护等离子切割(见图 7-71)是从双气体等离子切割工艺演化而来的，它使用水代替保护气体。它可以改善喷嘴和工件的冷却效果，在切割不锈钢时可以获得更好的切割质量。此工艺仅用于机用切割场合。

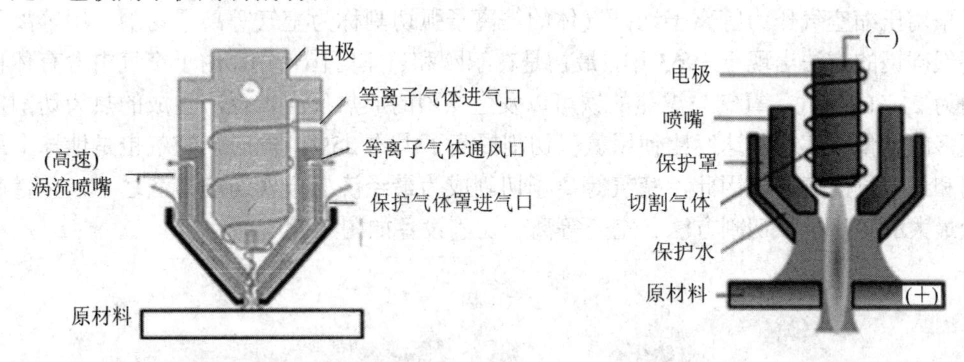

图 7-70 双气体等离子切割

图 7-71 水保护等离子切割

(4) 水射流等离子切割(见图 7-72)是使用一种气体产生等离子，将水以放射状或涡流状直接注入电弧，大幅提高电弧的压缩度，从而提高电弧的密度和温度。水射流等离子切割的电流范围为 260～750 A，用于不同厚度的多种材料的高质量切割。此工艺仅用于机用切割场合。

(5) 精细等离子切割(见图 7-73)的等离子弧电流密度很高，通常是普通等离子弧电流密度的数倍，由于引进了诸如旋转磁场等技术，其电弧的稳定性也得以提高。因此，其切割精度相当高。在以较低的速度切割较薄的材料(低于 16 mm)时可以获得极佳的切割质量。质量的提升源自采用最新技术有效地压缩电弧，从而极大提高能量密度。之所以要求以较低的速度运行是为了让运动设备能够更精确地沿着指定的轮廓行进。此工艺仅用于机用切割场合。

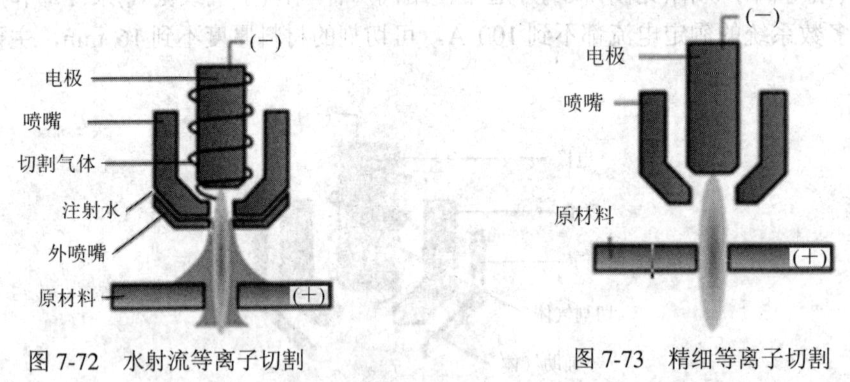

图 7-72　水射流等离子切割　　　　图 7-73　精细等离子切割

任务　空气等离子切割

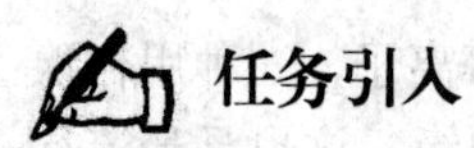

任务引入

应用空气等离子切割机切割低碳钢平板，尺寸为 600 mm× 400 mm× 10 mm，并开好坡口。

相关知识

1. 空气等离子切割概述

采用压缩空气作为等离子切割气体的等离子弧切割称为空气等离子切割。用等离子弧切割低碳钢的方法出现于 1963 年，最初是在东欧和日本等国使用。由于空气中含有体积分数约为 21%的氧气，氧气与炽热的铁可以发生剧烈的放热反应，反应生成的热为切割提供了更多的能量，其切割速度比使用氮气切割提高了大约 25%。同时，空气也是地球上最易得到和最廉价的气体，因此，空气等离子切割成为最经济的金属切割方法之一，是目前使用量最大的等离子弧切割方法。空气等离子切割设备如图 7-74 所示。

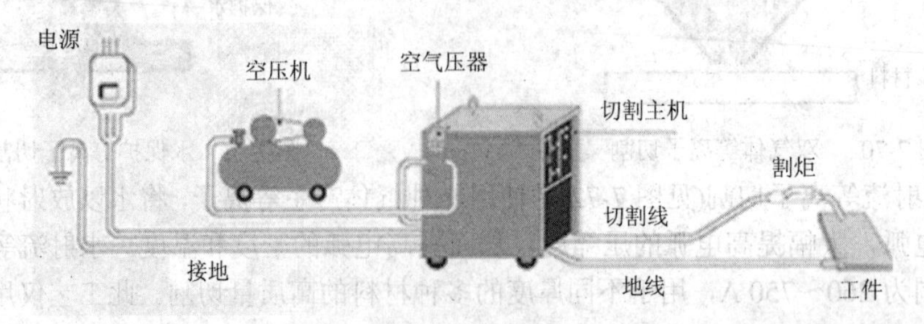

图 7-74　空气等离子切割设备

空气等离子切割的优势有两方面：一方面，由于空气来源广，因而切割成本低，为空气等离子切割用于普通钢材开辟了广阔的前景；另一方面，用空气作等离子气体时，等离子弧能量大，加之在切割过程中氧与被切割金属发生氧化反应而放热，因而切割速度快，生产率高。

近年来，空气等离子切割发展较快，应用越来越广泛，不仅能用于普通碳钢与低合金钢的切割，也可用于切割铜、不锈钢、铝及其他材料。空气等离子切割特别适合切割厚度在 30 mm 以下的碳钢、低合金钢。

但是，空气等离子切割时，电极会受到强烈的氧化烧损，因此限制了该方法的广泛应用。在实际生产中，可采用纯锆或纯铪电极来改进，也可采用复合式空气等离子切割。

空气等离子切割方法如图 7-75 所示，分为两种形式：一是单一空气式，如图 7-75(a)所示，它的等离子气体和切割气体都为压缩空气，因而割枪结构简单，但压缩空气的氧化性很强，不能采用钨电极，而应采用纯锆、纯铪或其合金做成镶嵌式电极；二是复合式，如图 7-75(b)所示，它的等离子气体为惰性气体，切割气体为压缩空气，因而割枪结构复杂，但可以采用钨电极。

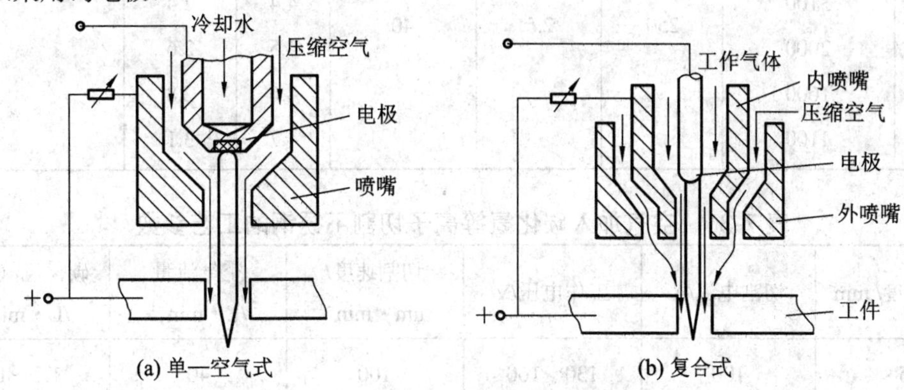

图 7-75　空气等离子切割方法示意图

小电流空气等离子切割工艺参数如表 7-29 所示；大电流空气等离子切割工艺参数如表 7-30 所示；空气加入碳化氢等离子切割不锈钢的工艺参数如表 7-31 所示。

表 7-29　小电流空气等离子切割工艺参数

材料	厚度 / mm	切割电流 /A	空气压力 / MPa	空气流量 / L·min^{-1}	喷嘴直径 / mm	切割速度 / mm·min^{-1}
碳钢	2	25	0.343	8	1.0	>1000
	4					700
	6					400
	8					200
不锈钢	2	25	0.343	8	1.0	1000
	4					610
	6					400
	8					200
铝	2	25	0.343	8	1.0	1020
	4					350

表 7-30 大电流空气等离子切割工艺参数(低碳钢)

<table>
<tr><th rowspan="2">厚度
/ mm</th><th rowspan="2">切割速度
/ mm · min^{-1}</th><th rowspan="2">切割电流
/A</th><th rowspan="2">喷嘴直径
/ mm</th><th rowspan="2">空气流量
/L · min^{-1}</th><th colspan="2">割缝宽度/ mm</th><th rowspan="2">备注</th></tr>
<tr><th>上口</th><th>下口</th></tr>
<tr><td>4.5</td><td>5800</td><td rowspan="6">150</td><td>1.8</td><td>3.5</td><td>3.4</td><td>2.0</td><td rowspan="12">压缩喷嘴高度为
6 mm</td></tr>
<tr><td>6</td><td>4300</td><td>1.8</td><td>3.5</td><td>3.5</td><td>2.0</td></tr>
<tr><td>9</td><td>2400</td><td>1.8</td><td>3.5</td><td>3.6</td><td>2.1</td></tr>
<tr><td>12</td><td>2000</td><td>1.8</td><td>3.5</td><td>3.7</td><td>2.1</td></tr>
<tr><td>16</td><td>1400</td><td>1.8</td><td>3.5</td><td>3.7</td><td>2.2</td></tr>
<tr><td>19</td><td>900</td><td>2.3</td><td>4.0</td><td>4.0</td><td>2.3</td></tr>
<tr><td>6</td><td>5000</td><td rowspan="6">250</td><td rowspan="6">2.5</td><td rowspan="6">40</td><td>4.3</td><td>2.1</td></tr>
<tr><td>9</td><td>3800</td><td>4.4</td><td>2.3</td></tr>
<tr><td>12</td><td>3100</td><td>4.4</td><td>2.4</td></tr>
<tr><td>16</td><td>2000</td><td>4.5</td><td>2.6</td></tr>
<tr><td>19</td><td>1600</td><td>4.6</td><td>2.8</td></tr>
<tr><td>25</td><td>1100</td><td>4.7</td><td>3.1</td></tr>
</table>

表 7-31 空气加入碳化氢等离子切割不锈钢的工艺参数

材料厚度/ mm	切割电流/A	工作电压/V	切割速度/ mm · min^{-1}	空气流量 /L · min^{-1}	碳化氢气流量 /L · min^{-1}
5	100	130～160	100	40	1.2～1.3
12	200	130～155	100	60	1.8～2.0

但是，空气等离子切割法存在以下问题：

(1) 在切割碳素钢的过程中，空气中的氮会在高温条件下熔入材料的切口表面，进而成为随后焊接过程中产生氮气孔的气源之一。对要求较高的焊接部件，空气等离子切割的切口应该进行适当的机械加工或打磨，才能保证焊接时少出或不出氮气孔。

(2) 用空气等离子切割不锈钢、铝及铝合金等材料时，切割表面会发生较严重的氧化，这会影响到后续的焊接质量。若切割后进行打磨，则会增加焊前接头准备的工作量。

(3) 当切割气体为空气时，钨极在高温有氧条件下的氧化速度极快，其使用寿命通常是以秒来计算的。所以空气等离子切割必须使用特殊耐高温的电极，如锆、铪及其合金的电极，而不是常规的钨合金电极。即使这样，电极的使用寿命也低于常规惰性气体等离子切割。

2. 等离子弧切割常见的故障及其产生原因和改善措施

等离子弧切割常见的故障及其产生原因和改善措施如表 7-32 所示。

表 7-32　等离子弧切割常见的故障及其产生原因和改善措施

常见故障	产生原因	改善措施
产生双弧	电极与喷嘴同心度不够	调整同心度
	压缩孔道过长或气室的压缩角太小	改进割枪设计
	切割时焰流上翻或熔渣大量飞溅	改变割枪角度，先在割件上熔一个孔
	钨极内缩尺寸过大，气体流量太小	调整内缩尺寸，增大气体流量
	压缩喷嘴水冷不够	提高冷却水流速
	压缩喷嘴距割件太近或其上有较突出的飞溅金属瘤附着	调高割枪或去掉金属瘤
小弧不能引燃	高频引弧电路有问题	检查高频引弧电路
	未接通引弧气流	接通引弧气流
	钨极内缩过大或与压缩喷嘴短路	调整钨极位置
钨极烧损严重	气体纯度低	设法提纯气体或更换
	气体流量过小	增加气流量
	电流密度过大	增大电极直径
	钨极材料不合适或端部形状过尖	选用钍、铈钨极材料改变其端部角度
压缩喷嘴烧穿	双弧	立即切断电源检查原因
	水冷或气冷不够或没有	增加冷却程度
	压缩喷嘴与工件短路	减少喷嘴的振动或减小工件的高度差
	气体不纯	设法提纯气体或更换
切口熔瘤	等离子弧功率低	提高工作电压
	气体流量不合适	割速过小
	割速过小	提高切割速度
	等离子焰偏向一侧	调整等离子焰
	切割薄板时易在窄边出现熔瘤	水冷窄边
切口过宽	电流过大	适当减小电流
	气流量不够，电弧压缩不好	增大气流量
	压缩喷嘴孔径大	减小孔径
	压缩喷嘴距工件太远	调整距离
切口不光洁	工件有油污、锈	清理干净
	气流量过小	调整气流量
	切割速度和割炬高度不均匀	熟练操作技术
切不透	切割功率低	增加切割功率
	割速过快	降低割速
	气流量过大	减小气流量
	压缩喷嘴距工件太远	调整距离

任务实施

操作步骤：

(1) 准备低碳钢平板 600 mm×400 mm×10 mm；

(2) 检查空气等离子切割机，调整好设备；

(3) 调整好割枪喷嘴角度及距离，切割 600 mm×400 mm 钢板，并开好坡口；

(4) 打磨好坡口及钢板。

评分标准

总分 100 分：准备充分，选调正确 50 分，调节火焰正确 10 分，割口平整 20 分，坡口正确 20，清理干净 10 分。

项目五　知 识 拓 展

任务一　等离子弧的产生及类型

一、等离子弧的产生

等离子弧的产生如图 7-76 所示。

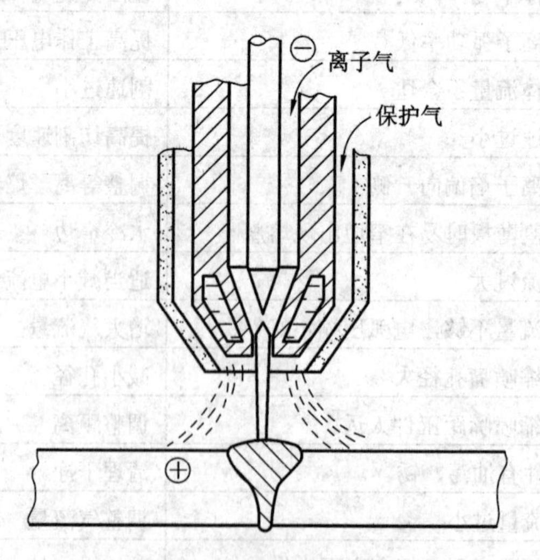

图 7-76　等离子弧的产生

等离子弧受到三种压缩作用分别是机械压缩作用、热收缩效应、电磁收缩效应。

(1) 机械压缩作用。弧柱受到喷嘴孔径的限制不能自由扩大，从而受到机械压缩。

(2) 热收缩效应。由于靠近喷嘴孔内壁的气流受到强烈的冷却作用，温度降低，气体的电离度小、导电性能差，从而迫使弧柱电流向柱中心高温、高电离区集中，使弧柱横截面积进一步减小，而电流密度、温度和能量密度则进一步提高。这种作用被称为热收缩效应。

(3) 电磁收缩效应。电弧电流本身所产生的磁场对弧柱也起一定的压缩作用，这种压缩作用称为电磁收缩效应。

二、等离子弧的类型

按电源连接方法的不同，等离子弧有下列三种类型，如图 7-77 所示。

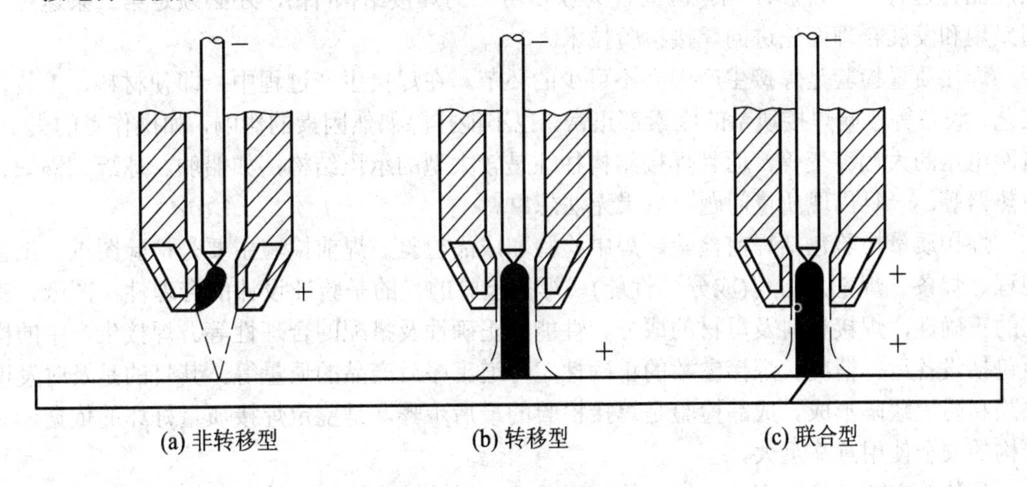

图 7-77　等离子弧的类型

1) 非转移型等离子弧(如图 7-77(a)所示)

钨极接电源的负极，喷嘴接电源的正极，母材不接电源。电弧是在钨极和喷嘴之间产生的，在等离子气体作用下从喷嘴孔喷出，受到压缩形成等离子弧。其温度低于转移型等离子弧的温度。此类等离子弧可用于喷涂、焊接和切割较薄的金属及非金属。

2) 转移型等离子弧(如图 7-77(b)所示)

钨极接电源的负极，工件接电源的正极，等离子弧产生于钨极和工件之间。但它不能直接产生，而是先在钨极与喷嘴之间产生电弧，然后喷出，在钨极和工件之间产生电弧，再切断维弧电源。转移型等离子弧的温度高、能量密度大，可用于各种金属的焊接和切割。

3) 联合型等离子弧(如图 7-77(c)所示)

如果不切断转移型等离子弧的电源，就形成了联合型等离子弧。联合型等离子弧实质上是上面两种等离子弧的结合。联合型等离子弧在电流很小时仍然很稳定，所以主要用于中、小电流的等离子弧焊接和粉末合金的堆焊。

等离子弧的类型及应用如表 7-33 所示。

表 7-33　等离子弧的类型及应用

类　型	特　点	应　用
转移型	电弧温度较高	常用于金属的焊接、堆焊与切割
非转移型	电弧温度较低	喷涂，非金属的焊接与切割
联合型	小电流下的电弧稳定性好	多用于微束等离子弧(小于 30 A)焊接

任务二　焊接质量检验

迅速发展的现代焊接技术，已经能在很大程度上保证产品的质量，但由于焊接接头为性能不均匀体，应力分布又复杂，制造过程中亦做不到绝对地不产生焊接缺陷，更不能排除产品在运行中出现新缺陷。因此，为获得可靠的焊接结构(件)，还必须走第二条途径，即采用和发展合理而先进的焊接检验技术。

焊接质量检验是焊接生产中必不可少的环节。在焊接生产过程中，即使材料、工装、工艺、设备等影响焊接质量的因素都正常，也不能排除偶然因素的影响，如操作者的失误、电网电压的大幅突变等，而且焊接结构往往是较大型的承压结构，如船舶、球罐、锅炉、换热器等，一旦出现质量问题，后果无法想象。

焊接质量检验包括焊前检验、焊中检验和成品检验。焊前检验主要是检验图纸、工艺规程、焊条、焊剂及母材(成分、性能)。焊前检验的目的是验证设计的合理性，图纸、工艺的正确性，焊接材料及母材的成分、性能的正确性及搭配的合理性等。焊接生产中的检验包括设备运行情况、焊接参数的正确性、每道工序后产品的质量等，其目的是及时发现缺陷和防止缺陷形成。成品检验是焊接检验的最后步骤，是鉴定焊接质量好坏的依据，对结构的安全使用意义重大。

具体的主要检验内容是：结构的外形尺寸、焊接接头的工艺性能和接头的使用性能。根据结构技术条件要求的不同，检验分为重点检验和非重点检验。对重点的检验任务要做到详尽、彻底；对非重点任务，要做到符合使用要求。

检验方法要根据结构的特点、验收标准而定。检验者要具备相应的、足够的资格并根据国家标准进行检验。

一、常见焊接缺陷

1．焊接变形

工件焊后一般都会产生变形，如果变形量超过允许值，就会影响使用。焊接变形的几个例子如图 7-78 所示。

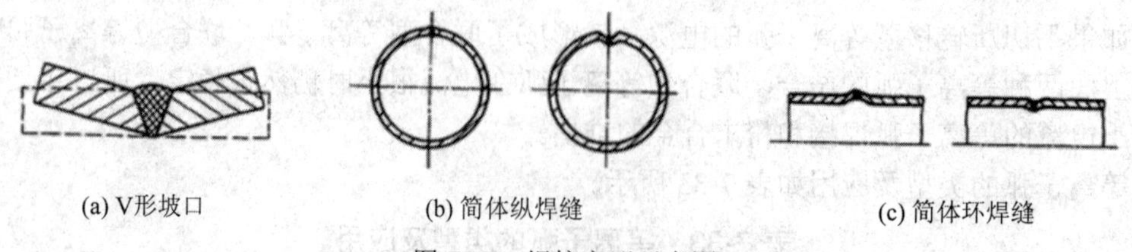

图 7-78　焊接变形示意图

变形产生的主要原因是焊件不均匀地局部加热和冷却。焊接时，焊件仅在局部区域被加热到高温，离焊缝愈近，温度愈高，膨胀也愈大。但是，加热区域的金属因受到周围温度较低的金属的阻止不能自由膨胀，冷却时又由于周围金属的牵制不能自由收缩。结果这部分加热的金属存在拉应力，而其他部分的金属则存在与之平衡的压应力。当这些应力超过金属的屈服极限时，将产生焊接变形。当超过金属的强度极限时，则会出现裂缝。

2．焊缝的外部缺陷

(1) 焊缝加强高(也称盖面)过高。如图 7-79(a)所示，当焊接坡口的角度开得太小或焊接电流过小时，均会出现这种现象。焊件焊缝的危险平面已从 *M*—*M* 平面过渡到熔合区的 *N*—*N* 平面。由于应力集中易发生破坏，因此，为提高压力容器的疲劳寿命，要求将焊缝的加强高铲平。

(2) 焊缝过凹。如图 7-79(b)所示，因焊缝工作截面的减小而使接头处的强度降低。

(3) 焊缝咬边。在工件上沿焊缝边缘所形成的凹陷叫咬边，如图 7-79(c)所示。它不仅减小了接头工作截面，而且在咬边处造成严重的应力集中。

(4) 焊瘤。熔化金属流到溶池边缘未溶化的工件上，堆积形成焊瘤，它与工件没有熔合，如图 7-79(d)所示。焊瘤对静载强度无影响，但会引起应力集中，使动载强度降低。

(5) 烧穿。如图 7-79(e)所示，烧穿是指部分熔化金属从焊缝背面漏出，甚至烧穿成洞，它能使接头强度下降。

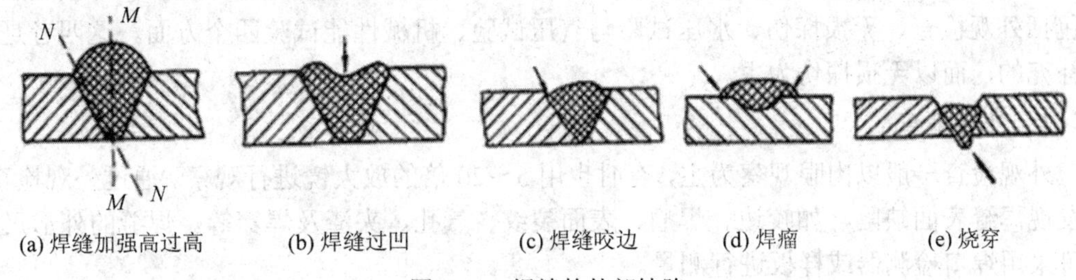

(a) 焊缝加强高过高　(b) 焊缝过凹　(c) 焊缝咬边　(d) 焊瘤　(e) 烧穿

图 7-79　焊缝的外部缺陷

以上五种缺陷存在于焊缝的外表，肉眼就能发现，并可及时补焊。如果操作熟练，一般是可以避免的。

3．焊缝的内部缺陷

(1) 未焊透。未焊透是指工件与焊缝金属或焊缝层间局部未熔合的一种缺陷。未焊透减弱了焊缝工作截面，造成严重的应力集中，大大降低了接头强度，它往往成为焊缝开裂的根源。

(2) 夹渣。焊缝中夹有非金属熔渣，称为夹渣。夹渣减小了焊缝工作截面，造成应力集中，会降低焊缝强度和冲击韧性。

(3) 气孔。焊缝金属在高温时吸收了过多的气体(如 H_2)或由于溶池内部冶金反应产生的气体(如 CO)，在溶池冷却凝固时来不及排出，而在焊缝内部或表面形成孔穴，即为气孔。气孔的存在减小了焊缝有效工作截面，降低了接头的机械强度。若有穿透性或连续性气孔存在，会严重影响焊件的密封性。

(4) 裂纹。焊接过程中或焊接以后，在焊接接头区域内所出现的金属局部破裂叫裂纹。裂纹可能产生在焊缝上，也可能产生在焊缝两侧的热影响区；有时产生在金属表面，有时产生在金属内部。通常，按照裂纹产生的机理不同，可将裂纹分为热裂纹和冷裂纹两类。

① 热裂纹。热裂纹是在焊缝金属中由液态到固态的结晶过程中产生的，大多产生在焊缝金属中。其产生原因主要是焊缝中存在低熔点物质(如 FeS，熔点 1193℃)，它削弱了晶粒间的联系，当受到较大的焊接应力作用时，就容易在晶粒之间引起破裂。焊件及焊条内

含 S、Cu 等杂质多时，就容易产生热裂纹。热裂纹有沿晶粒分布的特征。当裂纹贯穿表面与外界相通时，则具有明显的氢化倾向。

② 冷裂纹。冷裂纹是在焊后冷却过程中产生的，大多产生在基体金属或基体金属与焊缝交界的熔合线上。其产生的主要原因是由于热影响区或焊缝内形成了淬火组织，在高应力作用下，引起晶粒内部的破裂。焊接含碳量较高或合金元素较多的易淬火钢材时，最易产生冷裂纹。焊缝中熔入过多的氢，也会引起冷裂纹。

裂纹是最危险的一种缺陷，它除了减小承载截面之外，还会产生严重的应力集中，在使用中裂纹会逐渐扩大，最后可能导致构件的破坏。所以焊接结构中一般不允许存在这种缺陷，一经发现必须铲去重焊。

二、焊接质量检验

对焊接接头进行必要的检验是保证焊接质量的重要措施。因此，工件焊完后应根据产品技术要求对焊缝进行相应的检验，凡不符合技术要求的，需及时进行返修。焊接质量检验包括外观检查、无损探伤、水压试验与气压试验、机械性能试验四个方面。这四者是互相补充的，而以无损探伤为主。

1. 外观检查

外观检查一般以肉眼观察为主，有时也用 5～20 倍的放大镜进行观察。通过外观检查，可发现焊缝表面缺陷，如咬边、焊瘤、表面裂纹、气孔、夹渣及焊穿等。焊缝的外形尺寸还可采用焊口检测器或样板进行测量。

2. 无损探伤

无损探伤用于隐藏在焊缝内部的夹渣、气孔、裂纹等缺陷的检验。目前，使用最普遍的是采用 X 射线检验，此外还有超声波探伤和磁力探伤。X 射线检验是利用 X 射线对焊缝照相，再根据底片影像来判断内部有无缺陷、缺陷的数量和类型。然后，根据产品技术要求评定焊缝是否合格。超声波探伤原理示意图如图 7-80 所示。

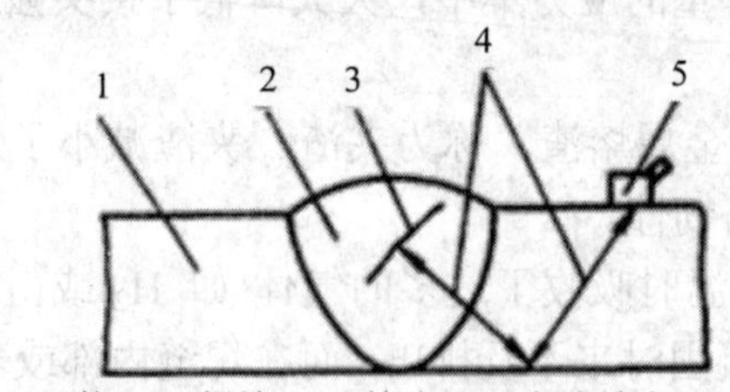

1—工件；2—焊缝；3—缺陷；4—超声波束；5—探头

图 7-80　超声波探伤原理示意图

超声波束由探头发出，传到金属中，当超声波束传到金属与空气界面时，它会产生折射而通过焊缝。如果焊缝中有缺陷，超声波束就反射到探头而被接收，这时荧光屏上就会出现反射波。将这些反射波与正常波比较、鉴别，就可以确定缺陷的大小及位置。超声波探伤比 X 射线检验简便得多，因而得到广泛应用。但超声波探伤往往只能凭操作经验作出判断，而且不能留下检验根据。

对于离焊缝表面不深的内部缺陷和表面极微小的裂纹，还可采用磁力探伤。

3．水压试验与气压试验

对于要求密封性的受压容器，必须进行水压试验或气压试验，以检查焊缝的密封性和承压能力。其方法是向容器内注入 1.25～1.5 倍工作压力的清水或等于工作压力的气体(多数用空气)，停留一定的时间，然后观察容器内的压力下降情况，并在外部观察有无渗漏现象，根据这些可评定焊缝是否合格。

4．机械性能试验

无损探伤可以发现焊缝的内在缺陷，但不能说明焊缝热影响区的金属的机械性能如何，因此有时对焊接接头要作拉力、冲击、弯曲等试验。这些试验由试验板完成。所用试验板最好与圆筒纵缝一起焊成，以保证施工条件一致，然后对试板进行机械性能试验。实际生产中，一般只对新钢种的焊接接头进行这方面的试验。

复习思考题

1．焊条电弧焊设备有哪几种？其焊接电流是如何调节的？

2．焊条电弧焊焊条牌号、规格及焊接电流大小选择的依据是什么？

3．焊接时，为什么要对熔池进行保护？焊条药皮、埋弧焊焊剂、氩气、CO_2 各有何异同？

4．气焊与电弧焊相比，有哪些特点？操作时应注意些什么？

5．如何控制焊接生产质量？

模块八 铸 造

一、实训目的和要求

实训目的：

(1) 了解铸造的工艺过程、特点、应用及其在机械制造中的地位和作用。了解型砂、芯砂的组成、性能要求，以及型砂对铸件质量的影响。

(2) 了解常用的手工造型方法。

(3) 了解浇注速度和浇注温度对铸件质量的影响，以及常见铸件缺陷特征及产生的主要原因。

(4) 了解常见特种铸造的基本知识。

(5) 了解常用造型工具的名称并能正确使用。

实训要求：

在老师指导下，利用各种模样进行整模、分模造型的操作技能训练。

二、安全操作规程

(1) 实习时，必须按规定穿戴好劳动保护用品。

(2) 未经实习指导人员许可，不准擅自动用任何电器设备、电闸、开关和操作手柄，以免发生安全事故。

(3) 实习中，如有异常现象或发生安全事故，应立即拉下电闸或关闭电源开关，停止实习，保留现场并及时报告指导人员，待查明事故原因后方可再进行实习。

(4) 造型时，不要用嘴吹型砂，以免砂粒飞入眼中。

(5) 出铁水时，不准加料，不能用湿的或冷铁杆搅动铁水或扒渣。

(6) 抬运浇包时，动作要协调。抬包时，若发生金属液体飞溅，应保持冷静，抬包双方应同时慢慢地放包，切不可单独摔掉浇包，否则会发生更大的工伤事故。

(7) 浇注时，浇包内铁水不能过满，浇包要对准铁槽，人不能站在浇注的正面，不能垂直去看冒口是否浇满，以免铁水飞溅伤人。

(8) 清理铸件时，应避免浇冒口飞出伤人。

(9) 砂箱、砂型等应平稳放置，防止其倒塌伤人。

(10) 不准在吊车下行走或停留，不准踩踏或站在没有浇注的铸型或已浇注但未凝固的铸型砂箱上，以免碰伤、砸伤和烧伤。

项目一 砂 型 铸 造

砂型铸造是指用型砂紧实成型的铸造方法。砂型铸造的生产过程如图 8-1 所示。其主要工序为：制造模样和芯盒，制备型砂和芯砂，造型和造芯，合型，熔化金属及浇注，落砂后铸件，表面清理及质量检验等。

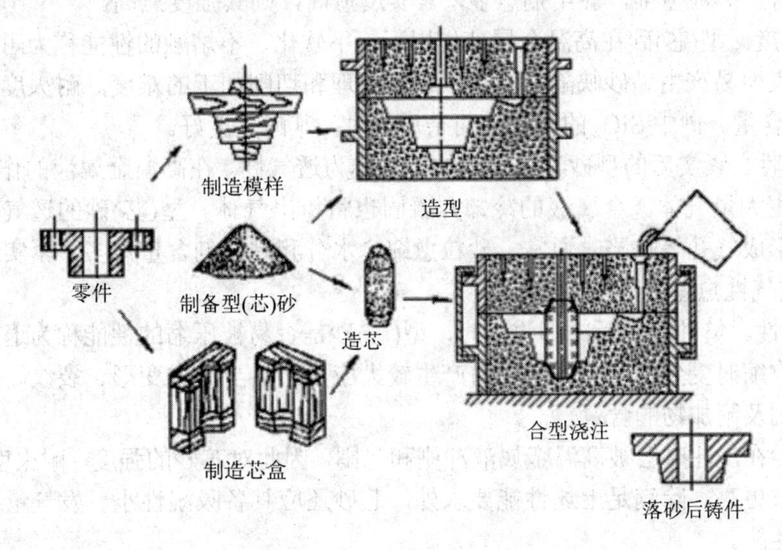

图 8-1 砂型铸造的生产过程

任务一 手工造型——整模造型

任务引入

如图 8-2 所示的模样，按要求完成造型工序。

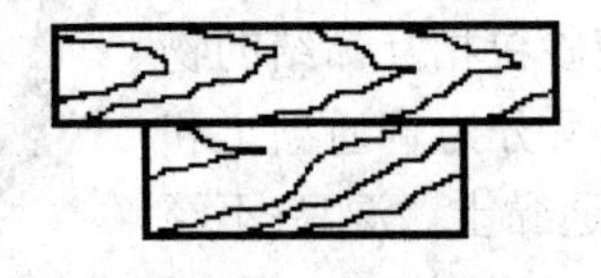

图 8-2 模样

相关知识

整模造型的模样是一个整体，通常型腔全部放在一个砂箱内，分型面为平面。

1. 型砂与芯砂

型砂与芯砂是用来制造砂型的主要材料，其质量对铸造生产过程及铸件质量有很大影响。据统计，铸件废品中约有 50%以上与其有关。因此，要合理选用和配置型(芯)砂，严格控制其性能。

(1) 型(芯)砂应具备的性能。

① 强度。型(芯)砂抵抗外力破坏的能力称为强度。强度过低，在造型、搬运、合型过程中，易引起塌箱、砂眼等缺陷；强度过高，会阻碍铸件收缩，引起铸件产生较大的铸造应力甚至裂纹，同时使铸型透气性变差。强度大小取决于砂粒粗细、水分、黏结剂含量及型砂紧实度等。砂粒愈细，黏结剂愈多，紧实度愈高，则其强度愈高。

② 耐火度。型(芯)砂在高温金属液作用下，不软化、不熔融的性能称为耐火度。耐火度差，铸件表面易产生黏砂缺陷，增加了铸件清理和切削加工的难度。耐火度主要取决于砂中 SiO_2 的含量。砂中 SiO_2 的含量高而杂质少时，其耐火度好。

③ 透气性。紧实后的型砂透过气体的能力称为透气性。在高温金属液的作用下，砂型和砂芯会产生大量气体，金属液的冷却、凝固也将析出气体。型(芯)砂的透气性若不好，铸件内极易形成气孔等缺陷。通常，砂粒愈细，水分和黏结剂含量愈多，紧实度过高，则型(芯)砂的透气性愈差。

④ 退让性。铸件凝固后冷却收缩时，型(芯)砂是否易被压缩的性能称为退让性。退让性差，铸件收缩时受到的阻力增大，易产生较大应力，甚至造成变形、裂纹。退让性主要取决于黏结剂及附加物的含量。

由于芯砂在浇注时会被高温金属液冲刷和包围，因此对芯砂的强度、耐火度、透气性、退让性的要求更高。除满足上述性能要求外，芯砂还应具备吸湿性小、发气量少以及易于落砂清理等性能。

(2) 型(芯)砂的组成。

型砂和芯砂通常是由砂粒(含 SiO_2)、黏结剂、附加物及水等混合制成，其结构如图 8-3 所示。为保证型(芯)砂的性能要求，应对其原材料进行合理的选用。

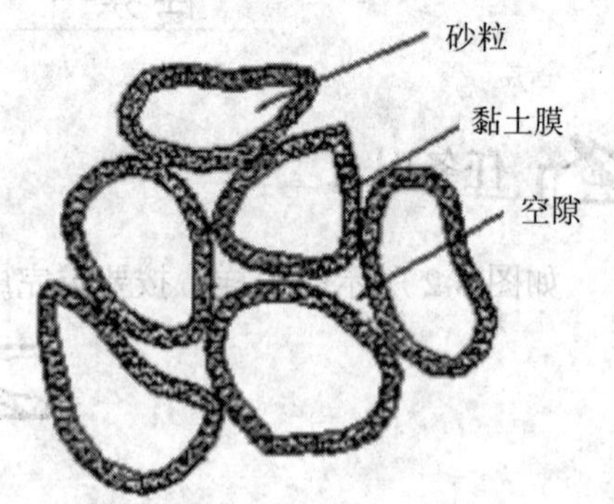

图 8-3　型砂结构示意图

① 原砂(新砂)。原砂多为天然砂，主要成分为石英(SiO_2)，并含有少量泥粉和杂质。为降低成本，对已用过的旧砂，经磁选及筛选，除去铁豆、砂团、木片等杂物后，仍可混入型砂中使用。

② 黏结剂。黏结剂是指能使砂粒相互黏结的物质。常用的黏结剂为黏土，黏土又分为普通黏土和膨润土。膨润土的黏结性优于普通黏土。湿型(不经烘干可直接进行浇注的砂型)型砂多用膨润土，而干型(经过烘干的砂型)型砂多用普通黏土。

③ 附加物。附加物是指除黏结剂以外，加入的能改善型(芯)砂性能的物质。常用的附加材料有煤粉和锯木屑。煤粉可以防止铸件黏砂，提高其表面质量；锯木屑可以改善型(芯)砂的透气性和退让性。

(3) 型(芯)砂的制备。

铸造合金不同，铸件大小不同，对型(芯)砂的性能要求均不相同。为保证性能要求，型(芯)砂应选用不同的原材料，按不同的比例配制。配制好的型(芯)砂必须经过检验，合格后才能使用。型(芯)砂的性能可用专门的仪器来测定，也可凭手测检验。合格的型(芯)砂用手测法检验的结果，如图 8-4 所示。

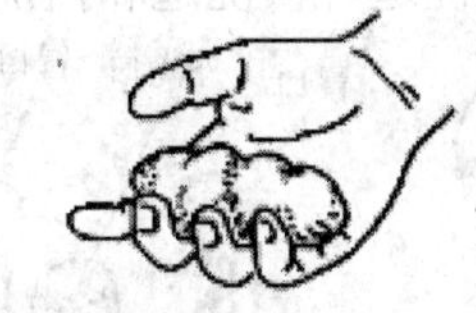

(a) 型砂湿度适当，强度等性能好时，可用手捏成团　(b) 手放开后，可看出清晰的轮廓　(c) 折断时，断面无碎裂状，有足够的强度

图 8-4 手测法检测型砂

2. 砂型制造的工具、模具

(1) 模样和芯盒。

模样是指由木材、金属或其他材料制成，用来形成铸型型腔及获得铸件外形的模具。芯盒是用来制造获得铸件内腔的型(芯)砂的模具。

铸件的大小和生产规模不同，制造模样和芯盒的材料也有所不同。单件或小批量生产时，一般用木材制造模样和芯盒；大批量生产时，可采用金属或塑料等制造模样和芯盒。

在制造模样和芯盒时，尺寸上应考虑到合金的收缩、加工余量等因素，因此模样的尺寸相当于零件尺寸、收缩量和加工余量等的总和；形状上应考虑其模斜度，铸造圆角，尺寸较小的孔、槽等是否铸出。铸出孔的铸件的模样和芯盒还应考虑芯头的形状和尺寸等。

(2) 造型工具及辅具。

造型工具及辅具包括砂箱、造型工具、修型工具等。图 8-5 为手工造型常用工具及用具。

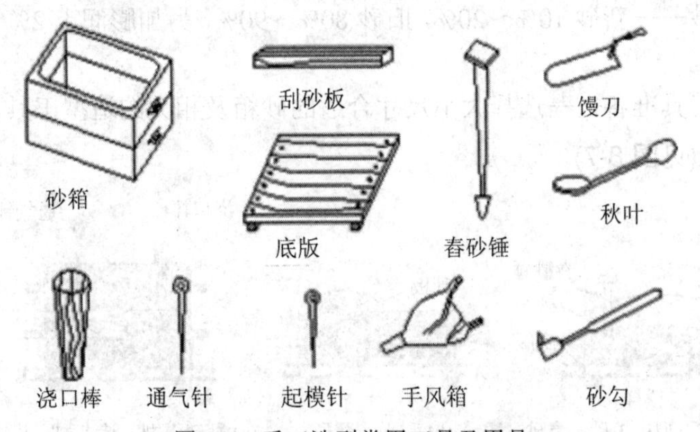

图 8-5 手工造型常用工具及用具

砂箱是容纳和支承砂型的刚性框，其作用是在造型、运输和浇注时支承砂型，防止砂型变形或破坏，材料一般为灰铸铁或铝合金；底版用于放置模样；舂砂锤用于紧实型砂，通常用尖舂砂锤，用平头打紧砂型顶部的砂；镘刀用于修平面及挖沟槽；秋叶用于修凹的曲面；砂勾用于修深而窄的底面或侧面及勾出型腔中的散砂；手风箱用于吹去模样上的分型砂及型腔中的散砂。

3. 浇注系统

浇注系统是指为填充型腔和冒口而开设于铸型中的一系列通道。其作用是保证金属液平稳、无冲击地充满型腔，同时能够除渣和调节铸件的凝固顺序，以避免铸件产生夹渣、砂眼、浇不到、缩孔、气孔等缺陷。

浇注系统通常由外浇口(浇口盆)、直浇道、横浇道和内浇道组成(见图 8-6)。

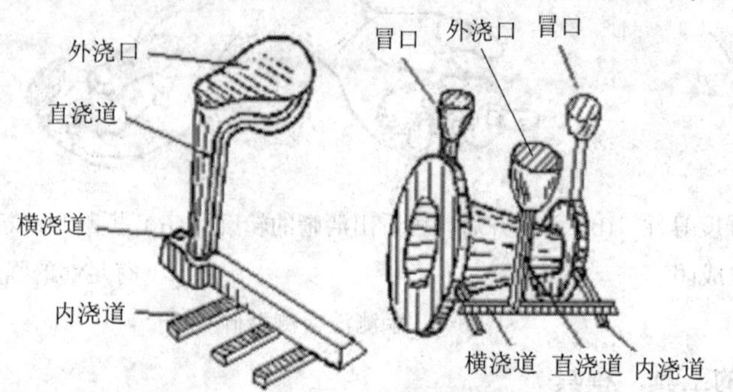

图 8-6　浇注系统的组成

根据铸件的形状、大小、壁厚及对铸件质量要求的不同，浇注系统可以有不同的形式。例如一些形状简单的小铸件，只有直浇道、内浇道，而没有横浇道。

4．常用的手工造型方法

手工造型常用的造型方法有整模造型、分模造型、挖砂造型、假箱造型、活块造型、三箱造型、刮板造型、地坑造型、组芯造型等。

任务实施

1．准备

(1) 配置型砂——新砂 10%～20%，旧砂 80%～90%，另加膨润土 2%～3%，煤粉 2%～3%，水 4%～5%。

(2) 砂箱及工具准备——选择大小尺寸合适的砂箱及相关的造型工具。

2．造型步骤(见图 8-7)

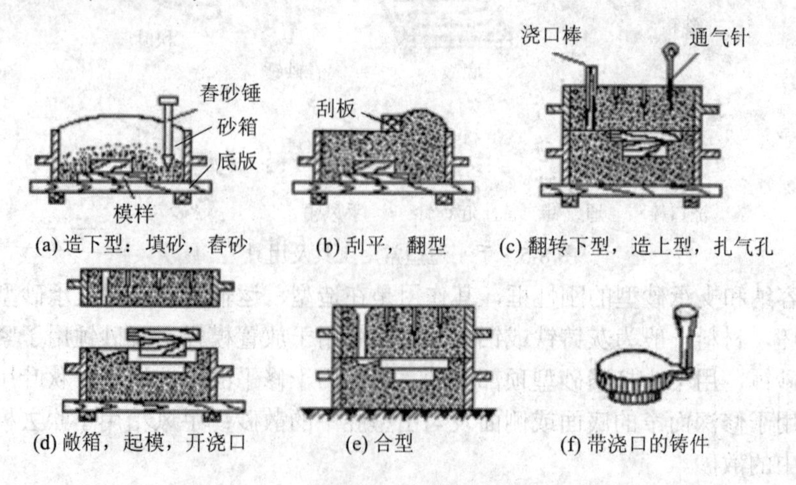

(a) 造下型：填砂，舂砂　(b) 刮平，翻型　(c) 翻转下型，造上型，扎气孔

(d) 敞箱，起模，开浇口　(e) 合型　(f) 带浇口的铸件

图 8-7　整模造型

(1) 造下型。如图 8-7(a)所示，将模样安放在底版上，放好下砂箱；撒上厚度约 20 mm

的面砂，用手将模样周围的砂塞紧；再加入填充砂，型砂锤实后，用刮砂板刮去多余型砂(见图 8-7(b))；翻转下型，用镘刀修光分型面。

(2) 造上型。如图 8-7(c)所示，套上上砂箱，放上浇口棒，加填充砂，舂紧后刮去多余型砂；用通气针扎出通气孔；拔出浇口棒，在直浇道上部挖出外浇口。若砂箱上没有定位装置，则应在上、下砂型打开之前，在砂箱壁上做出合型线或打上记号。

(3) 起模、修型。将上砂型拿下，在下砂型上挖出内浇道；然后用毛笔沾水，将模样边缘润湿，将起模针钉在模样的重心上，用小锤前后左右轻轻敲打起模针下部，使模样和砂型之间松动，再轻轻敲打模样的上方并将模样垂直向上提起(见图 8-7(d))。起模后，型腔如有损坏，可使用镘刀、砂勾、秋叶等修型工具进行修型。

(4) 合型。如图 8-7(e)所示，合型前应用手风箱吹去多余砂粒，并在分型面上铺撒涂料；合型时应使上砂型保持水平下降，并按定位装置或合型线定位。必要时，合型后，可再将上砂型吊起来，检查合型时有无压坏的部位。

评分标准

整模造型评分标准如表 8-1 所示。

表 8-1 整模造型评分标准

考核项目	考核内容	考核要求	配分	评 分 标 准	扣分	得分
主要项目	砂(芯)型紧实度	砂(芯)型紧实度均匀、适当	17	砂(芯)型紧实度不均匀，扣 1～10 分；紧实度过小或太大时，扣 1～7 分		
	型腔各部分形状尺寸	型腔各部分形状和尺寸符合要求	18	尺寸误差大于工艺尺寸 2 mm 时，扣 1～8 分；形状不符合要求，扣 1～10 分		
	砂型定位	砂型定位号准确可靠	5	砂型定位偏斜大于 1 mm 时，扣 1～5 分		
	浇冒口系统	浇冒口的开设位置、形状符合要求	10	浇冒口开设不齐全，扣 2～3 分；位置不正确，扣 1～4 分；形状不合理，扣 1～3 分		
	合型	型腔内无散砂，合型准确，抹型、压型安全可靠	10	型腔内有散砂，扣 1～5 分；合型未对准合型号时，扣 1～2 分；抹型、压型不正确，扣 1～3 分		
一般项目	分型面质量	砂型分型面平整	5	分型面不平整，扣 1～5 分		
	表面质量	表面光滑、轮廓清晰、圆角均匀	10	型腔表面不光滑，扣 1～4 分；轮廓不清晰，扣 1～4 分；铸造圆角不均匀，扣 1～2 分		

续表

考核项目	考核内容	考核要求	配分	评分标准	扣分	得分
一般项目	出气孔	出气孔的数量和分布合理	5	出气孔的数量不足，扣1～3分；分布不合理，扣1～2分；未插出气孔不得分		
	浇毛冒口表面质量	表面光滑，浇口各组连接圆角均匀	13	浇冒口系统表面不光滑，扣1～7分；浇口各组连接圆角不均匀或不是圆角，扣1～6分		
安全文明生产	安全生产法规的有关规定或基地自定实施规定	按达到规定的标准程度评定	7	违反有关规定，扣1～7分		
时间定额	1 h	按时完成		每超时间定额15 min扣5分		
总分：100	姓名：	学号：	实际工时：	教师签字：	学生成绩：	

任务二　手工造型——分模造型

分模造型的模样是沿最大截面处分为两半，型腔位于上、下两个砂箱内。

任务引入

如图8-8所示的模样，按要求完成造型工序。

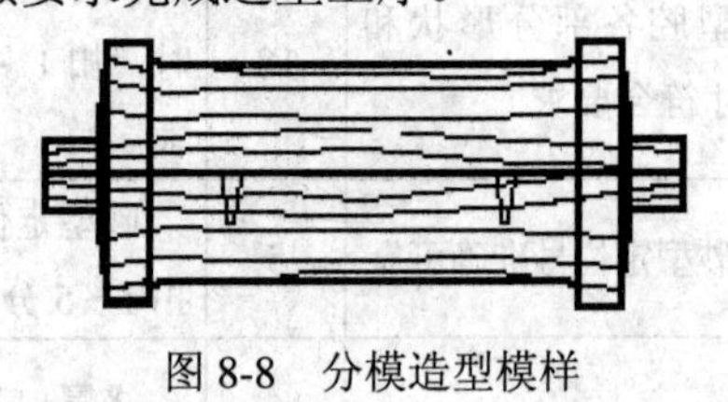

图8-8　分模造型模样

任务实施

1. 准备

(1) 配置型砂——新砂10%～20%，旧砂80%～90%，另加膨润土2%～3%，煤粉2%～3%，水4%～5%。

(2) 砂箱及工具准备——选择大小尺寸合适的砂箱及相关的造型工具。

2. 造型步骤(见图8-9)

(1) 造下型。图8-9(a)所示为用下半模样造下型。方法和整模造型造下型方法相同。

(2) 造上型。如图8-9(b)所示，翻转下型180°，放置上半模样，撒分型砂，放置浇口棒，造上型。开外浇口如图8-9(c)所示。方法和整模造型造上型方法基本相同。

(3) 起模、修型、下芯、合型，如图 8-9(d)所示，方法与整模造型方法相似。关键是在合型时，应注意使上、下模型准确定位，否则铸件会产生错型缺陷。

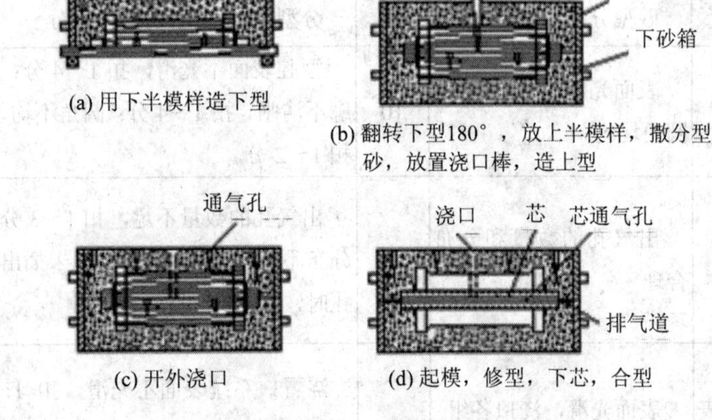

(a) 用下半模样造下型

(b) 翻转下型180°，放上半模样，撒分型砂，放置浇口棒，造上型

(c) 开外浇口

(d) 起模，修型，下芯，合型

图 8-9 分模造型

3. 操作注意事项

操作注意事项同整模造型。

评分标准

分模造型评分标准如表 8-2 所示。

表 8-2 分模造型评分标准

考核项目	考核内容	考核要求	配分	评 分 标 准	扣分	得分
主要项目	砂(芯)型紧实度	砂(芯)型紧实度均匀、适当	10	砂(芯)型紧实度不均匀，扣 1～6 分；紧实度过小或太大时，扣 1～4 分		
	型腔各部分形状尺寸	型腔各部分形状和尺寸符合要求	20	移位大于 1.5 mm，扣 1～6 分；其他尺寸误差大于工艺尺寸 2 mm 时，扣 1～8 分；形状不符合要求，扣 1～6 分		
	砂型定位	砂型定位准确可靠	5	砂型定位偏斜大于 1 mm 时，扣 1～5 分		
	浇冒口系统	浇冒口的开设位置、形状符合要求	13	浇冒口开设不齐全，扣 2～4 分；位置不正确，扣 1～5 分；形状不合理，扣 1～4 分		
	合型	型腔各处尺寸正确，型腔内无散砂，合型准确，抹型、压型安全可靠	12	型腔尺寸偏差大于 2 mm 时，扣 1～5 分；型腔内有散砂，扣 1～4 分；合型未对准合型号时，扣 1～3 分		

续表

考核项目	考核内容	考核要求	配分	评分标准	扣分	得分
一般项目	分型面质量	砂型分型面平整	5	分型面不平整，扣1～5分		
	表面质量	表面光滑、轮廓清晰、圆角均匀	10	型腔表面不光滑，扣1～4分；轮廓不清晰，扣1～4分；圆角不均匀，扣1～2分		
	出气孔	出气孔的数量和分布合理	5	出气孔的数量不足，扣1～3分；分布不合理，扣1～2分；未插出气孔时，不得分		
一般项目	浇毛冒口表面质量	表面光滑，浇口各组连接圆角均匀	9	浇冒口系统表面不光滑，扣1～5分；浇口各组连接圆角不均匀或不是圆角，扣1～4分		
	砂型安放	砂型安放位置正确、牢固、排气通畅	4	砂型位置不正确，扣2分；不牢固，扣1分；排气不通畅扣1分		
安全文明生产	安全生产法规的有关规定或基地自定实施规定	按达到规定的标准程度评定	7	违反有关规定扣1～7分		
时间	1.5 h	按时完成		每超时间定额15 min扣5分		
总分：100	姓名：	学号：　实际工时：		教师签字：	学生成绩：	

项目二　特种铸造

在现代科技的推动下，铸造方法也取得了突破性的发展，使铸件质量和劳动环境有了质的提高。常用的特种铸造方法有熔模铸造、金属型铸造、压力铸造、离心铸造、连续铸造、陶瓷型铸造、磁型铸造等。

任务一　熔模铸造

熔模铸造是指在易熔材料(如蜡料)制成的模样上包覆若干层耐火涂料，待其干燥硬化后熔出模样而制成壳型，壳型经高温焙烧后即可浇注的铸造方法。熔模铸造是精密铸造方法之一。

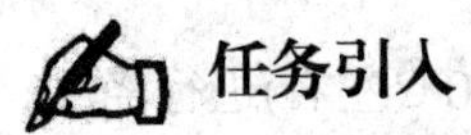

任务引入

如图 8-10 所示的哑铃，材料为 35#钢，批量生产。根据要求及分析，现采取熔模铸造方法进行生产。

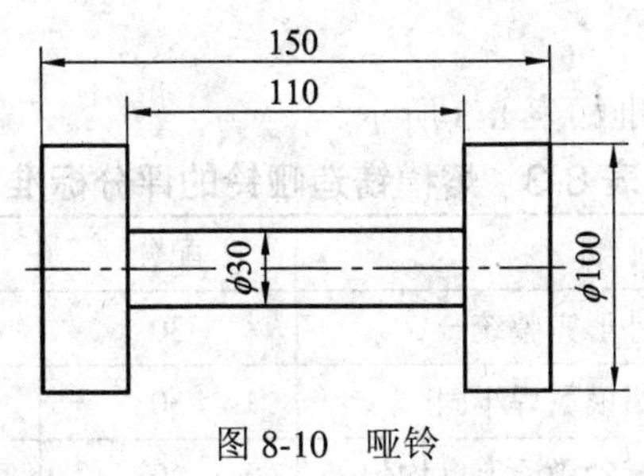

图 8-10　哑铃

任务实施

1. 准备

准备好生产所需的工具及设备；制备好生产所需的材料。

2. 熔模铸造的生产及工艺过程(见图 8-11)

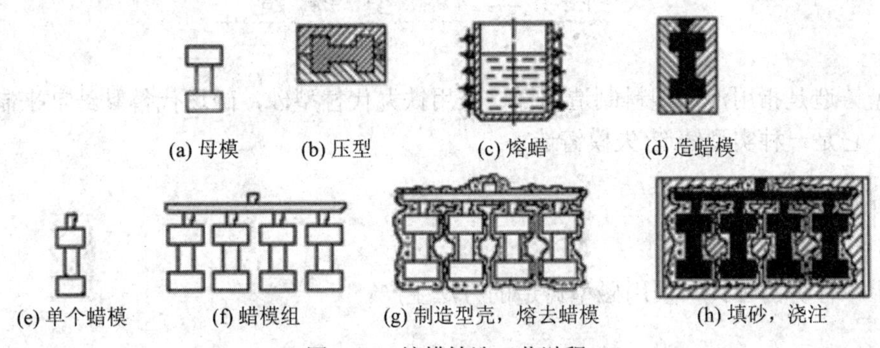

图 8-11　熔模铸造工艺过程

(1) 用钢或铜合金等加工制成用来制造压型的母模。

(2) 利用母模制成压制模样的压型。根据生产批量的大小，压型可用钢、铝合金制成，也可用易熔合金、环氧树脂、石膏等制成。

(3) 制造模样。将石蜡和硬脂酸混合物加热至熔融状态后压入压型，凝固后取出得到蜡模。当铸件较小时，常将单个蜡模黏在预制好的蜡质浇注系统上制成蜡模组。

(4) 制造型壳。将蜡模组浸入涂料(石英粉加水玻璃黏结剂)中，取出后在其表面撒上一层石英砂，再放入硬化剂(如氯化铵溶液)中进行化学硬化。如此反复涂挂 4～9 层，得到厚度约 5～10 mm 的坚硬型壳。然后将结壳后的蜡模组放入 90～95℃的热水中，使蜡模熔化并从浇口流出，从而得到中空的型壳。

(5) 造型和焙烧。为加固型壳，防止型壳浇注时变形或破裂，可将其竖放在铁箱中，周围用干砂填紧，此过程称为造型。对于强度高的型壳可不必填砂。为进一步排除型壳内的水分、残留蜡料及其他杂质，提高其强度，还需将装好型壳的铁箱送入加热炉内，在900～950℃下焙烧。

(6) 浇注。为提高金属液的充型能力，应在型壳焙烧出炉后趁热(650℃左右)进行浇注。冷却凝固后清除型壳，便得到一组带有浇注系统的铸件。

评分标准

熔模铸造哑铃的评分标准如表8-3所示。

表8-3 熔模铸造哑铃的评分标准

序号	考核项目	配分	评分标准	得分
1	单个蜡模制造，外形完整统一	30	根据具体情况酌情扣分	
2	蜡模组制备时，蜡模黏焊牢固	30	每一处不牢固扣5分	
3	壳型制造时，每层石英砂撒涂厚度均匀	20	根据具体情况酌情扣分	
4	工具及机器使用操作无误	10	根据具体情况酌情扣分	
5	安全文明生产	10	违反规定酌情扣分	
总分：100	姓名：　学号：	实际工时：	教师签字：	学生成绩：

任务二　磁型铸造

磁型铸造是指用泡沫塑料制造模样，采用铁丸代替型砂，磁场代替黏结剂来制造铸型的方法。它是一种实型铸造(失模铸造)。

任务引入

将上一任务的哑铃，采用磁型铸造的方法生产。

相关知识

1. 磁型铸造的工艺过程

磁型铸造的工艺过程如图8-12所示。将装好泡沫塑料的模样(气化模)及铁丸的砂箱推入磁丸机内，接通电源后，在马蹄形电磁铁产生的磁场作用下，铁丸被磁化而相互结合成型。将金属液浇入磁型，模样气化消失，其留下的空腔被金属液填充，待金属液冷却凝固后，切断电源，磁场消失，铁丸溃散，即可取出铸件。

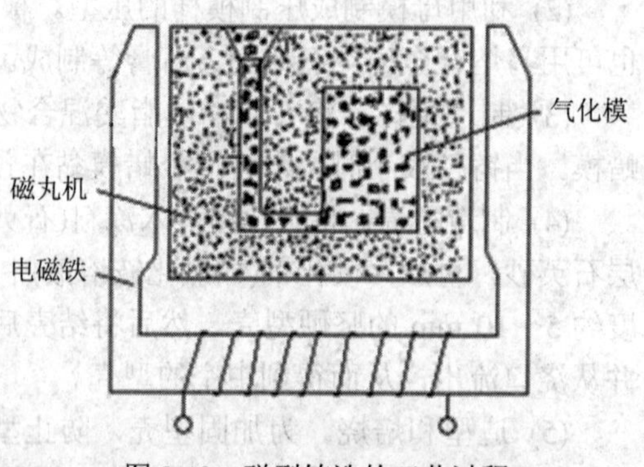

图8-12 磁型铸造的工艺过程

2．磁型铸造的特点

磁型铸造的特点是铸件冷却速度快，组织致密，力学性能好；同时铸件精度和表面质量好，加工余量小；造型材料可反复使用，不需起模，造型、清理简便，不用型砂，造型材料不含黏结剂，故透气性好可以避免气孔、夹砂、错型等缺陷，并且无硅尘危害；设备简单，操作方便，易于实现机械化、自动化。但磁型铸造不适于厚大、复杂的工件，并且气化模燃烧时放出大量烟气污染空气，也易使铸钢件表面碳化。

任务实施

1．准备

准备好生产所需的工具及设备；制备好生产所需的材料，包括大小合适的铁丸和模样。

2．生产

评分标准

磁型铸造哑铃的评分标准如表 8-4 所示。

表 8-4 磁型铸造哑铃的评分标准

<table>
<tr><td>序号</td><td colspan="3">考 核 项 目</td><td>配分</td><td colspan="2">评 分 标 准</td><td>得分</td></tr>
<tr><td>1</td><td colspan="3">模样制造，外形完整统一</td><td>30</td><td colspan="2">根据具体情况酌情扣分</td><td></td></tr>
<tr><td>2</td><td colspan="3">浇道位置、形状符合要求</td><td>30</td><td colspan="2">根据具体情况酌情扣分</td><td></td></tr>
<tr><td>3</td><td colspan="3">工具及机器使用操作无误</td><td>30</td><td colspan="2">根据具体情况酌情扣分</td><td></td></tr>
<tr><td>4</td><td colspan="3">安全文明生产</td><td>10</td><td colspan="2">违反规定酌情扣分</td><td></td></tr>
<tr><td>总分：100</td><td>姓名：</td><td>学号：</td><td colspan="2">实际工时：</td><td>教师签字：</td><td colspan="2">学生成绩：</td></tr>
</table>

参考文献

[1] 张力真，徐允长. 金属工艺学实习教材. 北京：高等教育出版社，2001.

[2] 雷世明. 焊接方法与设备. 北京：机械工业出版社，2002.

[3] 王英杰，韩世忠. 金工实习指导. 北京：中国铁道出版社，2000.

[4] 王增强.普通机械加工技能实训. 北京：机械工业出版社，2007.

[5] 机械工业职业技能鉴定指导中心. 磨工技术. 北京：机械工业出版社，2002.

[6] 机械工业职业技能鉴定指导中心. 铣工技能鉴定考核试题库. 北京：机械工业出版社，2004.

[7] 劳动和社会保障部.车工(中级). 北京：中国劳动社会保障出版社，2004.

[8] 明立军.车工实训教程. 北京：机械工业出版社，2007.

[9] 劳动和社会保障部. 车工工艺与技能训练. 北京：中国劳动社会保障出版社，2001.

[10] 劳动和社会保障部. 金工实习. 北京：中国劳动社会保障出版社，2006.